普通高等教育高职高专"十二五"规划教材 电气类

电力系统基础

主　编　李玉清　李　燕
副主编　胡金华　李耀坤　李祥瑞
　　　　张美燕

中国水利水电出版社
www.waterpub.com.cn

内 容 提 要

《电力系统基础》是根据高职高专电气类"电力系统基础"课程教学要求编写的教材，各章节的编写均从高职高专的职业技术教育特点出发，精心编排了主要知识内容，使读者易于学习和掌握，具有简洁精炼的实用特性。全书共分 11 个项目，内容包括电力系统概念、各元件等值电路、潮流分布计算、频率调整与电压调整、系统经济运行、对称故障分析和不对称故障分析、电力系统运行稳定性分析等，每个项目后面附有习题帮助读者复习和练习。

《电力系统基础》主要适用于高职高专发电厂及电力系统专业（三年制）和供用电等电力类专业的教学，或作为高等院校、成人教育等相关专业学习该课程的辅助教材，也可供从事电力系统工作的工程技术人员参考。

图书在版编目（CIP）数据

电力系统基础 / 李玉清，李燕主编. -- 北京 : 中国水利水电出版社，2015.1（2021.1重印）
普通高等教育高职高专"十二五"规划教材. 电气类
ISBN 978-7-5170-2846-8

Ⅰ．①电… Ⅱ．①李… ②李… Ⅲ．①电力系统—高等职业教育—教材 Ⅳ．①TM7

中国版本图书馆CIP数据核字(2014)第311241号

书　名	普通高等教育高职高专"十二五"规划教材　电气类 **电力系统基础**
作　者	主　编　李玉清　李燕 副主编　胡金华　李耀坤　李祥瑞　张美燕
出版发行	中国水利水电出版社 （北京市海淀区玉渊潭南路1号D座　100038） 网址：www.waterpub.com.cn E - mail：sales@waterpub.com.cn 电话：（010）68367658（营销中心）
经　售	北京科水图书销售中心（零售） 电话：（010）88383994、63202643、68545874 全国各地新华书店和相关出版物销售网点
排　版	中国水利水电出版社微机排版中心
印　刷	北京市密东印刷有限公司
规　格	184mm×260mm　16开本　18.75印张　445千字
版　次	2015年1月第1版　2021年1月第2次印刷
印　数	4001—6000册
定　价	**49.00元**

凡购买我社图书，如有缺页、倒页、脱页的，本社营销中心负责调换

版权所有·侵权必究

前　言

  本教材是根据国务院《关于大力发展职业教育的决定》和教育部《关于全面提高高等职业教育教学质量的若干意见》等文件精神，以及由全国水利水电高职教研会拟定的教材编写规划，作为国家"十二五"规划的教材建设项目之一，在多年《电力系统基础》课程教学实践和改革的基础上，广泛吸取国内同类教材的长处，结合教学经验而编写的。

  电力系统基础课程是高职高专发电厂及电力系统等强电类专业的核心专业课，是其他专业课（发电厂电气部分、电力系统继电保护、电力系统自动装置等）的前期学习课程。

  本教材是在分析现有高职高专学生就业岗位群及其职业素质和能力要求的基础上编写的，力求结合实际，注重实用；减少计算，图文并茂；注重于高职高专学生的学习习惯，正面叙述，语言简练。教材内容围绕本课程的教学目标，让学生掌握电力系统的基本概念，电力系统的简单潮流计算，电力系统经济运行以及电力系统电压与频率管理的基本原理和方法；同时尽可能让学生了解电力系统的全貌，如电力系统暂态、高压直流输电等的基本知识。

  本教材可供高等学校电力类专业的师生使用，也可供从事电力系统规划、设计、运行和研究的广大工程技术人员参考。

  本教材是在集体讨论的基础上分工编写，经统稿而成的。本教材的前六部分由中国能源建设集团三峡电力职业学院老师编写，分别是李玉清老师编写项目1、项目2，胡金华老师编写项目3、项目4、项目5，李耀坤老师编写项目6；重庆水利电力职业技术学院李祥瑞编写项目7；韩绪鹏老师编写项目9；河北李燕老师编写项目8、项目10；浙江水利水电学院张美燕老师编写项目11。李玉清老师对本书进行统稿。

  本教材在编写过程中，得到了中国能建葛洲坝集团和中国水利水电出版社及各编写者所在各兄弟院校的大力支持，谨在此表示衷心感谢！

  由于编者水平有限，时间紧迫，错误及不当之处在所难免，恳请广大师生、读者批评指正。

编　者
2014 年 9 月

目 录

前言

项目1 电力系统的组成结构 …………………………………………………… 1
  1.1 电力系统的组成 ……………………………………………………………… 2
  1.2 电力系统的额定频率和额定电压 …………………………………………… 4
  1.3 电力线路 ……………………………………………………………………… 8
  1.4 电力系统中性点的运行方式 ………………………………………………… 17
  1.5 电力系统的接线方式 ………………………………………………………… 21
  项目实践 参观电厂及其开关站（变电所） ………………………………… 23
  课后思考题 ……………………………………………………………………… 23

项目2 电力系统物理模型 …………………………………………………… 24
  2.1 输电线路的参数计算和等值电路 …………………………………………… 24
  2.2 变压器的等值电路和参数计算 ……………………………………………… 32
  2.3 同步发电机与电抗器的参数计算和等值电路 ……………………………… 40
  2.4 标幺制与电力系统的等值电路 ……………………………………………… 41
  项目实践 输电线路阻抗测量 ………………………………………………… 49
  课后思考题 ……………………………………………………………………… 56

项目3 电力系统潮流计算 …………………………………………………… 58
  3.1 电力网的电压降落和功率损耗 ……………………………………………… 58
  3.2 开式网络的电压和功率分布计算 …………………………………………… 62
  3.3 简单闭式网络的电压和功率分布计算 ……………………………………… 66
  3.4 多级电压环网的初步功率分布（选学） …………………………………… 70
  3.5 复杂电力系统的潮流计算（选学） ………………………………………… 72
  项目实践 电力系统潮流计算 ………………………………………………… 85
  课后思考题 ……………………………………………………………………… 87

项目4 电力系统有功功率平衡和频率调整 …………………………………… 88
  4.1 电力系统有功功率的平衡 …………………………………………………… 88
  4.2 电力系统的频率特性 ………………………………………………………… 91
  4.3 电力系统的频率调整 ………………………………………………………… 97
  4.4 各类发电厂的合理组合 ……………………………………………………… 102
  项目实践 微机调速器的调整与试验 ………………………………………… 106
  课后思考题 ……………………………………………………………………… 108

项目 5　电力系统的无功功率平衡与电压调整 ……………………………………… 111
   5.1　电力系统的无功功率平衡 ……………………………………………………… 112
   5.2　电力系统的电压调整 …………………………………………………………… 119
   5.3　利用发电机和变压器调压 ……………………………………………………… 121
   5.4　无功功率补偿调压 ……………………………………………………………… 128
   项目实践　变电站无功补偿容量的计算 …………………………………………… 132
   课后思考题 …………………………………………………………………………… 134

项目 6　电力系统的经济运行 …………………………………………………………… 135
   6.1　电力系统负荷和负荷曲线 ……………………………………………………… 135
   6.2　电力网中的电能损耗 …………………………………………………………… 139
   6.3　降低电力网电能损耗的措施 …………………………………………………… 145
   项目实践　电力网的经济运行措施案例 …………………………………………… 149
   课后思考题 …………………………………………………………………………… 152

项目 7　电力系统三相短路与实用计算法 ……………………………………………… 153
   7.1　短路的基本概念 ………………………………………………………………… 153
   7.2　网络的变换与简化 ……………………………………………………………… 155
   7.3　无限大容量电源的三相短路 …………………………………………………… 160
   7.4　电力系统三相短路实用计算 …………………………………………………… 163
   7.5　运用运算曲线求任意时刻的短路电流 ………………………………………… 167
   项目实践　SXD电站短路电流计算书 …………………………………………… 171
   课后思考题 …………………………………………………………………………… 175

项目 8　电力系统各元件的序参数和等值电路 ………………………………………… 177
   8.1　对称分量法 ……………………………………………………………………… 177
   8.2　电力系统各元件的序参数和等值电路 ………………………………………… 183
   8.3　电力系统各序网络的制定 ……………………………………………………… 191
   项目实践　三相同步发电机的参数测定 …………………………………………… 195
   课后思考题 …………………………………………………………………………… 201

项目 9　电力系统不对称故障的分析和计算 …………………………………………… 204
   9.1　简单不对称短路的分析和计算 ………………………………………………… 204
   9.2　简单不对称短路时非故障处的电压和电流计算 ……………………………… 217
   9.3　非全相运行的分析和计算 ……………………………………………………… 225
   项目实践　考察电力设计院 ………………………………………………………… 228
   课后思考题 …………………………………………………………………………… 228

项目 10　电力系统稳定运行 …………………………………………………………… 230
   10.1　概述 …………………………………………………………………………… 230
   10.2　电力系统运行的静态稳定性 ………………………………………………… 231

  10.3 电力系统运行的暂态稳定性 …………………………………………………… 233
  10.4 提高电力系统稳定性的措施 …………………………………………………… 237
  项目实践 电力系统静态和暂态稳定试验 ………………………………………… 240
  课后思考题 ……………………………………………………………………………… 243

项目 11 直流输电基本知识 ……………………………………………………………… 244
  11.1 直流输电概述 …………………………………………………………………… 244
  11.2 直流输电工作原理 ……………………………………………………………… 250
  11.3 直流输电与交流输电之比较 …………………………………………………… 255
  项目实践 认识葛上直流输电工程 …………………………………………………… 258
  课后思考题 ……………………………………………………………………………… 258

综合练习题 ……………………………………………………………………………………… 260
  综合练习题 1 …………………………………………………………………………… 260
  综合练习题 2 …………………………………………………………………………… 263
  综合练习题 3 …………………………………………………………………………… 266
  综合练习题 4 …………………………………………………………………………… 270
  综合练习题 5 …………………………………………………………………………… 274
  综合练习题 6 …………………………………………………………………………… 277

附录 1 部分 LGJ 钢芯铝绞线规格型号表（适用于架空电力高低压线路）……… 282
附录 2 裸铜、铝及钢芯铝绞线的允许载流量（环境温度+25℃，最高
    容许温度+70℃）……………………………………………………………… 283
附录 3 架空线路每公里电阻、电抗值（S_j=100MVA）……………………………… 284
附录 4 汽轮发电机运算曲线 …………………………………………………………… 285
附录 5 水轮发电机运算曲线 …………………………………………………………… 288

参考文献 ………………………………………………………………………………………… 291

项目 1 电力系统的组成结构

教与学目标
　1. 明晰电力系统含义，能够表达出电力系统组成。
　2. 掌握系统额定电压和组成元件额定电压概念。
　3. 了解电力系统中性点及其运行方式。

　　自从电荷这种物质被发现以来，对于其特性的研究和应用与人类的生产与生活息息相关。由之而产生的电能因具有便于输送、分配、使用、控制等优点，被广泛应用于现代工农业、交通运输、科学技术、国防建设及人民生活中，已成为不可或缺的二次能源。电力工业的发展水平已成为衡量一个国家综合国力和现代化水平的重要标志。

　　1831年，法拉第发现了电磁感应定律，促进了发电机和电动机的发明，从而开始了电能的生产和使用。当时所采用的是低压直流，主要供给照明用电，供电范围很小。50多年后的1882年，在法国首先实现了电压在1000V以上的直流输电，虽然输送功率只有1.5kW，但传输距离可达到约60km，形成了世界上第一个完整的电力系统，它包含发电、输电和用电。同年，爱迪生在美国纽约建成了世界上第一个中心电站，装有6台蒸汽式直流发电机，通过地下电缆将110V的直流电输送到1英里（约1.6km）外的曼哈顿中心供给59个照明用户用电。随着生产的发展，对传输功率和输电距离提出了更高的要求，特别是为了提高输电效率，需要采用更高的输电电压，以便减少线路流过的电流从而降低线路电阻中的损耗。但对用电设备来说，为了安全又不得不采用较低的电压，而直流输电却不能适应这种要求。于是到了1891年，在制造出三相变压器和三相异步电动机的基础上，德国工程师奥斯卡·冯·密勒首次实现了三相交流输电系统，它由95V、230kVA的水轮发电机，经变压器升压至15200V，传送到178km以外的法兰克福，然后用两台变压器降压至112V，分别供给照明负荷和一台异步电动机驱动75kW的水泵，从而形成了现代电力系统的雏形。从此，三相交流电力系统得到了迅速的发展，而且逐步在同步发电机之间进行并列运行，在输、配电过程中采用多个电压等级，经过100多年的发展，形成电压愈来愈高、容量和规模愈来愈大的区域性、地区性、全国性甚至跨国性的电力系统。据记载，当前，世界电力工业之最主要产生在一些工业发达国家。如世界最大容量的火力发电厂是日本鹿岛电厂，容量440万kW；世界最大的烧煤锅炉蒸发量是4420t/h，装在美国阿摩斯电厂；最高交流电压等级是前苏联哈萨克埃基巴斯图兹火电厂到乌拉尔的1150kV特高压输电线路，全长1300km；最高直流电压等级也是前苏联埃基巴斯图兹至中部±750kV直流线路，全长2400km；世界最大互连电力系统是前苏联统一电力系统，与多个欧亚国家互联，横跨欧亚大陆，东西7000km，南北3000km。

　　我国电力系统尽管起步晚，但发展的起点高。我国具有丰富的水能资源，可开发利用的水能蕴藏量约为402000MW，居世界首位。我国建设了世界上容量最大的电站三峡水电站（26×700MW）；建成了输送距离最长、输送功率最大的直流输电工程：三峡至上海输电工程输送功率 300 万 kW，线路全长 1100km；我国首条 750kV 超高压输电线路，西北 750kV 输变电示范工程，首条 1000kV 超高压输电线路，晋东南经南阳至荆门特高压交流试验示范工程等。到 2005 年底，我国发电装机总容量为 5 亿 kW 时，我国装机容量和发电量均位列世界第二。目前我国的电力工业已经开始进入"大电网"、"大机组"、"超高压交、直流输电"、"电网调度自动化"、"状态检修"等新技术发展的新阶段，一些世界级水平的先进的高新技术，已在我国电力系统中得到了广泛应用，我国电力工业在技术上正迈向世界的前列。

电力系统的出现，使高效、无污染、使用方便、易于调控的电能得到广泛应用，推动了社会生产各个领域的变化，开创了电力时代，发生了第二次技术革命。电力系统的规模和技术水准已成为衡量一个国家经济发展水平的标志之一。

为了有效地实现电力系统的功能，需要在各个环节和不同层次设置相应的信息与控制系统，以便对电能的生产和输送过程进行测量、调节、控制、保护、通信和调度，确保用户获得安全、经济、优质的电能。本章主要介绍电力系统的基本概念、基本组成及其相关结构与元件。

1.1 电力系统的组成

1.1.1 电力系统的组成

在生产和生活领域，人们广泛地使用着电能。这主要是因为与其他形式的能量相比，电能既易于由其他形式的能量转换而来，又易于转换成其他形式的能量。电能在其生产、输送、分配、转换、控制及使用等方面突显诸多优点。

自然界存在许多一次能源，也称天然能源。是指从自然界取得未经改变或转变而直接利用的能源。如原煤、原油、天然气、水能、风能、太阳能、海洋能、潮汐能、地热能、天然铀矿等。一次能源又分为可再生能源和不可再生能源，前者指能够重复产生的天然能源，后者则用一点少一点，主要是各类化石燃料、核燃料等。将一次能源转化为电能的过程称为发电，一般在发电厂完成。依照一次能源的形式不同，可以把发电厂分为火电厂、水电厂和核电厂等，此外还有太阳能发电厂、风力发电厂、潮汐发电厂、地热发电厂等。发电厂和用电负荷中心往往相距几十、几百甚至几千公里远，这就需要建设电力线路作为输送电能的通道。将发电厂的电能输送到负荷中心的线路叫作输电线路；将负荷中心的电能输送到各用户的电力线路叫作配电线路。这其中需要设立变电所连接彼此。安装变压器及测量、保护与控制设备的地方称为变电所。升高电压的叫升压变电所；降低电压的叫降压变电所。通常把电能的生产、输送、分配和使用的各个环节组成的统一体称为电力系统。包括有发电厂中的电器部分、各级变电所及输电、配电线路和各种类型的用电电器以及相应的通信、安全设施、继电保护、调度设备等。

从图 1-1 我们可以理解定义以下几个概念。

（1）电力系统：除锅炉、汽轮机或水轮机以外的生产、输送、分配与消费电能的系统。包括：发电机、变压器、输电线路、电力网和用电设备。

1.1 电力系统的组成

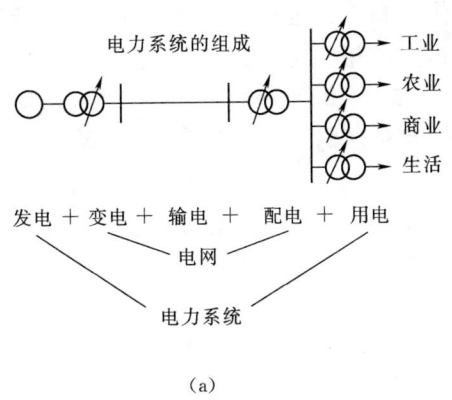
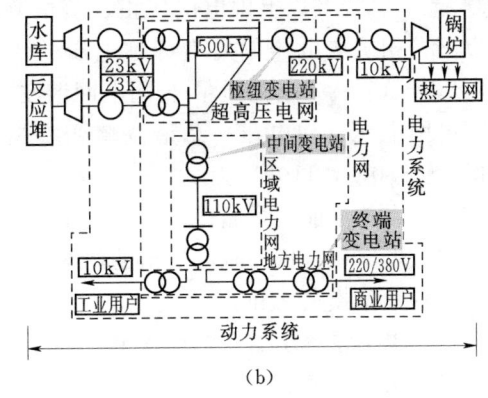

图 1-1 电力系统、电力网及动力系统组成图
(a) 一个简单电力系统的示意图；(b) 一个较为简单的动力系统组成图

(2) 电力网：电力系统中输送与分配电能的部分。主要由电力系统中各级电压电力线路及联系的变电所组成。

目前，我国电力网的分类可按以下几种方式：

1) 按地区称呼分类主要有：东北电网、华北电网、华中电网、华东电网、南方电网、西北电网等。

2) 按电压等级（kV）可划分为：0.38、3、6、10、35、60、110、220、330、500 等 8 级。目前在我国甘肃省有 750kV 的线路在运行，另外还有 ±500kV 和 ±800kV 的直流线路。习惯上称 10kV 以下线路为配电线路，35kV、60kV 线路为中压线路，110kV、220kV 线路为高压线路，330kV 以上线路称为超高压线路。

3) 按区域分类：把 60kV 以下电网称为地域电网，110kV、220kV 电网称为区域电网，330kV 以上电网称为超高压电网。

(3) 动力系统：动力部分与电力系统组成的整体。亦即电力系统加上热能动力装置、水能动力装置及其他能源动力装置构成的系统。

(4) 负荷：把电力用户从系统所取用的功率称为负荷。另外，通常把 1kV 以下的电力设备及装置称为低压设备，1kV 及以上的设备称为高压设备。

1.1.2 电力系统的特点

电力系统的生产、输送、分配和消费的各个环节组成的统一体与其他工业系统相比，电力系统的运行具有明显的特点：

(1) 电能与国民经济各部门、国防和日常生活之间的关系都很密切。如果对用户的供电突然中断会带来严重的后果。如精密机床突然断电会损坏机床以及产生废品，火箭发射突然断电将会爆炸等。

(2) 电能质量的要求严格。电能质量的定义比较简明的说法就是关系到供电、用电系统及其设备正常工作（或运行）的电压、电流的各种指标偏离规定范围的程度。也可以说是导致用户设备故障或不能正常工作的电压、电流或频率偏差。通常用三个指标来反映电能的质量，即是频率、电压及波形。《电能质量 供电电压偏差》（GB/T 12325—2008）

中规定：35kV 及以上供电电压正、负偏差的绝对值之和不超过标称电压的 10%；20kV 及以下三相供电电压偏差为标称电压的 ±7%；220V 单相供电电压偏差为标称电压的 +7%，−10%。《电能质量 公用电网谐波》（GB/T 14549—93）中规定：6～220kV 各级公用电网电压（相电压）总谐波畸变率是 0.38kV 为 5.0%，6～10kV 为 4.0%，35～66kV 为 3.0%，110kV 为 2.0%。

(3) 电能不能大量储存。电能的生产、输送、分配和消费实际上是同时进行的。电力系统中，发电厂在任何时刻发出的功率必须等于该时刻用电设备所需的功率与输送和分配环节中的功率损失之和。

(4) 电力系统中的暂态过程十分短促。电力系统从一种运行状态到另一种运行状态的过渡过程极为迅速。

基于这些，反映到我国电力系统运行来看体现出相应的特点：

一是经济总量大。目前，我国电力行业的资产规模已超过 2 万多亿元，占整个国有资产总量的 1/4，电力生产直接影响着国民经济的健康发展。

二是同时性。电能不能大量存储，各环节组成的统一整体不可分割，过渡过程非常迅速，瞬间生产的电力必须等于瞬间取用的电力，所以电力生产的发电、输电、配电到用户的每一环节都非常重要，不得异步。

三是集中性。电力生产是高度集中、统一的，无论多少个发电厂、供电公司，电网必须统一调度，统一管理标准，统一管理办法；安全生产，组织纪律，职业品德等都有严格的要求。

四是适用性。电力行业的服务对象是全方位的，涉及全社会所有人群，电能质量、电价水平与广大电力用户的利益密切相关。

五是先行性。国民经济发展电力必须先行。因为电力工业是国民经济的先导产业，必须保持超前发展，才能满足和促进其他经济的正常和有效发展。

1.1.3 电力系统的基本要求

基于上述电力系统的特点，对电力系统运行提出了如下几点基本要求：

(1) 保证供电的可靠性。电力系统应该满足用户连续不间断的用电需要，供电的中断不仅使生产停顿、生活紊乱，而且会危害到人身和设备的安全，造成十分严重的后果。

(2) 保证良好的电能质量。衡量电能质量的指标是频率、电压和波形。三者的变化不能超过容许的范围。电能质量合格，用电设备工作时具有最佳的技术经济效果，反之，则对用电设备的运行产生影响，对电力系统本身也造成危害。

(3) 保证供电的安全性。保证系统本身设备的安全。要求电源容量充足，电网结构合理。

(4) 保证供电的经济性。电力系统运行中，要尽可能地降低发电、变电和输配电过程中的能量损耗以便最大限度地降低电能成本。

1.2 电力系统的额定频率和额定电压

1.2.1 电力系统的额定频率

电力系统中发电机发出的正弦交流电每秒中交变的次数称为频率。额定频率就是国家规定的频率数值,体现出技术性和经济性的最优值。我国电力系统的标称频率规定为 50Hz,电气设备都是按照此标准频率来进行设计制造的。在实际系统中,频率往往出现偏差,这是容许的,但不能过大。标准《电能质量 电力系统频率偏差》(GB/T 15945—2008)中规定,电力系统正常运行条件下频率偏差限值为±0.2Hz,当系统容量较小时,偏差限值可放宽到±0.5Hz。

1.2.2 电力系统额定电压

额定电压是国家权威部门根据国情、技术经济条件综合比较而确定的标准电压。通常电气设备在此电压下就能正常工作且能获得最佳技术性能和经济效果,该电压通常是指线电压,在电气设备铭牌上标出。

电网电压是有等级的,电网的额定电压等级是根据国民经济发展的需要,技术经济的合理性以及电气设备的制造水平等因素,经全面分析论证,由国家统一制定和颁布的。

我国国家标准《标准电压》(GB 156—2007)中,规定我国电力系统的电压等级(括号内为设备最高电压)有:220/380(230/400)V、3(3.5)kV、10(11.5)kV、35(40.5)kV、63(69)kV、110(126)kV、220(252)kV、330(363)kV、500(550)kV、750kV。随着标准化的要求越来越高,3kV、6kV、20kV、66kV 也很少使用。供电系统以 10kV、35kV 为主。输配电系统以 110kV 以上为主。发电机过去有 6kV 与 10kV 两种,现在以 10kV 为主,低压用户均是 220/380V。

1.2.3 额定电压的分类

为了进行标准化、系列化生产以及实现设备的互换,世界各国都制定有标准的额定电压。我国制定的标准额定电压依据电压的高低可分为三类。

(1) 第一类额定电压。是指 100V 以下的额定电压,见表 1-1 所示。主要用于安全、照明、蓄电池及开关设备的直流操作电源等。其中交流 36V 只作为潮湿环境的局部照明及其他特殊电力负荷使用。

表 1-1　　　　　　　　　第一类额定电压　　　　　　　　单位:kV

直流	交流	
	三相	单相
6		6
12		12
24		24
	36	36
48		

(2) 第二类额定电压。是指 100~1000V 之间的额定电压,见表 1-2 所示。这类电压数量最多,应用最广。如低压电动机、工业与民用电气设备、照明电器等等都采用此类电压,表中括号内的电压只适用于矿井下或其他安全条件要求较高的地方。

表 1-2　　　　　　　　　　第二类额定电压　　　　　　　　　单位：kV

用电设备			发电机		变压器			
直流	三相交流		直流	三相交流	单相		三相	
	线电压	相电压			一次绕组	二次绕组	一次绕组	二次绕组
110			115					
	(127)			(133)	(127)	(133)	(127)	(133)
220	220	127	230	230	220	230	220	230
	380	220		400	400		380	400
440								

(3) 第三类额定电压。是指1000V及以上的电压等级，见表1-3所示。电力系统的发、供、输、配、用电都采用这些电压等级。

表 1-3　　　　　　　　　　第三类额定电压　　　　　　　　　单位：kV

用电设备	线路平均额定电压	交流发电机	变压器	
			一次绕组	二次绕组
3	3.15	3.15	3 及 3.15	3.15 及 3.3
6	6.3	6.3	6 及 6.3	6.3 及 6.6
10	10.5	10.5	10 及 10.5	10.5 及 11
		13.8	13.8	
		15.75	15.75	
		18	18	
35	37		35	38.5
(60)	(6)3		(60)	(66)
110	115		110	121
220	230		220	242
(330)	(345)		(330)	(363)
500	525		500	550
750	787		750	825

注　1. 表中所列均为线电压。
　　2. 括号内的电压仅用于特殊地区。
　　3. 水轮发电机容许用非标准额定电压。

从以上表中可以看出，同一个电压级别下，各种设备的额定电压并不完全相等。

1.2.4　电力系统元件的额定电压

电力系统元件是指电力系统中运行的发电机、变压器、电力线路、用电设备等设备的统称。通常又可称为电气设备。电气设备的额定电压是电器产品最重要的技术数据之一，特别是高压电气设备的长期连续工作电压，是国家根据国民经济发展的需要，考虑经济技术的合理性以及机电制造工业水平等因素，按照长期正常工作时产生最大经济效果所规定的系列等级电压。为了使各种相互连接的电气设备都能运行在较为有利的电压下，各电气

1.2 电力系统的额定频率和额定电压

设备的额定电压之间有一个相互配合的问题,亦即它们额定电压的规定不尽相同。主要分以下几种。

1. 发电机的额定电压

由于电力网存在电压损失,用电设备的工作电压也存在着与自身特性有关的偏移,它们允许的偏移范围一般不超出±5%,即电力网首端母线上的电压比额定电压高5%。因此,发电机的额定电压应等于母线电压,也就是线路首端的电压。它应当比线路的额定电压高出5%,以满足系统电压质量的要求。因此,如果设线路的额定电压为U_n,那么发电机的额定电压U_{Gn}可表示为

$$U_{Gn}=1.05U_n$$

式中　U_{Gn}——发电机的额定电压,V 或 kV；

U_n——线路的额定电压,V 或 kV。

2. 电力网及用电设备的额定电压

发电机和电力网在运行中供电给用电设备,由于输电线路具有电压损失,因此,线路首端电压将高于其末端的电压,沿线路各处分布的负荷将感受到不同的电压。因为用电设备的额定电压不可能按照变化的线路电压制造,而必须按照标准规定进行标准化生产。所以,它只能力求接近于实际工作电压。通常,将输电线路首端电压和末端电压的算术平均值定义为电力网的额定电压,也即作为该电力网上连接的所有用电设备的额定电压。

3. 变压器的额定电压

变压器额定电压的规定相比其他设备要复杂些。变压器的额定电压应与发电机和电力网的额定电压定义法则都要相适应。依据变压器在电力系统中传输功率的方向,规定变压器接受功率一侧的绕组为一次绕组,输出功率一侧的绕组为二次绕组。一次侧绕组的作用相当于用电设备,其额定电压与电网系统的额定电压相同；与发电机直接相连时,则与发电机相同。二次侧绕组的作用相当于电源设备,其额定电压应比电网系统高出5%,考虑变压器内部的电压损耗(5%),实际规定为比线路高出10%。但如果变压器的短路阻抗小于7.5%或直接(或通过短距离线路)与用户连接时,其额定电压应比电网系统高5%。为了适应电力系统运行调节(调压)的需要,在变压器的高压绕组侧制造有分接抽头。分接头电压用百分数表示即与主抽头电压的差值为主抽头电压的百分之几。对同一电压级的变压器,分有升压变压器和降压变压器,它们即使分接头百分值相同,分接头的额定电压也不同。图1-2所示为用线电压表示的SF120000/220±2×2.5%型变压器的抽头额定电压。对于+5%抽头,升压变压器为242×1.05=254kV,降压变压器则为220×1.05=231kV。其他抽头计算原理与之相同。

【例1-1】 图1-3所示为一个简单的电力系统,线路的额定电压已知,试确定图中各变压器的变比以及其他元件的额定电压。

解:(1) 发电机G与10kV的母线相连,其电压应该高于线路电压5%,故其额定电压为10.5kV。

(2) 变压器T1与发电机直接相连,其一次侧电压与发电机相等,故为10.5kV；该变压器的二次侧与110kV线路相连,二次侧作为电源端其额定电压应该高于线路10%,故二次侧的额定电压分别为121kV,所以变压器T1的变比为121/10.5kV。

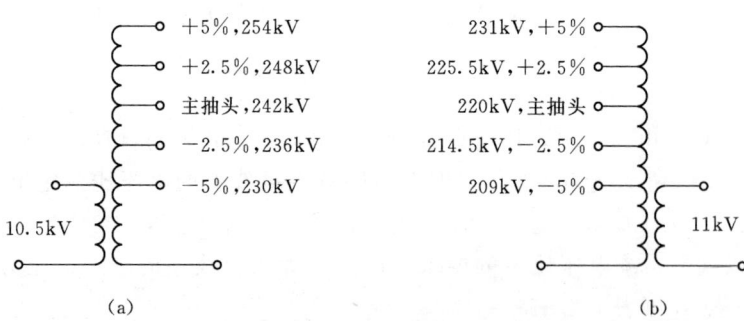

图 1-2 用线电压表示的抽头额定电压
(a) 升压变压器；(b) 降压变压器

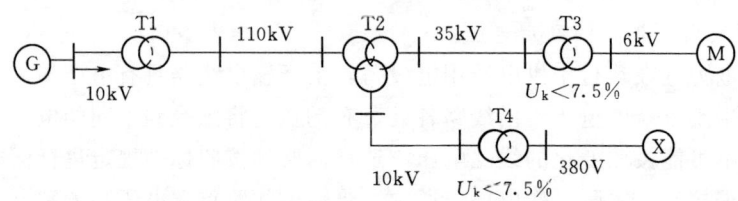

图 1-3 ［例 1-1］图

(3) 变压器 T2 的一次侧与 110kV 线路相连，作为接受电能的用电设备，其额定电压应该与线路的额定电压相等，故为 110kV；该变压器的二次侧与 10kV 和 35kV 线路相连，二次侧作为电源端其额定电压应该高于线路 10%，故二次侧的额定电压分别为 11kV 和 38.5kV，所以变压器 T2 的变比为 110/38.5/11kV。

(4) 变压器 T3 的一次侧与 35kV 线路相连，作为接受电能的用电设备，其额定电压应该与线路的额定电压相等，故为 35kV；该变压器的二次侧与 6kV 线路相连，其短路阻抗 $U_k<7.5\%$，二次侧作为电源端其额定电压应该高于线路 5%，故二次侧的额定电压为 6.3kV，所以变压器 T3 的变比为 35/6.3kV。

(5) 变压器 T4 的一次侧与 10kV 线路相连，作为接受电能的用电设备，其额定电压应该与线路的额定电压相等，故为 10kV；该变压器的二次侧与 380V 线路相连，其短路阻抗 $U_k<7.5\%$，二次侧作为电源端其额定电压应该高于线路 5%，故二次侧的额定电压为 0.4kV，所以变压器 T_4 的变比为 10/0.4kV。

(6) 电动机 M 与 6kV 的母线相连，其电压应该等于线路电压，故其额定电压为 6kV。

1.3 电力线路

电力线路是电力系统的重要组成部分，担负着输送和分配电能的任务。从电源向电力负荷中心输送电能的线路称为输电线路。为减少电能在输送过程中的损耗，根据输送距离和输送容量的大小，输电线路采用不同的电压等级。目前我国采用的各种不同电压等级有 35kV、60kV、110kV、220kV、330kV、500kV 等。在我国，通常称 35～220kV 的线路为高压输电线路,330~500kV 的线路为超高压输电线路,500kV 以上的线路称为特高压输电线路。此外,担负分配电能任务的线路称为配电线路。我国配电线路的电压等级有 380/220V、6kV、10kV,其中把 1kV 以下的线路称为低压配电线路,1~10kV 线路称为高压配电线路。

电力线路按其结构可分为架空线路和电缆线路两类。架空线路将导线架设在杆塔上,并暴露于空气中。其优点是结构简单,架设方便,投资少;传输电容量大,电压高;散热条件好;维护方便。缺点是网络复杂和集中时,不易架设;无法跨越大江大海架设,在城市人口稠密区架设既不安全,也不美观;运行条件差,易受环境条件,如冰、风、雨、雪、温度、化学腐蚀、雷电等的影响,以致故障几率高,运行可靠性差;同时,因电压高而产生的电晕对无线电信号产生干扰等。电缆线路是将电缆敷设于地下或水底。其优点是不易受周围环境和污染的影响,送电可靠性高;线间绝缘距离小,占地少,无干扰电波;地下敷设时,不占地面与空间,既安全可靠,又不易暴露目标。但也有缺点:成本高,一次性投资费用比较大;电缆线路不易变动与分支;电缆故障测寻与维修困难等。下面分别对这两类线路进行具体介绍。

1.3.1 架空线路

架空线路是用绝缘子将输电导线固定在直立于地面的杆塔上用以传输电能的输电线路。它的主要技术参数包括:电压等级、导线截面,以及线路长度等。这些参数主要是根据电力系统的供需关系通过规划设计来选择确定的,并代表着它的供电能力。它主要由导线、架空地线、绝缘子串、杆塔、接地装置等组成。另外还有相关的辅件如横担、金具、拉线等,如图 1-4 所示。图 1-5 则是运行中的 110kV 铁塔架空线路图片。

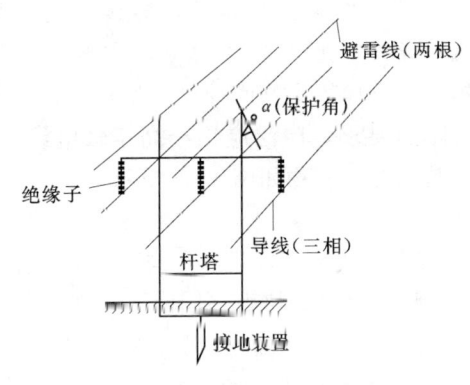

图 1-4　架空线路结构示意图　　　图 1-5　运行中的铁塔架空线路示意图

图中所示导线由导电良好的金属制成,有足够粗的截面(以保持适当的通流密度)和较大曲率半径(以减小电晕放电)。超高压输电则多采用分裂导线。架空地线(又称避雷线)设置于输电导线的上方,用于保护线路免遭雷击。重要的输电线路通常用两根架空地线。绝缘子串由单个悬式(或棒式)绝缘子串接而成,需满足绝缘强度和机械强度的要求。每串绝缘子个数由输电电压等级决定。杆塔多由钢材或钢筋混凝土制成,是架空输电线路的主要支撑结构。架空输电线路在设计时要考虑它受到的气温变化、强风暴侵袭、雷闪、雨淋、结冰、洪水、湿雾等各种自然条件的影响,还要考虑电磁环境干扰问题。架空输电线路所经路径还要有足够的地面宽度和净空走廊。下面具体介绍其组成部分。

1. 导线

导线用来传输电流、输送电能，是架空线路的主要组成部分。它通过绝缘子架设在杆塔上，除开承受着自身的重量和经常受风、雨、雪等外力作用外，还要承受空气中化学杂质的侵蚀，因此，导线必须具备良好的导电性能和足够的机械强度，以及耐腐蚀性能，并应尽可能质量轻、价格低。

导线的材料采用铜、铝等金属，在输电线路中多采用钢芯铝绞线，其特点是机械强度大，质量轻。

(1) 铜导线。具有良好的导电性能和足够的机械强度并且有很强的抗腐蚀能力，新架设的铜导线架空线路运行一段时间，在表面上形成很薄的氧化层，可防止导线进一步受腐蚀，但因我国铜矿资源不足，而造价高，除特殊要求外，一般不采用铜导线。

(2) 铝导线。其型号可表示为LJ，其导电性能及机械强度仅次于铜导线。铝的导电率为铜的60%左右。铝导线要得到与铜导线相同的导电能力，其截面约为铜导线的1.6倍左右，但铝的质量轻，在同一电阻值下，约为铜质量的50%，铝导线极易氧化，氧化后的薄膜能防止进一步的腐蚀，铝的抗腐蚀能力较差，而且机械强度小，但导线价格相对低一些，资源丰富，因此在10kV及以下的配电线路中广泛使用。

(3) 钢芯铝绞线。其型号可表示为LGJ，它是一种复合导线。它利用机械强度高的钢线和导电性能好的铝线组合而成，其导线外部为铝线，因为趋肤效应，导线的电流几乎全部由铝线传输，导线的内部是钢线，导线上所承受的力作用主要由钢线承担。复合导线集这两种导线所长满足了架空线路的要求，广泛应用于高压输电线路中。

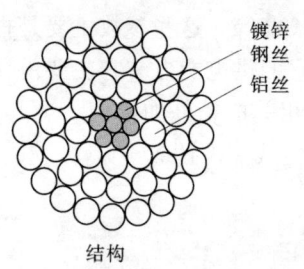

图1-6 钢芯铝绞线结构和实物图

各种型号的钢芯铝绞线参数见附录1和附录2，其结构和实物如图1-6所示。

2. 绝缘子及金具

绝缘子俗称瓷瓶，是用来固定导线的，并使带电导线之间以及导线与大地之间保持绝缘。它在运行中应能承受导线垂直方向的荷重和水平方向的拉力。同时，它还经受着日晒、雨淋、气候变化及化学物质的腐蚀，还要受大气变化（如温度）的影响。因此，绝缘子既要有良好的绝缘电气性能，又要有足够的机械强度，还需能承受温度等的骤变作用。绝缘子的好坏对线路的安全运行是十分重要的。

绝缘子种类繁多，按材料的不同可分为瓷质绝缘子、钢化玻璃绝缘子和硅橡胶合成绝缘子等。按其结构形状可分为陶瓷横担绝缘子、悬式绝缘子、针式绝缘子和棒式绝缘子，如图1-7所示。

(1) 陶瓷横担绝缘子。瓷横担具有良好的电气性能，同时起到绝缘子的作用，即具备绝缘和横担的双重作用，能节省大量木材和钢材，降低线路造价。横担在导线断线时能够转动，避免扩大事故。瓷横担表面经雨水冲洗后，污垢减少，可以减少线路维护工作量等，但其机械抗弯强度低。目前广泛应用于6～35kV线路中。

1.3 电力线路

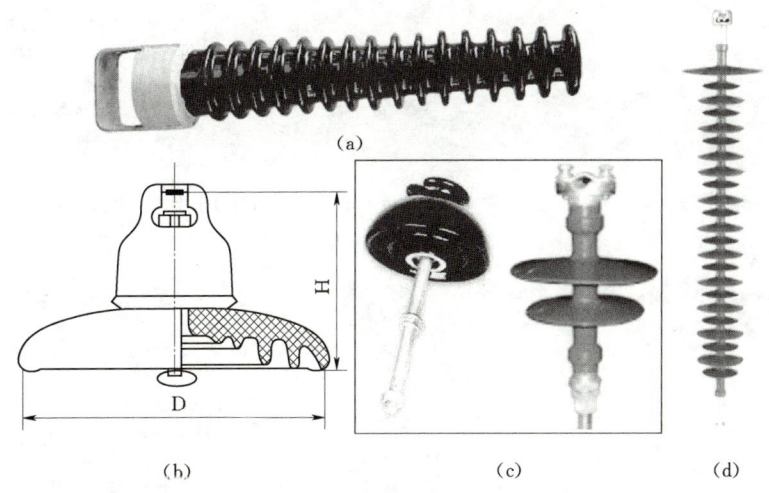

图 1-7 架空线路用绝缘子
(a) 陶瓷横担绝缘子；(b) 悬式绝缘子；(c) 针式绝缘子；(d) 棒式绝缘子

(2) 悬式绝缘子。它包括悬式钢化玻璃绝缘子和悬式瓷绝缘子。通常将它们组装成绝缘子串来使用，在直线杆塔上组合成悬垂串，在耐张杆塔上组合成耐张串等。绝缘子串中绝缘子的个数取决于线路电压等级的高低，耐张串中的绝缘子的个数比相同电压等级线路的悬垂串中绝缘子个数多1～2个。此类绝缘子主要用于35kV及以上的线路中。

(3) 针式绝缘子。其特点是制造简易、价格低廉，但耐雷水平不高，易闪络。主要用于35kV以下线路中的直线杆塔和小转角杆塔上。其种类按使用电压可分为高压针式绝缘子和低压针式绝缘子两种；按针脚的长度可分为长脚和短脚两种，长脚针式绝缘子用于木横担，短脚针式绝缘子用于铁横担。

(4) 棒式绝缘子。是用环氧玻璃钢等硬质材料做成的一体型绝缘子，具有质量轻、体积小、运输和安装方便的优点，它可以替代悬式绝缘子串。常用于10kV及以下电力线路上的终端耐张及转角杆塔上和电气化铁路接触网中。

线路金具是用来连接导线，安装横担和绝缘子以及拉线和杆上的其他电力设施的金属辅助元件。在架空输电线路中起着支持、固定、接续保护导线和避雷线的作用。且能使接线坚固。金具种类很多，按照金具的性能和用途可分为线夹、连接金具、保护金具和拉线金具等几大类。部分金具如图1-8所示。

3. 杆塔以及横担和拉线

杆塔是用来支持导线和避雷线及其附件，并使导线、避雷线、杆塔之间，以及导线和地面及交叉跨越物或其他建筑物之间保持一定的安全距离的支持物。杆塔应具有足够的机械强度和耐用、价廉、便于运输和架设等特点。杆塔类型与线路的额定电压、导线及安装方式、回路数、线路所经过的自然条件、线路的重要性有关。

杆塔的形式很多，可按不同的方法分类如下。

(1) 按使用材料的不同可分为铁塔、钢筋混凝土杆塔（水泥杆）和木杆三种。木杆目前除林区外已基本不用；铁塔主要用于超高压、大跨越段的线路以及某些受力较大的耐

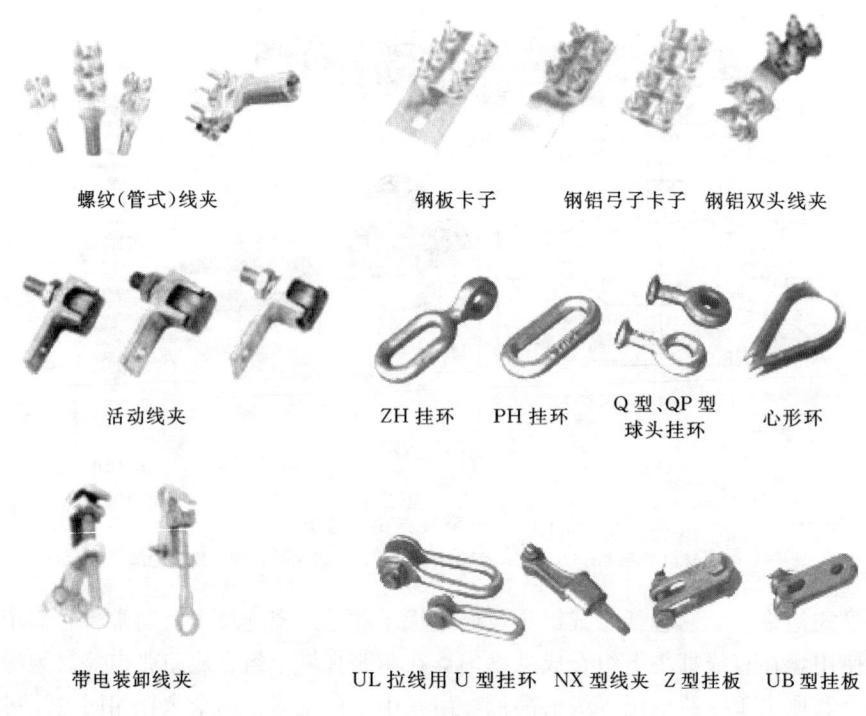

图 1-8 部分金具

张、转角杆塔上。钢筋混凝土杆塔不仅可以节省大量钢材,而且机械强度较高,目前应用较广。

(2) 按导线在杆塔上的布置方式不同,对于单回线常采用上字形、三角形和水平排列方式;对于双回线常有伞形、倒伞形、干字形和鼓形排列方式,如图 1-9 所示。

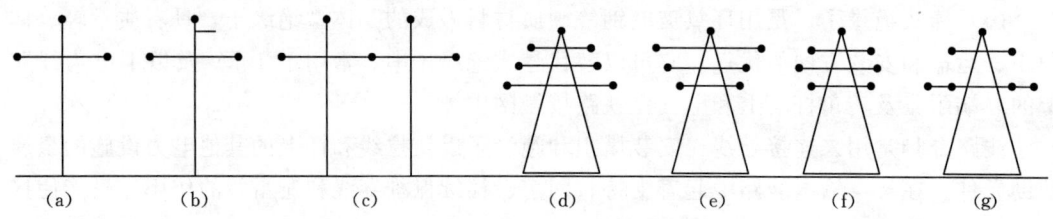

图 1-9 杆塔上导线的几种排列方式
(a) 三角形;(b) 上字形;(c) 水平形;(d) 伞形;(e) 倒伞形;(f) 鼓形;(g) 干字形

(3) 按用途不同可分为直线杆、耐张杆、转角杆、终端杆和特种杆五种。

1) 直线杆塔。直线杆塔又称为中间杆塔,用于线路直线中间部分,在平坦地区,这种杆塔占总数的 80% 左右。直线杆塔的导线用线夹和悬式绝缘子串挂在横担上以及用针式绝缘子固定在横担上,它只承受导线和避雷线的自重、冰重和风压,不承受顺线路方向的水平张力,故其强度要求低,造价也便宜。直线杆塔上导线与绝缘子相互垂直。

2) 耐张杆塔。又称承力杆塔或锚杆。与直线杆塔相比较,导线要用耐张线夹和耐张绝缘子固定在杆塔上,耐张绝缘子串的位置几乎与地面平行,它除开承受导线和避雷线的

1.3 电力线路

自重、冰重和风压外,还要承受顺线路方向的水平张力。故其强度较大,结构较复杂,造价相对也较高。在线路较长时,需每隔3~5km设置一基耐张杆塔,以便把断线故障的影响范围限制在耐张段内。耐张杆塔将线路分隔成若干耐张段,以便于线路的施工和检修。一个耐张段内一般有若干个直线杆塔,如图1-10所示。耐张杆塔上的绝缘子串和导线在同一曲线上,两侧导线用引流线(或跳线)连接。

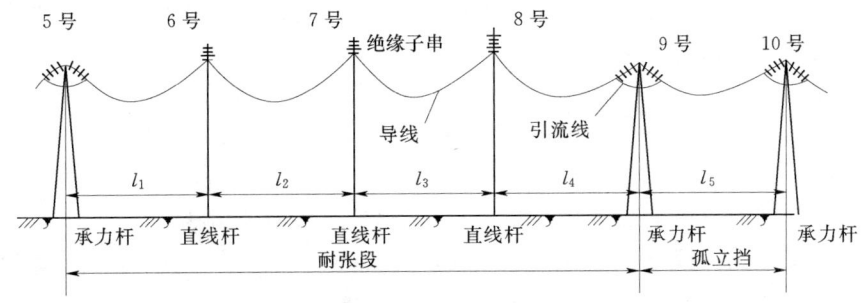

图1-10 线路耐张杆塔连接示意图

3)转角杆塔。设置于线路的转角处,主要用来承受两侧导线所产生的角度合力,即不平衡拉力。转角杆塔可以做成耐张型也可做成直线型。转角杆塔的形式则根据转角的角度与导线截面的大小而确定。

4)终端杆塔。它是耐张杆塔的一种,用于线路的首端和终端,承受导线、避雷线的单方向拉力和质量,机械强度要求较大。

5)特种杆塔。是线路有一些特殊需要时才采用的杆塔,主要有跨越杆塔和换位杆塔。当线路需要跨越铁路、道路、桥梁、河流、湖泊、山谷及其他交叉跨越之处时,需采用跨越杆塔。要求其有较大的高度和机械强度;换位杆塔是为了在一定长度内实现三相导线在空间的轮流换位,以使三相导线的电气参数均衡。导线换位的结构如图1-11所示。

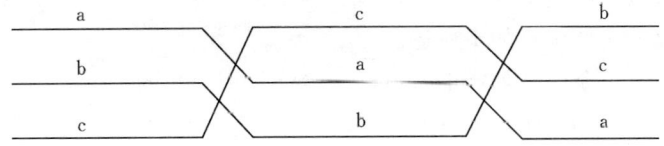

图1-11 导线换位示意图

横担安装在电杆的上部,用来安装绝缘子固定导线之用。常用横担有铁横担、木横担和瓷横担等。铁横担用角钢制成,因其坚固耐用而被广泛使用。木横担易加工,价格低廉,具有良好的防雷性能。但易腐蚀,维修费用较高,近年来逐渐被铁横担和瓷横担所取代。

拉线是为了平衡电杆各方面的作用力,并抵抗风力,以防止电杆倾倒。拉线多采用多股铁拉线绞成或由钢绞线制成,埋入地下。拉线底盘采用预制混凝土拉线盘。木杆拉线中间装设拉线绝缘子,以免雷击时通过拉线对地放电。导线与拉线之间必须保持安全距离。

杆塔基础是将杆塔固定在地面上,以保证杆塔不发生倾斜、倒塌、下沉等的设施。如钢筋混凝土杆若直接埋入土中,由于电杆横截面积小,则在一般土壤中电杆都会下沉。此时为防止电杆下沉,往往在电杆底部垫一块面积较大的钢筋混凝土板——底盘,底盘就是防止电杆下沉的基础。铁塔基础根据地形、地质和施工条件的不同,所采用的类型也不同。

4. 避雷线

避雷线架设在杆塔顶部,并在每基杆塔上均通过接地线与接地体相连接。其作用是保护架空导线,减少雷击机会,提高线路耐雷水平,降低线路雷击跳闸次数,从而提高线路运行的安全可靠性,保证连续供电。

根据线路的重要性以及线路通过地区的雷电活动情况,每条线路可在杆塔上架设一条或两条避雷线,现行规程对各级电压线路架设避雷线的要求有如下规定:

(1) 330kV 及 500kV 线路应沿全线架双避雷线。

(2) 220kV 线路应沿全线架设避雷线。在山区宜架设双避雷线。

(3) 110kV 线路一般沿全线架设避雷线,在雷电活动特殊强烈地区,宜架设双避雷线。

(4) 60kV 线路,负荷重要且所经地区年平均雷暴日数为 30 天以上地区,宜沿全线架设避雷线。

(5) 35kV 以上线路,一般不沿全线架设避雷线。

避雷线一般采用镀锌钢绞线。镀锌钢绞线是采用镀锌高碳钢丝同心绞合而成,具有一定的防腐蚀能力,机械强度较高。其型号的表示方法为"GJ-数字",GJ 代表钢绞线,数字表示其标称截面(mm^2)。线路上常用的镀锌钢绞线有 GJ-35、GJ-50、GJ-100、GJ-120 等,在超高压或大跨越线路,也有用 GJ-135、GJ-500 型号的。

1.3.2 电力电缆线路

电力电缆线路主要由电缆本体、电缆中间接头、电缆终端头等组成,有些电力电缆线路还带有配件,如压力箱、压力和温度示警装置等。与架空线相同也是用来输送电能的。电力电缆线路一般敷设在地下或水下,也有架空敷设的电力电缆线路。

电力电缆线路的主要优点如下所述。

(1) 不受自然气象条件(如雷电、风雨、盐雾污秽等)的干扰。

(2) 不受沿线树木的影响。

(3) 有利于城市、车站广场环境美化。

(4) 不占地面走廊,同一地下通道可容纳多回线路。

(5) 安全可靠、避免触电。

(6) 维修费用小。

电力电缆线路也有以下缺点。

(1) 同样的导线截面时,输送电流比架空线路小。

(2) 投资建设费用比率成倍增大,并随着电压增高而增大。

(3) 事故修复时间长。

1. 电力电缆的构造

一般来说,电力电缆最基本的结构有导体、绝缘层及外护层。根据要求再增加一些结构,如屏蔽层、内护层或铠装层等,为了电缆有圆整性再辅加一些填充材料,如图 1-12

所示。其结构单元作如下简单介绍。

(1) 导体（或称导电线芯）。其作用是传导电流，输送电能，是电力电缆的主要部分。其材料有铜、铝、铜包钢、铝包钢等，主要用的是铜与铝，铜的导电性能比铝要好得多；其结构有单股实芯和多股绞线之分，通常用多股铜或铝绞线，以增加电缆的柔性，便于弯曲。根据电缆中导体线芯数量，电缆可分为单芯电缆、三芯电缆和四芯电缆等。

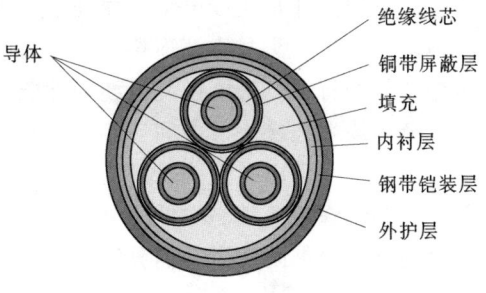

图 1-12 电缆结构示意图

(2) 耐火层。只有耐火型电缆有此结构。其作用是在火灾中电缆能经受一定时间，给逃生时多一些用电的时间。现在使用的材料主要是云母带。因云母带的云母片耐高温，且又有绝缘作用，在火灾中能保护导体运行一定时间。

(3) 绝缘层。包覆在导体外，其作用是隔绝导体，承受相应的电压，防止电流泄漏。使用的绝缘材料有多种，如聚氯乙烯（PVC）、聚乙烯（PE）、交联聚乙烯（XLPE）、橡胶（如丁腈橡胶、氯丁橡胶、丁苯橡胶、乙丙橡胶等）、氟塑料、尼龙、绝缘纸等。这些材料最主要的性能就是绝缘性能要好，其他的性能要求根据电缆使用要求各有不同，有的要求介电系数要小，以减少损耗，有的要求有阻燃性能或能耐高温，有的要求电缆在燃烧时不会或少产生浓烟或有害气体，有的要求能耐油、耐腐蚀，有的则要求柔软等。

(4) 屏蔽层。在绝缘层外，外护层内，作用是限制电场和电磁干扰。对于不同类型的电缆，屏蔽材料也不一样，主要有：铜丝编织、铜丝缠绕、铝丝（铝合金丝）编织、铜带、铝箔、铝（钢）塑带、钢带等绕包或纵包等。

(5) 填充层。填充的作用主要是让电缆圆整、结构稳定，有些电缆的填充物还起到阻水、耐火等作用。主要的材料有聚丙烯绳、玻璃纤维绳、石棉绳、橡皮等，种类很多，但有一个主要的性能要求是非吸湿性材料，当然还不能导电。

(6) 内护层。内护层作用是保护绝缘线芯不被铠装层或屏蔽层损伤。内护层有挤包、绕包和纵包等几种形式。对要求高的采用挤包形式，要求低的采用绕包或纵包形式。现在绕包用的材料也多种多样，如钢带铠装的内护层，有采用PVC带绕包的，也有采用聚丙烯带（很薄的，表面做成颗粒凸起来凑厚度）绕包的。

(7) 铠装层。铠装层作用是保护电缆不被外力损伤。最常见的是钢带铠装与钢丝铠装，还有铝带铠装、不锈钢带铠装等。钢带铠装主要作用是抗压用，钢丝铠装主要是抗拉用。根据电缆的大小，铠装用的钢带厚度是不一样的，这在各电缆标准中都有规定。

(8) 外护层。在电缆最外层起保护作用的部件。根据材料分，主要有三类：塑料类、橡皮类及金属类。其中塑料类最常用的是聚氯乙烯塑料、聚乙烯塑料。根据电缆特性分，有阻燃型、低烟低卤型、低烟无卤型等。

以上介绍的是一般电缆的基本结构，有些品种电缆结构更简单，只有导体和绝缘层，有些电缆没有铠装层或屏蔽层，所以根据结构的不同情况及所用材料的不同产生出各种型号的电线电缆。

2. 电缆附件

电力电缆附件是连接电缆与输配电线路及相关配电装置的产品，一般指电缆线路中各种电缆的中间连接头及终端连接头，它与电缆一起构成电力输送网络。电缆附件主要是依据电缆结构的特性，既能恢复电缆的性能，又保证电缆长度的延长及终端的连接。按其用途一般分为终端连接头及中间连接头，其终端连接头分为户内终端和户外终端，一般情况户外终端是指露天电缆接头，户内终端是指室内连接电缆与电气设备的接头；中间连接分为直通式和绝缘式两种。中低压电缆附件目前使用得比较多的产品种类主要有热缩附件、预制式附件、冷缩附件。它们分别有以下特点。

（1）热缩式附件。如图 1-13 所示。所用材料一般为聚乙烯、乙烯—醋酸乙烯（EVA）及乙丙橡胶等多种材料组分的共混物。该类产品主要采用应力管处理电应力集中问题。亦即采用参数控制法缓解电场应力集中。主要优点是轻便，安装容易，性能尚好，价格便宜。

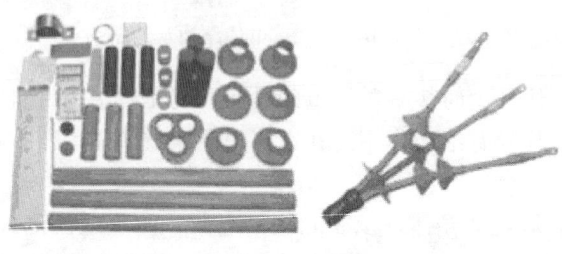

图 1-13 热缩电缆附件

应力管是一种体积电阻率适中（$10^{10} \sim 10^{12}\Omega \cdot cm$）、介电常数较大（$20 \sim 25$）的特殊电性参数的热收缩管，利用电气参数强迫电缆绝缘屏蔽断口处的应力疏散成沿应力管较均匀地分布。这一技术一般用于 35kV 及以下电缆附件中。因为电压等级高时应力管将发热而不能可靠工作。其使用中关键技术问题是要保证应力管的电性参数必须达到上述标准规定值方能可靠工作。另外要注意用硅脂填充电缆绝缘半导电层断口处的气隙以排除气体，达到减小局部放电的目的。交联电缆因内应力处理不良时在运行中会发生较大收缩，因而在安装附件时注意应力管与绝缘屏蔽搭盖不少于 20mm，以防收缩时应力管与绝缘屏蔽脱离。热收缩附件因弹性较小，运行中热胀冷缩时可能使界面产生气隙，因此密封技术很重要，以防止潮气浸入。

（2）预制式附件。如图 1-14 所示，所用材料一般为硅橡胶或乙丙橡胶。主要采用几何结构法即应力锥来处理应力集中问题。其主要优点是材料性能优良，安装更简便快捷，无需加热即可安装，弹性好，使得界面性能得到较大改善。是近年来中低压以及高压电缆采用的主要形式。存在的不足：对电缆

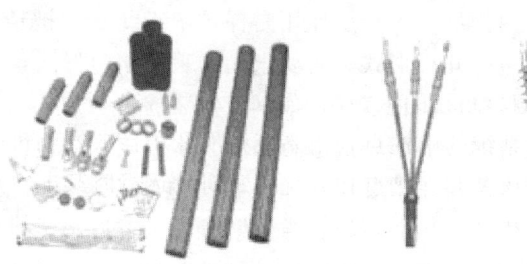

图 1-14 预制式电缆附件

的绝缘层外径尺寸要求高，通常的过盈量在 2~5mm（即电缆绝缘外径要大于电缆附件的内孔直径 2~5mm），过盈量过小，电缆附件将出现故障，过盈量过大，电缆附件安装非常困难（工艺要求高）；特别在中间接头上问题突出，安装既不方便，又常常成为故障点；价格较贵。

其使用中关键技术问题是附件的尺寸与待安装的电缆的尺寸配合要符合规定的要求。另外也需采用硅脂润滑界面，以便于安装。

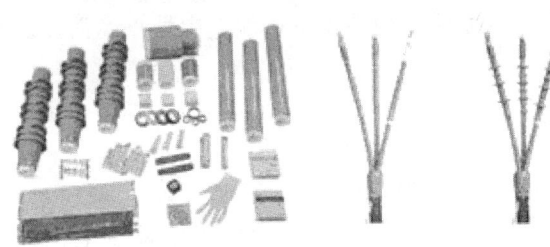

图 1-15　冷缩电缆附件

（3）冷缩式附件。如图 1-15 所示，冷收缩式电缆附件是利用弹性体材料（常用的有硅橡胶和乙丙橡胶）在工厂内注射硫化成型，再经扩径，衬以塑料螺旋支撑物构成各种电缆附件的部件。现场安装时，将这些预扩张件套在经过处理后的电缆末端或接头处，抽出内部支撑的塑料螺旋条（支撑物），压紧在电缆绝缘上而构成电缆附件。因为它是在常温下靠弹性回缩，而不是像热收缩电缆附件要用火加热收缩，故俗称冷收缩电缆附件。早期的冷收缩电缆终端头只是附加绝缘采用硅橡胶冷缩部件，电场处理仍采用应力锥形式或应力带绕包式，现在普遍都采用冷收缩应力控制管，电压等级从 10kV 到 35kV。冷收缩电缆接头，1kV 级采用冷收缩绝缘管作增强绝缘，10kV 级采用带内外半导电屏蔽层的接头冷收缩绝缘件。三芯电缆终端分叉处采用冷收缩分支套。

冷收缩式电缆附件优点：体积小，操作方便、迅速，无需专用工具，适用范围宽，产品规格少等。与热收缩式电缆附件相比，不需用火加热，且在安装以后挪动或弯曲不会像热收缩式电缆附件那样出现附件内部层间脱开的危险（因为冷收缩式电缆附件靠弹性压紧）。与预制式电缆附件相比，虽然都是靠弹性压紧力来保证内部界面特性，但是它不像预制式电缆附件那样与电缆截面一一对应，规格多。必须指出的是，在安装到电缆上之前，预制式电缆附件的部件是没有张力的，而冷收缩式电缆附件是处于高张力状态下，因此必须保证在贮存期内，冷收缩式部件不应有明显的永久变形或弹性应力松弛，否则安装在电缆上以后不能保证有足够的弹性压紧力，从而不能保证良好的界面特性。

1.4　电力系统中性点的运行方式

1.4.1　电力系统的中性点及其运行方式

电力系统的中性点是指系统中的变压器或发电机的三相绕组为星形联结方式的公共连接点。因该公共连接点在系统正常对称运行时其电位接近于零，故称为中性点。所谓中性点的运行方式就是指中性点的接地方式，即与大地的连接关系。

中性点接地方式的选择直接影响到系统设备绝缘水平、系统过电压水平、人身和设备安全、继电保护方式与自动装置的配置、系统的运行可靠性、通信干扰等多方面的综合性的技术经济问题，在选择其中性点接地方式时必须进行具体分析，慎重研究。

我国电力系统常用的中性点的接地方式有四种：中性点直接接地方式、中性点对地绝缘即不接地方式、中性点经消弧线圈接地方式以及中性点经电阻接地方式。这四种接地方式可归纳为中性点有效接地方式和中性点非有效接地方式两大类。其中，中性点有效接地方式（或称大电流接地方式）一般指中性点直接接地或经小电阻接地方式；而中性点非有效接地方式（或称小电流接地方式）包括：中性点不接地、中性点经消弧线圈接地和中性点经高阻接地方式。我国电力系统中，110kV 及以上电压等级的电网一般都采用中性点直接接地方式，而 35kV 及以下系统依据情况分别采用中性点不接地、中性点经消弧线圈接地和中性点经电阻接地方式。

1.4.2 几种常用中性点接地方式的特点

1. 中性点直接接地方式的特点

中性点直接接地方式，即是将中性点直接接入大地，如图 1-16 所示。

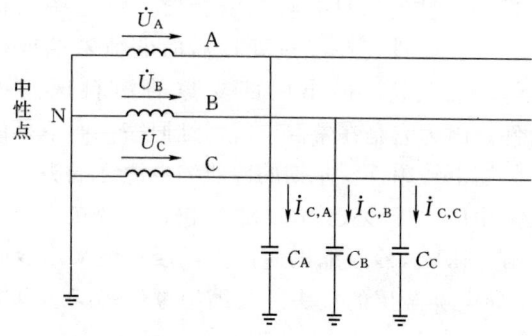

图 1-16 中性点直接接地方式电路图

该系统运行中由于中性点电位固定为地电位，发生单相接地故障时，非故障相的工频电压升高不会超过 1.4 倍运行相电压；暂态过电压水平也相对较低；继电保护装置能迅速断开故障线路，设备承受过电压的时间很短，这样就可以使电网中设备的绝缘水平降低，从而使电网的造价降低。中性点直接接地系统产生的接地电流大，故对通信系统的干扰影响也大。当电力线路与通信线路平行走向时，由于耦合产生感应电压，会对通信造成干扰。

中性点直接接地系统在运行中若发生单相接地故障时，其接地点还会产生较大的跨步电压与接触电压。此时，若工作人员误登杆或误碰带电导体，容易发生触电伤害事故。对此要加强安全教育和正确配置继电保护及严格的安全措施，以避免事故发生。

2. 中性点不接地方式的特点

中性点不接地方式，即是中性点对地绝缘。该系统结构简单，运行方便，不需任何附加设备，投资省。该接地方式在系统正常对称运行时中性点电位接近于零，如图 1-17 (a) 所示。

在正常运行时，三相对称平衡，设每相对地电容分别为 C_A、C_B、C_C；且令 $C_A = C_B = C_C = C_0$，每相对地电压分别为 $\dot{U}_A$、$\dot{U}_B$、$\dot{U}_C$，是对称的，三相对地电容电流 $\dot{I}_{C,A}$、$\dot{I}_{C,B}$、$\dot{I}_{C,C}$ 也是对称的。此时，$|\dot{I}_{C,A}| = |\dot{I}_{C,B}| = |\dot{I}_{C,C}| = \dfrac{U_x}{X_c}$，但是 $\dot{I}_{C,A} + \dot{I}_{C,B} + \dot{I}_{C,C} = 0$，大地中没有电流流过。而中性点 N 对地电压则为 $\dot{U}_N = 0$。相量图如图 1-17 (b) 所示。

在运行中若发生单相接地故障时，设 C 相接地，如图 1-18 (a) 所示。此时，三相对称系统平衡被破坏，三相电压关系可表示为

$$\dot{U}_C = \dot{U}_C + (-\dot{U}_C) = 0$$
$$\dot{U}_A = \dot{U}_A + (-\dot{U}_C) = \dot{U}_{AC}$$
$$\dot{U}_B = \dot{U}_B + (-\dot{U}_C) = \dot{U}_{BC}$$

即 C 相电压 $\dot{U}_C = 0$，非故障相 A 相、B 相对地电压则升高为对称时的 $\sqrt{3}$ 倍，变为线电压，但线电压没有发生改变，如图 1-18 (b) 所示。

1.4 电力系统中性点的运行方式

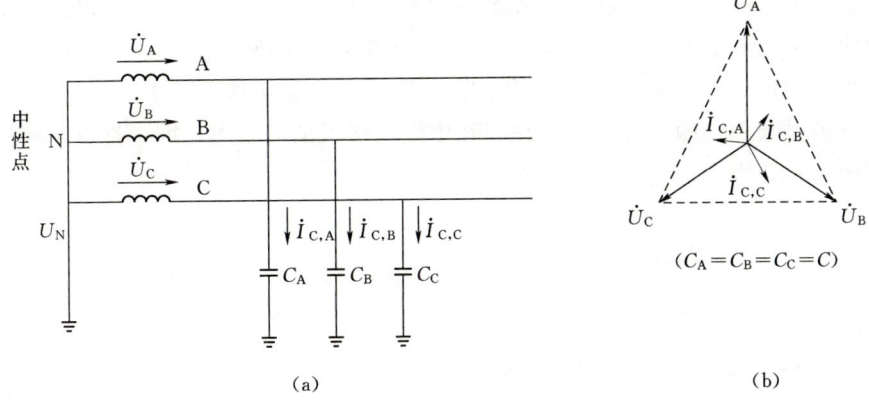

图 1-17 正常运行时中性点不接地系统
(a) 电路图；(b) 相量图

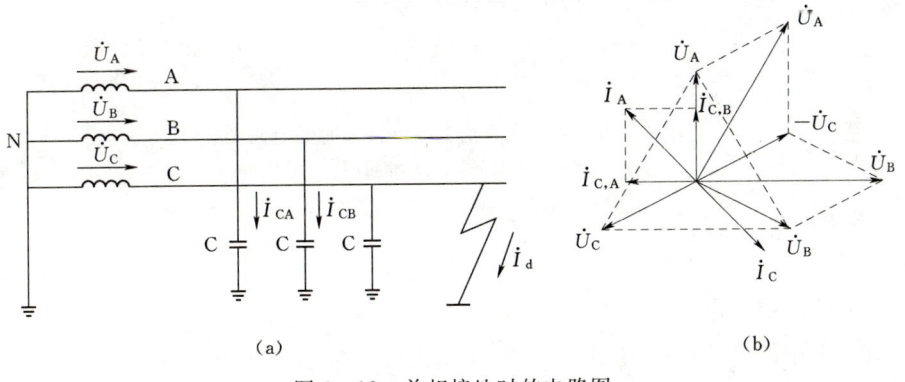

图 1-18 单相接地时的电路图
(a) 电路图；(b) 相量图

此时，$\dot{I}_{C,A}+\dot{I}_{C,B}+\dot{I}_{C,C} \neq 0$，电流关系可表示为（或表示为 $U_X = U_A = U_B = U_C$，$X_C = \frac{1}{\omega C_0}$，$U_X$ 为相电压，X_C 为每相容抗）

$$\dot{I}_C = -(\dot{I}_{C,A}+\dot{I}_{C,B})$$

$$I_{C,A}=U_{Ac}/X_C=\sqrt{3}U_A/X_C=\sqrt{3}I_{C0}$$

$$I_C=\sqrt{3}I_{CA}=3I_{C0}$$

其流过故障点电流仅为电网对地的电容电流，其值很小，所以称为小电流接地系统。现行规程规定，对于不接地系统，发生单相接地故障时，容许带故障运行 2h，但需装设绝缘监察装置，以便及时发现单相接地故障，迅速处理，以免故障发展为两相短路，而造成停电事故。

3. 中性点经消弧线圈接地

在电力系统中，尽管现行规程规定，对于不接地系统，发生单相接地故障时，可以容许带故障运行 2h。但是，当单相接地故障电流较大时，电弧无法熄灭而产生持续性电弧，威胁设备绝缘，极易造成两相甚至三相短路，危害电力系统。为了防止这种事故，电力行业标准《交流电气装置的过电压保护和绝缘配合》(DL/T 620—1997)规定：3~10kV架空线路构成的系统和所有35kV、66kV电网，当单相接地故障电流大于10A时，中性点应装设消弧线圈；3~10kV电缆线路构成的系统，当单相接地故障电流大于30A时，中性点应装设消弧线圈。因此，系统中往往在中性点接入消弧线圈，即中性点须经消弧线圈接地，如图1-19所示。

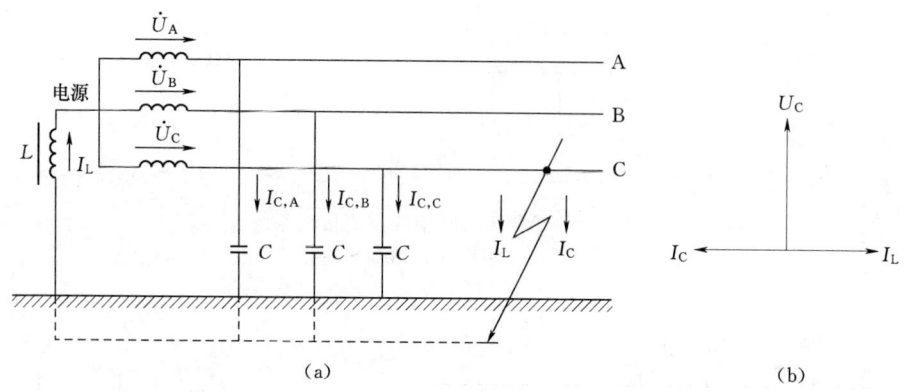

图1-19 中性点经消弧线圈接地时的电路图
(a) 电路图；(b) 相量图

(1) 系统正常运行时。

1) 中性点对地电位为零：$U_N=0$。

2) 消弧线圈中无电流：$I_L=0$。

3) 流过地中的电容电流为零：$I_C=0$。

此时，消弧线圈不起作用。

(2) 单相接地故障时。

1) 中性点电位升高为相电压：$\dot{U}_N=-\dot{U}_C$。

2) 消弧线圈中出现感性电流$\dot{I}_L$：与$\dot{I}_C$相差180°。

3) 流过接地点电流：$\dot{I}_L+\dot{I}_C$。

此时依据$\dot{I}_L$与$\dot{I}_C$的大小关系可体现出以下几种补偿方式。

1) 全补偿。即是$\dot{I}_L=\dot{I}_C$，电流谐振回路恰好在谐振点工作。此时，电容电流与电感电流大小相等，方向相反，彼此完全抵消，残流中仅含有有功分量，不仅其值最小，且其相位与零序性质的中性点位移电压同相。但此种补偿方式电力系统不采用，其不足之处是系统因不对称形成串联谐振过电压，危及系统绝缘。

2) 欠补偿。即是$\dot{I}_L<\dot{I}_C$，电流谐振回路在欠补偿状态下工作，此时残流中不仅含有有功分量，同时含有容性无功电流分量，其值较前明显增大，同时残流相位先于零序性质的中性点位移电压。此种补偿方式电力系统极少采用，其不足之处是系统易发展成为全补偿方式，切除线路或者频率下降而引起谐振，危及系统绝缘。

3) 过补偿。即是$\dot{I}_L>\dot{I}_C$，电流谐振回路在过补偿状态下工作，此时残流中主要为感性无功电流分量,其值同样明显增大,其相位滞后于零序性质的中性点位移电压。此种补偿方式电力系统极多采用,但电感电流数值不能过大(不大于10A)。

1.5 电力系统的接线方式

电力系统的接线方式对于保证系统的安全、稳定、可靠以及优质经济地向用户供电具有非常重要的作用。电力系统的接线主要包括发电厂的主接线、变电所的主接线以及电力网的接线。以下只对电力网的接线作简要介绍,发电厂和变电所的主接线读者可以查阅其他资料。

电力网的接线是用来表示电力网中各主要元件相互连接关系的接线方式。通常按照供电的可靠性可分为有备用接线和无备用接线两类接线方式。

无备用接线的网络中,每一个负荷只能靠一条线路取得电能。单回路放射式、干线式、链式和树状网络即属于此类,如图 1-20 所示。其优点是结构简单,经济,运行方便;缺点是供电可靠性差。任意一段线路发生故障或检修时,都要中断部分用户的供电。在干线式和树状网络中,当线路较长时,线路末端的电压往往较低。

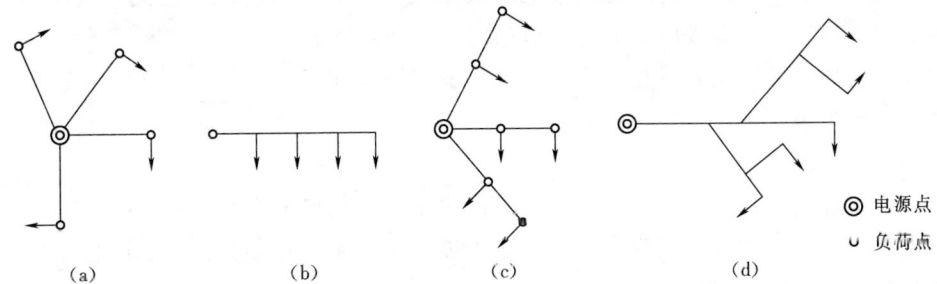

图 1-20 无备用接线形式
(a) 放射式;(b) 干线式;(c) 链式;(d) 树枝式

每一个负荷都只能沿唯一的路径取得电能的网络称为开式网络。无备用接线网络可归于这类网络。

有备用接线的网络中,用户能从两个或两个以上方向获得电能。双回路放射式、双回路干线式、环式、两端供电式和多端供电式网络即属于此类,如图 1-21 所示。

对于双回路单电源网络,如图 1-21 (a)、(b) 所示,这类接线同样具有简单和运行方便的特点,而且供电可靠性和电压质量都有明显提高,其缺点是设备费用增加很多。

对于环形网络(含有多电源),如图 1-21 (c)、(e) 所示,这类网络的供电可靠性高,且比较经济;其缺点是运行调度比较复杂。在单电源环网中[图 1-21 (c)],线路 ab 故障而开环时,正常线路可能过负荷,且开环末端点的电压明显降低。

对于两端供电网络,如图 1-21 (d) 所示,其供电可靠性相当于两个电源的环形网络。

上述有备用接线网络的每一负荷点都可以由两条及两条以上电源线路取得电能,具有这种接线特点的网络又称之为闭式网络。

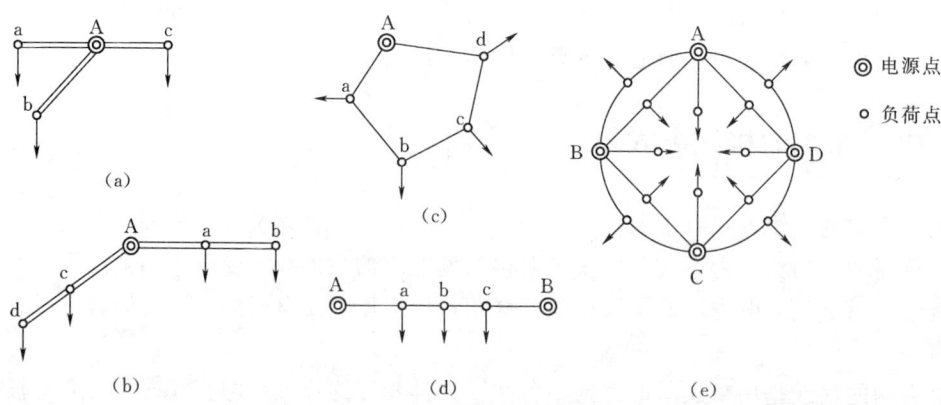

图 1-21 有备用接线形式
(a) 双回路放射式；(b) 双回路干线式；(c) 环式；(d) 两端供电式；(e) 多端供电式

电力系统中各部分电力网担负着不同的职能，因此，对其接线方式的要求也不一样。电力网按其职能的不同可分为输电网络和配电网路。

输电网络的主要任务是将大容量发电厂的电能可靠而又经济地输送到负荷集中地区。通常由电力系统中电压等级最高的一级或两级电力线路组成，系统中的区域发电厂经升压站和枢纽变电所通过输电网络相互连接。对输电网络接线方式的要求主要是应有足够的可靠性，满足电力系统稳定性要求，有助于实现系统的经济调度，具有对运行方式变更和系统发展的适应性等。

用于连接远离负荷中心地区的大型发电厂的输电干线和向缺乏电源的负荷集中地区供电的输电干线，常采用双回路或多回路。位于负荷中心地区的大型发电厂和枢纽变电所一般是通过环形网络相互连接。

输电网络的电压等级要与系统的规模（容量和供电范围）相适应。表 1-4 显示出各种电压等级的单回线架空线路的输送功率和输送距离的适宜范围。

表 1-4　　　　　　　　各级电压架空线路的输送能力

额定电压/kV	输送容量/MVA	输送距离/km	额定电压/kV	输送容量/MVA	输送距离/km
3	0.1~1.0	1~3	110	10~50	50~150
6	0.1~1.2	4~15	220	100~500	100~300
10	0.2~2.0	6~20	330	200~800	200~600
35	2~10	20~50	500	1000~1500	150~850
60	3.5~30	30~100	750	2000~2500	500 以上

配电网络的任务是分配电能。配电线路的额定电压一般是 0.4~35kV，部分负荷密度较大的城市也采用 110kV 甚至 220kV。配电网络的电源点是发电厂或变电所相应电压等级的母线，负荷点则是低一级的变电所或者直接为用电设备。配电网络采用哪一类接线，主要取决于负荷的性质。无备用接线只适合于向第三级负荷供电，对于第一级和第二

级负荷占较大比重的用户,应该由有备用网络供电。实际电力系统的配电网络较复杂,往往是由各种不同接线方式的网络组成的。在选择接线方式时,必须考虑的主要因素是满足用户对供电可靠性和电压质量的要求,运行要灵活方便以及更优的经济指标等。一般都要对多种可能的接线方案进行技术经济比较后才能确定。

项目实践　参观电厂及其开关站(变电所)

1. 目的和意义
(1) 实地考察和体验电力系统。
(2) 为后续学习提供感性认识。

2. 项目内容
(1) 实习地点及电厂运作机制简介。
(2) 电厂的组成部分、功能及运行参数。
(3) 开关站(变电所)的组成部分、功能及运行参数。

3. 注意事项
(1) 在厂区内严禁穿短袖、短裤、拖鞋、凉鞋,以及颜色鲜艳的服装,必须佩戴安全帽,女生必须把长发盘在帽中,以免被卷。
(2) 在参观的时候不要到处乱碰,以免碰到裸露的高温蒸汽管道等;电厂中有许多设备带电,乱摸有可能触电。
(3) 务必学习和遵守电厂里的相关安全规定。

4. 项目实践报告

课后思考题

1-1　电力系统中性点有哪些接地方式?各具什么特点?

1-2　简述电力系统、电力网和动力系统的联系与区别。

1-3　电力系统运行的特点和要求分别是什么?

1-4　电力变压器的主要作用是什么?

1-5　我国的电压等级有哪些?简述对用电设备、发电及和变压器额定电压的规定。

1-6　电能质量最主要的两个指标是什么?

1-7　电力系统中性点接地方式有哪些?各有什么特点?各用于什么样的电压等级?

1-8　消弧线圈的工作原理是什么?补偿方式有哪些?电力系统一般采用哪种补偿方式?为什么?

1-9　电力系统的接线方式有哪些?各自的优、缺点有哪些?

项目 2　电力系统物理模型

教与学目标
1. 掌握电力系统各元件参数及其含义。
2. 能绘制系统元件等值电路。
3. 掌握标幺制。

电力系统在运行管理和规划设计中，为了有效保证系统安全、可靠、优质、经济地发供电，需要进行潮流、电压、短路电流、稳定性等的分析与计算工作。这就要先把电力系统接线用等值电路表示，在等值电路中标出各元件的参数，然后才能进行各项分析与计算工作。电力网的参数一般分为两类，由元件结构和特性所决定的参数，称为网络参数，如电阻、电抗、电导、电纳等；这些网络参数再加上电压、通过元件的电流、功率等，合称为运行参数。本章主要介绍网络参数。

2.1　输电线路的参数计算和等值电路

输电线路在传输电能时会伴随着一系列的电磁物理现象。当电流流过导线时，会因电阻损耗而产生热量；其次，当交流电流通过电力线路时，在三相导线内部和三相导线周围都要产生交变磁场，而交变磁通匝链导线后，将在导线中产生感应电动势；同时，电力线路上的交流电压会使三相导线的周围产生交变的电场，在它的作用下，不同相的导线之间和导线与大地之间将产生位移电流，从而形成容性电流和容性功率；另外，在高电压的作用下，当导线表面的电场强度达到一定数值时，将导致输电线周围的空气游离放电，即发生电晕现象，而且由于绝缘的不完善，可能引起少量的绝缘泄漏等。因此，在电力网分析和计算中，通常使用四个参数来描述这些物理现象。它们反映线路通过电流时产生有功功率损耗效应的电阻；反映载流导线周围产生磁场效应的电感；反映线路带电时绝缘介质中产生泄漏电流及导线附近空气电离而产生有功功率损耗效应的电导；反映带电导线周围电场效应的电容。电力线路的参数主要取决于导线的材料、结构（单股线、多股线、是否分裂等）、导线截面以及各相导线的布置方式等因素，并且这些参数是沿线均匀分布的。本节将主要介绍三相导线对称时的基本参数。

2.1.1　线路的电阻

线路的电阻反映出线路的功率损耗效应和电压降落。金属导线单位长度的直流电阻为

$$r_0 = \frac{\rho}{S} \tag{2-1}$$

式中　r_0——金属导线单位长度的直流电阻，Ω/km；

　　　S——导线载流部分的标称截面，mm^2；

ρ——导线电阻率，$\Omega \cdot mm^2/km$，工程上常取铝的电阻率为 $31.5\Omega \cdot mm^2/km$，铜的电阻率为 $18.8\Omega \cdot mm^2/km$。

电力系统通常是三相交流系统，因而在电力系统实际计算中所使用的导线的交流电阻率比其直流电阻率略大（直流下铝的电阻率为 $28.5\Omega \cdot mm^2/km$，铜的电阻率为 $17.5\Omega \cdot mm^2/km$），主要是考虑如下三个因素：

（1）三相交流的集肤效应和邻近效应的影响，使得导线中的电流密度分布不均匀，因而相同截面导线的交流电阻略大于直流电阻。工频（50Hz）下导线电阻值增大约 0.2%～1%。

（2）导线常采用多股绞线，其实际长度比测量长度长 2%～3%。

（3）导线的实际截面比标称截面略小。

通过式（2-1）所计算的或查阅手册所得的电阻值都是指 20℃时的数值。而当导线温度为 t℃时，导线的电阻值应为

$$r_0 = r_{20}[1+\alpha(t-20)] \tag{2-2}$$

式中　α——电阻温度系数，1/℃，铜为 0.00382/℃，铝为 0.0036/℃。

若导线的长度为 l（km），则每相导线的电阻为

$$R = r_0 l \tag{2-3}$$

为方便查阅，本书已将各类导线每相每公里长度的电阻值列于附录 3 中。

2.1.2　线路的电抗

线路电抗是一个用来反映交流电流通过导线时产生交变磁场效应的参数。体现出每相导线的自感作用和各相导线之间的互感作用。

三相导线排列对称（正三角形），则三相电抗相等。三相导线排列不对称，则进行整体循环换位后三相电抗也相等。

1. 单导线每相单位长度电抗

对于一些电压等级不高的输电线路，通常每相采用单根导线（三相三根）输送电能，此时，每相导线单位长度电抗为

$$x_0 = 2\pi f \left(4.6 \lg \frac{D_m}{r} + 0.5 \mu_r \right) \times 10^{-7} \tag{2-4}$$

式中　x_0——金属导线单位长度的电抗，Ω/km；

　　　f——交流电频率，Hz；

　　　r——导线的计算半径，mm；

　　　μ_r——导线材料的相对磁导率，铜和铝的 μ_r 取 1，钢的 $\mu_r \geq 1$；

　　　D_m——三相导线间距离的几何平均值，称为互几何均距，mm，$D_m = \sqrt[3]{D_{AB}D_{BC}D_{CA}}$，其中 D_{AB}、D_{BC}、D_{CA} 分别为两相导线间的距离。

D_m 值依据导线排列方式不同而不同，如图 2-1 所示。

当三相导线为正三角形排列时，且设导线间距为 D，则 $D_m = \sqrt[3]{D \cdot D \cdot D} = D$；

当三相导线为水平排列时，也设导线间距为 D，$D_m = \sqrt[3]{D \cdot D \cdot 2D} = \sqrt[3]{2}D \approx 1.26D$。

当取频率 f 为 50Hz，$\mu_r = 1$ 时，则单导线每相单位长度电抗又表示为

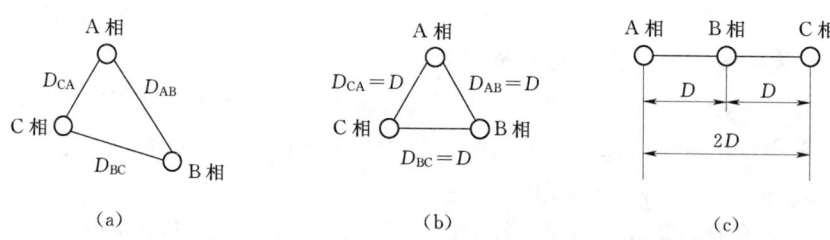

图 2-1 三相导线排列方式

(a) 任意三角形排列；(b) 正三角形排列；(c) 水平排列

$$x_0 = 0.1445 \lg \frac{D_m}{r} + 0.0157 \tag{2-5}$$

若导线的半径为 R，由于导线内部的磁场效应的影响，实际通流半径并不等于 R，而应该采用计算半径。则计算半径 r 分几种情况：

(1) 非铁磁材料的单股线：$r=0.779R$。

(2) 非铁磁材料的多股线：$r=(0.724\sim0.771)R$。

(3) 钢芯铝线：$r=(0.77\sim0.9)R$。

对式（2-5）分析可知：导线半径 r 越大，则线路电抗 x_0 越小，所以采用扩径导线和分裂导线能够减小线路电抗；互几何均距 D_m 越大，则线路电抗 x_0 越大，所以高压线路的电抗大，低压线路的电抗小；架空线路的电抗大，电缆线路的电抗小。

2. 分裂导线的等值电抗

在高压和超高压等电网中，为了防止在高电场作用下导线周围的空气电离而产生电晕以及减小线路电抗等，往往采用分裂导线。即是每相用几根相同型号的次导线（子导线）并联组成复导线。次导线对称分布在间隔棒支撑的正多边形的顶点上，正多边形的边长 d 称为分裂间距，如图 2-2 所示。

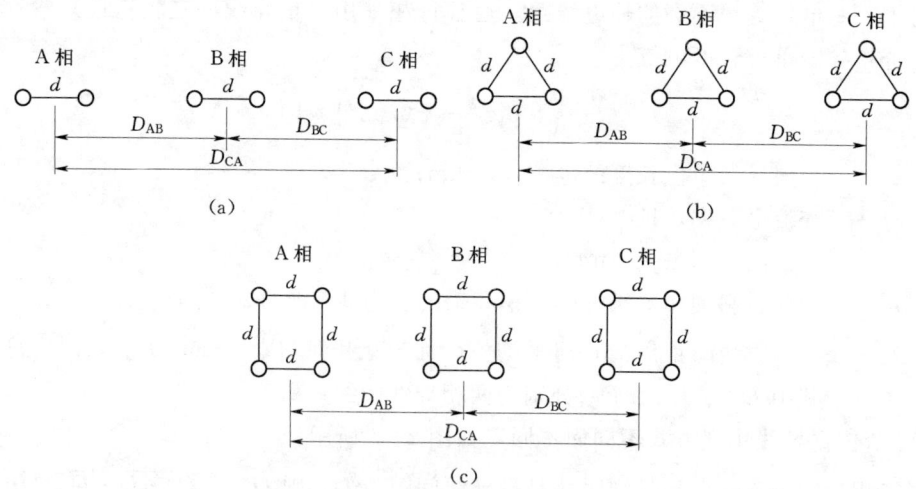

图 2-2 分裂导线的排列方式

(a) 二分裂导线；(b) 三分裂导线；(c) 四分裂导线

设 D_m 为 n 分裂导线的互几何均距，含义和计算与式（2-4）中的相同。则 n 分裂导线每相单位长度电抗可表示为

$$x_0 = 0.1445\lg\frac{D_m}{r_{eq}} + \frac{0.0157\mu_r}{n} (\Omega/km) \tag{2-6}$$

其中，$r_{eq} = \sqrt[n]{Rd_{12}d_{13}\cdots d_{1n}}$，为分裂导线的自几何均距，即为分裂导线的等值半径，单位 mm。其值随分裂根数不同而变化：

对于二分裂导线：$r_{eq} = \sqrt{Rd}$

对于三分裂导线：$r_{eq} = \sqrt[3]{Rd^2}$

对于四分裂导线：$r_{eq} = \sqrt[4]{R\sqrt{2}d^3} \approx 1.09\sqrt[4]{Rd^3}$

以上式中　n——每相导线的分裂数；

d_{1n}——每相分裂导线中第一根次导线与第 i 根次导线间的距离，mm，$i=2,3,\cdots,n$；

R——分裂导线中每根次导线的半径，mm。

由上可知，分裂导线的等值半径比单根导线的半径要大很多，分裂导线的等值电抗比单根导线的小，而且分裂数越多，分裂导线的等值电抗越小。但分裂数超过 4 时，分裂导线的等值电抗下降就不明显了，而导线的结构却十分复杂。所以实际的分裂数为 2~4。

为方便查阅，本书已将各类导线每相每公里长度的电抗值列于附录 3 中。

由上可以看到，虽然线间距离、导线截面等与线路结构有关的参数对电抗大小有影响，但由于 r、D_m 等是在对数的关系式中，其数值的变化对电抗的影响不大，所以工程上近似计算时对高压架空线通常取 $0.4\Omega/km$；分裂导线的电抗，当分裂数为 2、3、4 时，每公里电抗分别为 0.33Ω、0.30Ω、0.28Ω 左右。

若导线的长度为 l（km），则每相导线的电抗为

$$X = x_0 l (\Omega) \tag{2-7}$$

2.1.3　线路的电导

线路的电导是用来反映架空电力线路沿线绝缘子的泄漏电流和因导线周围空气游离产生电晕所引起的有功功率损耗的一个参数。正常情况下，绝缘子的泄漏电流很小，通常是微安级，其损耗可忽略不计。所以，线路的电导主要由电晕现象引起的功率损耗所决定。

电晕是架空电力线路在高电压作用下，导线表面的场强较高，超过空气的击穿场强时，使导线周围的空气间隙发生游离，从而产生的一种局部放电现象。

线路开始出现电晕的电压称为电晕的临界电压。当线路运行电压达到或超过临界电压时，线路就要出现电晕。而且运行电压超过临界电压越多，电晕现象就越强烈，损耗也越大。当三相导线排列在等边三角形顶点上时，电晕临界电压（相电压）的经验公式为

$$U_{cr} = 84m_1 m_2 \delta r \lg\frac{D_m}{r} \tag{2-8}$$

式中　U_{cr}——电晕的临界电压，kV；

m_1——导线表面状况系数，对于多股绞线，$m_1 = 0.83 \sim 0.87$；

m_2——天气状况系数，对于干燥和晴朗的天气，$m_2 = 1$，对于有雨雪雾等的恶劣天

气，$m_2=0.8\sim1$；

r——导线的计算半径，cm；

D_m——相间距离，cm；

δ——空气相对密度，$\delta=\dfrac{3.92p}{273+t}$，其中 p 为大气压力，用厘米水银柱表示，t 为大气温度（℃），当 $t=25$℃，$p=76$cm 时，$\delta=1$。

对于水平排列的线路，两根边线的电晕临界电压比上式算得的值高 6%，而中间导线的则要低 4%。

当实际运行电压过高或气象条件变坏使得临界电压降低时则运行电压将超过临界电压而产生电晕。运行电压超过临界电压越多，电晕损耗也越大。则每相单位长度等值电导为

$$g_0=\frac{\Delta P_\mathrm{g}}{U^2}\times10^{-3} \tag{2-9}$$

式中 g_0——每相单位长度等值电导，s/km；

U——线电压，kV；

ΔP_g——三相线路每公里的电晕损耗，kW/km。

因为电晕会消耗架空电力线路输送的有功功率，同时电晕放电所发出的脉冲电磁波对无线电和高频通信有干扰，放电所产生的臭氧对导线和金具有腐蚀作用。因此在线路设计及运行时总是尽量避免在正常气象条件下发生电晕。为此，分析式（2-8）可知，在线路结构方面能影响导线电晕临界电压的两个因素是相间距离 D 和导线半径 r。由于 D 在对数符号内，故其对临界电压的影响不大，而增大 D 会增大杆塔尺寸，从而极大地增加线路的造价，显然不经济；但临界电压差不多与 r 成正比，所以，增大导线半径是防止和减小电晕损耗的有效办法。在设计时，对 220kV 以下的线路通常按避免电晕损耗的条件选择导线半径，而对 220kV 及以上的线路，为了减少电晕损耗，常常采用分裂导线来增大每相的等值半径，特殊情况下也采用扩径导线。所以，在电力系统计算中一般可以忽略电晕损耗而认为线路的电导 $g_0\approx0$。

2.1.4 线路的电纳

线路的电纳是反映导线之间及导线与大地之间的电容效应的参数。经过换位后的三相线路，每相导线电纳可用以下办法计算：

（1）单导线每相单位长度电纳

$$b_0=\frac{7.58}{\lg\dfrac{D_\mathrm{m}}{r}}\times10^{-6}\,(\mathrm{S/km}) \tag{2-10}$$

（2）分裂导线每相单位长度电纳

$$b_0=\frac{7.58}{\lg\dfrac{D_\mathrm{m}}{r_\mathrm{eq}}}\times10^{-6}\,(\mathrm{S/km}) \tag{2-11}$$

式（2-10）和式（2-11）中的各符号的意义与前面电抗计算式中的相同。

为方便查阅，本书已将各类导线每相每公里长度的电纳值列于附录 3 中。

与电抗一样，线路的电纳值变化也不大。对于单导线线路，大约为 2.8×10^{-6} S/km；

对于分裂导线线路，当每相分裂根数分别为2、3和4根时，每公里电纳约分别为3.4×10^{-6}S、3.8×10^{-6}S和4.1×10^{-6}S。

若导线的长度为l（km），则每相导线的电纳为

$$B = b_0 l \text{（S）} \qquad (2-12)$$

【例2-1】 设有一条110kV架空输电线路，所用导线型号为LGJ-185，三相导线水平排列，相间距离为4m，线路长度为200km。求线路参数。

解： 线路单位长度的电阻为

$$r_0 = \frac{\rho}{s} = \frac{31.5}{185} = 0.17 (\Omega/\text{km})$$

由手册查得LGJ-185的计算直径为19mm，计算半径为9.5mm。

线路单位长度的电抗为

$$x_0 = 0.1445 \lg \frac{D_{eq}}{r} + 0.0157$$
$$= 0.1445 \lg \frac{1.26 \times 4000}{9.5} + 0.0157 = 0.402 (\Omega/\text{km})$$

线路的电纳为

$$b_0 = \frac{7.58}{\lg \frac{D_{eq}}{r}} \times 10^{-6} = \frac{7.58}{\lg \frac{1.26 \times 4000}{9.5}} \times 10^{-6} = 2.78 \times 10^{-6} (\text{S/km})$$

线路电阻 $R = r_0 L = 0.17 \times 200 = 34$ （Ω）

线路电抗 $X = x_0 L = 0.402 \times 200 = 80.4$ （Ω）

线路电纳 $B = b_0 L = 2.78 \times 10^{-6} \times 200 = 4.56 \times 10^{-4}$ （S）

【例2-2】 试求330kV输电线路两种导线结构方案中，单位长度的电阻、电抗、电纳和电晕临界电压。导线均为水平排列，相间距离均为8m。

(1) 导线为LGJQ-600型，计算直径为33.2mm。

(2) 导线为LGJ-2×300型，每根导线的计算直径为25.2mm，分裂间距为400mm。

解： 线路的几何均距 $D_m = \sqrt[3]{8 \times 8 \times 2 \times 8} \times 10^2 = 1008 (\text{cm})$

LGJQ-600 计算半径 $r = 1.66$ cm

LGJ-2×300 每根计算半径：$r = 1.26$ cm，$d = 40$ cm

等值半径 $r_{eq} = \sqrt{rd} = \sqrt{1.26 \times 40} = 7.099$ （cm）

(1) 每公里电阻

LGJQ-600： $r_0 = \frac{\rho}{S} = \frac{31.5}{600} = 0.0525 (\Omega/\text{km})$

LGJ-2×300： $r_0 = \frac{\rho}{2S} = \frac{31.5}{2 \times 300} = 0.0525 (\Omega/\text{km})$

因为两种形式导线的主要载流截面积相等，所以，分裂导线和普通导线的单位长度电阻也相等。

(2) 每公里电抗：

LGJQ-600：$x_0 = 0.1445 \lg \frac{D_m}{r} + 0.0157 = 0.1445 \lg \frac{1008}{1.66} + 0.0157 = 0.4179 (\Omega/\text{km})$

$$\text{LGJ} - 2 \times 300 : x_0 = 0.1445 \lg \frac{D_m}{r_{eq}} + \frac{0.0157}{n} = 0.1445 \lg \frac{1008}{7.099} + \frac{0.0157}{2}$$
$$= 0.3189 (\Omega/\text{km})$$

(3) 每公里电纳:

$$\text{LGJQ} - 600 : b_0 = \frac{7.58 \times 10^{-6}}{\lg \frac{D_m}{r}} = \frac{7.58 \times 10^{-6}}{\lg \frac{1008}{1.66}} = 2.723 \times 10^{-6} (\text{S/km})$$

$$\text{LGJ} - 2 \times 300 : b_0 = \frac{7.58 \times 10^{-6}}{\lg \frac{D_m}{r_{eq}}} = \frac{7.58 \times 10^{-6}}{\lg \frac{1008}{7.099}} = 3.522 \times 10^{-6} (\text{S/km})$$

此计算结果说明，分裂导线能更有效地减小电抗，但分裂导线的电纳却偏大。一般说来，电抗小的方案，电纳必大。

(4) 电晕临界电压。设光滑系数 $m_1 = 0.9$，气象系数 $m_2 = 1$，空气相对密度 $\delta = 1$。

$$\text{LGJQ} - 600 : U_{cr} = 84 m_1 m_2 \delta r \lg \frac{D_m}{r} = 84 \times 0.9 \times 1 \times 1.66 \lg \frac{1008}{1.66} = 349.3 (\text{kV})$$

边相：$1.06 \times 349.3 = 370.2$ (kV)；中间相：$0.96 \times 349.3 = 335.3$ (kV)。

$$\text{LGJ} - 2 \times 300 : f_{n2} = \frac{n}{1 + 2(n-1) \frac{r}{d} \sin \frac{\pi}{n}} = 1.881$$

$$U_{cr} = 84 m_1 m_2 \delta r f_{mn} \lg \frac{D_m}{r_{eq}} = 84 \times 0.9 \times 1 \times 1.26 \times 1.881 \lg \frac{1008}{7.099} = 385.6 (\text{kV})$$

边相：$1.06 \times 385.6 = 408.7 (\text{kV})$；中间相：$0.96 \times 385.6 = 370.2 (\text{kV})$。

此计算结果说明，分裂导线的临界电压更高，更有利于避免电晕发生。

2.1.5 架空电力线路的等值电路

前面所述架空电力线路的四个参数 r_0、x_0、b_0、g_0 实际上是沿线路均匀分布的。如果取一小段输电线路来看，线路的每一相可用如图 2-3 所示的等值电路表示。所以，架空电力线路的等值电路是具有分布参数特性的等值电路。

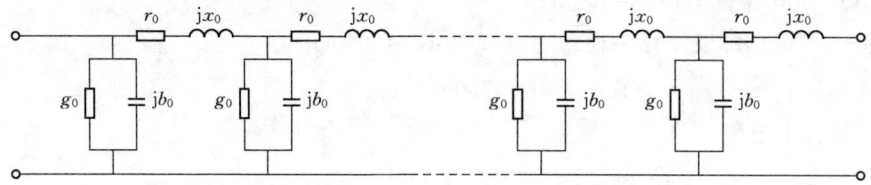

图 2-3 电力线路的分布参数等值电路

具有分布参数特性的等值电路能较好地反映电力线路，进行的相关计算也是精确的。但电路复杂，电气计算烦琐，在工程上并不实用，因此，需要依据相关条件进行恰当的简化，把线路的分布参数特性的等值电路转化为集中参数等值电路，方便计算，也能满足工程实际。

1. 长电力线路的集中参数等值电路

长电力线路是指架空线路的电压等级在 330kV 以上，长度超过 300km 以及电缆长度

100km 以上的线路。设线路的长度为 l，此时的集中参数等值电路可以用 π 形等值电路表示。π 形等值电路的制作方法是：将全线的阻抗集中在一起，用一个集中参数 $Z=R+jX$ 表示；将全线的导纳集中起来平分为二，成为两个集中参数：$\dfrac{Y}{2}=\dfrac{G}{2}+j\dfrac{B}{2}$，分别布置在阻抗的首端和末端，如图 2-4 所示。由于正常运行的电力系统可以认为是三相对称的，所以可以用单相等值电路来代表三相。

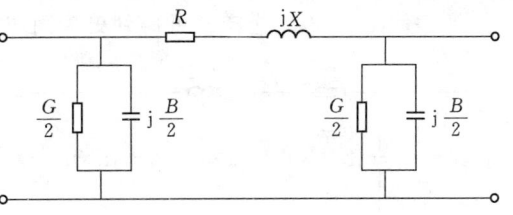

图 2-4 长线 π 形等值电路

2. 中等长度电力线路的集中参数等值电路

中等长度电力线路是指架空线路长度 100～300km，线路额定电压 110～220kV 以及电缆长度小于 100km 的线路。实际上，在此种线路中很少发生电晕现象，线路绝缘子的泄漏电流也可忽略，因而代表这两种效应的电导损耗在简化计算中可以不考虑。因此，可令长线路 π 形等值电路中的 $G=0$，而将其简化为图 2-5（a）所示电路来表示中等长度电力线路的集中参数等值电路。

有时为了方便使用容量计算，也可以表示为图 2-5（b）来分析计算。

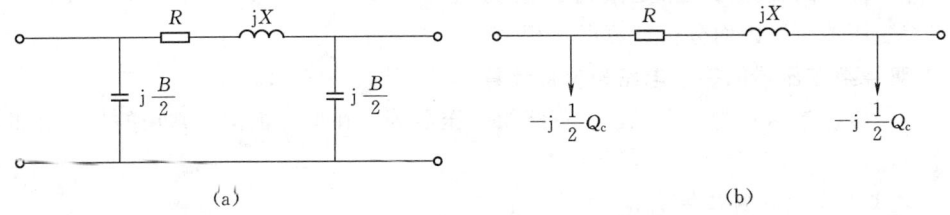

图 2-5 中等长度线路 π 形等值电路

在某些情况下，也可以使用 T 形等值电路来进行分析计算。T 形等值电路是将全线的导纳集中在线路中间成为一个集中参数，而将全线的阻抗集中起来平均分置在集中导纳的两侧，成为两个集中参数，如图 2-6 所示。

这里需要指出的是，尽管可以使用 π 形和 T 形两种等值电路来表示，但它们都是近似的等值电路，相互间并不等值，因此，不能用 Δ-Y 公式相互变换。

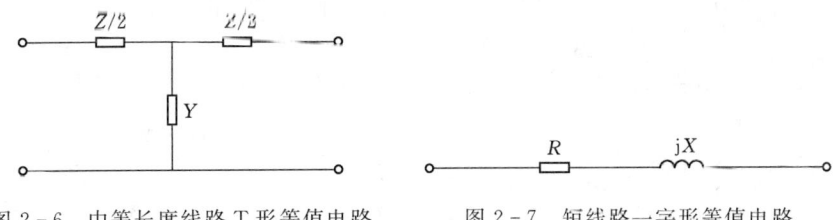

图 2-6 中等长度线路 T 形等值电路　　图 2-7 短线路一字形等值电路

3. 短电力线路的集中参数等值电路

短电力线路是指架空线路长度小于 100km，线路额定电压在 60kV 及以下以及很短的电缆线路。对于 60kV 及以下的短线路，由于电压较低，电容影响较小，导纳往往略去不计，即 $g=0$，$b=0$。这样就可得到更为简单的一字形等值电路，如图 2-7 所示。

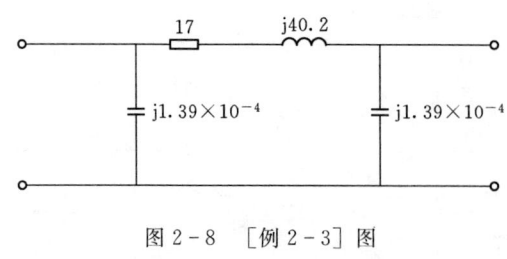

图 2-8 [例 2-3] 图

【例 2-3】 试作 [例 2-1] 中 110kV 架空输电线路的等值电路。

解：因线路电压为 110kV，线路长度为 200km，可视其为中等长度线路。此时，可不计线路电导，线路的等值电路表示为如图 2-8 所示的 Π 形等值电路，其中阻抗单位为 Ω，电纳的单位为 S。

2.2 变压器的等值电路和参数计算

电力变压器是发电厂和变电所的主要设备之一。变压器的作用不仅能升高电压把电能送到用电地区，还能把电压降低为各级使用电压，以满足用电的需要。但在传送电能的过程中，必然会产生电压和功率两部分损耗，在输送同一功率时电压损耗与电压成反比，功率损耗与电压的平方成反比。这些都与变压器本身的参数相关，因此，进行变压器的参数计算及其等值电路的分析十分必要。

电力系统中的变压器通常是做成三相的，容量特大的也有做成单相的，但使用时总是接成三相变压器组，因而分析计算以三相为例。

2.2.1 双绕组变压器的等值电路和参数计算

电力变压器包括双绕组变压器、三绕组变压器等。在地方电网中常用的是双绕组三相电力变压器。

1. 双绕组变压器的等值电路

电力系统正常运行时，三相电力变压器对称运行，因此三相电力变压器的等值电路与三相电力线路类似也可以用一相表示。

我们知道，在电机学中，双绕组三相电力变压器通常采用 T 形等值电路进行计算，而在电力系统中，由于系统庞大，为了减少网络的节点数，则通常将变压器的二次绕组的电阻和漏抗折算到一次绕组侧并和一次绕组的电阻和漏抗合并，用等值阻抗 R_T+jX_T 来表示。同时，将励磁支路前移至 T 形等值电路的电源侧，此时的等值电路称为 Γ 形等值电路，如图 2-9 所示。

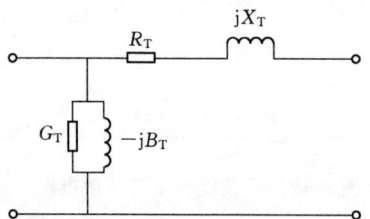

图 2-9 双绕组变压器的等值电路

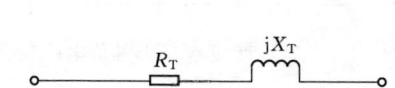

图 2-10 双绕组变压器的简化等值电路

对于额定电压在 10kV 及以下的变压器，其空载损耗是很小的，激磁支路 G_T-jB_T

可以略去不计，得到变压器的简化等值电路，如图 2-10 所示。

2. 双绕组变压器的参数计算

变压器的参数一般是指变压器等值电路中的电阻 R_T、电抗 X_T、电导 G_T 和电纳 B_T。变压器的变比也可以作为变压器的一个参数，它们的计算如下所述：

(1) 电阻。电阻的计算与电机学中学过的相同，一般变压器出厂时，做过短路试验，短路损耗 ΔP_k 是已知的。

假设：$\Delta P_k = 3 R_T I_N^2$，则

$$R_T = \frac{\Delta P_k}{3 I_N^2} = \frac{\Delta P_k U_N^2}{S_N^2} \quad (\Omega) \tag{2-13}$$

式中　ΔP_k——变压器短路损耗，W；
　　　S_N——变压器的额定容量，VA；
　　　U_N——变压器的额定电压，V。

在电力系统计算中，常用 ΔP_k 的单位为 kW，S_N 的单位为 kVA，U_N 的单位为 kV，如此代入上式，可得

$$R_T = \frac{\Delta P_k U_N^2}{S_N^2} \times 10^3 \quad (\Omega) \tag{2-14}$$

(2) 电抗 X_T。变压器铭牌上给出的特性参数短路电压（百分数）$U_k\%$，是变压器绕组阻抗上通过额定电流 I_N 时产生的电压降落（百分数），即

$$U_k\% = \frac{\sqrt{3} I_N Z_T}{U_N} \times 100 \tag{2-15}$$

对于大容量的电力变压器，其绕组电阻比电抗小得多，可以近似地认为变压器绕组阻抗上的电压降落约等于绕组电抗上的电压降落，即

$$U_k\% = \frac{\sqrt{3} I_N Z_T}{U_N} \times 100 \approx \frac{\sqrt{3} I_N X_T}{U_N} \times 100 \tag{2-16}$$

所以

$$X_T = \frac{U_k\% U_N}{100 \sqrt{3} I_N} = \frac{U_k\% U_N^2}{100 S_N} \tag{2-17}$$

式中　S_N——变压器的额定容量，VA；
　　　U_N——变压器的额定电压，V。

若 S_N 的单位采用 kVA，U_N 的单位采用 kV，则

$$X_T = \frac{U_k\% U_N^2}{100 S_N} \times 10^3 = \frac{U_k\% U_N^2}{S_N} \times 10 \quad (\Omega) \tag{2-18}$$

(3) 电导 G_T。变压器的电导用于表示变压器的铁芯损耗。虽然变压器的空载损耗包括变压器绕组铜耗和铁芯铁损，但由于变压器加额定电压时的空载电流很小，绕组中的铜耗也很小，可近似认为变压器的空载损耗等于铁耗，于是

$$\Delta P_0 \approx 3 G_T \left(\frac{U_N}{\sqrt{3}}\right)^2 = G_T U_N^2$$

变换可得

$$G_T = \frac{\Delta P_0}{U_N^2} \tag{2-19}$$

上式 ΔP_0 的单位采用 kW，U_N 的单位采用 kV 时

$$G_T = \frac{\Delta P_0}{U_N^2} \times 10^{-3} \quad (S) \tag{2-20}$$

(4) 电纳 B_T。变压器的电纳代表变压器的励磁无功功率。变压器空载电流包含有功电流和励磁电流两部分。有功电流供给铁损，励磁电流供给励磁无功功率。由于励磁无功功率比铁损大得多，因此可以认为励磁电流约等于空载电流。即

$$I_0\% = \frac{I_0}{I_N} \times 100 \approx \frac{B_T \frac{U_N}{\sqrt{3}}}{I_N} \times 100 = \frac{B_T U_N}{\sqrt{3} I_N} \times 100$$

所以

$$B_T = \frac{I_0\% \sqrt{3} I_N}{100 U_N} = \frac{I_0\% S_N}{100 U_N^2} \tag{2-21}$$

上式中 S_N 的单位采用 kVA，U_N 的单位采用 kV 时

$$B_T = \frac{I_0\% S_N}{100 U_N^2} \times 10^{-3} \quad (S) \tag{2-22}$$

在上述参数计算式中，若参数归算到一次侧，则式中 U_N 采用一次侧的额定电压；若参数归算到二次侧，则式中 U_N 采用二次侧的额定电压。通常情况下，将参数规算到高压侧，即应在计算公式中代入变压器高压侧的额定电压。

(5) 变压比 k_T。对于 Y，y 和 D，d 接法的变压器，$k_T = \frac{U_{1N}}{U_{2N}} = \frac{w_1}{w_2}$，即变压比与原、副方绕组匝数比相等；对于 Y，d 接法的变压器 $k_T = \frac{U_{1N}}{U_{2N}} = \frac{\sqrt{3} w_1}{w_2}$。

2.2.2 三绕组电力变压器的等值电路及参数计算

1. 三绕组电力变压器的等值电路

对于三绕组变压器，采用励磁支路前移的星形等值电路，如图 2-11 所示。图中的所有参数值都是折算到一次侧的值，称这种等值电路为 Γ-Y 型等值电路。

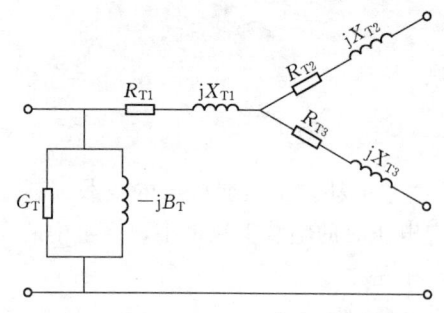

图 2-11 三绕组变压器的等值电路

2. 三绕组电力变压器的参数计算

(1) 电阻 R_{T1}、R_{T2}、R_{T3}。三相变压器的电阻参数是通过三相变压器的短路试验数据确定的。三绕组变压器的短路试验是依次让一个绕组开路，按双绕组变压器模式来做试验的。将变压器一侧绕组（通常是低压侧）短路，从另一侧绕组（分接头在额定电压位置上）加入额定频率的交流电压，使变压器绕组内的电流为额定值，测量所加电压和功率。将测得的有功功率换算至额定温度下的数值，称为变压器的短路损耗。所加电压就是后面要提到的阻抗电压，通常以所占加压绕组额定电压的百分数表示。

三绕组的变压器，应对每两绕组进行一次短路试验（非被试线圈开路）。如两绕组容

2.2 变压器的等值电路和参数计算

量不等,应通入容量较小绕组的额定电流,并注明测得的阻抗电压所对应的容量。通过两两三次短路试验,可得到三组短路试验数据。若三个绕组分别以 1、2、3 表示,则得到短路损耗可分别为 $\Delta P_{k(1-2)}$、$\Delta P_{k(2-3)}$、$\Delta P_{k(3-1)}$。设 1、2、3 三个绕组通过额定电流时的功率损耗分别表示为 ΔP_{k1}、ΔP_{k2}、ΔP_{k3}。根据短路试验的原理,可得

$$\Delta P_{k(1-2)} = \Delta P_{k1} + \Delta P_{k2}$$
$$\Delta P_{k(2-3)} = \Delta P_{k2} + \Delta P_{k3} \qquad (2-23)$$
$$\Delta P_{k(3-1)} = \Delta P_{k3} + \Delta P_{k1}$$

可推得

$$\begin{cases} \Delta P_{k1} = \dfrac{1}{2}(\Delta P_{k(1-2)} + \Delta P_{k(3-1)} - \Delta P_{k(2-3)}) \\ \Delta P_{k2} = \dfrac{1}{2}(\Delta P_{k(1-2)} + \Delta P_{k(2-3)} - \Delta P_{k(3-1)}) \\ \Delta P_{k3} = \dfrac{1}{2}(\Delta P_{k(2-3)} + \Delta P_{k(3-1)} - \Delta P_{k(1-2)}) \end{cases} \qquad (2-24)$$

求出各绕组的短路损耗后,便可导出与双绕组变压器计算 R_T 相同形式的算式,即

$$\begin{cases} R_{T1} = \dfrac{\Delta P_{k1} U_N^2}{S_N^2} \times 10^3 (\Omega) \\ R_{T2} = \dfrac{\Delta P_{k2} U_N^2}{S_N^2} \times 10^3 (\Omega) \\ R_{T3} = \dfrac{\Delta P_{k3} U_N^2}{S_N^2} \times 10^3 (\Omega) \end{cases} \qquad (2-25)$$

式中　ΔP_{k1},ΔP_{k2},ΔP_{k3}——变压器绕组 1,2,3 的短路损耗,kW;

　　　S_N——变压器三相额定容量,kVA;

　　　U_N——变压器的额定电压,kV。

上述电阻归算到变压器的哪一侧,则采用哪一侧的额定电压。

如容量比为 100/50/100 时,与第二绕组一起做短路试验时的绕组电流为额定电流(与额定容量对应)的一半,此时得到的短路试验数据必须先进行折算,归算到额定容量下,才能计算。

设短路试验得到的值分别为 $\Delta P'_{k(1-2)}$、$\Delta P'_{k(2-3)}$、$\Delta P'_{k(3-1)}$,且编号 1 表示高压绕组,则归算到额定容量下的短路损耗为

$$\begin{cases} \Delta P_{k(1-2)} = \Delta P'_{k(1-2)} \left(\dfrac{S_N}{S_{2N}}\right)^2 \\ \Delta P_{k(2-3)} = \Delta P'_{k(2-3)} \left(\dfrac{S_N}{\min\{S_{2N}, S_{3N}\}}\right)^2 \\ \Delta P_{k(3-1)} = \Delta P'_{k(3-1)} \left(\dfrac{S_N}{S_{3N}}\right)^2 \end{cases} \qquad (2-26)$$

(2) 电抗 X_{T1}、X_{T2}、X_{T3}。电抗与电阻的计算相似,三绕组变压器的各个绕组电抗也是用各绕组对应的短路电压百分数 $U_{k1}\%$、$U_{k2}\%$、$U_{k3}\%$ 按照双绕组变压器电抗计算公式求得。而制造厂提供的仍然是两两绕组之间做短路试验所得到的短路电压百分数,近似地

认为是电抗上的电压降就等于短路电压。所以，在给出短路电压 $U_{k(1-2)}\%$、$U_{k(2-3)}\%$、$U_{k(3-1)}\%$ 后，可计算各绕组的短路电压，分别为

$$\begin{cases} U_{k1}\% = \dfrac{1}{2}(U_{k(1-2)}\% + U_{k(3-1)}\% - U_{k(2-3)}\%) \\ U_{k2}\% = \dfrac{1}{2}(U_{k(1-2)}\% + U_{k(2-3)}\% - U_{k(3-1)}\%) \\ U_{k3}\% = \dfrac{1}{2}(U_{k(2-3)}\% + U_{k(3-1)}\% - U_{k(1-2)}\%) \end{cases} \quad (2-27)$$

各绕组的等值电抗为

$$\begin{cases} X_{T1} = \dfrac{U_{k1}\% U_N^2}{100 S_N} \times 10^3 (\Omega) \\ X_{T2} = \dfrac{U_{k2}\% U_N^2}{100 S_N} \times 10^3 (\Omega) \\ X_{T3} = \dfrac{U_{k3}\% U_N^2}{100 S_N} \times 10^3 (\Omega) \end{cases} \quad (2-28)$$

应该指出，各手册和制造厂提供的短路电压值，不论变压器各绕组容量如何，一般都已经折算为与变压器额定容量相对应的值，因此，可以直接使用式（2-27）和式（2-28）计算。

另外还需指出的是，各绕组等值电抗的相对大小，与三个绕组在铁芯上的排列顺序有关。高压绕组因绝缘要求排在外层，中压和低压绕组均有可能排在中间。排在中间的绕组，其等值电抗较小或具有不大的负值。

（3）导纳。三绕组变压器的导纳（电导和电纳）的计算与双绕组变压器相同。

3. 自耦变压器的参数计算

自耦变压器的等值电路与普通变压器的等值电路相同。其参数的计算原理也与普通变压器的相同。通常，三绕组自耦变压器的第三绕组（低压绕组）总是接成三角形，以消除由于铁芯饱和引起的三次谐波。且中、低压绕组的容量较变压器的额定容量小，因此，需要归算。归算方法与三绕组变压器的相同，但中压绕组是高压绕组的一部分，在高、中压绕组做短路试验时，两绕组电流同时达到额定值，所以无需归算，只有与低压绕组相关的短路电压百分数需要归算，其归算公式为

$$\begin{cases} U_{k23}\% = U'_{k23}\% \left(\dfrac{S_N}{S_{3N}}\right) \\ U_{k31}\% = U'_{k31}\% \left(\dfrac{S_N}{S_{3N}}\right) \end{cases} \quad (2-29)$$

式中 S_{3N}——自耦变压器低压绕组的额定容量。

【例 2-4】 有一台 SFL20000/110 型向 10kV 网络供电的降压变压器，铭牌给出的试验数据为 $\Delta P_s = 135$kW，$U_k\% = 10.5\%$，$\Delta P_0 = 22$kW，$I_0\% = 0.8$。试计算归算到高压测的变压器参数。

解：由型号知，$S_N = 20$MVA，高压侧额定电压 $U_N = 110$kV。各参数如下：

$$R_{\text{T}} = \frac{\Delta P_{\text{S}} U_{\text{N}}^2}{1000 S_{\text{N}}^2} = \frac{135 \times 110^2}{20^2} = 4.08\Omega$$

$$X_{\text{T}} = \frac{V_{\text{S}}\%}{100} \times \frac{U_{\text{N}}^2}{S_{\text{N}}} = \frac{10.5 \times 110^2}{100 \times 20}\Omega = 63.53\Omega$$

$$G_{\text{T}} = \frac{\Delta P_0}{1000 U_{\text{N}}^2} = \frac{22}{1000 \times 110^2}\text{S} = 1.82 \times 10^{-6}\text{S}$$

$$B_{\text{T}} = \frac{I_0\%}{100} \times \frac{S_{\text{N}}}{U_{\text{N}}^2} = \frac{0.8}{100} \times \frac{20}{110^2}\text{S} = 13.2 \times 10^{-6}\text{S}$$

$$k_{\text{T}} = \frac{U_{1\text{N}}}{U_{2\text{N}}} = \frac{110}{11} = 10$$

【例 2-5】 设有一容量比为 90/90/60MVA，额定电压为 220/38.5/11kV 的三绕组变压器。工厂给出的试验数据为

$$P_{\text{k}(1-2)} = 560\text{kW}, P_{\text{k}(2-3)} = 178\text{kW}, P_{\text{k}(3-1)} = 363\text{kW}$$

$$U_{\text{k}(1-2)}\% = 13.15, U_{\text{k}(2-3)}\% = 5.7, U_{\text{k}(3-1)}\% = 20.4$$

$$P_0 = 187\text{kW}, I_0\% = 0.856$$

试求归算到 220kV 侧的变压器参数和等值电路。

解： 1. 各绕组电阻

先折算短路损耗：

$$P_{\text{k}(1-2)} = P'_{\text{k}(1-2)} = 560\text{kW}$$

$$P_{\text{k}(2-3)} = P'_{\text{k}(2-3)} \times \left(\frac{S_{\text{N}}}{S_{3\text{N}}}\right)^2 = \frac{9}{4} \times 178 = 401\text{kW}$$

$$P_{\text{k}(3-1)} = P'_{\text{k}(3-1)} \times \left(\frac{S_{\text{N}}}{S_{3\text{N}}}\right)^2 = \frac{9}{4} \times 363 = 817\text{kW}$$

各绕组的短路损耗：

$$P_{\text{k}1} = \frac{1}{2}[P_{\text{k}(1-2)} + P_{\text{k}(3-1)} - P_{\text{k}(2-3)}] = \frac{1}{2}[560 + 817 - 401] = 488\text{kW}$$

$$P_{\text{k}2} = \frac{1}{2}[P_{\text{k}(1-2)} + P_{\text{k}(2-3)} - P_{\text{k}(3-1)}] = \frac{1}{2}[560 + 401 - 817] = 72\text{kW}$$

$$P_{\text{k}3} = \frac{1}{2}[P_{\text{k}(2-3)} + P_{\text{k}(3-1)} - P_{\text{k}(1-2)}] = \frac{1}{2}[401 + 817 - 560] = 329\text{kW}$$

各绕组的电阻分别为

$$R_1 = \frac{P_{\text{k}1} U_{\text{N}}^2}{1000 S_{\text{N}}^2} = \frac{488 \times 220^2}{1000 \times 90^2} = 2.92(\Omega)$$

$$R_2 = \frac{P_{\text{k}2} U_{\text{N}}^2}{1000 S_{\text{N}}^2} = \frac{72 \times 220^2}{1000 \times 90^2} = 0.43(\Omega)$$

$$R_3 = \frac{P_{\text{k}3} U_{\text{N}}^2}{1000 S_{\text{N}}^2} = \frac{329 \times 220^2}{1000 \times 90^2} = 1.97(\Omega)$$

2. 求各绕组的等值电抗

$$U_{k1}\% = \frac{1}{2}[U_{k(1-2)}\% + U_{k(3-1)}\% - U_{k(2-3)}\%] = \frac{1}{2} \times [13.15\% - 20.4\% - 5.7\%] = 13.93\%$$

$$U_{k2}\% = \frac{1}{2}[U_{k(1-2)}\% + U_{k(2-3)}\% - U_{k(3-1)}\%] = \frac{1}{2} \times [13.15\% + 5.7\% - 20.4\%] = -0.78\%$$

$$U_{k3}\% = \frac{1}{2}[U_{k(2-3)}\% + U_{k(3-1)}\% - U_{k(1-3)}\%] = \frac{1}{2} \times [5.7\% + 20.4\% - 13.15\%] = 6.48\%$$

各绕组的等值电抗为：

$$X_{T1} = \frac{U_{k1}\%}{100} \times \frac{U_N^2}{S_N} = \frac{13.93}{100} \times \frac{220^2}{90} = 74.9(\Omega)$$

$$X_{T2} = \frac{U_{k2}\%}{100} \times \frac{U_N^2}{S_N} = \frac{-0.79}{100} \times \frac{220^2}{90} = -4.2(\Omega)$$

$$X_{T3} = \frac{U_{k3}\%}{100} \times \frac{U_N^2}{S_N} = \frac{6.48}{100} \times \frac{220^2}{90} = 34.8(\Omega)$$

3. 求电导和电纳

$$G_T = \frac{P_o}{1000 U_N^2} = \frac{187}{1000 \times 220^2} = 3.9 \times 10^{-6}(S)$$

$$B_T = \frac{I_o\%}{100} \times \frac{S_N}{U_N^2} = \frac{0.856}{100} \times \frac{90}{220^2} = 15.9 \times 10^{-6}(S)$$

以上述计算可画出等值电路（图 2-12）。

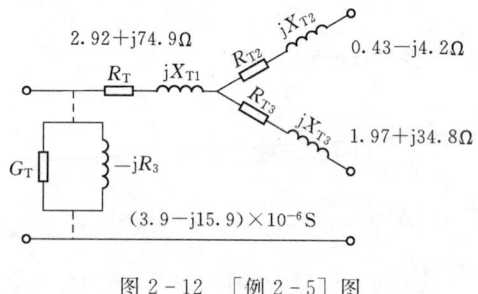

图 2-12 [例 2-5] 图

4. 变压器的 Π 等值电路

如果电力变压器采用前述图 2-11 所示的等值电路时，则计算所得的次级绕组的电流和电压都是它们的折算值即是折算到初级绕组的数值，而且与次级绕组相连的其他元件的参数也要用到其折算值。但在电力系统实际分析计算中，常常需要求出变压器次级绕组侧的实际电流和电压。为此，我们可以在变压器等值电路中增添只反映变比的理想变压器即是无损耗、无漏磁、无需励磁电流的变压器。

双绕组变压器的这种等值电路可用图 2-13（a）表示。图中变压器的阻抗 $Z_T = R_T + jX_T$ 是折算到初级方的数值，$k = \frac{U_{1N}}{U_{2N}}$ 是变压器的变比，$\dot{U}_2$ 和 $\dot{I}_2$ 是次级绕组侧的实际电压和电流。如果将图中励磁支路略去或另作处理，则变压器又可以用它的阻抗和理想变压器相串联的等值电路图 2-13（b）表示。这种存在磁耦合的电路还可以进一步变换成电气上直接相连的等值电路，如图 2-13（c）或（d）所示。

由图 2-13（b）可以写出方程组：

$$\begin{cases} \dot{U}_1 - Z_T \dot{I}_1 = \dot{U}_2' = k \dot{U}_2 \\ \dot{I}_1 = \dot{I}_2' = \frac{1}{k} \dot{I}_2 \end{cases} \tag{2-30}$$

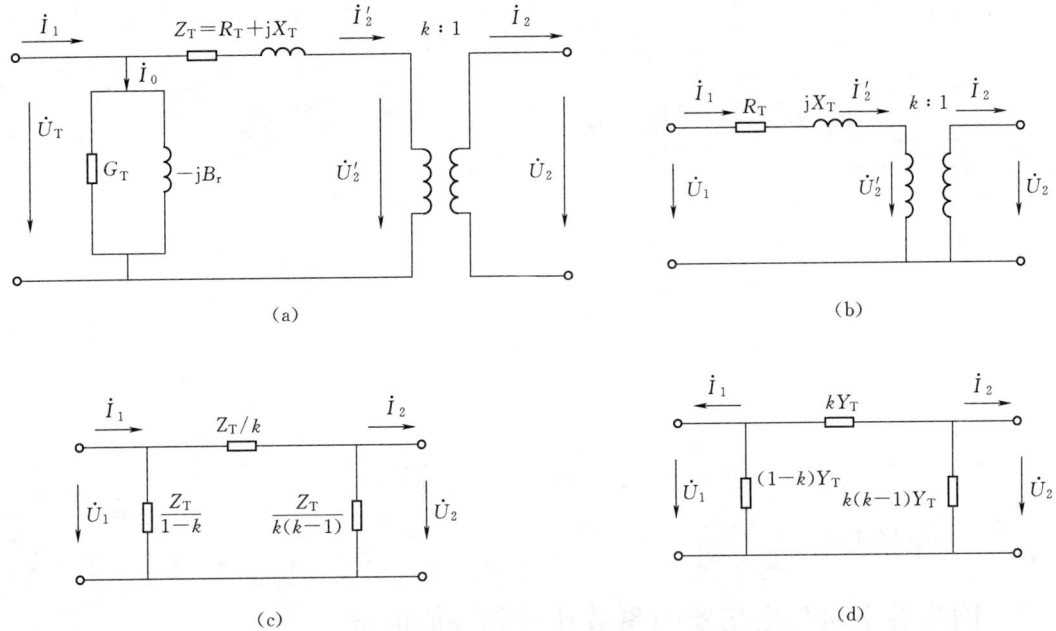

图 2-13 体现变压比的变压器等值电路

解之可得

$$\begin{cases} \dot{I}_1 = \dfrac{\dot{U}_1}{Z_T} - \dfrac{k\dot{U}_2}{Z_T} = \dfrac{(1-k)\dot{U}_1}{Z_T} + \dfrac{k}{Z_T}(\dot{U}_1 - \dot{U}_2) \\ \dot{I}_2 = \dfrac{k\dot{U}_1}{Z_T} - \dfrac{k^2\dot{U}_2}{Z_T} = \dfrac{k}{Z_T}(\dot{U}_1 - \dot{U}_2) - \dfrac{k(k-1)}{Z_T}\dot{U}_2 \end{cases} \quad (2-31)$$

如果使用导纳表示，令 $Y_T = \dfrac{1}{Z_T}$，则上式又可以写成

$$\begin{cases} \dot{I}_1 = (1-k)Y_T\dot{U}_1 + kY_T(\dot{U}_1 - \dot{U}_2) \\ \dot{I}_2 = kY_T(\dot{U}_1 - \dot{U}_2) - k(k-1)Y_T\dot{U}_2 \end{cases} \quad (2-32)$$

与式（2-31）和式（2-32）相对应的等值电路图为图 2-13（c）和（d）。

变压器的Ⅱ形等值电路中三个阻抗（或导纳）都与变比 k 有关，两个并联支路的阻抗（或导纳）的符号总是相反的。三个支路阻抗（或导纳）之和恒等于零，即是它们构成了谐振三角形。三角形内产生谐振环流，正是这样的谐振环流在初级和次级侧的阻抗上产生的电压降，实现了初级和次级方的变压，而谐振电流本身又完成了初级和次级方的电流变换，从而使等值电路起到变压器的作用。

三绕组变压器在略去励磁支路后的等值电路如图 2-14（a）所示。图中Ⅱ侧和Ⅲ侧的阻抗都已经折算到Ⅰ侧，并在Ⅱ侧和Ⅲ侧分别添加了理想变压器，其变比分别为 $k_{12} = \dfrac{U_{IN}}{U_{IIN}}$ 和 $k_{13} = \dfrac{U_{IN}}{U_{IIIN}}$。和双绕组变压器一样，可以作出电气上直接相连的三绕组变压器等值电路，如图 2-14（b）所示。

变压器采用Ⅱ形等值电路后，电力系统中与变压器相连的各元件就可以直接应用其参

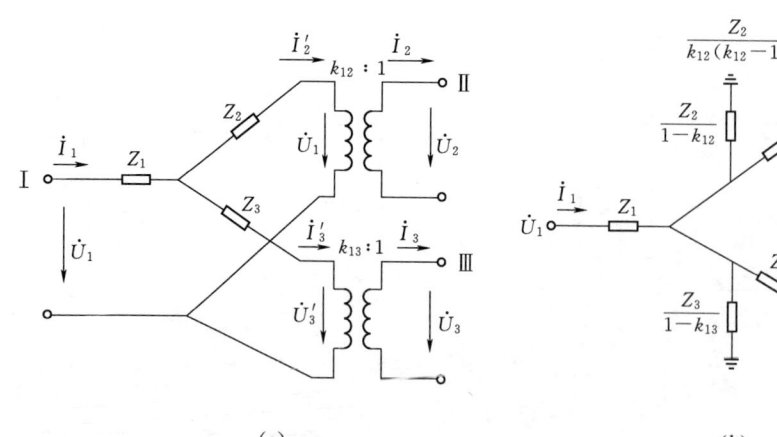

图 2-14 三绕组变压器等值电路

数的实际值进行计算,十分简便。

2.3 同步发电机与电抗器的参数计算和等值电路

2.3.1 同步发电机的参数计算和等值电路

同步发电机(以隐极式发电机为例)定子绕组的电阻远小于其电抗,在近似计算时可以认为电阻为零。制造厂一般给出发电机额定参数为基准的同步电抗百分数 $X_d\%$,其定义式表示为

$$X_d\% = \frac{\sqrt{3} I_N X_d}{U_N} \times 100 \tag{2-33}$$

于是,发电机三相对称绕组的一相绕组同步电抗有名值为

$$X_d = \frac{X_d\%}{100} \times \frac{U_N}{\sqrt{3} I_N} = \frac{X_d\%}{100} \times \frac{U_N}{\frac{P_N}{U_N \cos\varphi_N}} = \frac{X_d\% U_N^2 \cos\varphi_N}{100 P_N} (\Omega) \tag{2-34}$$

式中 U_N——发电机的额定电压,kV;

P_N——发电机的额定功率,MW;

$\cos\varphi_N$——发电机的额定功率因数。

若发电机的额定功率 P_N 单位用 kW,额定视在功率 S_N 单位用 kVA,则由式(2-34)可得与变压器电抗计算类似形式的发电机同步电抗计算式为

$$X_d = \frac{X_d\% U_N^2 \cos\varphi_N}{P_N} \times 10 = \frac{X_d\% U_N^2}{S_N} \times 10 (\Omega) \tag{2-35}$$

同步发电机的等值电路有两种表达形式,即以电压源表达的形式和电流源表达的形式,如图 2-15(a)、(b)所示。

两种表达形式的等值电路是等值的,以电压源形式表达的等值电路较为常用。

隐极式发电机的转子是对称的,它的直轴同步电抗 X_d 与交轴同步电抗 X_q 相等,当忽略定子绕组的电阻时,定子电压方程为

$$\dot{E}_q = \dot{U} + jX_d \dot{I} \qquad (2-36)$$

式中 $\dot{E}_q$——励磁电流产生的空载电势，kV；

$\dot{I}$——定子电流，kA；

$\dot{U}$——发电机端口电压，kV。

隐极发电机等值电路的相量图如图 2-16 所示。

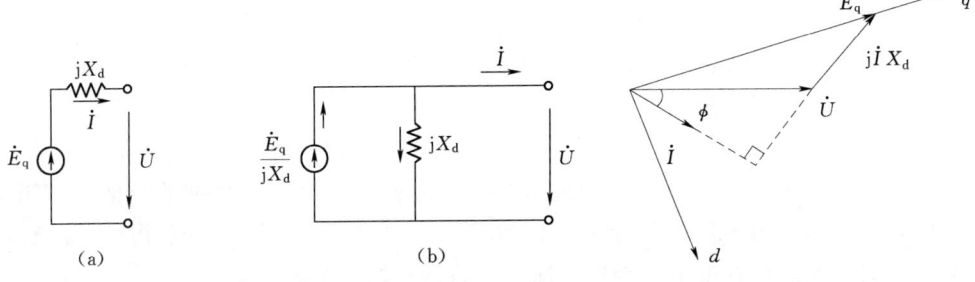

图 2-15 同步发电机的等值电路　　图 2-16 同步发电机的相量图

在稳态运行的分析和计算中，发电机参数也可用 P 和 U，或者 P 和 Q 表示。

在短路计算中，发电机一般用暂态参数表示。

2.3.2 电抗器的参数计算

由制造厂提供的电抗器电抗数据往往以百分值表示。

$$X_R\% = \frac{\sqrt{3} I_N X_R}{U_N} \times 100$$

从而

$$X_R = \frac{X_R\%}{100} \frac{U_N}{\sqrt{3} I_N} \qquad (2-37)$$

式中 X_R——电抗器电抗，Ω；

$X_R\%$——电抗百分值；

U_N——电抗器的额度电压，kV；

I_N——电抗器的额定电流，kV。

2.4 标幺制与电力系统的等值电路

2.4.1 标幺制的概念

以往在对电力系统的分析计算中，所采用的物理量如电压、电流、功率和阻抗等分别用单位伏（千伏）、安（千安）、伏安（千伏安）、欧（千欧）表示，这种用实际有名单位表示物理量的方法称为有名单位制。有名单位制比较适合于较为简单的电路计算，而对于电力系统的分析计算，因其系统庞大、电路复杂，如果还是采用先前的有名制计算，则几乎无法进行，因而要广泛采用另一种计算体制即是标幺制。标幺制是在电路分析（包含电力系统电路）计算中各物理量和参数均以其有名值与基准值的比值表示的无量纲体制。显然，标幺制是相对单位制的一种，在标幺制中各物理量都用标幺值表示。可定义为

$$标幺值 = \frac{实际有名值(任意单位)}{基准值(与有名值同单位)} \quad (2-38)$$

例如，发电机的端电压 U_G 用有名值表示为 10.5kV，用标幺值表示时必须先选定电压的基准值。如果我们选电压的基准值 $U_B = 10.5$kV，按上式标幺值的定义，发电机电压的标幺值应为

$$U_{G*} = \frac{U_G}{U_B} = \frac{10.5\text{kV}}{10.5\text{kV}} = 1.0$$

这就是说，以 10.5kV 作为电压的基准值时，发电机电压的标幺值等于 1。

显然，在电力系统分析与计算中采用标幺制，能大量简化计算且便于直观和迅速地判断系统元件参数、状态变量的正确性。

当然，电压的基准值也可以选用别的数值，如若选用 $U_B = 10$kV，则 $U_{G*} = 1.05$；如若选用 $U_B = 1$kV，则 $U_{G*} = 10.5$。由此可见，标幺值是一个没有量纲的数值，对于同一个有名值，基准值选得不同，其标幺值也就不同。因此，当我们说一个物理量的标幺值时，必须同时说明它的基准值，否则，标幺值的意义是不明确的。

在电力系统中，当选定电压、电流、功率和阻抗的基准值分别为 U_B、I_B、S_B、Z_B 时，相应的标幺值为

$$\begin{cases} U_* = \dfrac{U}{U_B} \\ I_* = \dfrac{I}{I_B} \\ S_* = \dfrac{S}{S_B} = \dfrac{P+jQ}{S_B} = P_* + jQ_* \\ Z_* = \dfrac{Z}{Z_B} = \dfrac{R+jX}{Z_B} = \dfrac{R}{Z_B} + j\dfrac{X}{Z_B} = R_* + jX_* \end{cases}$$

2.4.2 基准值的选取及其换算

基准值的选取，除了要求和有名值同单位外，原则上可以是任意值。但是，考虑采用标幺值计算的目的是为了简化计算和便于对计算结果进行分析比较。所以，选择基准值时应该考虑尽量实现这些目的。

在单相交流电路中，电压 U_{ph}、电流 I、功率 S_{ph} 和阻抗 Z 或导纳 Y 这几个物理量之间存在以下关系：

$$U_{ph} = ZI, \quad S_{ph} = U_{ph}I$$

如果选择四个物理量的基准值，使它们满足

$$\begin{cases} U_{phB} = Z_B I_B \\ S_{phB} = U_{phB} I_B \end{cases} \quad (2-39)$$

即是与有名值各量间关系具有完全相同的方程式，则在标幺制中，可以得到

$$\begin{cases} U_{ph*} = Z_* I_* \\ S_{ph*} = U_{ph*} I_* \end{cases} \quad (2-40)$$

上式说明，只要基准值的选择满足式（2-39），则在标幺制中，电路中各物理量之间的基本关系式与有名值相同，因而有名单位制中的有关公式可以直接应用到标幺制中。

实际上，四个基准值被两个方程所约束，一般选出 S_{phB} 和 U_{phB} 为基准值，这时电流和阻抗的基准值就可由式（2-39）求出。

在电力系统分析中，主要涉及对称三相电路的计算。分析计算时，习惯上采用线电压 U、线电流 I、三相功率 S 和等值阻抗 Z。各物理量之间存在以下关系

$$\begin{cases} U = \sqrt{3}ZI = \sqrt{3}U_{ph} \\ S = \sqrt{3}UI = 3S_{ph} \end{cases} \quad (2-41)$$

与单相电路一样，应使各量基准值之间的关系与其有名值的关系具有相同的方程式，即

$$\begin{cases} U_B = \sqrt{3}Z_B I_B = \sqrt{3}U_{phB} \\ S_B = \sqrt{3}U_B I_B = 3S_{phB} \end{cases}$$

这样，在标幺制中便有

$$\begin{cases} U_* = Z_* I_* = U_{ph*} \\ S_* = U_* I_* = S_{ph*} \end{cases} \quad (2-42)$$

由此可见，在标幺制中，三相电路的计算公式与单相电路的计算公式完全相同，线电压与相电压的标幺值相同，三相功率与单相功率的标幺值相同。这样就简化了公式，计算方便。在选择基准值时，习惯上也只是选定 U_B 和 S_B，其余物理量的基准值可表示为

$$Z_B = \frac{U_B}{\sqrt{3}I_B} = \frac{U_B^2}{S_B}$$

$$I_B = \frac{S_B}{\sqrt{3}U_B}$$

这时，电流和阻抗的标幺值分别为

$$I_* = \frac{I}{I_B} = \frac{\sqrt{3}I_B U_B}{S_B}$$

$$Z_* = \frac{Z}{Z_B} = \frac{R}{Z_B} + j\frac{X}{Z_B} = R_* + jX_* = R\frac{S_B}{U_B^2} + jX\frac{S_B}{U_B^2}$$

在采用标幺制进行计算后，所得结果还要换算恢复到有名值，其换算公式为

$$U = U_* U_B, I = I_* I_B = I_* \frac{S_B}{\sqrt{3}U_B}, S = S_* S_B, Z = (R_* + jX_*)\frac{U_B^2}{S_B} \quad (2-43)$$

在电力系统实际分析计算中，对于有直接电气联系的网络，在制定标幺值的等值电路时，各元件的参数必须按照统一的基准值进行归算。然而，从产品资料或相关手册中查得的电机和电器等的阻抗值，一般都是以各自的额定容量（或额定电流）和额定电压作为基准的标幺值。由于各元件的额定值可能不同，因此，必须把不同基准值的标幺值换算成统一基准值的标幺值。

对不同基准值的标幺值间进行换算时，先把额定标幺阻抗还原成有名值，例如，对于电抗器，按照式（2-43）有

$$X_N = X_{(N)*} \frac{U_N^2}{S_N}$$

如果选用统一的基准电压和功率值分别为 U_B 和 S_B，那么，以此为基准的标幺电抗值

应该为

$$X_{B*} = X_N \frac{S_B}{U_B^2} = X_{(N)*} \frac{U_N^2}{S_N} \frac{S_B}{U_B^2} \quad (2-44)$$

此式也可以用于变压器和发动机的标幺电抗的类似换算。总之,对于新基准值下的标幺值,其换算的方法是先计算出有名值,然后求新的标幺值。

2.4.3 电力系统等值电路

前述电力系统各元件的等值电路无法反映电力系统全貌,因而在进行电力系统分析计算时,往往需要将它们综合在一起而构成电力系统的等值电路。但电力系统网络又是由不同电压等级组成,即是网络中的各元件处于不同的电压等级之中。这样,为了进行电力系统的计算,必须把这些元件的参数折算到同一个电压等级下。多电压级电力网等值电路中各元件参数的标幺值计算要分两步计算:先将各电压等级各元件参变数的有名值归算到基本级,然后再对基本级的基准值计算标幺。也可以应用归算到所计算电压级的基准值,直接对未归算的有名值求取标幺值。

1. 等值电路的电压归算

电力系统的等值电路实际上就是由前面学过的发电机、变压器、输电线路和负荷等这些元件的等值电路连接而成的。

例如图 2-17 (a) 所示为一个简单的电力系统接线图,只要将其中各个元件所对应的等值电路画出并连接起来就可得到图 2-17 (b) 所示的等值电路。需要指出的是,该系统等值电路图的电压是对应于一个电压等级的,即是图中各个元件的电压是相同的,因而各个元件的等值电路才能直接连接起来。所以,在作出电力系统等值电路时,首先必须将不同电压等级的各个元件的参数折算到同一个电压等级下,就是所谓的电压等级的归算。

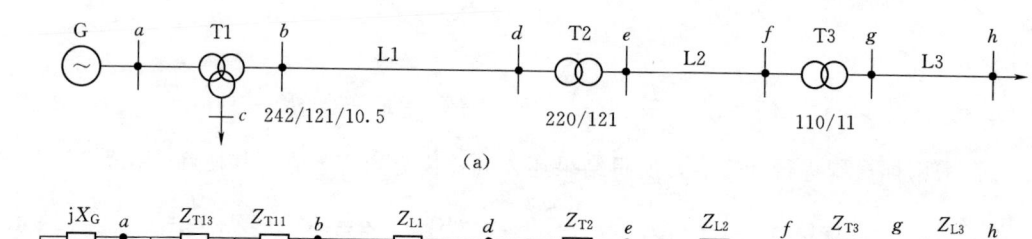

(a)

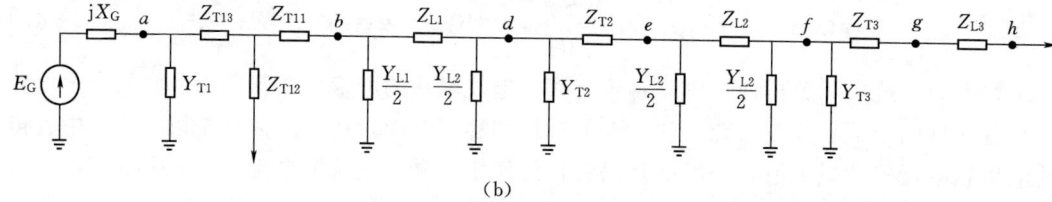

(b)

图 2-17 系统等值电路图

要对具有多个电压等级的电力系统电路参数进行统一电压等级的归算,首先要确定这个等值电路的电压等级即是基本电压级,然后将其他电压等级的元件参数全部归算到这个电压等级。

设某电压等级与基本级之间串联有变比为 $k_1, k_2, k_3, \cdots, k_n$ 的 n 台变压器,则该电压级中某元件的阻抗 Z、导纳 Y、电压 U、电流 I 归算到基本级的计算式分别为

2.4 标幺制与电力系统的等值电路

$$Z' = Z(k_1 k_2 k_3 \cdots k_n)^2$$
$$Y' = Y\left(\frac{1}{k_1}\frac{1}{k_2}\frac{1}{k_3}\cdots\frac{1}{k_n}\right)^2$$
$$U' = U(k_1 k_2 k_3 \cdots k_n)$$
$$I' = I\left(\frac{1}{k_1}\frac{1}{k_2}\frac{1}{k_3}\cdots\frac{1}{k_n}\right)$$
(2-45)

应该注意计算式中各变压器的变比 k_1, k_2, k_3, …, k_n 的比值取法为分子为靠近基本级一侧的电压,分母为靠近归算级一侧的电压。例如图 2-17 中的电力系统,假设将发电机电压 10.5kV 作为基本级,欲将变压器 T3 后面所连接的线路阻抗归算到基本级,则各变压器 T1、T2、T3 的变比应取为 $k_{T1} = \frac{10.5}{242}$, $k_{T2} = \frac{220}{121}$, $k_{T3} = \frac{110}{11}$,因而负荷阻抗为

$$Z'_{L3} = Z_{L3}(k_{T1} \cdot k_{T2} \cdot k_{T3})^2 = \left(\frac{10.5}{242} \times \frac{220}{121} \times \frac{110}{11}\right)^2$$

2. 有名值等值电路

对多电压级的电力系统作出有名值等值电路的步骤如下所述。

(1) 首先选择某一电压等级为基本电压级。
(2) 分别计算各电压等级的元件参数有名值。
(3) 将各电压等级的元件参数全部归算到基本电压级。

下面通过例题来说明计算步骤。

【**例 2-6**】 如图 2-18 所示的电力系统,各元件基本数据已标注在图中,试作出有名值表示的电力系统等值电路。

解:(1) 首先选择 220kV 为基本电压级,并忽略 35kV 及以下的变压器 T3、线路 L2、L3 的导纳支路不计。

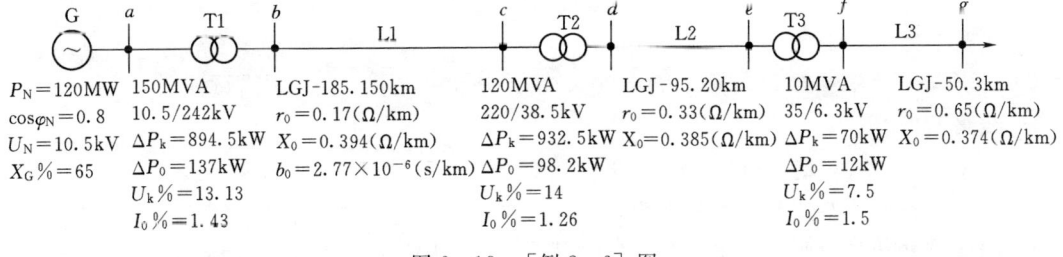

图 2-18 [例 2-6] 图

(2) 计算各元件参数有名值。

发电机 G:

$$X_G = \frac{X_G\%}{100}\frac{U_N^2}{P_N/\cos\varphi_N} = \frac{65}{100} \times \frac{10.5^2}{120/0.8} = 0.48(\Omega)$$

变压器 T1:

$$R_{T1} = \frac{\Delta P_k U_N^2}{1000 S_N^2} = \frac{894.5 \times 242^2}{1000 \times 150^2} = 2.33(\Omega)$$

$$X_{T1} = \frac{U_k\% U_N^2}{100 S_N} = \frac{13.13 \times 242^2}{100 \times 150} = 51.26(\Omega)$$

$$Z_{T1}=R_{T1}+jX_{T1}=2.33+j51.26(\Omega)$$

$$G_{T1}=\frac{\Delta P_0}{1000\times U_N^2}=\frac{137}{1000\times 242^2}=2.34\times 10^{-6}(S)$$

$$B_{T1}=\frac{I_0\%S_N}{100\times U_N^2}=\frac{1.43\times 150}{100\times 242^2}=3.66\times 10^{-5}(S)$$

$$Y_{T1}=G_{T1}-jB_{T1}=2.34\times 10^{-6}-j3.66\times 10^{-5}(S)$$

变压器 T2：

$$X_{T2}=\frac{U_k\%U_N^2}{100S_N}=\frac{14\times 220^2}{100\times 120}=56.47(\Omega)$$

$$Z_{T2}=R_{T2}+jX_{T2}=3.13+j56.47(\Omega)$$

$$G_{T2}=\frac{\Delta P_0}{1000\times U_N^2}=\frac{98.2}{1000\times 220^2}=2.03\times 10^{-6}(S)$$

$$B_{T2}=\frac{I_0\%S_N}{100\times U_N^2}=\frac{1.26\times 120}{100\times 220^2}=3.12\times 10^{-5}(S)$$

$$Y_{T2}=G_{T2}-jB_{T2}=2.03\times 10^{-6}-j3.12\times 10^{-5}(S)$$

变压器 T3：

$$R_{T2}=\frac{\Delta P_k U_N^2}{1000\times S_N^2}=\frac{70\times 35^2}{1000\times 10^2}=0.86(\Omega)$$

$$X_{T2}=\frac{U_k\%U_N^2}{100S_N}=\frac{7.5\times 35^2}{100\times 10}=9.19(\Omega)$$

$$Z_{T2}=R_{T2}+jX_{T2}=0.86+j9.19(\Omega)$$

线路 L1：

$$Z_{L1}=L_1\times(r_0+jx_0)=150\times(0.17+j0.394)=25.5+j59.1(\Omega)$$

$$Y_{L1}=L_1\times b_0=150\times j2.77\times 10^{-6}=j4.16\times 10^{-4}(S)$$

线路 L2：

$$Z_{L2}=L_2\times(r_0+jx_0)=20\times(0.33+j0.385)=6.6+j7.7(\Omega)$$

线路 L3：

$$Z_{L3}=L_3\times(r_0+jx_0)=3\times(0.65+j0.374)=1.95+j1.12(\Omega)$$

（3）将各元件参数归算到基本级。

因计算变压器 T1、T2 和 L1 参数时就是在 220kV 这一基本级进行的，这几个元件参数不需归算，所以下面只需对发电机 G、变压器 T3 和线路 L2、L3 进行参数归算即可。

发电机 G：$X_G'=0.48\times\left(\frac{242}{10.5}\right)^2=255(\Omega)$

变压器 T3：$Z_{T3}'=(0.86+j9.2)\times\left(\frac{220}{38.5}\right)^2=28.08+j300.41(\Omega)$

线路 L2：$Z_{L2}'=(6.6+j7.7)\times\left(\frac{220}{38.5}\right)^2=215.51+j251.43(\Omega)$

$$Z_{L3}'=(1.95+j1.12)\times\left(\frac{220}{38.5}\right)^2\times\left(\frac{35}{6.3}\right)^2=1965.23+j1128.75(\Omega)$$

(4) 作出有名值表示的电力系统等值电路如图2-19所示。

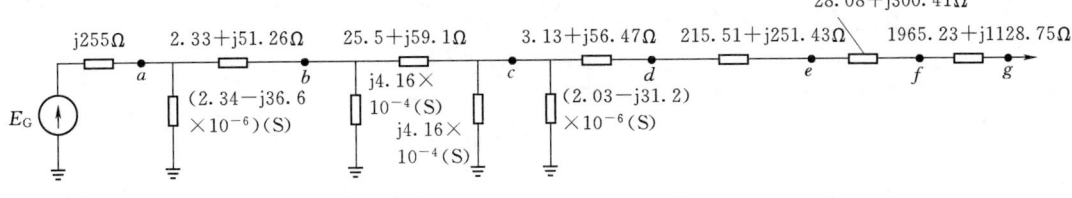

图2-19 [例2-6]图

3. 用标幺值表示的等值电路

与有名值一样，在对电力系统作出标幺值表示的等值电路时，其中各元件的参数也必须按统一的基准值进行归算。即是把不同基准值的标幺值参数换算成统一基准值的标幺值。一般有两种做法：一是先按前述作有名值等值电路的方法将不同电压等级的各元件参数有名值归算到基本级，然后统一除以对应基本级的基准值；二是先确定基本级的基准值，按变压器的实际变比来归算求出对应于各电压级的基准值，然后再将未经归算的各电压级的有名值参数除以各自对应电压级的基准值。

选取基准值，$S_B=100\text{MVA}$，$U_B=220\text{kV}$，在[例2-6]中已经计算得到了图2-19中各元件统一归算到220kV这一基本电压级的有名值参数，只要将这些已经归算好的元件参数分别除以该基本电压级的基准值即可得各元件的标幺值。即是

发电机G：$X_{G*}=\dfrac{X'_G}{U_B^2/S_B}=\dfrac{\text{j}255}{220^2/100}=\text{j}0.527$

变压器T1：$X_{T1*}=\dfrac{Z_{T1}}{U_B^2/S_B}=\dfrac{2.33+\text{j}51.26}{220^2/100}=0.0048+\text{j}0.106$

$Y_{T1*}=\dfrac{Y_{T1}}{S_B/U_B^2}=\dfrac{(2.34-\text{j}36.6)\times10^{-6}}{100/220^2}=(1.13-\text{j}17.71)\times10^{-6}$

线路L1：$X_{L1*}=\dfrac{Z_{L1}}{U_B^2/S_B}=\dfrac{25.5+\text{j}59.1}{220^2/100}=0.053+\text{j}0.122$

$Y_{L1*}=\dfrac{Y_{L1}}{S_B/U_B^2}=\dfrac{\text{j}4.16\times10^{-4}}{100/220^2}=\text{j}0.2$

变压器T2：$X_{T2*}=\dfrac{Z_{T2}}{U_B^2/S_B}=\dfrac{3.13+\text{j}56.47}{220^2/100}=0.0065+\text{j}0.117$

$Y_{T2*}=\dfrac{Y_{T2}}{S_B/U_B^2}=\dfrac{(2.03-\text{j}31.2)\times10^{-6}}{100/220^2}=(9.83-\text{j}15.1)\times10^{-4}$

线路L2：$X_{L2*}=\dfrac{Z'_{L2}}{U_B^2/S_B}=\dfrac{215.51+\text{j}251.43}{220^2/100}=0.445+\text{j}0.519$

变压器T3：$X_{T3*}=\dfrac{Z'_{T3}}{U_B^2/S_B}=\dfrac{28.08+\text{j}300.41}{220^2/100}=0.058+\text{j}0.621$

线路L3：$X_{L3*}=\dfrac{Z'_{L3}}{U_B^2/S_B}=\dfrac{1965.23+\text{j}1128.75}{220^2/100}=4.06+\text{j}2.33$

于是可以绘出图2-18标幺值等值电路图

因为变压器T1、T2和线路L1的基准电压就是220kV，所以这几个元件的标幺值计

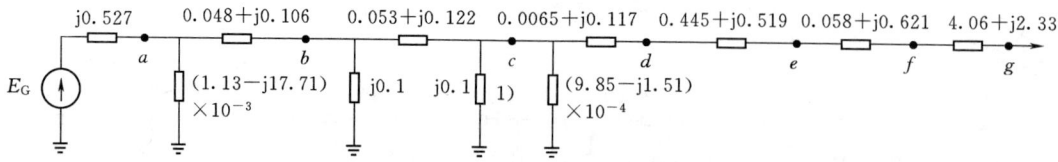

图2-20 标幺值等值电路图

算方法和结果都与前面方法一是相同的，可以直接引用计算结果。以下仅对发电机G、线路L2、L3及变压器T3作归算即可。

归算至10.5kV电压级所对应的基准电压 $U_{B(10.5)}=220\times\dfrac{10.5}{242}=9.55$（kV）

归算至35kV电压级所对应的基准电压 $U_{B(35)}=220\times\dfrac{38.5}{220}=38.5$（kV）

归算至6.3kV电压级所对应的基准电压 $U_{B(6.3)}=220\times\dfrac{38.5}{220}\times\dfrac{6.3}{35}=6.93$（kV）

发电机 $X_{G*}=\dfrac{X_G}{Z_{B(10.5)}}=X_G\times\dfrac{S_B}{U_{B(10.5)}^2}=0.48\times\dfrac{100}{9.55^2}=0.526$

线路L2：$Z_{L2*}=\dfrac{Z_{L2}}{Z_{B(35)}}=Z_{L2}\times\dfrac{S_B}{U_{B(35)}^2}=(6.6+j7.7)\times\dfrac{100}{38.5^2}=0.445+j0.519$

线路L3：$Z_{L3*}=\dfrac{Z_{L3}}{Z_{B(6.3)}}=Z_{L3}\times\dfrac{S_B}{U_{B(6.3)}^2}=(1.95+j1.12)\times\dfrac{100}{6.93^2}=4.06+j2.33$

变压器T3：$Z_{T3*}=\dfrac{Z_{T3}}{Z_{B(35)}}=Z_{T3}\times\dfrac{S_B}{U_{B(35)}^2}=(0.86+j9.2)\times\dfrac{100}{38.5^2}=0.058+j0.621$

分析对比以上两种计算所得到的结果，可知这两种方法是一致的。但在采用第一种方法时，计算结果是在统一基准值下得到的，当要还原为各自电压等级的有名值时，还需要在重新计算；而采用第二种方法时，只需确定各电压级的基准值，然后直接在各自的基准值下计算标幺值，不需要进行参数和计算结果的归算。

4. 近似简化后的等值电路

在电力系统分析计算中，通常可分为稳定状态的分析计算和故障状态的分析计算两类。对于稳定状态的分析计算一般采用前面所述的计算方法，即是采用元件的额定电压和变压器的额定电压比来进行参数计算或电压级的归算，就是公认的精确计算。这种精确计算的量一般都很大，特别是遇到电路中有较多的导纳支路时更为麻烦。所以在进行对精度要求相对较低的电力系统故障状态的分析计算时，一般考虑对上述方法作一些简化，在满足工程计算精度要求的前提下，加快计算速度，减少计算量，这种方法被称为近似计算法。

近似计算法一般可作如下简化：

（1）在元件参数的计算和电压归算时，各元件以及各电压等级都以平均电压作为基准电压。这样就简化了多电压等级电力系统等值电路中参数的多级归算，从而使计算量减少。同时各元件电抗标幺值的计算公式可以简化为

发电机： $X_{G*}=\dfrac{X_G(\%)}{100}\dfrac{S_B}{S_N}$

变压器： $$X_{T*} = \frac{U_k\%}{100}\frac{S_B}{S_N}$$

线路： $$X_{L*} = rl\frac{S_B}{U_{avN}^2}$$

电抗器： $$X_{R*} = \frac{X_R(\%)}{100}\frac{U_{LN}}{\sqrt{3}I_{LN}}\frac{S_B}{U_{avN}^2}$$

式中 S_N——各元件的额定容量；

S_B——指定的基准容量；

U_{avN}——元件所在电压级的平均额定电压；

U_{LN}——电抗器的额定电压；

I_{LN}——电抗器的额定电流。

这些公式也是今后故障分析计算中常用的参数计算公式之一。

(2) 在近似计算中，可以将某些元件的参数忽略不计，这样可以极大地简化等值电路。比如发电机、变压器的电阻通常都忽略不计；线路的电阻小于其电抗 1/3 时，也可忽略不计；变压器的导纳和线路的电导一般也是忽略不计；如果线路电压为 35kV 及以下，长度小于 100km 还可以忽略线路的电纳等。

2.4.4 标幺制的特点

标幺值是电力系统分析和工程计算中常用的数值标记方法，表示各物理量及参数的相对值，单位为 pu（也可以认为其无量纲）。使用标幺值的好处：

(1) 三相电路的计算公式与单相电路的计算公式完全相同，线电压的标幺值与相电压的标幺值相等，三相功率的标幺值和单相功率的标幺值相等。

(2) 只需确定各电压级的基准值，而后直接在各自的基准值下计算标幺值，不需要进行参数和计算结果的折算。

(3) 易于比较电力系元件特性与参数。

(4) 用标幺值后，电力系统的元件参数比较接近，易于进行计算和对结果的分析比较。它是用实际值除以基值。它的好处是使得在实际计算中更加简单，使得计算更快可以避免在电力公式中复杂的换算。工程计算中，往往不用各物理量的实际值，而是用实际值和相同单位的某一选定的基值的比值（标幺值）来进行计算。其缺点是没有量纲，物理概念不明确。

项目实践 输电线路阻抗测量

1. 测量原理

(1) 测量正序阻抗。如图 2-21 所示，将线路末端三相短路（短路线应有足够的截面，且连接牢靠），在线路始端加三相工频电源，分别测量各相的电流、三相的线电压和三相总功率。按测得的电压、电流取三个数的算术平均值，功率取 PW1 及 PW2 的代数和（用低功率因数功率表），并按下式计算线路每相每千米的正序参数。

正序阻抗 Z_1（Ω/km） $$Z_1 = \frac{U_{av}}{\sqrt{3}I_{av}}\frac{1}{L}$$

正序电阻 R_1 （Ω/km） $\qquad R_1 = \dfrac{P}{2I_{av}^2} \cdot \dfrac{1}{L}$

正序电抗 X_1 （Ω/km） $\qquad X_1 = \sqrt{Z_1^2 - R_1^2}$

正序电感 L_1 （H/km） $\qquad L_1 = \dfrac{X_1}{2\pi f}$

以上式中　P——三相总功率，即 $P = P_1 + P_2$，W；

　　　　　U_{av}——三相线电压平均值，V；

　　　　　I_{av}——三相电流平均值，A；

　　　　　L——线路长度，km；

　　　　　f——测量电源的频率，Hz。

试验电源电压和容量应按线路长度和试验设备来选择，以免由于电流过小引起较大的测量误差。

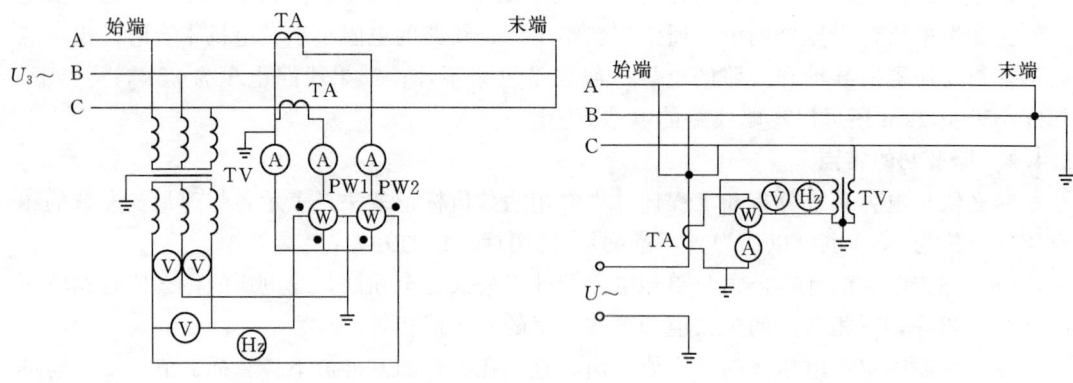

图 2-21　测量正序阻抗接线图　　　　图 2-22　测量零序阻抗接线图

(2) 测量零序阻抗。测量零序阻抗接线如图 2-22 所示，测量时将线路末端三相短路接地，始端三相短路接单相交流电源。根据测得的电流、电压及功率，按下式计算出每相每千米的零序参数：

零序阻抗 Z_0 （Ω/km） $\qquad Z_0 = \dfrac{3U}{I} \cdot \dfrac{1}{L}$

零序电阻 R （Ω/km） $\qquad R_0 = \dfrac{3P}{I^2} \cdot \dfrac{1}{L}$

零序电抗 X_0 （Ω/km） $\qquad X_0 = \sqrt{Z_0^2 - R_0^2}$

零序电感 L_1 （H/km） $\qquad L_1 = \dfrac{X_0}{2\pi f}$

以上式中　P——所测功率，W；

　　　　　U——试验电压，V；

　　　　　I——试验电流，A；

　　　　　L——线路长度，km；

　　　　　f——试验电源的频率，Hz。

试验电源电压对同一线路来说，可略低于测量正序阻抗时的电压；电流不宜过小，以减小测量误差。

2. 测量方法及步骤

(1) 使用仪器名称。线路参数测试仪,专用于输电线路工频参数测试的仪器。

(2) 主要功能与特点。

1) 可测量输电线路的正序阻抗、线间阻抗、零序阻抗、线地阻抗、正序电容、线间电容、零序电容、线地电容、互感阻抗、电压、电流、功率、电阻、电抗、阻抗角、频率等参数。

2) 数字同步跟踪锁定,全部数据均在同一周期内同步测量,保证在市电条件下测量结果的准确性和合理性。

3) 在仪器允许的测量范围内可直接测量,超出测量范围时可外接一次电压互感器和电流互感器。

4) 可锁定显示数据并存储或打印全部测量结果,本仪器内置不掉电存储器和微型打印机,可长期保持测量数据并可随时查阅和打印。

3. 主要技术指标

(1) 基本测量精度:电压、电流、阻抗 0.2 级,功率 0.5 级。

(2) 电压测量范围:AC0～450V。

(3) 电流测量范围:AC0～50A。

(4) 工作温度:－10～40℃。

(5) 环境湿度:10%～85%。

(6) 存储温度:－20～50℃。

4. 操作方法

(1) 液晶显示屏分为两部分,上部显示菜单及测量数据;下面两行为反白字体,显示下一步操作提示。

(2) 接好线路,打开电源后进入状态(1),如图 2-23 所示。该状态下可按"▲","▼"键调节液晶显示对比度,仪器自动存储调节最后的对比度值。按"1"或"2"进入下级菜单状态(2),如图 2-24 所示。进入状态(2)以后除关机之外不能再回到状态(1)。

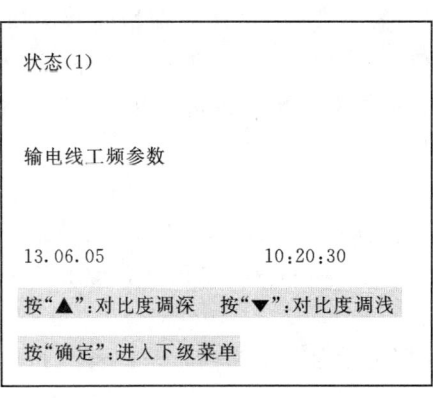

图 2-23 人机界面状态 (1)　　图 2-24 人机界面状态 (2)

(3) 测量之前如有必要应设置辅助参数（如外接互感器），在状态（2），将光标指向"设置辅助参数"，按"确定"键或直接按"2"进入状态（3），如图 2-25 所示，显示当前辅助参数值。每次开机时仪器内部自动将参数设定为状态（3）所示的数据，日期和时间为当前值。

各参数说明如下：

设备编号：可输入最多 8 位数字或英文字符（如出厂编号），用于标识被测设备。

电压变比：外接一次电压互感器变比，若不接外部电压互感器，则电压变比应设为 1（初始值）。

电流变比：外接一次电流互感器变比，若不接外部电流互感器，则电流变比应设为 1（初始值）。

时间和日期：是当前实时时间，设置日期和时间时必须输入 6 位数字。

如果要修改参数，可移动光标至对应项，按"确定"键，或直接按对应数字键进入输入状态，在屏幕下部提示区显示输入数据，格式为"输入＞123＜"按数字键输入所要的数据，如按错了按键，可按"取消"键重新输入，输入数据后按"确定"键确认输入，屏幕显示修改后的数据。除关机之外输入数据不会丢失。按"取消"键回到状态（2）。

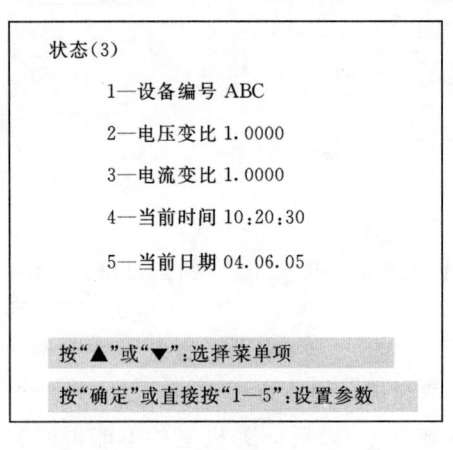

图 2-25　人机界面状态（3）　　　图 2-26　人机界面状态（4）

设定参数全部正确后，可以进行参数测量，在状态（2）使光标指向"选择测试项目"，按"确定"键或直接按"1"键进入状态（4），如图 2-26 所示，如外部接线完毕，移动光标至所需的测量项目，按"确定"键或直接按对应数字键进入状态（5），如图 2-27 所示，然后接通试验电源，显示测量结果。

显示数据说明如下：

1）电压、电流、功率、相角、频率为一次侧实测值（已计入互感器变比）。

2）阻抗、电抗、电阻和电容是根据电压、电流、功率等测量值计算得出。在每种测试项目下，这些数据显示与测试项目相关的内容。

3）记录总数，表示内部存储器中已有的存储记录总数。当前记录，表示下一次存储数据的位置。

4）时间为当前月、日、时、分、秒。

状态（5）为统一的数据显示格式，所有项目测试结果和内部存储器显示都遵循这一格式，只是在每个项目测试数据显示时，具体参数内容不同。

在状态（5）下，按“取消”键回到状态（4），按“复位”键回到状态（2）。按“确定”键可使显示数据锁定并储存，屏幕提示栏显示“数据锁定”，锁定后可断开试验电源，查看数据。再按“确定”键可打印测量数据，按“取消”键退出锁定状态，屏幕显示数据恢复刷新。

状态(5)
相别　电压(kV)　电压(kV)　电流(A)　功率(kW)
有效值　平均值
AB　0.0000　0.0000　0.0000
AC　0.0000　0.0000　0.0000
CB　0.0000　0.0000　0.0000
平均　0.0000　0.0000　0.0000
频率:50.00　正序电抗 0.000　总功率
相位　0.0　直流电阻 0.000　正序阻抗 0.0000
辅助参数
设备编号　ABC
电压变比　1.0000
电流变比　1.0000
记录总数 56　当前记录 57　时间 06.05～10:20:30
按“确定”:锁定数据并储存
按“取消”或“复位”退出测量

图 2-27　人机界面状态（5）

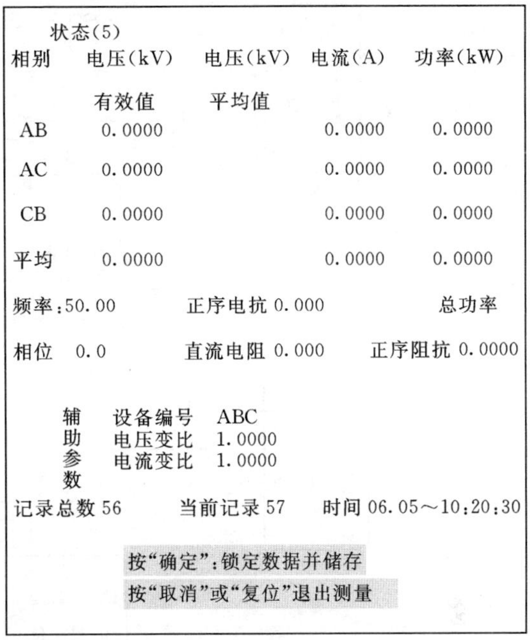

（4）内存操作。内部存储器最多可存储 70 次测量数据，超过 70 次后最老的记录将被覆盖。内部存储器可在掉电状态下长期保存数据，不会丢失。内存操作方法如下，在状态（2）将光标指向“查看内存记录”，按“确定”键或直接按“3”键进入状态（5），显示最后储存的记录内容。按“▲”或“▼”键按记录时间顺序逐个显示记录信息，按“确定”键可打印该项记录内容，按“.”键将清除全部内存记录。按“取消”键将结束内存操作，回到状态（2）。内存查看状态下显示时间为该数据测量时的时间，格式为年，月，日，时，分。

5. 接线方法

（1）输电线路正序阻抗的测量。将线路末端三相短路悬浮。当测试电压和测试电流都不超过本测试仪允许输入范围时，按图 2-28 接法测量。当测试电压超过本测试仪允许输入范围时，必须外接电压互感器和电流互感器，按图 2-29 接法测量。当测试电流超过本测试仪允许输入范围而测试电压不超过本测试仪允许输入范围时，按图 2-30 接法测量。测试项目菜单中应选择“正序阻抗”。

三相电源
UA
UB
UC
IA+ IB+ IC+
IA− IB− IC−
UA UB UC UO
测试仪
A
B
C
输电线

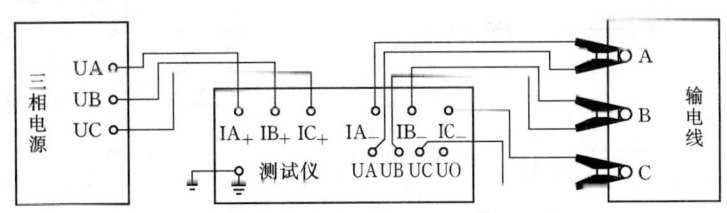

图 2-28　三相三线直接测量接线图

（2）输电线路线间阻抗的测量。线间阻抗是指测量任意两相线路之间的阻抗（单相法测量正序阻抗），测量结果为单相平均阻抗。将线路末端两相短路悬浮。当测试电压和测试电流都不超过本测试仪允许输入范围时，按图 2-31 接法测量。当测试电压超过本测试

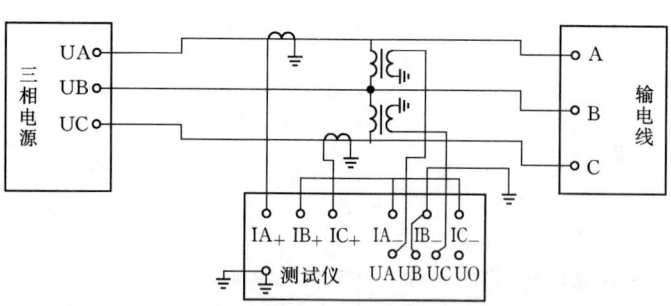

图 2-29 三相三线外接电压互感器和电流互感器接线图

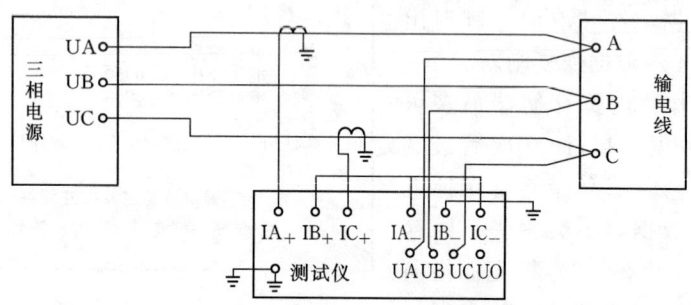

图 2-30 三相三线外接电流互感器接线图

仪允许输入范围时,必须外接电压互感器和电流互感器,按图 2-32 接法测量。当测试电流超过本测试仪允许输入范围而测试电压不超过本测试仪允许输入范围时,按图 2-33 接法测量。测试项目菜单中应选择"线间阻抗"。

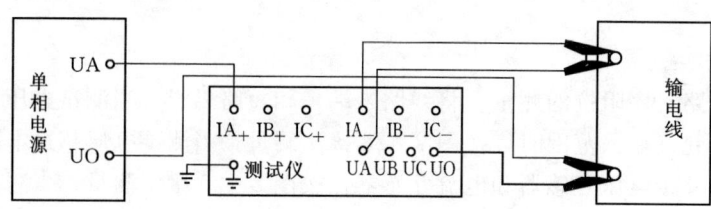

图 2-31 单相直接测量接线图

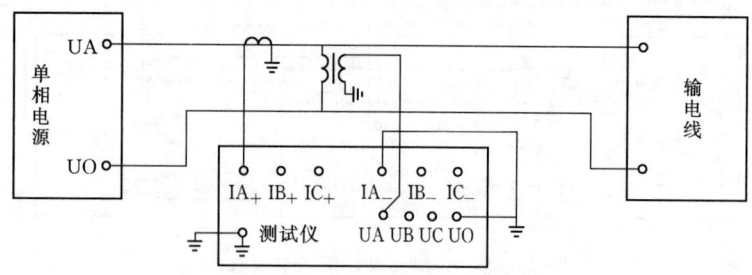

图 2-32 单相外接电压互感器和电流互感器接线图

(3) 输电线路零序阻抗的测量。将线路末端三相短路并接地。当测试电压和测试电流都不超过本测试仪允许输入范围时,按图 2-34 接法测量。当测试电压超过本测试仪允许

项目实践 输电线路阻抗测量

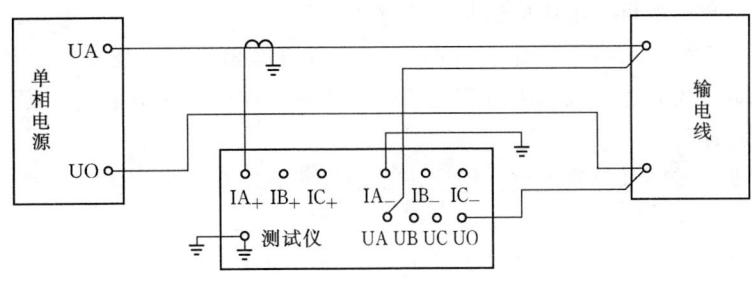

图 2-33 单相外接电流互感器接线图

输入范围时，必须外接电压互感器和电流互感器，按图 2-35 接法测量。当测试电流超过本测试仪允许输入范围而测试电压不超过本测试仪允许输入范围时，按图 2-36 接法测量。测试项目菜单中应选择"零序阻抗"。

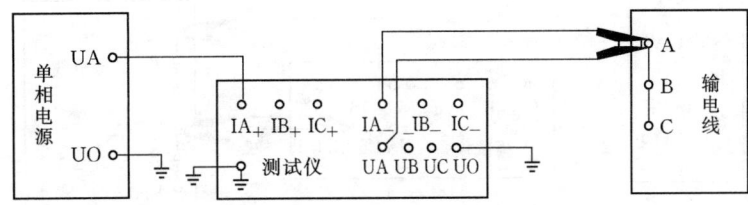

图 2-34 零序参数直接测量接线图

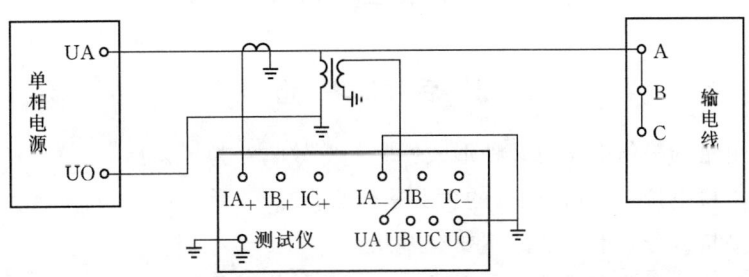

图 2-35 零序参数外接电压互感器和电流互感器接线图

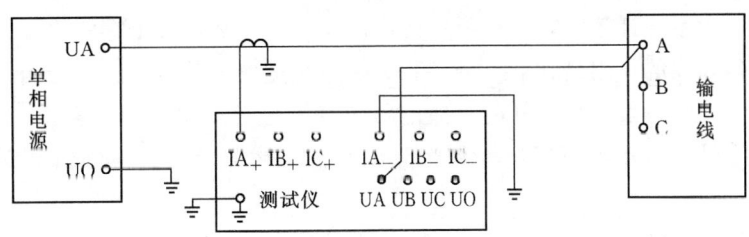

图 2-36 零序参数外接电流互感器接线图

（4）输电线路线地阻抗的测量。线地阻抗是指用单相法测量任意单相线路对地之间的阻抗。将所测线路末端接地。接线方法和零序阻抗基本相同，唯一的不同是线路测试端只接一相线，不用把线路测试端三相连在一起。测试项目菜单中应选择"线地阻抗"。

（5）输电线路正序电容的测量。线路测试端接线方法和正序阻抗完全相同，线路末端三相独立悬浮。测试项目菜单中应选择"正序电容"。

(6) 输电线路线间电容的测量。线间电容是指用单相法测量任意两相线路之间的电容。线路测试端接线方法和线间阻抗完全相同，线路末端三相独立悬浮。测试项目菜单中应选择"线间电容"。

(7) 输电线路零序电容的测量。线路测试端接线方法和零序阻抗完全相同，线路末端三相独立悬浮。测试项目菜单中应选择"零序电容"。

(8) 输电线路线地电容的测量。线地电容是指用单相法测量任意一相线路对地之间的电容。线路测试端接线方法和线地阻抗完全相同，线路末端三相独立悬浮。测试项目菜单中应选择"线地电容"。

(9) 输电线路互感阻抗的测量。线路测试端接线方法见图 2-37，线路 1 和线路 2 末端均三相短路接入大地。测试项目菜单中应选择"互感阻抗"。

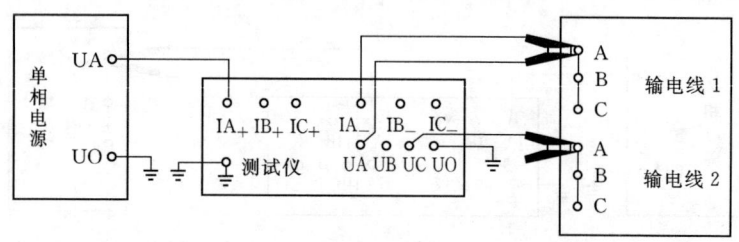

图 2-37　输电线路互感阻抗测量接线图

课 后 思 考 题

2-1　发电机的等值电路有几种形式？它们等效吗？为什么？

2-2　发电机电抗百分值 $X_G\%$ 的含义是什么？

2-3　按结构区分，电力线路主要有哪几类？

2-4　架空线路主要有哪几部分组成？各部分的作用是什么？

2-5　电缆线路主要有哪几部分组成？各部分的作用是什么？

2-6　在电力系统计算时，导线材料的电阻率 ρ 为什么略大于它们的直流电阻率？

2-7　分裂导线的作用是什么？分裂数为多少合适？为什么？

2-8　电力线路一般以什么样的等值电路来表示？

2-9　什么是变压器的短路试验和空载试验？从这两个试验中可确定变压器的哪些参数？

2-10　变压器短路电压百分数 $U_k\%$ 的含义是什么？

2-11　双绕组和三绕组变压器一般以什么样的等值电路表示？双绕组变压器的等值电路与电力线路的等值电路有何异同？

2-12　变压器的额定容量与其绕组的额定容量有什么关系？绕组的额定容量对于计算变压器参数有什么影响？何为三绕组变压器的最大短路损耗？

2-13　三绕组自耦变压器和普通三绕组变压器有何异同点？

课后思考题

2-14 组成电力系统等值网络的基本条件是什么？如何把多电压级电力系统等值成用有名制表示的等值网络？

2-15 标幺值定义及其特点是什么？在电力系统计算中，基准值如何选择？

2-16 电力系统元件参数用标幺值表示时，是否可以直接组成等值网络？为什么？

项目 3 电力系统潮流计算

教与学目标
1. 掌握电力系统潮流含义。
2. 能计算（手算）简单系统潮流。
3. 了解复杂系统潮流计算方法。

电力系统潮流计算简单说来是指采用一定的方法确定系统中各处的电压和功率分布。功率分布实为功率流，惯称潮流。电力系统各处的电压、电流、功率的分布，又称为潮流分布。

电力系统潮流的计算与分析是指电力系统在给定的某些运行条件和系统接线方式下，用数学或实验的方法来确定系统中各部分的运行状态，如各母线上的电压（幅值及相角），各元件中通过的功率的大小以及功率损耗等。进行系统潮流的分析与计算以便在电力系统规划设计中，检验设计方案能否满足各种运行方式的要求；而在系统运行中，便于进行安全分析、运行方式的确定等；还能为电力调度提供初始运行方式等。

3.1 电力网的电压降落和功率损耗

电力网在输送电能时，将在电力网元件上产生功率损耗和电压降落。我们要了解整个电力网的潮流分布，必然要进行功率损耗和电压降落的计算。在讨论功率损耗计算方法之前，先介绍电力网的负荷功率表示方法。

3.1.1 电力网的负荷功率表示方法

在电力网的潮流计算中，负荷可以用电流表示，也可以用功率表示。一般情况下，负荷以功率表示，更接近生产实际，运算也比较简单。本书对复功率的表示方式将采用国际电工委员会推荐的约定，即

$$\tilde{S} = \sqrt{3}\dot{U}\overset{*}{I}$$

式中 $\tilde{S}$——三相复功率；

$\dot{U}$——线电压相量；

$\overset{*}{I}$——线电流相量的共轭。

若负荷为感性，电流相量滞后于电压相量 φ 角，用复功率表示为

$$\tilde{S} = \sqrt{3}\dot{U}\overset{*}{I} = \sqrt{3}U\angle\beta \cdot I\angle-\alpha = \sqrt{3}UI\angle\beta-\alpha$$
$$= \sqrt{3}UI\angle\varphi = \sqrt{3}UI\cos\varphi + \text{j}\sqrt{3}UI\sin\varphi$$
$$= P + \text{j}Q$$

若负荷为容性时，电流相量超前于电压相量 φ 角，用复功率表示为

$$\tilde{S} = \sqrt{3}\dot{U}\dot{I}^* = \sqrt{3}U\angle\beta \cdot I\angle-\alpha = \sqrt{3}UI\angle\beta-\alpha$$
$$= \sqrt{3}UI\angle-\varphi = \sqrt{3}UI\cos\varphi - j\sqrt{3}UI\sin\varphi$$
$$= P - jQ$$

3.1.2 电压降落

电力网中任意两点电压的相量差，称为电压降落，表示为

$$d\dot{U} = \dot{U}_1 - \dot{U}_2$$

下面以图 3-1 所示的串联阻抗支路为例，已知一端的功率和电压，讨论其首末端电压降落的计算。

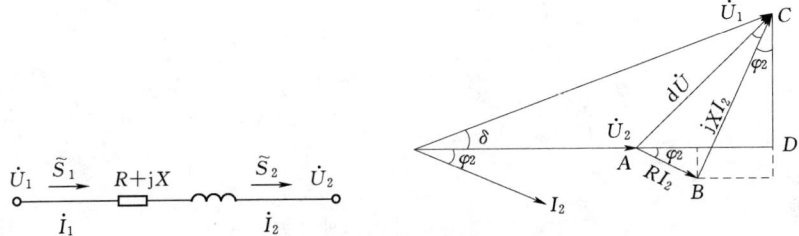

图 3-1 串联阻抗支路等值电路及相量图

(1) 已知阻抗末端三相功率为 $\tilde{S}_2$，末端线电压为 $\dot{U}_2$，求首端电压。令 $\dot{U}_2$ 为参考相量，$\dot{U}_2 = U_2 \angle 0°$，则有

$$d\dot{U}_2 = \dot{U}_1 - \dot{U}_2 = \sqrt{3}\dot{I}_2 Z = \sqrt{3}\dot{I}_2(R+jX)$$

根据

$$S = \sqrt{3}\dot{U}\dot{I}^*$$

得

$$\dot{I}_2 = \frac{\tilde{S}_2^*}{\sqrt{3}\dot{U}_2^*} = \frac{P_2 - jQ_2}{\sqrt{3}U_2}$$

则

$$d\dot{U}_2 = \dot{U}_1 - \dot{U}_2 = \sqrt{3}\dot{I}_2 Z = \frac{P_2 - jQ_2}{U_2}(R+jX) = \frac{P_2 R + Q_2 X}{U_2} + j\frac{P_2 X - Q_2 R}{U_2}$$

令

$$\Delta U_2 = \frac{P_2 R + Q_2 X}{U_2}, \quad \delta U_2 = \frac{P_2 X - Q_2 R}{U_2}$$

则

$$d\dot{U}_2 = \Delta U_2 + j\delta U_2$$

上式表示，可把电压降落沿 $\dot{U}_2$ 方向分解成两部分。通常，实部 ΔU_2 称为电压降落的纵分量，虚部 δU_2 称为电压降落的横分量。

串联阻抗支路首端电压为

$$\dot{U}_1 = \dot{U}_2 + d\dot{U}_2 = \dot{U}_2 + \Delta U_2 + j\delta U_2$$

其大小为

$$U_1 = \sqrt{(U_2 + \Delta U_2)^2 + (\delta U_2)^2}$$

相角为

$$\delta = \arctan\frac{\delta U_2}{U_2 + \Delta U_2}$$

系统正常运行时，相角通常很小，可以近似计算 $U_1 \approx U_2 + \Delta U$。

(2) 已知阻抗首端三相功率 $\tilde{S}_1$ 和电压 $\dot{U}_1$，求末端电压。则令 $\dot{U}_1=U_1\angle 0°$，同理可得末端电压为

$$\dot{U}_2=\dot{U}_1-\mathrm{d}\dot{U}_1=\dot{U}_1-\Delta U_1-\mathrm{j}\delta U_1=U_1-\frac{P_1R+Q_1X}{U_1}-\mathrm{j}\frac{P_1X-Q_1R}{U_1}$$

电压大小为 $U_2=\sqrt{(U_1-\Delta U_1)^2+(\delta U_1)^2}\approx U_1-\Delta U_1$

相角（滞后）为 $\delta=\mathrm{arctg}\dfrac{\delta U_1}{U_1-\Delta U_1}$

将上述两种情况用相量图表示，如图3-2所示。由于参考轴不同，同一个电压降的两个分量并不相同，即 $\Delta U_1\neq\Delta U_2$，$\delta U_1\neq\delta U_2$。

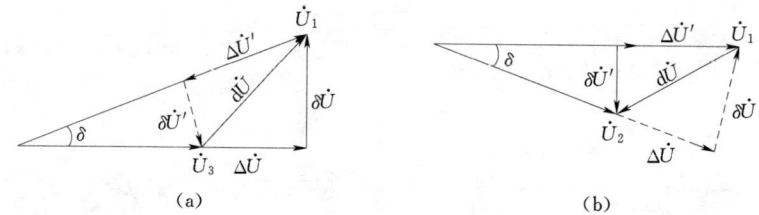

图 3-2 电压降落的两种计算方法
(a) 自末端算起；(b) 自始端算起

在计算电压中，常用到电压降落、电压损耗、电压偏移和电压调整等几个指标，它们的定义如下：

(1) 电压降落。指线路始末两端电压的相量差 $\dot{U}_1-\dot{U}_2$，它的两个分量 ΔU 和 δU 分别称为电压降落的纵分量和横分量。

(2) 电压损耗。电力网中两点电压的代数差，称为电压损耗，表示 ΔU 为

$$\Delta U=U_1-U_2 \qquad (3-1)$$

近似计算，即忽略不计电压降落横分量 δU 的值，可以认为电力网的电压损耗等于对应的电压降落的纵分量，即

$$\Delta U=\frac{P_2R+Q_2X}{U_2} \quad 或 \quad \Delta U=\frac{P_1R+Q_1X}{U_1} \qquad (3-2)$$

(3) 电压偏移。电力网中某节点的实际电压 U 与额定电压 U_N 的数值差，称为电压偏移。一般以百分数表示为

$$电压偏移\%=\frac{U-U_N}{U_N}\times 100 \qquad (3-3)$$

(4) 电压调整。指线路末端的空载与负载时电压的数值差（$U_{20}-U_2$），由于输电线路的电容效应，特别是超高压线路，空载时线路末端电压值高于首端电压。电压调整常以百分值表示为

$$电压调整\%=\frac{U_{20}-U_2}{U_{20}}\times 100 \qquad (3-4)$$

3.1.3 电力网的功率损耗

电力网在传输功率过程中要产生功率损耗。功率损耗可以分为两部分：一是在输电线

路和变压器的串联阻抗上产生的损耗,随传输功率的增大而增大,属于变动损耗,是电力网损耗的主要部分;二是产生在输电线路和变压器并联导纳上的损耗,和电压平方成正比,属于固定损耗。

1. 线路的功率损耗

电力线路的等值电路如图 3-3 所示。线路电阻为 R,电抗为 X,电纳为 B,电导 G 忽略不计。已知线路末端电压为 $\dot{U}_2$,末端负荷为 $\tilde{S}_2' = P_2 + jQ_2$,则线路的功率损耗包括以下三部分:

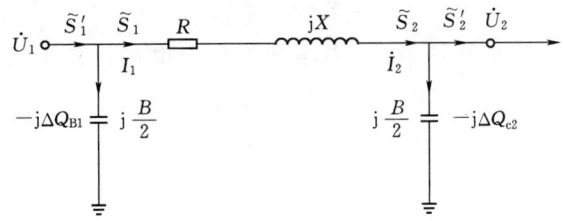

图 3-3 计算电力线路功率损耗的等值电路

(1) 线路末端电纳中的功率损耗。线路末端电纳中的功率损耗计算公式为

$$\Delta Q_{C2} = \frac{B}{2} U_2^2 \qquad (3-5)$$

图中负号表示该支路消耗负的无功功率。实际上,线路电纳支路是一个无功电源,发出无功功率。ΔQ_{C2} 又称为线路末端电容的充电功率。

(2) 电路阻抗中的功率损耗。线路阻抗中的功率损耗为

$$\Delta \tilde{S} = 3I^2(R+jX) = \frac{P_2^2+Q_2^2}{U_2^2}(R+jX) = \Delta P + j\Delta Q \qquad (3-6)$$

式中 I——流过阻抗环节的电流;

P_2、Q_2——流过阻抗环节末端的有功、无功功率;

U_2——阻抗环节末端的电压大小。

(3) 线路首端电纳中的功率损耗。

线路首端电纳中的功率损耗计算公式为

$$\Delta Q_{C1} = \frac{B}{2} U_1^2 \qquad (3-7)$$

式中 U_1——阻抗环节首端的电压大小。

图中负号表示该支路消耗负的无功功率。ΔQ_{C1} 又称为线路首端电容的充电功率。

近似计算时,采用线路额定电压,则 $\Delta Q_{C1} \approx \Delta Q_{C2} = \frac{B}{2} U_N^2 = \Delta Q_C$。

如果已知线路首端的送出功率,则线路阻抗中的功率损耗应该用首端的功率计算,

$$\Delta \tilde{S} = 3I^2(R+jX) = \frac{P_1^2+Q_1^2}{U_1^2}(R+jX) = \Delta P + j\Delta Q \qquad (3-8)$$

2. 变压器的功率损耗

变压器的功率损耗包括串联阻抗上的功率损耗和并联导纳上的功率损耗。

变压器串联阻抗上的功率损耗可参见上述电力线路阻抗功率损耗的计算。

变压器并联导纳上的功率损耗近似等于变压器的空载损耗。因其大小只与电压与变压器容量有关,变化不大。

变压器空载功率为

$$\Delta \tilde{S}_0 = \Delta P_0 + j\Delta Q_0 = \Delta P_0 + j\frac{I_0\%}{100}S_N \qquad (3-9)$$

式中 $I_0\%$——变压器空载电流百分数；

S_N——变压器的额定容量。

近似计算中，可用变压器额定电压代替实际运行电压。将 $U \approx U_N$ 的条件下，将 R_T 及 X_T 的公式代入式（3-6）、式（3-9），可得到直接利用变压器特性数据求功率损耗的表达式为

$$\Delta P_T = \Delta P_0 + \Delta P_S \left(\frac{S}{S_N}\right)^2 \qquad (3-10)$$

$$\Delta Q_T = \frac{I_0\%}{100}S_N + \frac{U_S\% S_N}{100}\left(\frac{S}{S_N}\right)^2 \qquad (3-11)$$

上二式中 ΔP_S——变压器的短路损耗；

$U_S\%$——变压器的短路电压百分数；

S——通过变压器的负荷视在功率。

当有 n 台同型号同容量的变压器并联对功率为 S 的负荷供电时，其总功率损耗为

$$\Delta P_T = n\Delta P_0 + \frac{\Delta P_S}{n}\left(\frac{S}{S_N}\right)^2 \qquad (3-12)$$

$$\Delta Q_T = n\frac{I_0\%}{100}S_N + \frac{U_S\% S_N}{100n}\left(\frac{S}{S_N}\right)^2 \qquad (3-13)$$

对于三绕组变压器，功率损耗为

$$\Delta P_T = \Delta P_0 + \frac{P_1^2 + Q_1^2}{U_1^2}R_{T1} + \frac{P_2^2 + Q_2^2}{U_2^2}R_{T2} + \frac{P_3^2 + Q_3^2}{U_3^2}R_{T3} \qquad (3-14)$$

$$\Delta Q_T = \frac{I_0\%}{100}S_N + \frac{P_1^2 + Q_1^2}{U_1^2}X_{T1} + \frac{P_2^2 + Q_2^2}{U_2^2}X_{T2} + \frac{P_3^2 + Q_3^2}{U_3^2}X_{T3} \qquad (3-15)$$

3.1.4 运算负荷功率和运算电源功率

为简化电路和计算，引入运算负荷功率和运算电源功率的概念。运算负荷功率用于简化变电所的负荷，运算电源功率用于简化发电厂的功率。

降压变电所运算负荷功率等于变电所低压母线负荷功率，加上变压器阻抗与导纳中的功率损耗，再加上变电所高压母线负荷功率（包括与高压母线相连线路导纳功率的一半）。所以，降压变电所的计算负荷功率实际上就是高压母线从系统吸取的等值功率。

发电厂的运算电源功率等于发电机的电压母线送出的功率减去厂用电及地方负荷功率，再减去升压变压器阻抗与导纳中的功率损耗，再减去发电厂高压母线引出负荷及所连线路导纳功率的一半，其意义与降压变电所运算负荷功率相似。

3.2 开式网络的电压和功率分布计算

3.2.1 开式网络的潮流分析

开式网络的潮流分析，主要是求取电力网供电支路首端功率、电压和末端功率、电压四个参数中的未知量。根据已知条件的不同，计算的方法也不同。电力网实际计算中常见

的有以下两种类型。

1. 已知同一端的电压和功率

这类问题的求解比较简单。例如已知末端负荷及末端电压,求首端的功率和电压。则可以根据末端的已知条件,利用功率损耗和电压损耗的公式,可以逐步推算出首端的功率和电压。如果已知首端的负荷和电压,同样的道理,可以从首端逐步地推向末端,得出末端的功率和电压。

2. 已知不同端的功率和电压

这类计算比较复杂。例如已知末端负荷和首端电压,求末端的电压和首端的功率。因为功率损耗和电压损耗计算公式中的 P、Q、U 必须是同一节点参数,因此不能直接用这两个公式进行计算。此时可以用"逐步逼近法"求解。这个方法的计算过程分为两步:首先假定末端及供电支路的其他节点电压等于额定电压,用末端的负荷功率和额定电压由末端向首端计算各段的功率损耗,求出各段的近似功率分布和首端功率;然后用首端电压和求得的首端功率及各段近似的功率分布,再由首端向末端求出包括末端在内的各节点电压。如果要求的计算精确度较高,可以按照上述的方法重新计算一次,直到达到计算精确度为止。实际上,由于刚开始计算时假设的节点电压为额定电压 U_n,比较接近于实际值(如果实际电压与额定电压相差过大,这只能说明电网本身或运行方式的制定有问题),因此计算出的结果也就比较精确。对于一般的潮流计算,一般往返计算一次即可达到精确度。对于电力系统的稳定计算,往往需要往返计算多次,因为稳定性的计算精确度要求较高。

【**例 3-1**】 如图 3-4 所示简单系统,额定电压为 110kV 双回输电线路,长度为 80km,采用 LGJ-150 导线,其单位长度的参数为:$r=0.21\Omega/km$,$x=0.416\Omega/km$,$b=2.74\times 10^{-6}S/km$。变电所中装有 2 台三相 110/11kV 的变压器,每台的容量为 15MVA,其参数为:$\Delta P_0=40.5kW$,$\Delta P_s=128kW$,$U_s\%=10.5$,$I_0\%=3.5$。母线 A 的实际运行电压为 117kV,负荷功率:$S_{LDb}=30+j12MVA$,$S_{LDc}=20+j15MVA$。当变压器取主分接头时,求母线 c 的电压。

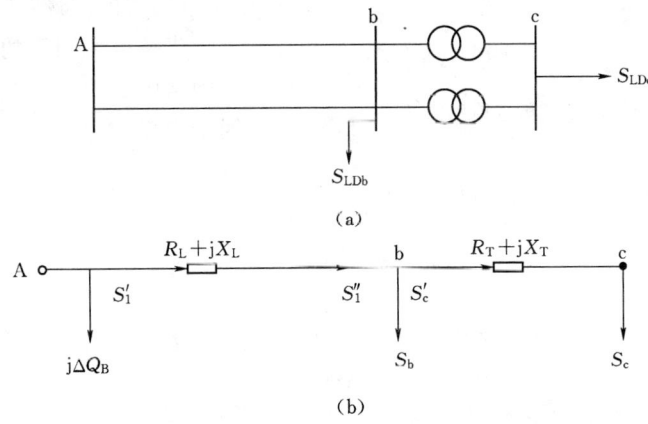

图 3-4 输电线路接线图及其等值电路图

解: (1) 计算参数并作出等值电路。

输电线路的等值电阻、电抗和电纳分别为

$$R_L = \frac{1}{2} \times 80 \times 0.21 = 8.4(\Omega)$$

$$X_L = \frac{1}{2} \times 80 \times 0.416 = 16.6(\Omega)$$

$$B_C = 2 \times 80 \times 2.74 \times 10^{-6} = 4.38 \times 10^{-4}(S)$$

由于线路电压未知,可用线路额定电压计算线路产生的充电功率,并将其等分为两部分,便得

$$\Delta Q_B = -\frac{1}{2} B_C U_N^2 = -\frac{1}{2} \times 4.38 \times 10^{-4} \times 110^2 = -2.65(\text{Mvar})$$

将 ΔQ_B 分别接于节点 A 和 b,作为节点负荷的一部分。

两台变压器并联运行时,它们的等值电阻、电抗及励磁功率分别为

$$R_T = \frac{1}{2} \times \frac{\Delta P_S U_N^2}{S_N^2} = \frac{1}{2} \times \frac{128 \times 110^2}{1000 \times 15^2} = 3.4(\Omega)$$

$$X_T = \frac{1}{2} \times \frac{U_S\% U_N^2}{100 S_N^2} = \frac{1}{2} \times \frac{10.5 \times 110^2}{100 \times 15} = 42.4(\Omega)$$

$$\Delta P_0 + j\Delta Q_0 = 2 \times \left(0.0405 + j\frac{3.5 \times 15}{100}\right) = 0.08 + j1.05(\text{MVA})$$

变压器的励磁功率也作为接于节点 b 的负荷,于是节点 b

$$S_b = S_{LDb} + j\Delta Q_B + (\Delta P_0 + j\Delta Q_0)$$
$$= 30 + j12 + 0.08 + j1.05 - j2.65$$
$$= 30.08 + j10.4(\text{MVA})$$

节点 c 的功率即是负荷功率 $S_c = 20 + j15(\text{MVA})$

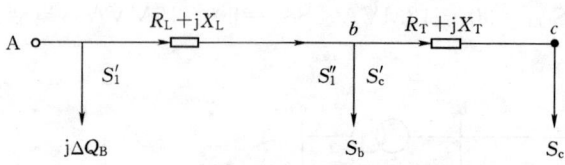

图 3-5 输电线路等值电路图

这样就得到图 3-5 所示的等值电路。

(2) 计算母线 A 输出的功率。

先按电力网络的额定电压计算电力网络中的功率损耗。变压器绕组中的功率损耗为

$$\Delta S_T = \frac{S_C^2}{U_N^2}(R_T + jX_T) = \frac{20^2 + 15^2}{110^2}(3.4 + j42.4)$$
$$= 0.18 + j2.19(\text{MVA})$$

由图 3-5 可知

$$S_c' = S_c + \Delta P_T + j\Delta Q_T = 20 + j15 + 0.18 + j2.19$$
$$= 20.18 + j17.19(\text{MVA})$$
$$S_c'' = S_c' + S_b = 20.18 + j17.19 + 30.08 + j10.4$$
$$= 50.26 + j27.59(\text{MVA})$$

线路中的功率损耗为

$$\Delta S_L = \frac{S_1''^2}{U_N^2}(R_L + jX_L) = \frac{50.26^2 + 27.59^2}{110^2}(8.4 + j16.6)$$
$$= 2.28 + j4.51 \text{(MVA)}$$

于是可得
$$S_1' = S_1'' + \Delta S_L = 50.26 + j27.59 + 2.28 + j4.51$$
$$= 52.54 + j32.1 \text{(MVA)}$$

由母线 A 输出的功率为
$$S_A = S_1' + j\Delta Q_B = 52.54 + j32.1 - j2.65 = 52.54 + j29.45 \text{(MVA)}$$

(3) 计算各节点电压。

线路中电压降落的纵分量和横分量分别为
$$\Delta U_L = \frac{P_1' R_L + Q_1' X_L}{U_A} = \frac{52.24 \times 8.4 + 32.1 \times 16.6}{117} = 8.3 \text{(kV)}$$
$$\delta U_L = \frac{P_1' X_L - Q_1' R_L}{U_A} = \frac{52.24 \times 16.6 - 32.1 \times 8.4}{117} = 5.2 \text{(kV)}$$

b 点电压为
$$U_b = \sqrt{(U_A - \Delta U_L)^2 + (\delta U_L)^2} = \sqrt{(117-8.3)^2 + 5.2^2} = 108.8 \text{(kV)}$$

变压器中电压降落的纵、横分量分别为
$$\Delta U_T = \frac{P_C' R_T + Q_C' X_T}{U_b} = \frac{20.18 \times 3.4 + 17.19 \times 42.4}{108.8} = 7.3 \text{(kV)}$$
$$\delta U_T = \frac{P_C' X_T - Q_C' R_T}{U_b} = \frac{20.18 \times 42.4 - 17.19 \times 3.4}{108.8} = 7.3 \text{(kV)}$$

归算到高压侧的 c 点电压
$$U_c' = \sqrt{(U_b - \Delta U_T)^2 + (\delta U_T)^2} = \sqrt{(108.8 - 7.3)^2 + 7.3^2} = 101.7 \text{(kV)}$$

变电所低压母线 c 的实际电压
$$U_c = U_c' \times \frac{11}{110} = 101.7 \times \frac{11}{110} = 10.17 \text{(kV)}$$

如果在上述计算中都不计电压降落的横分量，所得结果为
$$U_b = 108.7 \text{kV}, U_c' = 101.4 \text{kV}, U_c = 10.14 \text{kV}$$

与计及电压降落横分量的计算结果相比，误差很小。

3.2.2 开式电力网潮流的简化计算

电压为 35kV 及以下的地方电力网，电压较低，线路较短，输送功率较小，在潮流计算中可以采取以下简化措施：

(1) 忽略电力线路和变压器等值电路中的并联导纳支路。

(2) 计算各段线路功率损耗和电压损耗时，可以忽略后面线段的功率损耗对前面线段的影响。

(3) 不计电压降落的横分量，只计算电压降落的纵分量，亦即忽略了线路各点电压相量的相位差。

(4) 在计算公式中用额定电压代替实际电压。

3.3 简单闭式网络的电压和功率分布计算

闭式电力网的潮流计算非常复杂，手算时，只介绍简单闭式网，如单一电压等级的环网或两端供电网，其中简单环网可以看作是两端电源电压相等的两端供电网。计算时，一般分为两步：初步潮流计算和最终潮流计算。不计电力网阻抗和导纳中功率损耗的潮流分布，称为初步潮流分布；计及了功率损耗的潮流分布，称为最终潮流分布。

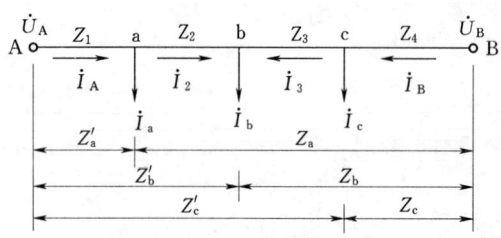

图 3-6 两端供电的潮流分布

3.3.1 两端供电网的初步潮流计算

以图 3-6 所示的具有 3 个集中负荷（运算负荷）的两端供电网为例，计算不计电力网功率损耗时的功率分布。设已知线路阻抗、额定电压、两端电源电压以及负荷的功率（或电流）大小，标于图上。假设各线段的功率（或电流）方向也标于图上。根据基尔霍夫定律，可得回路电压方程为

$$\sqrt{3}(\dot{I}_A Z_1 + \dot{I}_2 Z_2 - \dot{I}_3 Z_3 - \dot{I}_B Z_4) = \dot{U}_A - \dot{U}_B$$

节点 a 电流方程为 $\dot{I}_A - \dot{I}_2 - \dot{I}_a = 0$

节点 b 电流方程为 $\dot{I}_2 + \dot{I}_3 - \dot{I}_b = 0$

节点 c 电流方程为 $\dot{I}_B - \dot{I}_3 - \dot{I}_c = 0$

代入并整理得

$$\dot{U}_A - \dot{U}_B = \sqrt{3}[\dot{I}_A(Z_1 + Z_2 + Z_3 + Z_4) - \dot{I}_a(Z_2 + Z_3 + Z_4) - \dot{I}_b(Z_3 + Z_4) - \dot{I}_c Z_4]$$
$$= \sqrt{3}(\dot{I}_A Z_{AB} - \dot{I}_a Z_a - \dot{I}_b Z_b - \dot{I}_c Z_c)$$
$$= \sqrt{3}(\dot{I}_A Z_{AB} - \sum \dot{I}_i Z_i)$$

令 $Z_{AB} = Z_1 + Z_2 + Z_3 + Z_4$

$Z_a = Z_2 + Z_3 + Z_4$

$Z_b = Z_3 + Z_4$

$Z_c = Z_4$

得

$$\dot{I}_A = \frac{\dot{U}_A - \dot{U}_B}{\sqrt{3} Z_{AB}} + \frac{\sum \dot{I}_i Z_i}{Z_{AB}}$$

同理

$$\dot{I}_B = \frac{\dot{U}_B - \dot{U}_A}{\sqrt{3} Z_{AB}} + \frac{\sum \dot{I}_i Z'_i}{Z_{AB}}$$

式中，$\dot{I}_i$ 取 $\dot{I}_a$、$\dot{I}_b$、$\dot{I}_c$，Z_i 取 Z_a、Z_b、Z_c，Z'_i 取 Z'_a、Z'_b、Z'_c。

根据定义 $\tilde{S} = \sqrt{3} \dot{U} \overset{*}{I}$，并以 $\dot{U}_N$ 为参考相量，可以求得电源输出的功率为

$$\tilde{S}_A = \left[\frac{(\dot{U}_A - \dot{U}_B)}{Z_{AB}}\right]^* \dot{U}_N + \frac{\sum \tilde{S}_i \overset{*}{Z}_i}{\overset{*}{Z}_{AB}} = \frac{(\overset{*}{U}_A - \overset{*}{U}_B) U_N}{\overset{*}{Z}_{AB}} + \frac{\sum \tilde{S}_i \overset{*}{Z}_i}{\overset{*}{Z}_{AB}} \qquad (3-16)$$

3.3 简单闭式网络的电压和功率分布计算

$$\tilde{S}_\mathrm{B} = \left[\frac{(U_\mathrm{B}-U_\mathrm{A})}{Z_\mathrm{AB}}\right]^* U_\mathrm{N} + \frac{\sum \tilde{S}_i \check{Z}_i'}{\check{Z}_\mathrm{AB}} = \frac{(\overset{*}{U}_\mathrm{B}-\overset{*}{U}_\mathrm{A})U_\mathrm{N}}{\check{Z}_\mathrm{AB}} + \frac{\sum \tilde{S}_i \check{Z}_i'}{\check{Z}_\mathrm{AB}} \qquad (3-17)$$

式中 $\tilde{S}_i$——第 i 个运算负荷；

Z_i、Z_i'——第 i 个运算负荷到电源 B 和电源 A 之间的阻抗，如 Z_a、Z_b、Z_c 分别是运算负荷 $\tilde{S}_a$、$\tilde{S}_b$、$\tilde{S}_c$ 到电源 B 的总阻抗；

Z_AB——整个线路的总阻抗。

对于几种特殊的网络，还可以将上式进一步简化，以避免繁杂的复数运算。下面具体讨论。

1. 单一电网

单一电网是指各段线路材料、截面面积、几何均距等都相同的电网。对于单一的两端供电网，各段线路单位长度的阻抗相等，因而有

$$\tilde{S}_\mathrm{A} = \frac{\sum \tilde{S}_i \check{Z}_i}{\check{Z}_\mathrm{AB}} = \frac{(r_1-\mathrm{j}x_1)\sum \tilde{S}_i L_i}{(r_1-\mathrm{j}x_1)L_\mathrm{AB}} = \frac{\sum \tilde{S}_i L_i}{L_\mathrm{AB}} \qquad (3-18)$$

单一的两端供电网，其电源输出的供载功率可以采用线段长度计算。

2. 均一电网

均一电网是指各线段的电阻和电抗之比值相等的电网。因而，其电源输出的供载功率可以简化为采用线段的电阻或电抗计算。

在电力系统中，同一电压等级下的各段线路往往采用相同材料，线间几何均距近似相等，导线截面积相差不超过 2~3 个等级，大量的是近似均一的电网。则选择有功功率与电抗有关，无功功率与电阻有关进行计算，即

$$P_\mathrm{A} = \frac{\sum P_i X_i}{X_\mathrm{AB}}$$

$$Q_\mathrm{A} = \frac{\sum Q_i R_i}{R_\mathrm{AB}} \qquad (3-19)$$

上述又称为网络拆开法，是一种近似的潮流计算方法。其意义是：在计算时，将具有复数阻抗并输送复数功率的电力网，拆开成两个独立的电力网，其中一个只有电抗并传输有功功率，另一个只有电阻并传输无功功率。分别对这两个独立电网计算有功功率和无功功率分布，再叠加求得供载功率。

3.3.2 环式网络的初步潮流分布

对于电压等级在 35kV 及以下的地方电网，由于可以忽略不计功率损耗，所以初步潮流分布也就是最终潮流分布。

对于电压等级高的区域电网，计算最终潮流分布的方法如下所述。

首先计算初步功率分布，找到功率分点；在功率分点处将闭式网分解成两个独立的开式网；将功率分点处的负荷按着流入功率分点的初步功率分成两部分，分别表示在两个开式网络的终端，其他节点的负荷不发生变化；按照开式网的潮流计算方法，计算功率损耗，逐段向电源端推算潮流，最后合并得出全网的最终潮流分布。

若两端供电网的有功分点与无功分点不重合，一般从无功功率分点（电压更低）处将

网络拆开，再向两端电源推算。

3.3.3 闭式网中的潮流分布计算

在求出闭式网络中的初步功率分布后，还必须计算网络中各段的电压和功率损耗，方能获得潮流分布计算的最终结果。

从闭式网络的初步功率分布可以看出，某些节点的功率由两侧向其流入的，这种节点称为功率分点，并用符号"▼"标出，如有功、无功功率分点不一致，则以"▼"、"▽"分别表示有功功率、无功功率分点。

确定功率分点后，就可在功率分点处将电力网分解成两个开式网络，由功率分点开始分别从其两侧向电源端推算出电压和功率损耗，其计算公式与计算开式网时完全相同。若有功功率和无功功率分点不在一处，一般可以无功功率为计算的起点。这是因为在高压网络正中，电抗远大于电阻，电压损耗主要是由无功功率的流动造成的，无功功率分点往往是闭式网络中的电压最低点。

【**例 3-2**】 如图3-7所示110kV闭式电网，A点为某发电厂的高压母线，其运行电压为117kV。网络各组件参数为

线路Ⅰ、Ⅱ（每公里）：$r_0=0.27\Omega$，$x_0=0.423\Omega$，$b_0=2.69\times10^{-6}$ S

线路Ⅲ（每公里）：$r_0=0.45\Omega$，$x_0=0.44\Omega$，$b_0=2.58\times10^{-6}$ S

线路Ⅰ长度60km，线路Ⅱ长度50km，线路Ⅲ长度40km

变电所b　　$S_N=20\text{MVA}$，$\Delta S_0=0.05+j0.6\text{MVA}$，$R_T=4.84\Omega$，$X_T=63.5\Omega$

变电所c　　$S_N=10\text{MVA}$，$\Delta S_0=0.03+j0.35\text{MVA}$，$R_T=11.4\Omega$，$X_T=127\Omega$

负荷功率　　$S_{LDb}=24+j18\text{MVA}$，$S_{LDc}=12+j9\text{MVA}$

试求电力网络的功率分布及最大电压损耗。

解：（1）计算网络参数及制定等值电路。

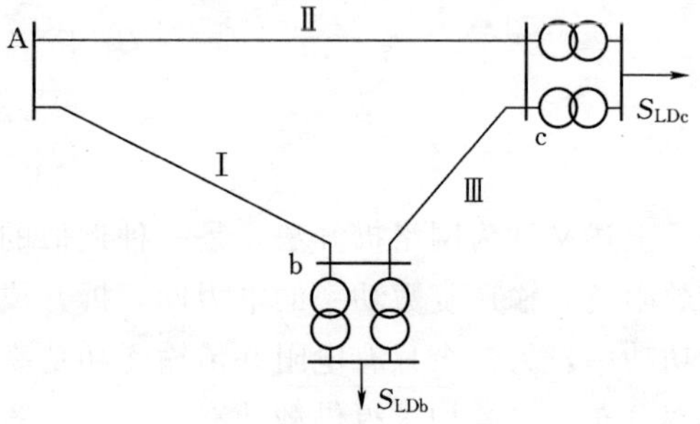

线路Ⅰ：$Z_Ⅰ=(0.27+j0.423)\times60$
$\qquad\qquad=16.2+j25.38(\Omega)$
$\qquad B_Ⅰ=2.69\times10^{-6}\times60$
$\qquad\qquad=1.61\times10^{-4}(\text{S})$
$\qquad 2\Delta Q_{BⅠ}=-1.61\times10^{-4}\times110^2$
$\qquad\qquad=-1.95(\text{Mvar})$

线路Ⅱ：$Z_Ⅱ=(0.27+j0.423)\times50$
$\qquad\qquad=13.5+j21.15(\Omega)$
$\qquad B_Ⅱ=2.69\times10^{-6}\times50=1.35\times10^{-4}(\text{S})$
$\qquad 2\Delta Q_{BⅡ}=-1.35\times10^{-4}\times110^2=-1.63(\text{Mvar})$

线路Ⅲ：$Z_Ⅲ=(0.45+j0.44)\times40=18+j17.6(\Omega)$
$\qquad B_Ⅲ=2.58\times10^{-6}\times40=1.03\times10^{-4}(\text{S})$
$\qquad 2\Delta Q_{BⅢ}=-1.03\times10^{-4}\times110^2=-1.25(\text{Mvar})$

变电所b：$Z_{Tb}=\dfrac{1}{2}\times(4.84+j63.5)=2.42+j31.75(\Omega)$
$\qquad\Delta S_{0b}=2\times(0.05+j0.6)=0.1+j1.2(\text{MVA})$

图 3-7 [例 3-2] 图

变电所 b：$Z_{Tc} = \dfrac{1}{2} \times (11.4 + j127) = 5.7 + j63.5$ （Ω）

$$\Delta S_{0c} = 2 \times (0.03 + j0.35) = 0.06 + j0.7 \text{（MVA）}$$

等值电路如图 3-8 所示。

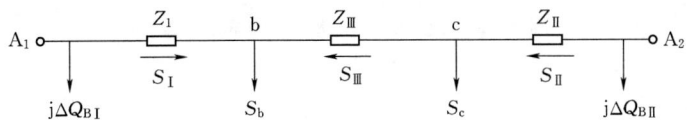

图 3-8 ［例 3-2］计算图

（2）计算节点 b 和 c 的运算负荷。

$$\Delta S_{Tb} = \dfrac{24^2 + 18^2}{110^2}(2.24 + j31.75) = 0.18 + j2.36 \text{(MVA)}$$

$$\begin{aligned}
S_b &= S_{LDb} + \Delta S_{Tb} + \Delta S_{ob} + j\Delta Q_{BI} + j\Delta Q_{BⅢ} \\
&= 24 + j18 + 0.18 + j2.36 + 0.1 + j1.2 - j0.975 - j0.623 \\
&= 24.28 + j19.96 \text{(MVA)}
\end{aligned}$$

$$\Delta S_{Tc} = \dfrac{12^2 + 9^2}{110^2}(5.7 + j63.5) = 0.106 + j1.18 \text{(MVA)}$$

$$\begin{aligned}
S_c &= S_{LDc} + \Delta S_{Tc} + \Delta S_{oc} + j\Delta Q_{BⅢ} + j\Delta Q_{BⅡ} \\
&= 12 + j9 + 0.106 + j1.18 + 0.06 + j0.7 - j0.623 - j0.815 \\
&= 12.17 + j9.44 \text{(MVA)}
\end{aligned}$$

（3）计算闭式网络的功率分布。

$$\begin{aligned}
S_Ⅰ &= \dfrac{S_b(Z_Ⅱ^* + Z_Ⅲ^*) + S_c Z_Ⅱ^*}{Z_Ⅰ^* + Z_Ⅱ^* + Z_Ⅲ^*} \\
&= \dfrac{(24.28 + j19.96)(31.5 - j38.75) + (12.17 + j9.44)(13.5 - j21.15)}{47.7 - j64.13} \\
&= 18.64 + j15.79 \text{(MVA)}
\end{aligned}$$

$$\begin{aligned}
S_Ⅱ &= \dfrac{S_c(Z_Ⅰ^* + Z_Ⅲ^*) + S_b Z_Ⅰ^*}{Z_Ⅰ^* + Z_Ⅱ^* + Z_Ⅲ^*} \\
&= \dfrac{(12.17 + j19.44)(34.2 - j42.98) + (24.28 + j19.96)(16.2 - j25.38)}{47.7 - j64.13} \\
&= 17.8 + j13.6 \text{(MVA)}
\end{aligned}$$

$S_Ⅰ + S_Ⅱ = 18.64 + j15.79 + 17.8 + j13.6 = 36.44 + j29.39$ (MVA)

$S_b + S_c = 24.28 + j19.96 + 12.17 + j9.44 = 36.45 + j29.4$ (MVA)

可见，计算结果误差很小，无需重算。取 $S_Ⅰ = 18.64 + j15.79$ 继续进行计算。

$$S_Ⅲ = S_b - S_Ⅰ = 24.28 + j19.96 - 18.65 - j15.8 = 5.63 + j4.16 \text{(MVA)}$$

由此得到功率初分布，如图 3-9 所示。

（4）计算电压损耗。

由于线路Ⅰ和Ⅲ的功率均流向节点 b，故节点 b 为功率分点，且有功功率分点和无功功率分点都在 b 点，因此这点的电压最低。为了计算线路Ⅰ的电压损耗，要用 A 点的电

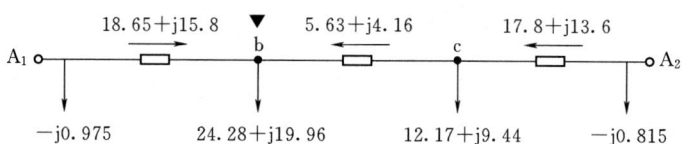

图 3-9 [例 3-2] 功率初分布计算图

压和功率 $\tilde{S}_{A1}$。

$$\tilde{S}_{A1}=\tilde{S}_{I}+\Delta\tilde{S}_{L1}$$
$$=18.64+j15.8+\frac{18.64^2+15.8^2}{110^2}(16.2+j25.38)$$
$$=19.45+j17.05(\text{MVA})$$
$$\Delta U_{I}=\frac{P_{A1}R_{I}+Q_{A1}X_{I}}{U_{A}}=\frac{19.45\times16.2+17.05\times25.38}{117}=6.39(\text{kV})$$

变电所 b 高压母线的实际电压为
$$U_{b}=U_{A}-\Delta U_{I}=117-6.39=110.61(\text{kV})$$

3.4 多级电压环网的初步功率分布(选学)

在电力系统中,由几个电压等级的线路组成的环网称为多级电压环网,简称多级环网。在多级电压环网内必然有串联的变压器接入,若串联接入的变压器变比不匹配时,在环网内就会出现附加电动势,形成循环功率。

计算多级电压环网的潮流分布时,需要先将电力网各元件的参数归算到同一电压等级,然后再求供载功率与循环功率。多级电压环网的供载功率分布的计算方法与普通两端电源供电网求供载功率的方法相同,这里不重复。下面以图 3-10 所示的具有三个电压等级的环网为例,讨论循环功率的计算方法。

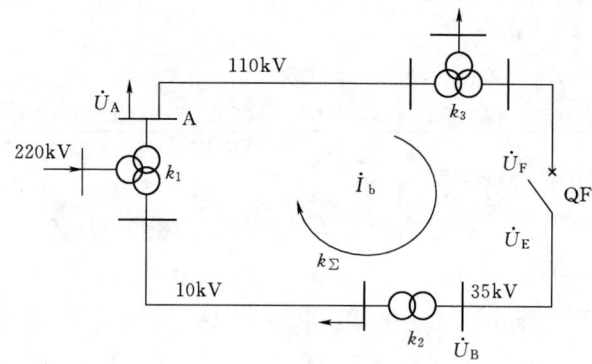

图 3-10 具有三个电压等级的环网

设已知电压 $\dot{U}_{A}$,环网内变压器的变比分别为 k_1、k_2、k_3,断路器 QF 在断开位置。由于将运算负荷、变压器空载损耗、线路电纳功率都归并在供载功率计算内,所以可以认为

3.4 多级电压环网的初步功率分布（选学）

线路及变压器中无电流通过，也就没有电压损耗，因此可以得到如下关系式

$$\dot{U}_F = \frac{\dot{U}_A}{k_3}$$

$$\dot{U}_E = \dot{U}_B = \frac{k_2 \dot{U}_A}{k_1}$$

所以，断路器两侧间的电压差为

$$\Delta \dot{U}_{FE} = \dot{U}_F - \dot{U}_E = \frac{\dot{U}_A}{k_3} - \frac{k_2 \dot{U}_A}{k_1} = \left(\frac{k_1}{k_2 k_3} - 1\right)\frac{k_2 \dot{U}_A}{k_1}$$

令

$$k_\Sigma = \frac{k_1}{k_2 k_3}$$

则

$$\Delta \dot{U}_{FE} = (k_\Sigma - 1)\frac{k_2 \dot{U}_A}{k_1} = (k_\Sigma - 1)\dot{U}_E \tag{3-20}$$

式中 k_Σ——多级电压环网的等值变比。

等值变比可以这样确定：在环网中任意假设一个环绕方向，按环绕方向在环网中环行一周，遇到起升压作用的变压器时，乘以该变压器变比；遇到起降压作用的变压器时，除以该变压器变比，即可求得等值变比。

断路器闭合后，在断路器两侧电压 $\Delta \dot{U}_{FE}$ 作用下，环网内产生循环电流和循环功率。循环电流为

$$\dot{I}_h = \frac{(k_\Sigma - 1)\dot{U}_E}{\sqrt{3} Z_\Sigma} \approx \frac{(k_\Sigma - 1)\dot{U}_N}{\sqrt{3} Z_\Sigma}$$

循环功率为

$$\tilde{S}_h = \sqrt{3} \overset{*}{I} \dot{U}_N = \left[\frac{(k_\Sigma - 1)\dot{U}_E}{Z_\Sigma}\right]^* U_N \approx \frac{(k_\Sigma - 1)}{\overset{*}{Z}_\Sigma} U_N^2 \tag{3-21}$$

式中 Z_Σ——折算到对用电压 $\dot{U}_E$ 下环网的总阻抗。

从以上两式中可以看出，若等值变比 $k_\Sigma > 1$，则有循环电流和循环功率，其方向与环绕方向相同；若等值变比 $k_\Sigma = 1$，则循环电流和循环功率为零；若等值变比 $k_\Sigma < 1$，则循环电流和循环功率与环绕方向相反。

【例 3-3】 如图 3-10 所示的多级环网，归算到 35kV 电压侧的总阻抗为 $9.63 + j30.2$（Ω），串入环网中变压器的变比 $k_1 = 121/11$，$k_2 = 404/11$、$k_3 = 104.5/36.6$。试计算断路器闭环后的循环功率。

解： 选顺时针方向为环绕方向，从 A 点算起，等值变比为

$$k_\Sigma = \frac{k_1}{k_2 k_3} = \frac{121}{11} \bigg/ \left(\frac{40.4}{11} \times \frac{104.5}{36.6}\right) = 1.05$$

由于等值变比 $k_\Sigma > 1$，循环功率方向与所选方向相同，大小为

$$\tilde{S}_h = \frac{(k_\Sigma - 1)}{\overset{*}{Z}_\Sigma} U_N^2 = \frac{1.05 - 1}{9.63 - j30.2} \times 35^2 = 0.59 + j1.84 (\text{MVA})$$

3.5 复杂电力系统的潮流计算（选学）

实际电力系统是一个复杂的大电力系统，节点多，变量多，结构复杂。复杂电力系统的潮流计算采用计算机进行。复杂电力系统的潮流计算机计算的基本步骤如下所述。

（1）建立描述电力系统运行状态的数学模型。
（2）确定解算数学模型的方法。
（3）制定框图，编制计算程序。
（4）对计算结果进行分析。

本节主要介绍其中的数学模型和计算方法，有关程序设计方面的知识请参阅相关书籍。

电力系统的数学模型是指对电力系统中运行状态参数（如电压、电流等）之间相互关系和变化规律的一种数学描述。它把电力系统中物理现象的分析归结为某种形式的数学问题。从电的角度来看，无论电力网络如何复杂，原则上都可以首先作出它的等值电路，然后运用交流电路理论进行分析、计算。通常用节点电压法和回路电流法计算网络各支路电流或功率。对于同一网络，一般节电电压方程数小于回路电流方程数；而且节点电压方程描述的运行状态比较直观，且易于处理系统运行条件的变化，所以，电力系统的潮流计算一般采用节点电压法。

下面首先回顾节点电压方程，然后，推出潮流计算的数学模型。

3.5.1 节电电压方程

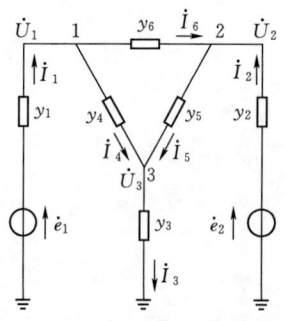

图 3-11 节点电压法的图例

图 3-11 表示一个具有三个独立节点的电力系统。e_1、e_2 为电源电势，y_1、y_2 为电源的内部导纳，y_3 为等值负荷的导纳，y_4、y_5、y_6 为支路的导纳。

如果取大地为参考节点，设三个节点电压分别为 $\dot{U}_1$、$\dot{U}_2$、$\dot{U}_3$，流入节点的电流方向为正，节点电压方程为

$$\left. \begin{array}{l} Y_{11}\dot{U}_1+Y_{12}\dot{U}_2+Y_{13}\dot{U}_3=\dot{I}_1 \\ Y_{21}\dot{U}_1+Y_{22}\dot{U}_2+Y_{23}\dot{U}_3=\dot{I}_2 \\ Y_{31}\dot{U}_1+Y_{32}\dot{U}_2+Y_{33}\dot{U}_3=\dot{I}_3 \end{array} \right\} \quad (3-22)$$

式中　Y_{11}、Y_{22}、Y_{33}——节点1、2、3的自导纳；

Y_{12}、Y_{13}、Y_{23}——相应节点之间的互导纳；

$\dot{I}_1$、$\dot{I}_2$、$\dot{I}_3$——节点1、2、3的注入电流（在此例中，$\dot{I}_3$ 为零）。

3.5.2 节点导纳矩阵的形成

以矩阵形式表示上述节点电压方程为

$$\begin{bmatrix} \dot{I}_1 \\ \dot{I}_2 \\ 0 \end{bmatrix} = \begin{bmatrix} Y_{11} & Y_{12} & Y_{13} \\ Y_{21} & Y_{22} & Y_{23} \\ Y_{31} & Y_{32} & Y_{33} \end{bmatrix} \begin{bmatrix} \dot{U}_1 \\ \dot{U}_2 \\ \dot{U}_3 \end{bmatrix}$$

3.5 复杂电力系统的潮流计算（选学）

若电力网络除参考节点外有 n 个节点，则它的节点电压方程为

$$\left.\begin{array}{l} Y_{11}\dot{U}_1 + Y_{12}\dot{U}_2 + \cdots + Y_{1n}\dot{U}_n = \dot{I}_1 \\ Y_{21}\dot{U}_1 + Y_{22}\dot{U}_2 + \cdots + Y_{2n}\dot{U}_n = \dot{I}_2 \\ \vdots \\ Y_{n1}\dot{U}_1 + Y_{n2}\dot{U}_2 + \cdots + Y_{nn}\dot{U}_n = \dot{I}_n \end{array}\right\} \quad (3-23)$$

或简写为

$$\dot{I}_i = \sum_{j=1}^{n} Y_{ij} \dot{U}_j \, (i = 1,2,3,\cdots,n) \quad (3-24)$$

将式（3-24）表示成矩阵形式

$$\begin{bmatrix} \dot{I}_1 \\ \dot{I}_2 \\ \vdots \\ \dot{I}_n \end{bmatrix} = \begin{bmatrix} Y_{11} & Y_{12} & \cdots & Y_{1n} \\ Y_{21} & Y_{22} & \cdots & Y_{2n} \\ \vdots & \vdots & & \vdots \\ Y_{n1} & Y_{n2} & \cdots & Y_{nn} \end{bmatrix} \begin{bmatrix} \dot{U}_1 \\ \dot{U}_2 \\ \vdots \\ \dot{U}_n \end{bmatrix} \quad (3-25)$$

简写为

$$[\dot{I}] = [Y][\dot{U}] \quad (3-26)$$

式中　$[\dot{I}]$——节点注入电流列向量；

$[\dot{U}]$——节点电压列向量；

$[Y]$——节点导纳矩阵。

1. 节点导纳矩阵的物理意义

当电力网络除参考节点外节点数为 n 时，导纳矩阵是 $n \times n$ 阶方阵，对角元素 Y_{ii} ($i=1,2,\cdots n$) 称为节点自导纳，非对角元素 Y_{ij} ($j=1,2,\cdots,n, j \neq i$) 称为节点间互导纳。由于网络的对称关系，$Y_{ij} = Y_{ji} = -y_{ij} = -y_{ji}$。

自导纳的物理意义是：除节点 i 之外，其余节点都接地，在节点 i 上加一单位电压时，从节点 i 注入网络的电流。用数学式表示为

$$Y_{ii} = \frac{\dot{I}_i}{\dot{U}_i} \quad (3-27)$$

矩阵中　　　　　　　　　　$\dot{U}_m = 0, m \neq i$

即当其他节点均接地时，i 点对地的总导纳为

$$Y_{ii} = y_{i0} + \sum_{j=1}^{n} y_{ij}$$

式中　y_{i0}——为节点 i 的对地导纳；

y_{ij}——节点 i，j 之间的支路导纳（支路阻抗的倒数）。

互导纳的物理意义是：除节点 j 之外，其余节点都接地，在节点 j 上加一单位电压时，节点 i 注入网络的电流。用数学式表示为

$$Y_{ij} = \frac{\dot{I}_i}{\dot{U}_j} \quad (3-28)$$

矩阵中　　　　　　　　　　$\dot{U}_m = 0, m \neq i$

2. 节点导纳矩阵的特点

（1）节点导纳矩阵是方阵，其阶数等于除参考节点外的节点数 n。参考节点一般取大地，编号为零。

（2）节点导纳矩阵是稀疏矩阵，其各行非零非对角元素数，等于与该行相对应节点所连接的不接地支路数。

（3）节点导纳矩阵的对角元素，等于与各该节点所连接支路导纳的总和。

（4）节点导纳矩阵的非对角元素 Y_{ij}，等于连接节点 i、j 支路导纳的负值。

（5）节点导纳矩阵一般是对称矩阵，这是网络的互易特性所决定的，因此一般只需求取这个矩阵的上三角或下三角部分。

（6）网络中的变压器如运用Ⅱ型等值电路表示，仍可按上述原则计算。

按上述原则，无论电力网络如何复杂，都可以根据给定的支路参数和接线情况，直观地求出导纳矩阵。

在具有变压器元件的电力网的等值电路中，变压器的参数以及参数的归算都是按标准变比或额定电压进行的。若变压器的分接头改变，实际变比不等于标准变比，一般采用Ⅱ型等值电路对参数进行修正。

3.5.3 节点导纳矩阵的修改

在电力系统计算中，往往要计算不同接线方式下的运行状况，例如某电力线路或变压器投入前后的运行状况，以及某些元件参数变更前后的运行状况。改变一个支路的参数或它的投入、退出状态只影响该支路两端节点的自导纳和它们之间的互导纳，所以运行状况改变后可相应地修改原有的矩阵，形成与新运行状况相对应的节点导纳矩阵。以下介绍几种典型的修改方法。

（1）从原有网络引出一支路，同时增加一节点。如图 3-12（a）所示，设 i 为原有网络 N 中的节点，j 为新增加的节点，新增加的支路导纳为 y_{ij}。因新增加一节点，节点导纳矩阵将增加一阶，新增加的对角元素 $Y_{jj} = y_{ij}$；新增加的非对角元素 $Y_{ij} = Y_{ji} = -y_{ij}$；原有矩阵中的对角元素 Y_{ii} 将增加 $\Delta Y_{ii} = y_{ij}$。

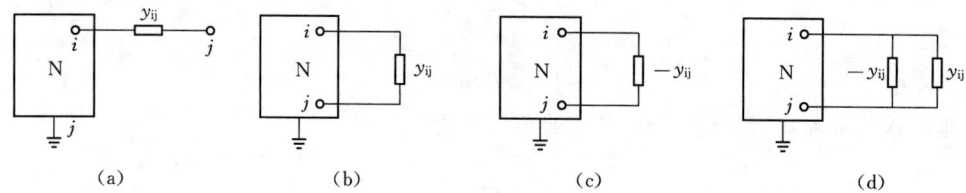

(a)　　　　　　(b)　　　　　　(c)　　　　　　(d)

图 3-12　电力网络接线变更示意图
(a) 增加支路和节点；(b) 增加支路；(c) 切除支路；(d) 改变支路参数

（2）在原有网络 N 的节点 i、j 之间增加一支路。如图 3-12（b）所示，增加支路没有增加节点，节点导纳矩阵的阶数不变。与节点 i、j 有关的元素应作如下修改：

$$\Delta Y_{ii} = y_{ij}$$

$$\Delta Y_{jj} = y_{ij}$$

$$\Delta Y_{ij} = \Delta Y_{ji} = -y_{ij}$$

(3) 在原有网络 N 的节点 i、j 之间切除一支路。如图 3-12（c）所示，切除一导纳为 y_{ij} 的支路，相当于增加一导纳为 $-y_{ij}$ 的支路，导纳矩阵有关元素作如下修改：

$$\Delta Y_{ii} = -y_{ij}$$
$$\Delta Y_{jj} = -y_{ij}$$
$$\Delta Y_{ij} = \Delta Y_{ji} = y_{ij}$$

(4) 原有网络 N 的节点 i、j 之间的导纳，由 y_{ij} 改变为 y'_{ij}。如图 3-12（d）所示，相当于切除一导纳为 y_{ij} 的支路并增加一导纳为 y'_{ij} 的支路，导纳矩阵有关元素应作如下修改：

$$\Delta Y_{ii} = y'_{ij} - y_{ij}$$
$$\Delta Y_{jj} = y'_{ij} - y_{ij}$$
$$\Delta Y_{ij} = \Delta Y_{ji} = y_{ij} - y'_{ij}$$

(5) 原有网络 N 的节点 i、j 之间变压器的标幺值变比，由 k_k 改变为 k'_k（略去变压器激磁导纳）。如图 3-13 所示，节点 i、j 之间变压器的支路。根据变压器 Π 型等值电路分析，节点 i、j 之间变压器的参数改变关系为：

$$\Delta Y_{ii} = 0$$
$$\Delta Y_{jj} = \left(\frac{1}{k'^2_k} - \frac{1}{k^2_k}\right) y_T$$
$$\Delta Y_{ij} = \Delta Y_{ji} = -\left(\frac{1}{k'_k} - \frac{1}{k_k}\right) y_T$$

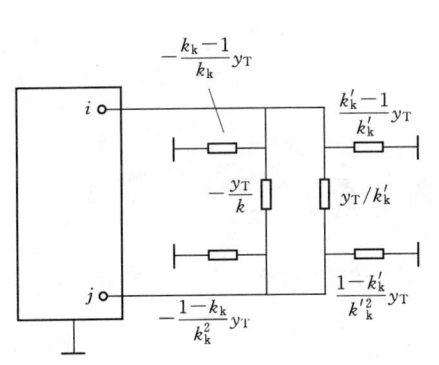

图 3-13 变压器变比由 k_k 改为 k'_k

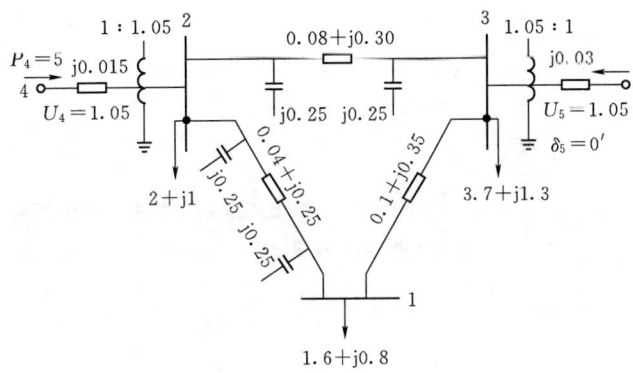

图 3-14 ［例 3-4］图

【例 3-4】 如图 3-14 所示，已知电力网线路等值电路的阻抗和对地导纳的标幺值，其中 2 与 4、3 与 5 节点之间为变压器支路，变压器的电抗和变比的标幺值也已注明于图中，试求导纳矩阵（略去变压器电阻及励磁导纳）。

解：节点 1 的自导纳为

$$Y_{11} = y_{10} + y_{12} + y_{13} = j0.25 + \frac{1}{0.04 + j0.25} + \frac{1}{0.1 + j0.35}$$
$$= 1.3787 - j6.2916$$

节点 1 的互导纳为

$$Y_{12}=Y_{21}=-y_{12}=-\frac{1}{0.04+j0.25}=-0.624+j3.9001$$

$$Y_{13}=Y_{31}=-y_{13}=-\frac{1}{0.1+j0.35}=-0.7547+j2.6415$$

$$Y_{14}=Y_{41}=0$$

$$Y_{15}=Y_{51}=0$$

节点 2 的自导纳为

$$Y_{22}=y_{20}+y_{21}+y_{23}+\frac{y_{24}}{k_{24}^2}=(j0.25+j0.25)+\frac{1}{0.04+j0.25}+\frac{1}{0.08+j0.3}+\frac{1}{j0.015}\times\frac{1}{1.05^2}$$

$$=1.4539-j66.9808$$

节点 2 的互导纳为

$$Y_{21}=Y_{12}=-y_{12}=-\frac{1}{0.04+j0.25}=-0.624+j3.9001$$

$$Y_{23}=Y_{32}=-y_{23}=-\frac{1}{0.08+j0.3}=-0.8298+j3.112$$

$$Y_{24}=Y_{42}=-\frac{y_{24}}{k_{24}}=-\frac{1}{j0.015}\times\frac{1}{1.05}=j63.492$$

$$Y_{25}=Y_{52}=0$$

用类似的方法可以求出导纳矩阵的其他元素。最后得到电力网的导纳矩阵为

$$[Y]=\begin{bmatrix} Y_{11} & Y_{12} & Y_{13} & Y_{14} & Y_{15} \\ Y_{21} & Y_{22} & Y_{23} & Y_{24} & Y_{25} \\ Y_{31} & Y_{32} & Y_{33} & Y_{34} & Y_{35} \\ Y_{41} & Y_{42} & Y_{43} & Y_{44} & Y_{45} \\ Y_{51} & Y_{52} & Y_{53} & Y_{54} & Y_{55} \end{bmatrix}$$

$$=\begin{bmatrix} 1.3787-j6.2916 & -0.624+j3.9001 & -0.7547+j2.6415 & 0 & 0 \\ -0.624+j3.9001 & 1.4539-j66.9808 & -0.8298+j3.112 & j63.492 & 0 \\ -0.7547+j2.6415 & -0.8298+j3.112 & 1.5845-j35.7378 & 0 & j31.746 \\ 0 & j63.492 & 0 & -j66.6666 & 0 \\ 0 & 0 & j31.746 & 0 & -j33.3333 \end{bmatrix}$$

由以上例题计算结果可以看出：

(1) 导纳矩阵的阶数等于电力网的独立节点数，而且是对称的稀疏矩阵。

(2) 导纳矩阵各行非对角元素中的非零元素个数，等于对应节点所连接的不接地支路数。

(3) 导纳矩阵的对角元素，为对应节点的自导纳，其值等于相应节点所连接的支路的导纳之和。

3.5.4 潮流计算的功率方程及节点分类

1. 功率方程式的一般形式

设有 n 个节点的系统，根据式（3-23）节点电压方程可得

$$\dot{I}_i = \frac{\overset{*}{S}_i}{\overset{*}{U}_i} = Y_{i1}\dot{U}_1 + Y_{i2}\dot{U}_2 + \cdots + Y_{in}\dot{U}_n = \sum_{j=1}^{n} Y_{ij}\dot{U}_j$$

$$\overset{*}{S}_i = P_i - jQ_i = \overset{*}{U}_i \sum_{j=1}^{n} Y_{ij}\overset{*}{U}_j, (i=1,2,\cdots,n) \tag{3-29}$$

在电力系统潮流计算中，节点电压有两种不同的表示方式，即直角坐标形式和极坐标形式，由此可得两种不同形式的功率方程式。

令导纳矩阵各元素为 $Y_{ij} = G_{ij} + jB_{ij}$，节点电压直角坐标形式为 $\dot{U}_i = e_i + jf_i$，代入式 (3-29) 得：

$$P_i - jQ_i = (e_i - jf_i)\sum_{j=1}^{n}(G_{ij} + jB_{ij})(e_j + jf_j) \quad (i=1,2,\cdots,n)$$

将上式的实部与虚部分开，得到由直角坐标形式表示的功率方程式为

$$\left. \begin{array}{l} P_i = e_i \sum_{j=1}^{n}(G_{ij}e_j - B_{ij}f_j) + f_i \sum_{j=1}^{n}(G_{ij}f_j + B_{ij}e_j) \\ Q_i = f_i \sum_{j=1}^{n}(G_{ij}e_j - B_{ij}f_j) - e_i \sum_{j=1}^{n}(G_{ij}f_j + B_{ij}e_j) \end{array} \right\} \tag{3-30}$$

这是潮流计算的基本方程。功率方程式是一组非线性方程组。

若令 $Y_{ij} = G_{ij} + jB_{ij}$，节点电压为 $\dot{U}_i = U_i e^{j\delta_i}$，$\dot{U}_j = U_j e^{j\delta_j}$，用 δ_{ij} 表示 $\delta_i - \delta_j$，得

$$P_i - jQ_i = U_i e^{-j\delta_i} \sum_{j=1}^{n}(G_{ij} + jB_{ij})U_j e^{j\delta_j}$$

$$= U_i \sum_{j=1}^{n}(G_{ij} + jB_{ij})U_j e^{-j(\delta_i - \delta_j)} (i=1,2,\cdots,n)$$

由 $e^{-j\delta_{ij}} = \cos\delta_{ij} - j\sin\delta_{ij}$，得

$$P_i - jQ_i = U_i \sum_{j=1}^{n} U_j (G_{ij} + jB_{ij})(\cos\delta_{ij} - j\sin\delta_{ij}), (i=1,2,\cdots,n)$$

将上式的实部和虚部分开可得到用极坐标表示的功率方程式为

$$\left. \begin{array}{l} P_i = U_i \sum_{j=1}^{n} U_j (G_{ij}\cos\delta_{ij} + B_{ij}\sin\delta_{ij}) \\ Q_i = U_i \sum_{j=1}^{n} U_j (G_{ij}\sin\delta_{ij} - B_{ij}\cos\delta_{ij}) \end{array} \right\} \tag{3-31}$$

以上各式中 P_i、Q_i 为节点功率，是净注入节点的功率。

2. 电力系统的节点分类

对于 n 个节点的系统，可以得到 $2n$ 个功率方程式。每个节点有电压幅值 U、电压幅角 δ、有功功率 P、无功功率 Q 等 4 个表征节点运行状态的量。系统共有 $4n$ 个变量。已知其中的 $2n$ 个变量，根据功率方程式可以求出其余 $2n$ 个未知量。在电力系统潮流计算中，一般每个节点给出两个已知量，而另外两个则作为待求量。按给出的已知量不同，电力系统的节点可以分为以下三类。

(1) PQ 节点。已知节点的有功功率 P 及无功功率 Q，待求量是节点的电压幅值 U 和相角 δ。电力系统中的大多数发电厂母线和降压变电站母线属于此类节点。在电力系统

中，这一类节点是最多的。

（2）PV节点。已知节点的有功功率 P 和电压幅值 U，待求量是节点无功功率 Q 和电压相角 δ。这类节点必须有足够的可调无功容量，用以维持给定的电压幅值，又称之为电压控制点。一般选择有一定无功储备的发电厂和具有可调无功电源设备的变电所作为此类节点。在电力系统中，这一类节点的数目很少。

（3）平衡节点。已知节点的电压幅值 U 和相角 δ，待求量是节点有功功率 P 和无功功率 Q。该节点作为潮流计算时其他电压计算的参考点，电压相位常取 $0°$，该点亦即基准点或基准母线。为了满足系统功率平衡，必须选择一个发电厂的有功和无功作为未知量，该节点就是平衡节点，电力系统中通常只设一个平衡节点。一般选择主调频厂作为平衡节点。

3.5.5 牛顿-拉夫逊潮流计算

1. 牛顿-拉夫逊迭代计算原理

牛顿-拉夫逊是将非线性方程的求解过程转化为线性方程的求解过程，即线性化，是解非线性方程的一种有效方法，它的主要优点是收敛性较好，在一般网络中，只需迭代 5~8 次即可达到所需要的精度。

设有一非线性方程 $f(x)=0$，给定初值解为 $x^{(0)}$，它与真解 x 之间的误差为 $\Delta x^{(0)}$，因此，方程的真解可表示为

$$x = x^{(0)} - \Delta x^{(0)} \tag{3-32}$$

式中　$\Delta x^{(0)}$——变量修正量。

应满足原方程方程式，故

$$f(x^{(0)} - \Delta x^{(0)}) = 0 \tag{3-33}$$

将上式按泰勒级数展开为

$$f(x^{(0)} - \Delta x^{(0)}) = f(x^{(0)}) - f'(x^{(0)})\Delta x^{(0)} + f''(x^{(0)})\frac{(\Delta x^{(0)})^2}{2!} + \cdots$$

$$+ (-1)^n f^{(n)}(x^{(0)}) \frac{(\Delta x^{(0)})^n}{n!} + \cdots = 0 \tag{3-34}$$

式中　$f'(x^{(0)}), f''(x^{(0)}), \cdots, f^{(n)}(x^{(0)})$——函数 $f(x)$ 在 $x^{(0)}$ 点的一阶、二阶……n 阶导数。

如果所选择的初值较好，即 $\Delta x^{(0)}$ 很小时，可以将式（4-49）中 $\Delta x^{(0)}$ 的二次及二次以后各项忽略不计，则式（3-34）简化为

$$f(x^{(0)}) - f'(x^{(0)})\Delta x^{(0)} = 0 \tag{3-35}$$

则有

$$\Delta x^{(0)} = \frac{f(x^{(0)})}{f'(x^{(0)})} \tag{3-36}$$

式（3-35）是 $\Delta x^{(0)}$ 的线性代数方程，称为牛顿—拉夫逊修正方程式，用它可以求出修正量 $\Delta x^{(0)}$，见式（3-36）。由于式（3-36）是式（3-35）的简化结果，所以按式（3-36）计算出的 $\Delta x^{(0)}$ 只是近似值，还需要利用 $x^{(1)} = x^{(0)} - \Delta x^{(0)}$ 对初值 $x^{(0)}$ 进行修正，这时的 $x^{(1)}$ 比 $x^{(0)}$ 向真解更逼近了一些。这时将 $x^{(1)}$ 作为初值带入修正式（3-35）中，得到

3.5 复杂电力系统的潮流计算（选学）

$$\Delta x^{(1)} = \frac{f(x^{(1)})}{f'(x^{(1)})}$$

于是可以得到更逼近真解的公式 $x^{(2)} = x^{(1)} - \Delta x^{(1)}$

再将 $x^{(2)}$ 作为初值，继续迭代下去，到 v 次迭代时，有 $x^{(v)} = x^{(v-1)} - \Delta x^{(v-1)}$，这时修正方程式为 $f(x^{(v)}) - f'(x^{(v)})\Delta x^{(v)} = 0$，或 $\Delta x^{(v)} = \frac{f(x^{(v)})}{f'(x^{(v)})}$。

当 $\Delta x^{(v)}$ 趋近于零时，$x^{(v)}$ 就趋近于方程 $f(x) = 0$ 的真解。

牛顿-拉夫逊法的几何意义可用图 3-15 说明。函数 $f(x) = 0$ 的真解在 $f(x)$ 与 x 轴的交点 x^* 处。任意假设的初值 $x^{(0)}$ 对应 $f(x)$ 曲线的 $f(x^{(0)})$，$f'(x^{(0)})$ 是函数在点 $x^{(0)}$ 的斜率，如图 3-15 所示。

$$\tan\alpha^{(0)} = f'(x^{(0)}) = \frac{f(x^{(0)})}{\Delta x^{(0)}}$$

$$\Delta x^{(0)} = \frac{f(x^{(0)})}{f'(x^{(0)})}$$

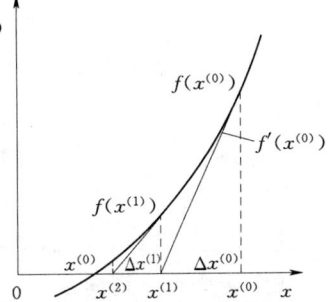

图 3-15 牛顿-拉夫逊法的几何意义

修正量 $\Delta x^{(0)}$ 由点 $x^{(0)}$ 的切线与横轴的交点来决定。求得 $\Delta x^{(0)}$ 后，对 $x^{(0)}$ 进行修正，得 $x^{(1)} = x^{(0)} - \Delta x^{(0)}$。由图 3-15 可见，$x^{(1)}$ 向函数的真解 x^* 逼近一步。直到 $|x^{(v+1)} - x^{(v)}| < \varepsilon$，则称为迭代收敛。牛顿-拉夫逊法又称切线法。

下面将上述方法推广到 n 元方程组的情况。设有 n 元非线性方程组

$$\left.\begin{array}{l} f_1(x_1, x_2, \cdots, x_n) = 0 \\ f_2(x_1, x_2, \cdots, x_n) = 0 \\ \vdots \\ f_n(x_1, x_2, \cdots, x_n) = 0 \end{array}\right\} \quad (3-37)$$

给定一组初值 $x_1^{(0)}, x_2^{(0)}, \cdots, x_n^{(0)}$，并令 $\Delta x_1^{(0)}, \Delta x_2^{(0)}, \cdots, \Delta x_n^{(0)}$，分别为各变量的修正量，则有

$$\left.\begin{array}{l} f_1(x_1^{(0)} - \Delta x_1^{(0)}, x_2^{(0)} - \Delta x_2^{(0)}, \cdots, x_n^{(0)} - \Delta x_n^{(0)}) = 0 \\ f_2(x_1^{(0)} - \Delta x_1^{(0)}, x_2^{(0)} - \Delta x_2^{(0)}, \cdots, x_n^{(0)} - \Delta x_n^{(0)}) = 0 \\ \vdots \\ f_n(x_1^{(0)} - \Delta x_1^{(0)}, x_2^{(0)} - \Delta x_2^{(0)}, \cdots, x_n^{(0)} - \Delta x_n^{(0)}) = 0 \end{array}\right\} \quad (3-38)$$

将上述方程组中的方程在初值处分别展开为泰勒级数，并略去修正量的二次及以上高次项，可得

$$\left.\begin{array}{l} f_1(x_1^{(0)}, x_2^{(0)}, \cdots, x_n^{(0)}) - \frac{\partial f_1}{\partial x_1}\bigg|_0 \Delta x_1^{(0)} - \frac{\partial f_1}{\partial x_2}\bigg|_0 \Delta x_2^{(0)} - \cdots - \frac{\partial f_1}{\partial x_n}\bigg|_0 \Delta x_n^{(0)} = 0 \\ f_2(x_1^{(0)}, x_2^{(0)}, \cdots, x_n^{(0)}) - \frac{\partial f_2}{\partial x_1}\bigg|_0 \Delta x_1^{(0)} - \frac{\partial f_2}{\partial x_2}\bigg|_0 \Delta x_2^{(0)} - \cdots - \frac{\partial f_2}{\partial x_n}\bigg|_0 \Delta x_n^{(0)} = 0 \\ \vdots \\ f_n(x_1^{(0)}, x_2^{(0)}, \cdots, x_n^{(0)}) - \frac{\partial f_n}{\partial x_1}\bigg|_0 \Delta x_1^{(0)} - \frac{\partial f_n}{\partial x_2}\bigg|_0 \Delta x_2^{(0)} - \cdots - \frac{\partial f_n}{\partial x_n}\bigg|_0 \Delta x_n^{(0)} = 0 \end{array}\right\} \quad (3-39)$$

式中 $\left.\dfrac{\partial f_i}{\partial x_i}\right|_0$ —— 函数 $f_i(x_1,x_2,\cdots,x_n)$ 对自变量 x_i 的偏导数在点 $(x_1^{(0)},x_2^{(0)},\cdots,x_n^{(0)})$ 处的值。

将式（3-39）改为矩阵形式，得

$$\begin{bmatrix} f_1(x_1^{(0)},x_2^{(0)},\cdots,x_n^{(0)}) \\ f_2(x_1^{(0)},x_2^{(0)},\cdots,x_n^{(0)}) \\ \vdots \\ f_n(x_1^{(0)},x_2^{(0)},\cdots,x_n^{(0)}) \end{bmatrix} = \begin{bmatrix} \left.\dfrac{\partial f_1}{\partial x_1}\right|_0 & \left.\dfrac{\partial f_1}{\partial x_2}\right|_0 & \cdots & \left.\dfrac{\partial f_1}{\partial x_n}\right|_0 \\ \left.\dfrac{\partial f_2}{\partial x_1}\right|_0 & \left.\dfrac{\partial f_2}{\partial x_2}\right|_0 & \cdots & \left.\dfrac{\partial f_2}{\partial x_n}\right|_0 \\ \cdots & \cdots & \cdots & \cdots \\ \left.\dfrac{\partial f_n}{\partial x_1}\right|_0 & \left.\dfrac{\partial f_n}{\partial x_2}\right|_0 & \cdots & \left.\dfrac{\partial f_n}{\partial x_n}\right|_0 \end{bmatrix} \begin{bmatrix} \Delta x_1^{(0)} \\ \Delta x_2^{(0)} \\ \vdots \\ \Delta x_n^{(0)} \end{bmatrix} \quad (3-40)$$

简写为

$$f = J\Delta x \quad (3-41)$$

这是修正量 $\Delta x_1^{(0)}$，$\Delta x_2^{(0)}$，$\cdots$，$\Delta x_n^{(0)}$ 的线性方程组，称为牛顿—拉夫逊的修正方程式，式中 f 为误差列向量；J 称为函数 f_i 的雅可比矩阵；Δx 为由 Δx_i 组成的修正列向量。因此利用修正方程可以解出修正量 $\Delta x_1^{(0)}$，$\Delta x_2^{(0)}$，$\cdots$，$\Delta x_n^{(0)}$，用其修正初值可以进一步得到更逼近真解的一组近似解

$$\left.\begin{array}{c} x_1^{(1)} = x_1^{(0)} - \Delta x_1^{(0)} \\ x_2^{(1)} = x_2^{(0)} - \Delta x_2^{(0)} \\ \vdots \\ x_n^{(1)} = x_n^{(0)} - \Delta x_n^{(0)} \end{array}\right\} \quad (3-42)$$

再以它们为初值代入修正方程式（3-40），可以得到 $\Delta x_1^{(1)}$，$\Delta x_2^{(1)}$，$\cdots$，$\Delta x_n^{(1)}$，再按式（3-42）对变量进行修正，又可得到方程组的二次近似解，以此类推，便可逐步逼近并求出方程组的解。

将式（3-40）、式（3-42）简写为如下的一般迭代形式

$$f(x^{(v)}) = J^{(v)} \Delta x^{(v)}$$

$$x^{(v+1)} = x^{(v)} - \Delta x^{(v)}$$

为了判断牛顿—拉夫逊法的收敛情况，采用以下不等式

$$|f(x^{(v)})| < \varepsilon$$

式中 $|f(x^{(v)})|$ —— 向量 $f(x^{(v)})$ 的最大分量绝对值；

ε —— 给定的容许误差。

运用牛顿法计算时，x_i 的初值要选择的比较接近真解，否则迭代过程可能不收敛。

2. 牛顿-拉夫逊法潮流计算

（1）直角坐标形式。

以上介绍了牛顿-拉夫逊法迭代计算的基本原理，用此方法计算复杂系统的潮流只需把功率方程式变成迭代方程式的形式。下面仅对直角坐标形式的牛顿-拉夫逊法作详细介绍。

将式（3-30）功率方程式改写为功率误差的形式，则

$$\left.\begin{array}{l}\Delta P_i = P_i - e_i \sum_{j=1}^{n}(G_{ij}e_j - B_{ij}f_j) - f_i \sum_{j=1}^{n}(G_{ij}f_j + B_{ij}e_j) = 0 \\ \Delta Q_i = Q_i - f_i \sum_{j=1}^{n}(G_{ij}e_j - B_{ij}f_j) + e_i \sum_{j=1}^{n}(G_{ij}f_j + B_{ij}e_j) = 0\end{array}\right\} \quad (3-43)$$

上式对应于 PQ 节点的功率平衡方程式。

对应于 PV 节点,其有功功率是已知的,而无功功率未知,但节点电压给定,因此有

$$\left.\begin{array}{l}\Delta P_i = P_i - e_i \sum_{j=1}^{n}(G_{ij}e_j - B_{ij}f_j) - f_i \sum_{j=1}^{n}(G_{ij}f_j + B_{ij}e_j) = 0 \\ \Delta U_i^2 = U_i^2 - (e_i^2 + f_i^2) = 0\end{array}\right\} \quad (3-44)$$

对于平衡节点,由于其电压是给定的,不必参与迭代,故不必列出其方程。

设系统中有 n 个节点,其中 $1 \sim m$ 为 PQ 节点,$m+1 \sim n-1$ 为 PV 节点,n 为平衡节点。这样,全系统有 m 个式(3-43),有 $n-m+1$ 个式(3-44),即共有 $2(n-1)$ 个迭代方程。给定一组初值,并将上述 $2(n-1)$ 个方程按泰勒级数展开,略去 Δe_i、Δf_i 的二次及以后各项,可得修正方程式

$$\begin{bmatrix}\Delta P_1 \\ \Delta Q_1 \\ \Delta P_2 \\ \Delta Q_2 \\ \vdots \\ \Delta P_{m+1} \\ \Delta U_{m+1}^2 \\ \vdots \\ \Delta P_{n-1} \\ \Delta U_{n-1}^2\end{bmatrix} = \begin{bmatrix}\frac{\partial \Delta P_1}{\partial e_1} & \frac{\partial \Delta P_1}{\partial f_1} & \frac{\partial \Delta P_1}{\partial e_2} & \frac{\partial \Delta P_1}{\partial f_2} & \cdots & \frac{\partial \Delta P_1}{\partial e_{m+1}} & \frac{\partial \Delta P_1}{\partial f_{m+1}} & \cdots & \frac{\partial \Delta P_1}{\partial e_{n-1}} & \frac{\partial \Delta P_1}{\partial f_{n-1}} \\ \frac{\partial \Delta Q_1}{\partial e_1} & \frac{\partial \Delta Q_1}{\partial f_1} & \frac{\partial \Delta Q_1}{\partial e_2} & \frac{\partial \Delta Q_1}{\partial f_2} & \cdots & \frac{\partial \Delta Q_1}{\partial e_{m+1}} & \frac{\partial \Delta Q_1}{\partial f_{m+1}} & \cdots & \frac{\partial \Delta Q_1}{\partial e_{n-1}} & \frac{\partial \Delta Q_1}{\partial f_{n-1}} \\ \frac{\partial \Delta P_2}{\partial e_1} & \frac{\partial \Delta P_2}{\partial f_1} & \frac{\partial \Delta P_2}{\partial e_2} & \frac{\partial \Delta P_2}{\partial f_2} & \cdots & \frac{\partial \Delta P_2}{\partial e_{m+1}} & \frac{\partial \Delta P_2}{\partial f_{m+1}} & \cdots & \frac{\partial \Delta P_2}{\partial e_{n-1}} & \frac{\partial \Delta P_2}{\partial f_{n-1}} \\ \frac{\partial \Delta Q_2}{\partial e_1} & \frac{\partial \Delta Q_2}{\partial f_1} & \frac{\partial \Delta Q_2}{\partial e_2} & \frac{\partial \Delta Q_2}{\partial f_2} & \cdots & \frac{\partial \Delta Q_2}{\partial e_{m+1}} & \frac{\partial \Delta Q_2}{\partial f_{m+1}} & \cdots & \frac{\partial \Delta Q_2}{\partial e_{n-1}} & \frac{\partial \Delta Q_2}{\partial f_{n-1}} \\ \cdots & \cdots & \cdots & \cdots & \cdots & \cdots & \cdots & \cdots & \cdots & \cdots \\ \frac{\partial \Delta P_{m+1}}{\partial e_1} & \frac{\partial \Delta P_{m+1}}{\partial f_1} & \frac{\partial \Delta P_{m+1}}{\partial e_2} & \frac{\partial \Delta P_{m+1}}{\partial f_2} & \cdots & \frac{\partial \Delta P_{m+1}}{\partial e_{m+1}} & \frac{\partial \Delta P_{m+1}}{\partial f_{m+1}} & \cdots & \frac{\partial \Delta P_{m+1}}{\partial e_{n-1}} & \frac{\partial \Delta P_{m+1}}{\partial f_{n-1}} \\ 0 & 0 & 0 & 0 & \cdots & \frac{\partial \Delta U_{m+1}^2}{\partial e_{m+1}} & \frac{\partial \Delta U_{m+1}^2}{\partial f_{m+1}} & \cdots & 0 & 0 \\ \cdots & \cdots & \cdots & \cdots & \cdots & \cdots & \cdots & \cdots & \cdots & \cdots \\ \frac{\partial \Delta P_{n-1}}{\partial e_1} & \frac{\partial \Delta P_{n-1}}{\partial f_1} & \frac{\partial \Delta P_{n-1}}{\partial e_2} & \frac{\partial \Delta P_{n-1}}{\partial f_2} & \cdots & \frac{\partial \Delta P_{n-1}}{\partial e_{m+1}} & \frac{\partial \Delta P_{n-1}}{\partial f_{m+1}} & \cdots & \frac{\partial \Delta P_{n-1}}{\partial e_{n-1}} & \frac{\partial \Delta P_{n-1}}{\partial f_{n-1}} \\ 0 & 0 & 0 & 0 & \cdots & 0 & 0 & \cdots & \frac{\partial \Delta U_{n-1}^2}{\partial e_{n-1}} & \frac{\partial \Delta U_{n-1}^2}{\partial f_{n-1}}\end{bmatrix} \begin{bmatrix}\Delta e_1 \\ \Delta f_1 \\ \Delta e_2 \\ \Delta f_2 \\ \vdots \\ \Delta e_{m+1} \\ \Delta f_{m+1} \\ \vdots \\ \Delta e_{n-1} \\ \Delta f_{n-1}\end{bmatrix}$$

$$(3-45)$$

上式中雅可比矩阵中各元素通过对式(3-43)和式(3-44)求偏导得到。

当 $j \neq i$ 时,雅可比矩阵各非对角元素分别为

$$\left.\begin{array}{l}\frac{\partial \Delta P_i}{\partial e_j} = -\frac{\partial \Delta Q_i}{\partial f_j} = -(G_{ij}e_i + B_{ij}f_i) \\ \frac{\partial \Delta P_i}{\partial f_j} = \frac{\partial \Delta Q_i}{\partial e_j} = B_{ij}e_i - G_{ij}f_i \\ \frac{\partial \Delta U_i^2}{\partial e_j} = \frac{\partial \Delta U_i^2}{\partial f_j} = 0\end{array}\right\} \quad (3-46)$$

当 $j=i$ 时,雅可比矩阵对角元素为

$$\left.\begin{aligned}\frac{\partial \Delta P_i}{\partial e_i} &= -\sum_{j=1}^{n}(G_{ij}e_j - B_{ij}f_j) - G_{ii}e_i - B_{ii}f_i \\ \frac{\partial \Delta P_i}{\partial f_i} &= -\sum_{j=1}^{n}(G_{ij}f_j + B_{ij}e_j) + B_{ii}e_i - G_{ii}f_i \\ \frac{\partial \Delta Q_i}{\partial e_i} &= \sum_{j=1}^{n}(G_{ij}f_j + B_{ij}e_j) + B_{ii}e_i - G_{ii}f_i \\ \frac{\partial \Delta Q_i}{\partial f_i} &= -\sum_{j=1}^{n}(G_{ij}e_j - B_{ij}f_j) + G_{ii}e_i + B_{ii}f_i \\ \frac{\partial \Delta U_i^2}{\partial e_i} &= -2e_i \\ \frac{\partial \Delta U_i^2}{\partial f_i} &= 2f_i \end{aligned}\right\} \quad (3-47)$$

直角坐标形式的牛顿-拉夫逊法潮流计算过程及框图如图 3-16 所示。

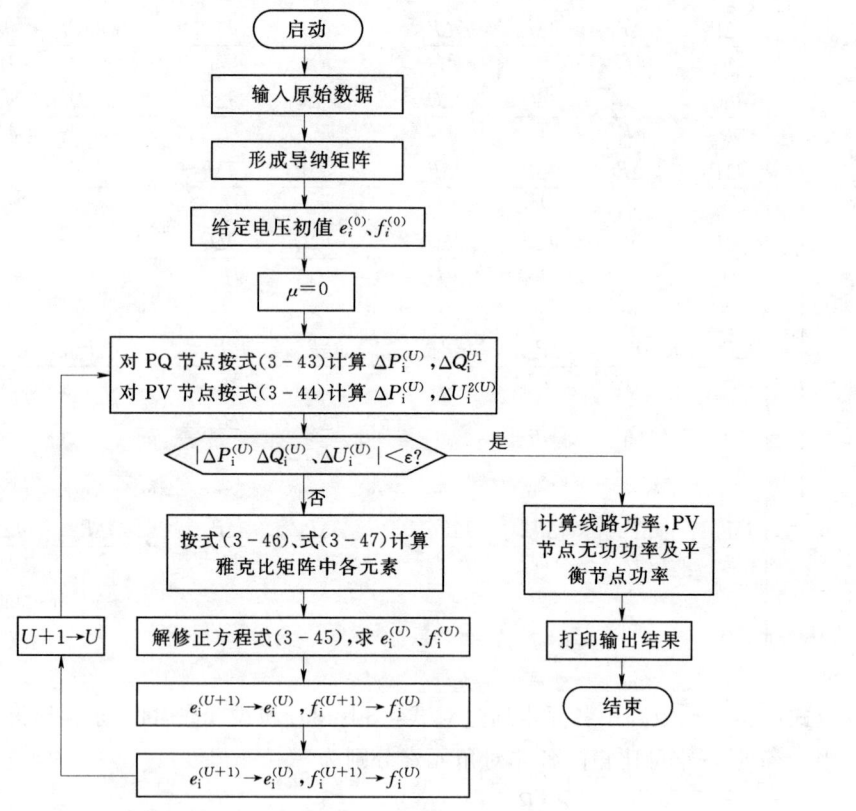

图 3-16 牛顿-拉夫逊法潮流计算程序图

【**例 3-5**】 某两母线系统如图 3-17 所示,图中参数均为标幺值,已知:$\tilde{S}_{LD1}=10+j3$, $\tilde{S}_{LD2}=20+j10$, $\dot{U}_1=1\angle 0°$, $P_2=15$, $U_2=1.0$,试写出:

1) 节点 1,2 的类型。

3.5 复杂电力系统的潮流计算（选学）

2）网络的节点导纳矩阵。

3）给定初值，用直角坐标形式的牛顿—拉夫逊作一次潮流迭代。

解：1）由已知条件可看出，节点 1 的电压和相位 $\dot{U}_1 = 1\angle 0°$ 已知，故节点 1 为平衡节点。由于接点 2 的电压幅值 $U_2 = 1$，节点 2 的有功功率 $P_2 = P_{G2} - P_{LD2} = 15 - 20 = -5$，故节点 2 为 PV 节点。

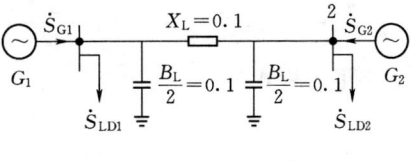

图 3-17 ［例 3-4］图

2）由上图可直接写出导纳矩阵。

$$Y_{11} = \frac{1}{jX_L} + j\frac{B_L}{2} = \frac{1}{j0.1} + j0.1 = -j10 + j0.1 = -j9.9$$

$$Y_{22} = \frac{1}{jX_L} + j\frac{B_L}{2} = -j10 + j0.1 = -j9.9$$

$$Y_{12} = Y_{21} = -\frac{1}{jX_L} = j10$$

故

$$\begin{bmatrix} Y_{11} & Y_{12} \\ Y_{21} & Y_{22} \end{bmatrix} = \begin{bmatrix} -j9.9 & j10 \\ j10 & -j9.9 \end{bmatrix}$$

3）写出功率误差方程式和电压误差方程式。

$$\Delta P_2 = P_2 - e_2 \sum_{j=1}^{n}(G_{2j}e_j - B_{2j}f_j) - f_2 \sum_{j=1}^{n}(G_{2j}f_j + B_{2j}e_j)$$

$$= -5 - [e_2(-B_{21}f_1) + e_2(-B_{22}f_2)] - [f_2(B_{21}e_1) + f_2(B_{22}e_2)]$$

$$\Delta U_2^2 = U_2^2 - (e_2^2 + f_2^2) = 1 - (e_2^2 + f_2^2)$$

修正方程式为

$$\begin{bmatrix} \Delta P_2 \\ \Delta U_2^2 \end{bmatrix} = \begin{bmatrix} \dfrac{\partial \Delta P_2}{\partial e_2} & \dfrac{\partial \Delta P_2}{\partial f_2} \\ \dfrac{\partial \Delta U_2^2}{\partial e_2} & \dfrac{\partial \Delta U_2^2}{\partial f_2} \end{bmatrix} \begin{bmatrix} \Delta e_2 \\ \Delta f_2 \end{bmatrix}$$

$$\frac{\partial \Delta P_2}{\partial e_2} = B_{21}f_1 + B_{22}f_2 - B_{22}f_2 = B_{21}f_1$$

$$\frac{\partial \Delta P_2}{\partial f_2} = B_{22}e_2 - B_{21}e_1 - B_{22}e_2 = -B_{21}e_1$$

$$\frac{\partial \Delta U_2^2}{\partial e_2} = 2e_2$$

$$\frac{\partial \Delta U_2^2}{\partial f_2} = 2f_2$$

给定节点 2 电压初值 $\dot{U}_2^{(0)} = e_2^{(0)} + jf_2^{(0)} = 1 + j0$，已知 $\dot{U}_1 = 1\angle 0° = 1 + j0$，导纳矩阵为

$$\begin{bmatrix} Y_{11} & Y_{12} \\ Y_{21} & Y_{22} \end{bmatrix} = \begin{bmatrix} -j9.9 & j10 \\ j10 & -j9.9 \end{bmatrix}$$

因而有

$$\Delta P_2 = -5 - [e_2^{(0)}(-10f_1) + e_2^{(0)}(-9.9f_2^{(0)})] - [f_2^{(0)}(10e_1) + f_2^{(0)}(9.9e_2^{(0)})]$$

项目 3 电力系统潮流计算

$$=-5-0=-5$$

$$\Delta U_2^{(0)2}=1-(e_2^{(0)2}+f_2^{(0)2})=0$$

$$\frac{\partial \Delta P_2}{\partial e_2}=0,\frac{\partial \Delta P_2}{\partial f_2}=-10,\frac{\partial \Delta U_2^2}{\partial e_2}=2e_2^{(0)}=2,\frac{\partial \Delta U_2^2}{\partial f_2}=0$$

修正方程式为

$$\begin{bmatrix}-5\\0\end{bmatrix}=\begin{bmatrix}0&-10\\2&0\end{bmatrix}\begin{bmatrix}\Delta e_2\\\Delta f_2\end{bmatrix}$$

解得 $\Delta f_2=0.5$，$\Delta e_2=0$

修正 $e_2^{(1)}=e_2^{(0)}-\Delta e_2=1$，$f_2^{(1)}=f_2^{(0)}-\Delta f_2=0-0.5=-0.5$

(2) 支路功率和平衡节点功率。

当计算收敛后，可得到各个节点的电压值，根据各节点的电压可以很方便地求出系统中各支路及变压器中流过的功率。

设线路或变压器的 Ⅱ 形等值电路如图 3-18 所示，支路导纳及支路对地导纳均标注在图中。

若支路两端 i、j 的电压分别为 $\dot{U}_i$、$\dot{U}_j$，节点 i、j 注入的电流分别为 $\dot{I}_{ij}$、$\dot{I}_{ji}$，则支路功率为

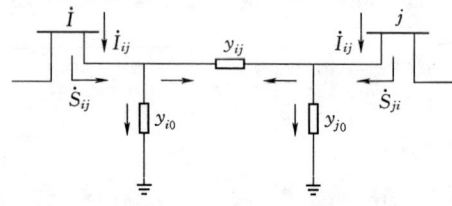

图 3-18 Ⅱ 形等值电路中流过的电流和功率

$$\dot{S}_{ij}=P_{ij}+jQ_{ij}=\dot{U}_i\overset{*}{I}_{ij}$$
$$=U_i^2\overset{*}{y}_{i0}+\dot{U}_i(\overset{*}{U}_i-\overset{*}{U}_j)\overset{*}{y}_{ij} \quad (3-48)$$

$$\dot{S}_{ji}=P_{ji}+jQ_{ji}=\dot{U}_j\overset{*}{I}_{ji}$$
$$=U_j^2\overset{*}{y}_{j0}+\dot{U}_j(\overset{*}{U}_j-\overset{*}{U})_i\overset{*}{y}_{ij} \quad (3-49)$$

支路上的功率损耗为

$$\Delta \dot{S}_{ij}=\Delta P_{ij}+\Delta Q_{ij}=\dot{S}_{ij}+\dot{S}_{ji}$$

平衡节点功率为

$$\dot{S}_n=\dot{U}_n\sum_{j=1}^n Y_{nj}^*\overset{*}{U}_j$$

PV 节点的无功功率 $Q_i(i=m+1,\cdots,n-1)$ 可以通过式 (3-31) 中的第二式求得。

(3) 潮流计算中的约束条件

在潮流计算中还必须对某些控制变量和状态变量根据实际情况进行限制，否则最终结果有可能是实际工程所不能接受的。因此，潮流计算的解除了满足功率方程外，还必须满足如下约束条件。

对控制变量的约束条件为

$$P_{Gimin}<P_{Gi}<P_{Gimax} \quad (3-50)$$

$$Q_{Gimin}<Q_{Gi}<Q_{Gimax} \quad (3-51)$$

上二式中 P_{Gimin}、P_{Gimax}、Q_{Gimin}、Q_{Gimax}——发电机和无功补偿设备的功率极限值。

对状态变量的约束条件为

$$U_{i\min}<U_i<U_{i\max} \quad (i=1,2,\cdots,n) \quad (3-52)$$

这个条件表示系统中各节点电压大小不得越出上下限的范围,这是保证电压质量的必需条件。此外,为了保证系统的稳定性,对功率角可以设置约束条件 $|\delta_i-\delta_j|<|\delta_i-\delta_j|_{\max}$,即线路两端电压相角不超过某一数值。

项目实践 电力系统潮流计算

1. 实验目的

了解电力系统分析中潮流计算的相关概念以及 PSASP 软件对潮流的计算过程。学会分析有关数据。

2. 实验内容

(1) 文本方式进入方案定义窗口 (图 3-19)。

(2) 图形方式进入方案定义窗口 (图 3-20)。

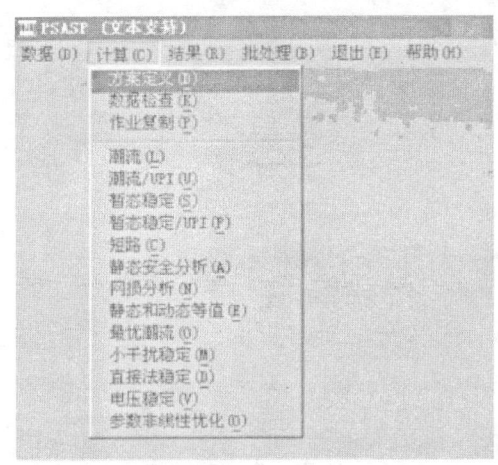

图 3-19 潮流计算软件文本图 1 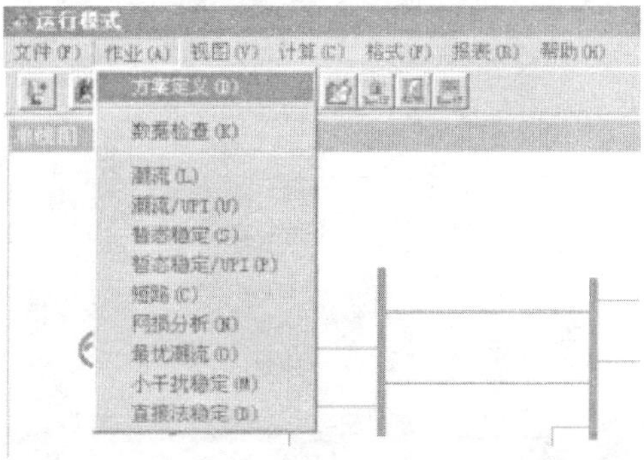   图 3-20 潮流计算软件文本图 2

(3) 方案的定义。在方案定义窗口中,选择相应的数据组,填写方案名并单击描述按钮填写相关说明。现在文本方式下定义方案见图 3-21。

方案名	数据组构成	说明
常规方式	常规	常规运行方式
规划方式	常规+新建	规划运行方式

图 3-21 定义方案

(4) 潮流计算作业的定义和执行 (图 3-22)。在文本环境窗口中,单击"潮流",便可在文本方式下潮流计算信息窗口中定义作业$_1$,如图 3-23 所示。

单击"编辑"按钮填定有关数据,单击"刷新"按钮保存数据。

单击"计算"按钮,执行作业$_1$ 的潮流计算。即可在潮流计算窗口中显示迭代过程。关闭该窗口,返回潮流计算信息窗口。

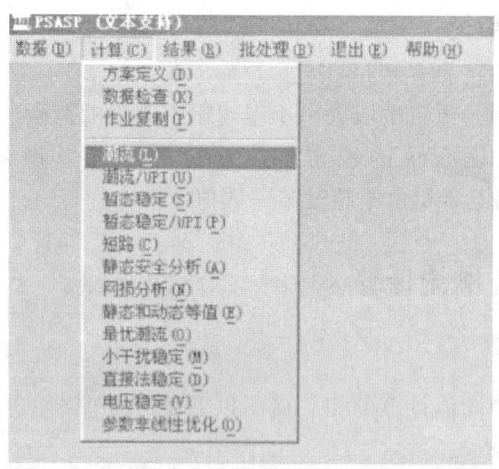

图 3-22 潮流计算软件文本图 3

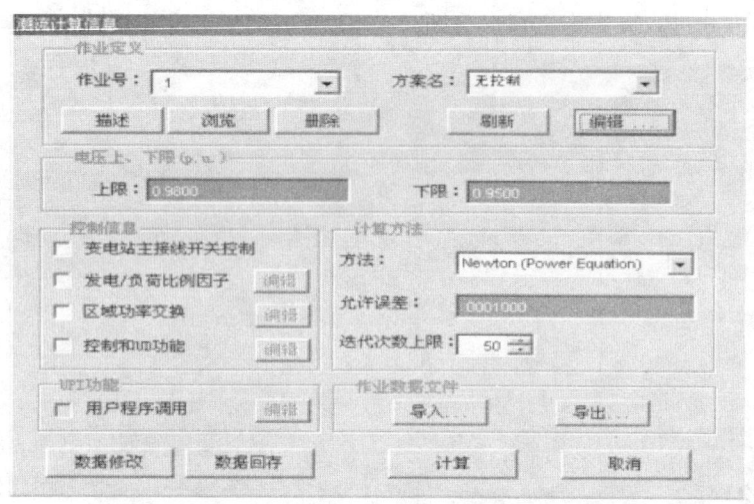

图 3-23 潮流计算软件文本图 4

(5) 潮流计算作业结果的输出。

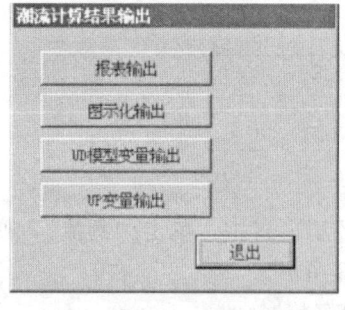

1) 报表输出。在文本环境窗口"结果"下接菜单中单击"潮流",弹出图 3-24 所示界面。

2) 图示化输出。在文本支持窗口,单击"结果/潮流",弹出图 3-25 所示界面。

再单击"图示化输出"按钮,进入图示化输出窗口,再单击工具条中的"开始"按钮,弹出图示化选择窗口,如图 3-26 所示。

母线支路如图 3-27 所示。

图 3-24 潮流计算软件文本图 5

分别将潮流数据和潮流结果保存为图片形式或导出为 DXF 格式并存放到指定的文件夹中。

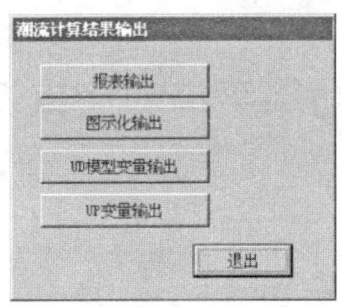 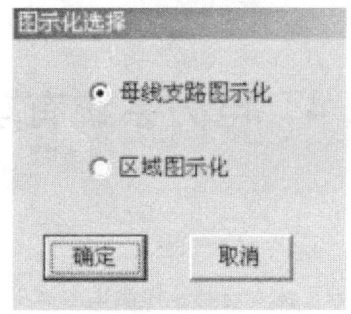

图 3-25　潮流计算软件文本图 6　　图 3-26　潮流计算软件文本图 7

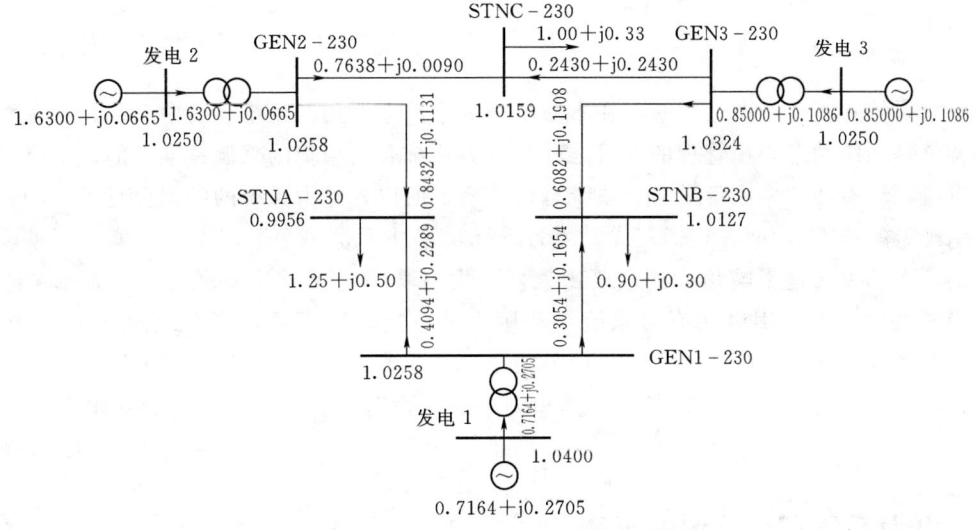

图 3-27　潮流计算软件文本图 8

课 后 思 考 题

3-1　什么是电压降落？什么是电压损耗？什么是电压偏移？

3-2　电力网元件首、末端功率及电压的关系是什么？

3-3　试用电压降落和功率损耗公式分析减小电压降和功率损耗的措施。

3-4　如何形成已知网络的节点导纳矩阵？

3-5　电力系统的节点如何分类？对每一类节点已知什么量？待求什么量？

项目 4　电力系统有功功率平衡和频率调整

教与学目标
　　1. 掌握电力系统有功功率平衡与频率调整之间的关系。
　　2. 掌握频率调整的方法：一次调频、二次调频、三次调频（按等耗量微增率准则安排发电计划）。
　　3. 等耗量微增率准则的原理及应用。
　　4. 掌握联合系统的频率调整。

　　电力系统在正常稳态运行时，在本质上是一个动态平衡的系统。其中有功功率平衡与频率调整是系统动态平衡管理的项目之一。电力系统有功功率的来源是唯一的，即是来源于发电机，而有功功率决定了电力系统运行频率，所以，电力系统的频率也是唯一的，即是我国规定的50Hz，两者相辅相成。因为系统功率并不是一个恒定不变的值，而是随时变化的，而功率又是影响频率的主要因素，当发电功率与用电功率平衡时，频率基本稳定，当发电功率大于用电功率时系统频率则上升，反之则下降，当系统频率低于48Hz时，电网系统会解裂。在我国，电气设备的频率几乎都是使用50Hz，即在此频率下能正常工作，所以电力系统应该对有功功率和频率进行适时调整，以满足用户对电能质量的要求。

4.1　电力系统有功功率的平衡

4.1.1　频率变化对用户和系统的影响

　　频率是衡量电能质量的一个重要指标。导致电力系统频率变化的主要因素是系统有功负荷的变化。因为频率 $f(Hz)$ 取决于发电机组的转速 $n(r/min)$，两者的关系可表示为 $f=\dfrac{np}{60}$ 或者 $n=\dfrac{60f}{p}$，其中的 p 代表发电机的磁极对数。

　　发电机转速 n 是由作用在发电机组转轴上的转矩或功率平衡所确定，即取决于发电机组的输入功率（蒸汽量或进水量）和输出功率（电负荷和热负荷）的平衡。该平衡受到破坏，则会导致频率变化。

　　在电力系统中保证频率合乎要求是系统运行调整的一项基本任务。我国电力系统的额定频率为50Hz，电力工业技术管理法规中规定的频率偏差范围为±0.2～±0.5Hz，用百分数表示为±0.4%～±1.0%，其目的是为了保证电力系统的稳定运行和向用户供给优质的电能。由于电能不能存储，而负荷又是随时变化的；负荷的变化又将引起系统频率的相应变化，所以负荷的变化将直接影响到电力系统本身的安全和用户用电的安全。

　　电力系统中许多用电设备的运行状况都与频率有密切的关系。我们知道，工业中普遍应用的是异步电动机,其转速和输出功率均与频率有关。在频率变化时,电动机的转速和输出功率也随之变化,因而严重影响到所生产出的产品的质量;现代工业、国防和科学研究领域广泛应用各种电子技术设备,如果系统频率不稳定,将会影响这些设备的精确性。

频率的变化对电力系统的正常运行也是十分有害的。汽轮发电机组在额定频率下运行时效率最佳,频率偏高和偏低对叶片都有不良的影响。电厂中所用的许多机械(如:给水泵、循环水泵、风机等)在频率降低时都要减小出力,降低效率,因而影响发电设备的正常工作,使整个发电厂的有功输出减小,从而导致系统的"频率崩溃";同时频率降低时,异步电动机和变压器的励磁电流会增大,导致无功损耗增大。

此外,系统频率的变化也将影响系统电压的变化。当系统频率下降时,发电机发出的无功功率将减小(因为发电机的电势依励磁接线的方式不同与频率的平方或三次方成正比变化);变压器和异步电动机励磁所需的无功功率增加,绕组漏抗的无功功率损耗将要减少;线路电容充电功率和电抗的无功损耗都要减少。总之,系统频率下降时,系统的无功需求略有增加,如果系统的无功电源不足。则在频率下降时,将很难维持电压的正常水平,从而使电压降低,最终导致电压崩溃,对系统及用户产生严重的不良影响;系统频率增加时,发电机电势增高,系统的无功需求略有减少,因此系统的电压要上升,将威胁着系统本身机电设备及用户设备的安全运行。这些都会给电力系统无功平衡和电压调整增加困难。

综上所述,电力系统频率的变化,主要是由有功负荷变化所引起的,因而,必须采取有效的技术措施来保持系统频率的偏差在规定的范围之内,以保证系统的安全、稳定、经济运行和用户的安全。

4.1.2 电力系统中有功功率的平衡和备用容量

1. 有功功率负荷的变动

电力系统的有功负荷是随时都在变化的,如图 4-1 曲线 P_Σ 所示。对系统实际负荷变化的分析表明,系统负荷可以看作以下三种不同变化规律的变动负荷所组成:曲线 P_1 变化幅值小,速度快(变化周期一般在 10s 以内);曲线 P_2 变化幅值较大,速度较慢(变化周期一般在 10s 到 30min 以内),如电炉、压延机械、电气机车等负荷;曲线 P_3 变化幅值大,属于变化缓慢的持续变动负荷,如由于生产、生活、气象等变化引起的负荷变动。

2. 有功功率平衡和备用容量

电力系统运行中的任何时刻,所有发电厂发出的有功功率总和,应等于系统中所有负荷消耗的有功功率以及输变配电过程中网络元件损耗的有功功率之和,称为电力系统的有功功率平衡。

电力系统有功功率平衡可用方程式表示为

$$\sum P_G = \sum P_L + \Delta P_\Sigma \tag{4-1}$$

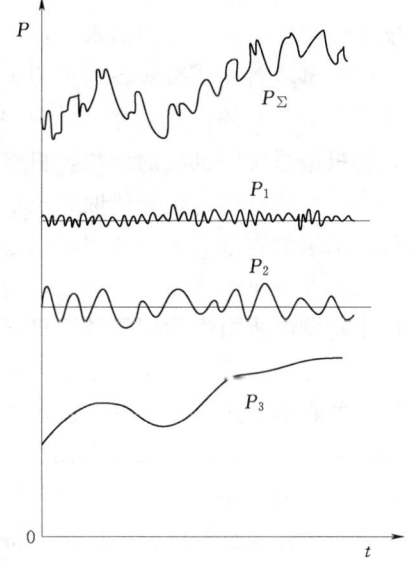

图 4-1 电力系统有功负荷的变化

式中 $\sum P_G$——所有电源（发电机）发出的有功功率之和；

$\sum P_L$——所有负荷消耗的有功功率之和，包括厂用负荷；

$\sum P_\Sigma$——网络中有功功率损耗之总和。

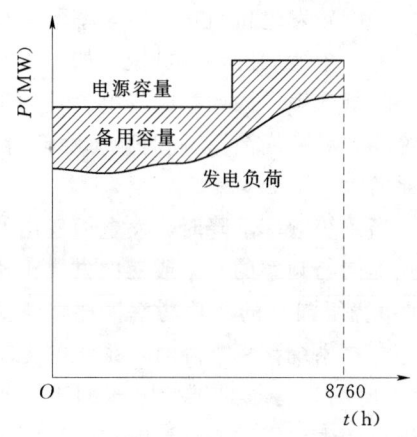

图 4-2 电力系统的备用容量

因为电力系统中的负荷是总在变化的，有功功率也是随时都在变化的，而系统频率是与有功功率相关联的，因而为了保证频率稳定、供电的可靠性，以便系统在额定频率下连续地运行，在电力系统规划设计和运行时均应设置备用容量。系统中电源容量大于发电负荷的部分称为系统的备用容量，如图 4-2 所示。备用容量设置一般约占最大发电负荷的 15%～25%。

电力系统中的备用容量按其状态不同，分为热备用及冷备用两种形式。热备用是指运转中的发电设备的容量大于发电负荷的部分；而冷备用是指未运转的发电设备可能发的最大功率。同时按其作用不同，又可分为负荷备用、事故备用、检修备用以及国民经济备用。

(1) 负荷备用。负荷备用又称为调频备用，是为了适应短时间内的负荷波动并担负日计划外的负荷增加，以稳定系统频率而在系统中留有的备用容量。这种备用容量的大小应根据系统总负荷的大小及运行经验，并考虑系统中各类用户的比重来确定。负荷备用一般取为系统最大发电负荷的 2%～5%，大系统取小值，小系统取大值。负荷备用一般由应变能力较强的有调节库容的水电厂担任。

(2) 事故备用。事故备用是为了保证在某些发电设备发生偶然事故时，不致影响供电而在系统中留有的备用容量。这种备用是保证系统可靠性所必需的。事故备用容量的大小，要根据系统中机组的台数，机组容量的大小，机组的故障率以及系统的可靠性指标等来确定。事故备用容量一般取系统最大发电负荷的 5%～10%左右，并且不小于系统中一台最大机组的容量。事故备用可以是停机备用，事故发生时，动用停机备用需要一定的时间，汽轮发电机组从启动到满载，需要数小时，而水轮发电机组只需要几分钟，因此，一般以水轮发电机组作为事故备用机组。

(3) 检修备用。检修备用是为保证系统的发电设备进行定期检修时不致影响供电而在系统中留有的备用容量。发电设备的检修分大修和小修，大修一般分批分期安排在一年中最小负荷季节进行，小修则利用节假日进行，以尽量减少检修备用容量。这种备用的大小，应根据需要而定，一般为最大发电负荷的 4%～5%。

(4) 国民经济备用。国民经济备用是考虑到工业用户超计划生产及新用户的出现等而设置的备用容量。这种备用容量的大小，要根据国民经济的增长情况而确定，一般为最大发电负荷的 3%～5%。

以上四种备用中，负荷备用必须以热备用形式存在于电力系统中，事故备用一般应以热备用形式存在，部分可以冷备用形式存在；检修备用、国民经济备用则一般以冷备用形式存在。

4.2 电力系统的频率特性

所谓频率特性,这里指有功功率—频率静态特性,简称功频静特性。它反映稳态运行情况下有功功率和频率变化的关系。下面将介绍系统负荷的功频静特性、发电机组的功频静特性和电力系统等值电源的功频静特性。

4.2.1 电力系统负荷的功率——频率静态特性

电力系统中的用电设备从系统中取用的有功功率的多少,与用户的生产状况有关,与接入点的系统电压有关,还与系统的频率有关。假定前两种因素不变,仅考虑有功功率负荷随频率变化的静态关系,称为负荷的功率—频率静态特性。

系统中根据所需的有功功率与频率的关系可将负荷分成以下几种:

(1) 与频率变化无关的负荷,如电弧炉、电阻炉、照明和整流负荷等。

(2) 与频率的一次方成正比的负荷,负荷的阻力矩等于常数的属于此类,如球磨机、金属切削机床、往复式水泵、压缩机和卷扬机等。

(3) 与频率的二次方成正比的负荷,如变压器中的涡流损耗。

(4) 与频率的三次方成正比的负荷,如通风机、静水头阻力不大的循环水泵等。

(5) 与频率的高次方成正比的负荷,如静水头阻力很大的给水泵。

于是,整个系统的负荷功率与频率的关系可以写成

$$P_L = a_0 P_{LN} + a_1 P_{LN} \left(\frac{f}{f_N}\right)^1 + a_2 P_{LN} \left(\frac{f}{f_N}\right)^2 + \cdots + a_n P_{LN} \left(\frac{f}{f_N}\right)^n \quad (4-2)$$

式中　　P_L——频率为 f 时系统的有功功率负荷;

P_{LN}——频率为额定频率 f_N 时系统的有功功率负荷;

a_0、a_1、$\cdots$、a_n——与频率的 0、1、$\cdots$、n 次方成正比的负荷占系统总负荷 P_L 的百分数。

显然,当 $f = f_N$ 时,$P_L = P_{LN}$,此时 $a_0 + a_1 + a_2 + \cdots + a_N = 1$,若以 P_{LN} 为基准值,在式 4-2 两边除以 P_{LN},则得到标幺值形式的功率—频率特性表达式:

$$P_{L*} = a_0 + a_1 f_* + a_2 f_*^2 + \cdots + a_N f_*^n \quad (4-3)$$

显然,在额定频率下标幺值 $f_* = 1$ 及 $P_{L*} = 1$。在实际计算中,多项式 4-3 通常只需取到频率的 3 次方为止,因为与频率的更高方次成正比的负荷所占的比重很小,可以忽略。

在电力系统实际运行中,频率的容许变化范围很小,而且在负荷的组成中一次方关系的负荷比例较大,因此,系统综合负荷的频率静态特性曲线近似成线性关系,如图 4-3 所示。

图中直线的斜率为

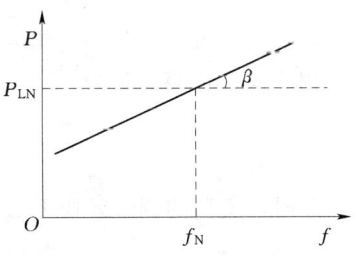

图 4-3　负荷的有功功率—频率静态特性曲线

$$K_{L}=\tan\beta=\frac{\Delta P_{L}}{\Delta f_{N}} \tag{4-4}$$

用标幺值表示为

$$K_{L*}=\frac{\Delta P_{L}/P_{LN}}{\Delta f_{N}/f_{N}}=\frac{\Delta P_{L*}}{\Delta f_{N*}} \tag{4-5}$$

有名值和标幺值的变换关系为

$$K_{L*}=K_{L}\times\frac{f_{N}}{P_{LN}} \text{ 或 } K_{L}=K_{L*}\times\frac{P_{LN}}{f_{N}}$$

式中 K_L、K_{L*} 称为负荷的频率调节效应系数（也称为负荷的单位调节功率）。它反映了系统负荷对频率的自动调整作用：当频率下降时，系统有功负荷自动减少；当频率上升时，系统有功负荷自动增加。K_{L*} 的数值取决于全系统各类负荷的比重，不同系统或者同一系统不同时刻 K_{L*} 值都可能不同，它是不能整定的。

在实际系统中，K_{L*} 可以通过试验或计算求得，一般取 1~3。这表明频率变化 1%，有功负荷相应地变化 1%~3%。调度部门常以此数据作为考虑因系统频率降低需减少负荷或低频事故计算切除负荷的依据。

【例 4-1】 某电力系统中，与频率无关的负荷占 30%，与频率一次方成正比的负荷占 40%，与频率二次方成正比的负荷占 10%，与频率三次方成正比的负荷占 20%。求系统频率由 50Hz 降到 48Hz 和 45Hz 时，相应负荷功率的变化百分值及其负荷的频率调节效应系数。

解：（1）频率降为 48Hz 时，$f_*=\frac{48}{50}=0.96$，系统的负荷为

$$P_{L*}=a_0+a_1f_*+a_2f_*^2+a_3f_*^3=0.3+0.4\times0.96+0.1\times0.96^2+0.2\times0.96^3=0.953$$

负荷变化为

$$\Delta P_{L*}=1-0.953=0.047$$

其百分值为

$$\Delta P_{L*}\%=4.7\%$$

此时，负荷的调节效应系数为

$$K_{L*}=\frac{\Delta P_{L*}}{\Delta f_*}=\frac{0.047}{1-0.96}=1.175$$

（2）频率降为 45Hz 时，$f_*=\frac{45}{50}=0.9$，系统的负荷为

$$P_{L*}=a_0+a_1f_*+a_2f_*^2+a_3f_*^3=0.3+0.4\times0.9+0.1\times0.9^2+0.2\times0.9^3=0.887$$

相应地，负荷变化为

$$\Delta P_{L*}=1-0.887=0.113$$
$$\Delta P_{L*}\%=11.3\%$$

此时，负荷的调节效应系数为

$$K_{L*}=\frac{\Delta P_{L*}}{\Delta f_*}=\frac{0.113}{1-0.9}=1.13$$

4.2.2 发电机组的有功功率-频率静态特性

发电机的频率是由原动机的调速系统来实现的。当有功功率平衡遭到破坏，引起频率

4.2 电力系统的频率特性

变化时,原动机的调速系统将自动改变原动机的进汽(水)量,相应增加或减少发电机的出力。当调速器的调节过程结束,建立新的稳态时,发电机的有功出力同频率之间的关系称为发电机组的功率—频率静态特性(简称功频静态特性)。为了说明这种静态特性,以下对调速系统的作用原理作简要的介绍。

原动机调速系统有很多种,根据测量环节的工作原理,可以分为机械液压调速系统和电气液压调速系统两大类。下面介绍离心飞摆式机械液压调速系统。

离心飞摆式机械液压调速系统的原理如图4-4所示,其工作原理如下所述。

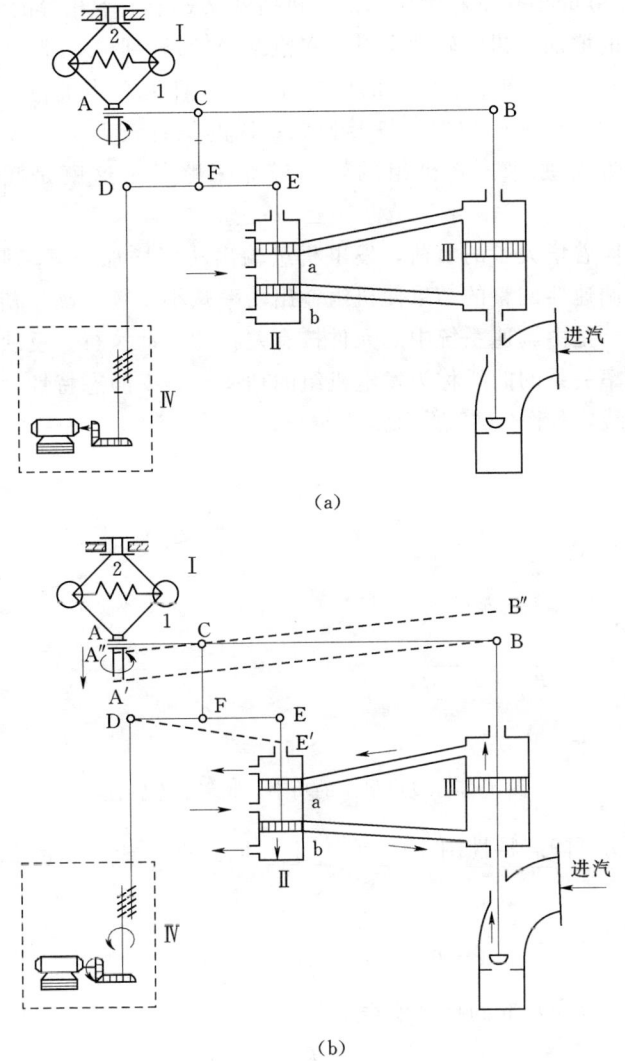

图4-4 离心式飞摆式调速系统示意图
Ⅰ—飞摆;Ⅱ—错油门;Ⅲ—油动机;Ⅳ—调频器(同步器)

调速器的飞摆由套筒带动转动,套筒则为原动机的主轴所带动。单机运行时,因机组负荷增大,转速下降,飞摆由于离心力的减小,在弹簧的作用下向转轴靠拢,使A点向下移动到 A′。但因油动机活塞两边的油压相等，B 点不动，结果使杠杆 AB 绕 B 点逆时针转动到 A′B。在调速器不动作的情况下，D 点也不动，因而在 A 点下降到 A′时，杠杆 DE 绕 D 点顺时针转动到 DE′，E 点向下移动到 E′。错油门活塞向下移动，使油管 a、b 的小孔开启，压力油经油管 b 进入油动机下部，而活塞上部的油则经油管 a 经错油腔滑调门上部小孔溢出。在油压作用下，油动机活塞向上移动，使汽轮机的调节气门或水轮机的导向叶片开度增大，增加进汽量或进水量。

与油动机活塞上升的同时，杠杆 AB 绕 A′点逆时针转动，将连接点 C 从而错油门活塞提升，使油管 a、b 的小孔重新堵住。油动机活塞又处于上下相等的油压下，停止移动。由于进汽或进水量的增加，机组转速上升，A 点从 A′回升到 A″，调节过程结束。这时杠杆 AB 的位置为 A″CB″。分析杠杆 AB 的位置可见，杠杆上 C 点的位置和原来相同，因此机组转速稳定后错油门活塞的位置应恢复原状；B″的位置较 B 高，A″的位置较 A 略低；相应的进汽或进水量较原来多，机组的转速较原来略低。这就是频率的"一次调整"作用。

由此可见，对应着增大了的负荷，发电机组输出功率增加，频率低于初始值；反之，如果负荷减小，则调速器调整的结果使机组输出功率减小，频率高于初始值。这种调整就是频率的一次调整，是由调速系统中的元件按有差特性自动执行。反映调整过程结束后发电机输出功率和频率关系的曲线称为发电机组的功率—频率静态特性，可以近似地表示为一条向下倾斜的直线，如图 4-5 所示。

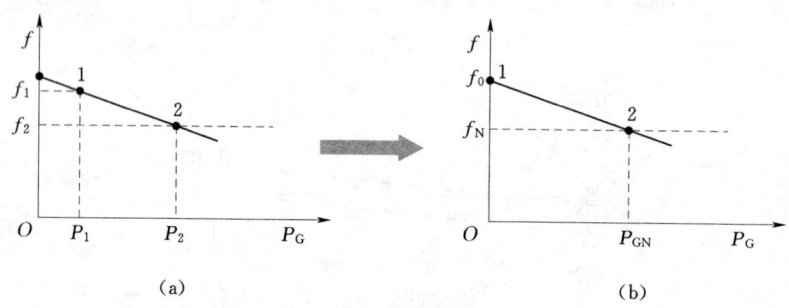

图 4-5 发电机组的功率—频率静态特性

在发电机组的功频静态特性图 4-5（a）上任取两点 1 和 2，定义机组的静态调差系数为

$$\delta = -\frac{f_2 - f_1}{P_2 - P_1} = -\frac{\Delta f}{\Delta P} \quad (4-6)$$

以发电机额定参数为基准的标幺值表示时，便有

$$\delta_* = -\frac{\Delta f/f_N}{\Delta P/P_{GN}} = -\frac{\Delta f_*}{\Delta P_*} \quad (4-7)$$

式中的负号是因为调差系数习惯上取正值，而频率变化量又恰与功率变化量的符号相反。

调差系数通常由发电机制造厂家提供，它是指机组由空载变化到满载时，转速（频率）变化与发电机输出功率变化之比。在图 4-5（b）上如果取点 1 为空载运行点，即

$P_1=0$，$f_1=f_0$；设点 2 为额定运行点，即，$P_2=P_{GN}$，$f_2=f_N$，便有

$$\delta = -\frac{f_N - f_0}{P_{GN} - 0} = -\frac{f_N - f_0}{P_{GN}} \tag{4-8}$$

或

$$\delta_* = -\frac{f_N - f_0}{f_N} = \frac{f_0 - f_N}{f_N} \tag{4-9}$$

如果用百分数表示，则为

$$\delta\% = \frac{f_0 - f_N}{f_N} \times 100 \tag{4-10}$$

调差系数也叫调差率，可定量表示某台机组负荷改变时相应的转速（频率）偏移。例如当 $\delta_* = 0.05$ 时，如果负荷改变 1%，则频率将偏移 0.05%；如果负荷改变 20%，则频率将偏移 1%。

图中直线的斜率可以反映出发电机单位调节功率能力倾向。它表明系统频率变化会引起发电机输出功率的变化，即发电机输出功率增加时，系统频率是降低的。调差系数的倒数就是机组的单位调节功率（或称发电机组的功频静特性系数），从空载到满载发电机的单位调节功率为

$$K_G = \frac{1}{\delta} = -\frac{\Delta P}{\Delta f} \tag{4-11}$$

改用标幺值表示为

$$K_{G*} = \frac{1}{\delta_*} = -\frac{\Delta P_*}{\Delta f_*} \tag{4-12}$$

两者的关系为

$$K_G = K_{G*} \frac{P_{GN}}{f_N} \tag{4-13}$$

一般给出的是发电机的调差系数 δ 的百分数，K_G 的计算式有可用 $\delta\%$ 表示为

$$K_G = \frac{1}{\delta} = \frac{100 P_{GN}}{\delta\% f_N} \tag{4-14}$$

K_G 的数值表示频率发生单位变化时，发电机组输出功率的变化量。式（4-12）中的负号表示频率下降时，发电机组的有功出力是增加的。

调差系数的大小对频率偏移的影响很大，调差系数愈小，频率偏移也愈小。与负荷的频率调节效应系数 K_{L*} 不同，发电机组的调差系数 δ_* 或相应的单位调节功率 K_{G*} 是可以整定的，一般整定为如下的数值：

汽轮发电机组 $\delta\% = 3 \sim 5$ 或 $K_{G*} = 33.3 \sim 20$；

水轮发电机组 $\delta\% = 2 \sim 4$ 或 $K_{G*} = 50 \sim 25$。

4.2.3 电力系统的有功功率－频率静态特性

要确定电力系统的负荷变化引起的频率波动，需要同时考虑负荷与发电机组两者的调节效应。为了方便起见，先只考虑

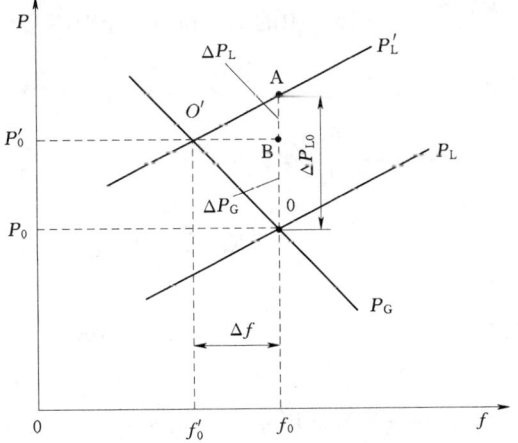

图 4-6 电力系统功率－频率静态特性

一台机组和一个负荷的情况。我们把负荷及发电机组两者的静态特性画在同一张图上,如图 4-6 所示。在原始运行状态下,系统负荷的功频静特性为 P_L,它同发电机组的功频静特性 P_G 的交点 O 是系统的原始运行点,这时系统的频率为 f_0(理想状态时为额定频率 f_N),发电机组的功率(也就是负荷的功率)为 P_0。这就是说在频率为 f_0 时达到了发电机组有功输出与系统的有功需求之间的平衡。

现在假定系统的负荷增加了 ΔP_{L0},其特性曲线变为 P'_L,发电机组仍是原来的特性。那么新的稳态运行点将由 P'_L 和发电机组的静态特性的交点 O' 决定,与此相应的系统频率为 f'_0。由图可见,由于频率变化了 Δf,且 $\Delta f = f'_0 - f_0 < 0$,发电机组的功率输出的增量为

$$\Delta P_G = -K_G \Delta f$$

由于负荷的频率调节效应所对应的负荷功率变化为

$$\Delta P_L = K_L \Delta f$$

当频率下降时,ΔP_L 是负的。故负荷功率的实际增量为

$$\Delta P_{L0} + \Delta P_L = \Delta P_G$$

或者

$$\Delta P_{L0} = \Delta P_G - \Delta P_L = -(K_G + K_L)\Delta f = -K \Delta f \quad (4-15)$$

上式说明,系统负荷增加时,在发电机组功频特性和负荷本身的调节效应共同作用下又达到了新的功率平衡。即是一方面负荷增加,频率下降,发电机按有差调节特性增加输出;另一方面负荷实际取用的功率也因频率的下降而有所减少。

在式(4-15)中

$$K = (K_G + K_L) = -\frac{\Delta P_{L0}}{\Delta f} \quad (4-16)$$

称为系统的功率—频率静特性系数,或系统的单位调节功率。它表示在计及发电机组和负荷的调节效应时,引起频率单位变化的负荷变化量。它取决于各发电机组的单位调节功率及负荷的单位调节功率。根据 K 值的大小,可以确定在允许的频率偏移范围内,系统所能承受的负荷变化量。显然,K 的数值越大,负荷增减引起的频率变化就越小,频率也就越稳定。

将式(4-16)中的 K_G 和 K_L 分别用其标幺值表示时有

$$K_{G*}\frac{P_{GN}}{f_N} + K_{L*}\frac{P_{LN}}{f_N} = -\frac{\Delta P_{L0}}{\Delta f}$$

两端均除以 $\frac{P_{LN}}{f_N}$ 便可得到

$$K_{G*}\frac{P_{GN}}{P_{LN}} + K_{L*} = -\frac{\Delta P_{L0}/P_{LN}}{\Delta f/f_N} = -\frac{\Delta P_{L0*}}{\Delta f_*}$$

或者

$$K_* = k_b K_{G*} + K_{L*} = -\frac{\Delta P_{L0*}}{\Delta f_*} \quad (4-17)$$

式中,$k_b = \frac{P_{GN}}{P_{LN}}$ 为备用系数,表示发电机组额定容量与系统额定频率时的总有功负荷之比。在有备用容量的情况下($k_b > 1$)将相应增大系统的单位调节功率。

如果在初始状态下，发电机组已经满载运行，即是运行在图 4-7 中的 A 点，在 A 点以后，发电机组的静态特性将是一条与纵轴平行的直线，在这一段 $K_G=0$。当系统的负荷再增加时，由于发电机已经没有可调节的容量，不能再增加输出了，只有靠频率的下降后负荷本身的调节效应的作用来取得新的平衡。这时 $K_* = K_{L*}$，由于 K_{L*} 的数值很小，所以负荷增加所引起的频率下降就相当严重了。由此可见，系统中有功功率电源的出力不仅应满足在额定频率下系统对有功功率的需求，而且为了适应负荷的增长，还应该有一定的备用容量。

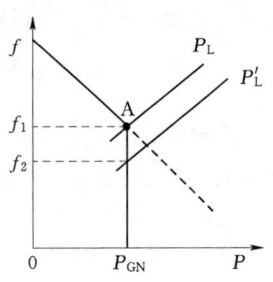

图 4-7 发电机组满载时的功率—频率静态特性

4.3 电力系统的频率调整

4.3.1 频率的一次调整

频率的一次调整是指由发电机组的调速器自动进行的，对周期较短、幅度较小的负荷变动而引起的频率偏移的调整过程。电力系统的负荷时刻都在变化，如果负荷变化快，幅值变化范围小，需依靠系统各发电机组的调速装置自动调节原动机功率，以适应这一变化。

设系统中 n 台装有调速器的机组并联运行时，可根据各机组的调差系数和单位调节功率算出其等值调差系数 δ (δ_*)，或者算出等值单位调节功率 K_G (K_{G*})。

当系统频率变动 Δf 时，第 i 台机组的输出功率增量为

$$\Delta P_{Gi} = -K_{Gi}\Delta f$$

n 台机组输出功率总增量为

$$\Delta P_G = \sum_{i=1}^{n}\Delta P_{Gi} = -\sum_{i=1}^{n}K_{Gi}\Delta f = -K_G\Delta f$$

故 n 台机组的等值单位调节功率为

$$K_G = \sum_{i=1}^{n} K_{Gi*} \frac{P_{GiN}}{f_N} \qquad (4-18)$$

于是可见 n 台机组的等值单位调节功率远大于一台机组的单位调节功率。在输出功率变动值 ΔP_G 相同的条件下，多台机组并列运行时的频率变化比一台机组运行时的要小得多。

如果把 n 台机组用一台等值机来代表，利用关系式（4-13）并计及式（4-18），即可求得等值单位调节功率的标幺值为

$$K_{G*} = \frac{\sum_{i=1}^{n}K_{Gi*} P_{GiN}}{P_{GN}} \qquad (4-19)$$

其倒数为等值调差系数为

$$\delta_* = \frac{1}{K_{G*}} = \frac{P_{GN}}{\sum_{i=1}^{n}K_{Gi*} P_{GiN}} \qquad (4-20)$$

式中　P_{GiN}——第 i 台机组的额定功率;

P_{GN}——全系统 n 台机组额定功率之和,$P_{GN} = \sum_{i=1}^{n} P_{GiN}$。

需要引起注意的是,在计算 K_G 或者 δ 时,如第 j 台机组已满载运行,当负荷增加时应取 $K_{Gj}=0$ 或 $\delta_j=\infty$。这点已在前面指出。

求得了 n 台机组的等值调差系数 δ 和等值单位调节功率 K_G 之后,就可以像一台机组时一样来分析频率的一次调整。利用系统的单位调节功率公式可算出负荷功率初始变化量 ΔP_{L0} 引起的频率偏差 Δf。从而每台机组所承担的功率增量为

$$\Delta P_{Gi} = -K_{Gi}\Delta f = -\frac{1}{\delta_i}\Delta f = -\frac{\Delta f}{\delta_{i*}} \times \frac{P_{GiN}}{f_N} \quad (4-21)$$

或者

$$\frac{\Delta P_{Gi}}{\Delta P_{GiN}} = -\frac{\Delta f_*}{\Delta \delta_*} \quad (4-22)$$

由上式可见,调差系数越小的机组所增加的有功出力(相对于本身的额定值)就越多。

【例 4-2】 某系统总负荷为 50MW,运行在 50Hz,$K_{L*}=2.5$,系统发电机总容量为 100MW,调差系数 $\delta\%=2.5$。当用电设备容量增加 5MW 时,系统的频率变为多少?实际负荷增量是多少?

解:$K_{G*} = \frac{100}{\delta\%} = \frac{100}{2.5} = 40$

$$K_G = K_{G*}\frac{P_{GN}}{f_N} = 40 \times \frac{100}{50} = 80 \text{ (MW/Hz)}$$

$$K_L = K_{L*}\frac{P_{LN}}{f_N} = 2.5 \times \frac{50}{50} = 2.5 \text{ (MW/Hz)}$$

代入 $-\frac{\Delta P_{L0}}{\Delta f} = K_G + K_L$,得

$$\Delta f = -\frac{5}{80+2.5} = -0.0606 \text{ (Hz)}$$

系统的频率下降为

$$50 - 0.0606 = 49.9394 \text{Hz}$$

实际负荷增量为

$$K_G \Delta f = -80 \times (-0.0606) = 4.8 \text{(MW)}$$

【例 4-3】 某系统中有四台发电机组并列运行,向负荷 P_L 供电。已知各机组容量均为 100MW,调差系数 $\sigma\%=4$;负荷 $K_{L*}=1.5$。当 $P_L=320$MW 时,运行在 50Hz。当负荷容量增加 50MW 时,在下列情况下,系统的频率变为多少?机组出力各是多少?

(1) 机组平均分配负荷;

(2) 两台机组满载,另两台机组平均分配余下负荷;

(3) 一台机组满载,另三台机组平均分配余下负荷,但这三台机组因故最多只能各自承担 80MW 负荷。

解:(1) 机组平均分配负荷,均为 80MW,未满载。

4.3 电力系统的频率调整

$$K_{G*} = \frac{100}{\delta\%} = \frac{100}{4} = 25$$

$$K_G = K_{G*} \frac{P_{GN}}{f_N} = 25 \times \frac{100}{50} = 50 \, (\text{MW/Hz})$$

$$K_L = K_{L*} \frac{P_{LN}}{f_N} = 1.5 \times \frac{320}{50} = 9.6 \, (\text{MW/Hz})$$

代入 $-\dfrac{\Delta P_{L0}}{\Delta f} = 4K_G + K_L$,得

$$\Delta f = -50/(4 \times 50 + 9.6) = -0.239 \, (\text{Hz})$$

系统的频率下降为

$$50 - 0.239 = 49.761 \, (\text{Hz})$$

各机组实际功率增量为

$$\Delta P_G = -K_G \Delta f = -50 \times (-0.239) = 11.95 \, (\text{MW})$$

各机组出力为

$$\Delta P_G = 80 + 11.95 = 91.95 \, (\text{MW})$$

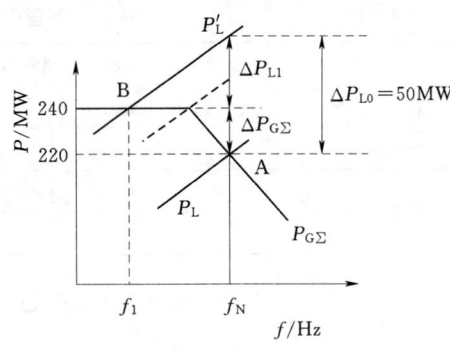

图 4-8 〔例 4-3〕图

(2) 两台机组满载,不再参加一次调频;另两台机组平均分配余下负荷,出力均为 60MW,未满载。因此,$-\dfrac{\Delta P_{L0}}{\Delta f} = 2K_G + K_L$,得

$$\Delta f = -50/(2 \times 50 + 9.6) = -0.456 \, (\text{Hz})$$

系统的频率变为

$$50 - 0.456 = 49.544 \, (\text{Hz})$$

未满载的两台机组实际功率增量为

$$\Delta P_G = -50 \times (-0.456) = 22.8 \, (\text{MW})$$

这两台机组各自的出力为

$$\Delta P_G = 60 + 22.8 = 82.8 \, (\text{MW})$$

(3) 一台机组满载,不再参加一次调频;另三台机组平均分配余下负荷,各自承担 (320-100)/3=73.333MW,未满载,但这三台机组因故最多只能各自承担 80MW 负荷,所以三台机组的可调容量为

$$\Delta P_{G\Sigma} = 3 \times (80 - 73.33) = 20 \, (\text{MW})$$

而负荷增加 50MW,于是有 $\Delta P_{L1} = 50 - 30 = 20$MW 的功率完全由负荷的频率调节效应承担,如图 4-8 所示。

因此,由 $-\dfrac{\Delta P_{L1}}{\Delta f} = K_L$,得

$$\Delta f = -30/9.6 = -3.125 \, (\text{Hz})$$

系统的频率变为:$50 - 3.125 = 46.845$Hz

最后,一台机组满载,其他机组均承担 80MW 的负荷。

本例总结:归纳例题中的几组数据见表 4-1 所列。

表 4-1 例题中的几组数据归总

序号	参加一次调频的机组		频率偏移/Hz
	台数	可调整的容量/MW	
1	4	80	-0.239
2	2	80	-0.456
3	0	0	-3.125

由上表可见，参加一次调频的机组越多，机组可调整的容量越大，系统调频的效果越好。

4.3.2 频率的二次调整

频率的二次调整即是指由外界信号控制，依靠发电机组的调频器自动或手动进行的，对周期较长、幅度较大的负荷变动而引起的频率偏移的调整过程。

1. 调频器的工作原理

同步器由伺服电动机、涡轮、蜗杆等装置组成。在人工手动操作或自动装置控制下，伺服电动机既可正转也可反转，因而使杠杆的 D 点上升或下降。如果 D 点固定，则当负荷增加引起转速下降时，由机组调速器自动进行的"一次调整"并不能使转速完全恢复。为了恢复初始的转速，可通过伺服电动机令 D 点上移。由于 E 点不动，杠杆 DEF 便以 E 点位支点转动，使 F 点下降，错油门 2 的油门被打开。于是压力油进入油动机 3，使它的活塞向上移动，开大进汽（水）阀门，增加进汽（水）量，因而使原动机输出功率增加，机组转速随之上升，如图 4-9 所示。适当控制 D 点的移动，可使转速恢复到初始值。这时套筒位置较 D 点移动以前升高了一些，整个调速系统处于新的平衡状态。调整的结果如图 4-10 所示，使原来的功频静特性 2 平行左移为特性 3。当机组负荷变动引起频率变化时，利用同步器平行移动机组功频静特性来调节系统频率和分配机组间的有功功率，这就是频率的二次调整。由手动控制同步器的调频称为人工调频；由自动调频装置控制同步器的调频称为自动调频。

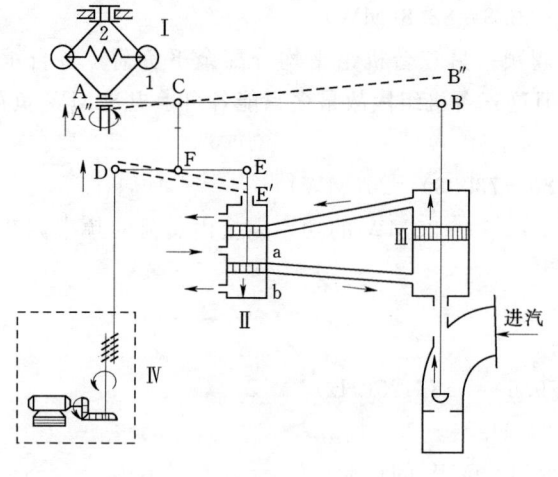

图 4-9 调频器的工作原理图

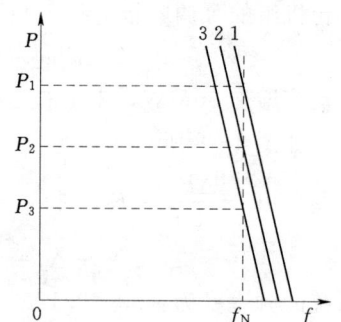

图 4-10 功率—频率静态特性的平移

2. 频率的二次调整过程

如图 4-11 所示，一次调频的结果，使工作点转移到 O′点，如果一次调整后频率偏差 $\Delta f'$ 超出允许的波动范围时，应操作调频器，进行二次调整，增加发电机组发出的功率，使电源的频率特性向右移动，由负荷变动引起的频率偏差有所减小。发电机组增发的功率为 ΔP_{G0}，则运行点又将从 O′点移动到点 O″点（曲线 1 平行移至曲线 2）。O″点即为二次调整后的系统运行工作点，O″点对应的功率为 $P_0″$，频率为 $f_0″$。可见，经过二次调整后，可以供给负荷的功率由 P_0' 增

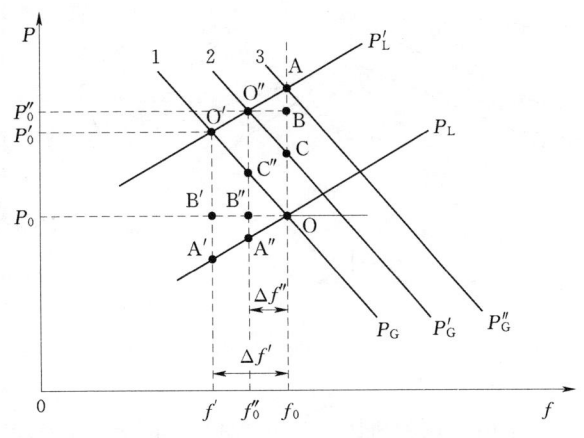

图 4-11 频率的二次调整

加到 $P_0″$（$P_0″ > P_0'$），且频率偏差由 $\Delta f'$ 减小至 $\Delta f″$（$\Delta f″ < \Delta f'$），尽管这仍然是有差调节，但显然系统的运行质量有所提高。

由图 4-11 还可以看出，只进行一次调频时，负荷的原始增量 ΔP_{L0} 可分解为两个部分：一部分是因调速器的调整作用而增大的发电机组功率——$K_G \Delta f'$（图中 B′O），另一部分是因负荷本身的调节效应而减少的负荷功率 $K_L \Delta f'$（图中 B′A′）。当不仅进行一次调整，而且还进行二次调整时，负荷增量 ΔP_{L0}（图中 AO）可以分解为三部分：一部分是由于进行二次调整发电机组增发的功率 ΔP_{G0}（图中 OC）；另一部分是由于调速器的调整作用而增大的发电机组功率——$K_G \Delta f″$（图中 CB＝B″C″）；第三部分仍然是由于负荷本身的调节效应而减小的负荷功率 $K_L \Delta f″$（图中 AB＝B″A″）。即有

$$\Delta P_{L0} = \Delta P_{G0} - K_G \Delta f″ - K_L \Delta f″$$

于是有

$$\Delta f = -\frac{\Delta P_{L0} - \Delta P_{G0}}{K_G + K_L} = -\frac{\Delta P_{L0} - \Delta P_{G0}}{K} \tag{4-23}$$

由上式可知，有二次调整时，除增加一项因操作调频器而增发的功率 ΔP_{G0} 外，其他和仅有一次调整时一样，并不能改变系统的单位调节功率 K 的数值。但正是因为发电机组增发了这一部分的功率，系统频率偏移减小了，负荷所获得功率才有所增大。如当 $\Delta P_{G0} = \Delta P_{L0}$ 时，即二次调整使发电机组增发了负荷功率的原始增量 ΔP_{L0} 时，则 $\Delta f″=0$，亦即实现了所谓无差调节，无差调节如图 4-11 中的虚线（曲线 3）所示。

在有许多台机组并联运行的电力系统中，当负荷变化时，配置了调速器的机组，只要还有可调的容量，都毫无例外地按静态特性参加频率的一次调整。而频率的二次调整一般只是由一台或者几台发电机组（一个或者几个电厂）承担调整任务，这些机组（厂）称为主调频机组（厂）。假定系统中有三台机组，其中 1 号机组为主调频机组。频率二次调整的原理示于图 4-12 中。

当负荷突然增加时，系统频率下降到 f_1，首先是三台机组都参加一次调整，这时的

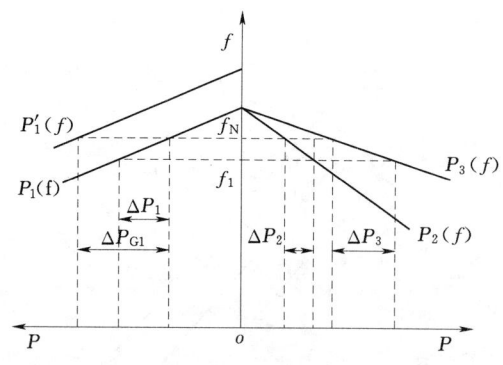

图 4-12 主调频机组进行二次调整的过程

功率平衡关系为

$$\Delta P_{L0} = \Delta P_1 + \Delta P_2 + \Delta P_3 + \Delta P_L$$
$$= -(K_{G1} + K_{G2} + K_{G3})\Delta f' - K_L \Delta f'$$
$$= -(K_G + K_L)\Delta f'$$

在1号机组的同步器动作后,功频静特性上移为 $P_1'(f)$,这时1号机组由此而增加的功率增量为 ΔP_{G1},根据式4-15应该有

$$\Delta P_{L0} - \Delta P_{G1} = -(K_G + K_L)\Delta f$$

如主调频机组的调整容量足够使 $\Delta P_{G1} = \Delta P_{L0}$,则系统的频率将恢复到额定值 f_N。

上述分析说明,二次调整时系统的负荷增量基本上是由主调频机组(厂)承担,如果一台主调频机组(厂)不足以承担系统负荷的变化时,必须增选一些机组参加二次调频。这时二次调频总的增发功率为各机组增发功率之和。如果系统中参与二次调频的所有机组仍然不足以承担系统的负荷变化,则频率将不能保持不变,所出现的功率缺额将根据一次调整的原理,部分由所有配置了调速器的机组按静特性承担,部分由负荷的调节效应所产生的功率增量来补偿。

4.3.3 电力系统的调频厂

电力系统中各发电机组均装有调速器,所以每台运行机组都可参加一次调频(除了机组已满载外)。二次调频的作用比一次调频的作用大,但实际运行中不是所有的发电机组都能进行二次调频,只是选择少数发电厂作为调频厂。承担二次调频任务的电厂称为调频厂。调频厂又分成主调频厂及辅助调频厂。主调频厂又称第一调频厂,承担主要的调频任务,负责全部系统的频率调整(即二次调整);辅助调频厂只有在系统频率偏移超过某一规定值时参与频率的调整,按照参加次序又分为第二调频厂、第三调频厂等。只有在主调频厂调节后,而系统频率仍不能恢复正常时,才启用辅助调频。

在选择主调频厂(机组)时,主要考虑以下因素。

(1) 应有足够的调整容量及调整范围。

(2) 调频机组具有与负荷变化速度相适应的调整速度。

(3) 调整出力时负荷安全及经济的原则。

从出力调整范围和调整速度来看,水电厂最适宜承担调频任务。但是,在安排各类电厂的负荷时,还应考虑整个电力系统运行的经济性。在枯水季节,宜选水电厂作为主调频厂,火电厂中效率较低的机组承担辅助调频的任务;在丰水季节,为了充分利用水利资源,水电厂宜带稳定的负荷,而由效率不高的中温中压凝汽式火电厂承担调频任务。

4.4 各类发电厂的合理组合

电力系统中的发电厂主要有火力发电厂、水力发电厂和核能发电厂三类。

各类发电厂由于设备容量、机组规格和使用的动力资源的不同有着不同的动力技术经济特性。必须结合他们的特点,合理组织这些发电厂的运行方式,恰当安排他们在电力系统日负荷曲线和年负荷曲线中的位置,以提高系统运行的经济性。

4.4.1 各类发电厂的运行特点

1. 火力发电厂

(1) 火电厂在运行中需要支付燃料费用,使用外地燃料时,要占用国家的运输能力。但它的运行不受自然条件的影响。

(2) 火力发电设备的效率同蒸汽参数有关,高温高压设备的效率也高,中温中压设备效率较低,低温低压设备的效率更低。

(3) 受锅炉和汽机的最小技术负荷的限制。火电厂有功出力的调整范围比较小,其中高温高压设备可以灵活调节的范围最窄,中温中压的略宽。负荷的增减速度也慢。机组的投入和退出运行费时长,消耗能量多,且易损坏设备。

(4) 带有热负荷的火电厂称为热电厂,它采用抽汽供热,其总效率要高于一般的凝汽式火电厂。但是与热负荷相适应的那部分发电功率是不可调节的。

2. 水力发电厂

(1) 不用支付燃料费用,而且水能是可以再生的资源。但水电厂的运行因水库调节性能的不同在不同程度上受自然条件的影响。有调节水库的水电厂按水库的调节周期可分为:日调节、季调节、年调节和多年调节等几种,调节周期越长,水电厂的运行受自然条件影响越小。有调节水库的水电厂主要是按调节部门给定的耗水量安排了出力。无调节水库的径流式水电厂只能按实际来水流量发电。

(2) 水轮发电机的出力调整范围较宽,负荷的增减速度相当快,机组的投入和退出运行费时都很少,操作简便安全,无需额外的耗费。

(3) 水利枢纽兼有防洪、发电、航运、灌溉、养殖、供水和旅游等多方面的效益。水库的发电用量通常按水库的综合效益来考虑安排,不一定同电力负荷的需要相一致。因此,只有在火电厂的适当配合下,才能充分发挥水力发电的经济效益。

3. 核能发电厂

(1) 核能发电厂反应堆的负荷基本没有限制,因此,其技术最小负荷主要取决于汽轮机,约为额定负荷的 10%~15%。

(2) 核能发电厂的反应堆和汽轮机退出运行和再度投入或承担急剧变动负荷时,也要耗费能量,花费时间,且易于损坏设备。

(3) 核能发电厂的一次投资大,运行费用小。

4.4.2 各类发电厂的合理组合

在安排各类发电厂的发电任务时,必须从国民经济的整体利益出发,最充分合理地利用国家的动力资源,亦即考虑以下的几项原则。

(1) 充分合理地利用水力资源,尽量避免弃水。由于防洪、灌溉、航运、供水等原因必须向下游放水时,这部分放水量,都应尽量用来发电。

(2) 尽量降低火力发电的单位煤耗。为此应尽量提高效率高的火力发电机组发电量的比重,给热电厂分配与热负荷相适应的电负荷。让效率高的机组带稳定负荷,效率低的中温中压机组带变动负荷,低温低压机组应早退役。

(3) 执行国家的燃料政策,增加烧劣质煤和当地产煤电厂的发电量。

根据上述原则，在夏季丰水期和冬季枯水期，各类电厂在日负荷曲线中的安排，如图 4-13 所示。

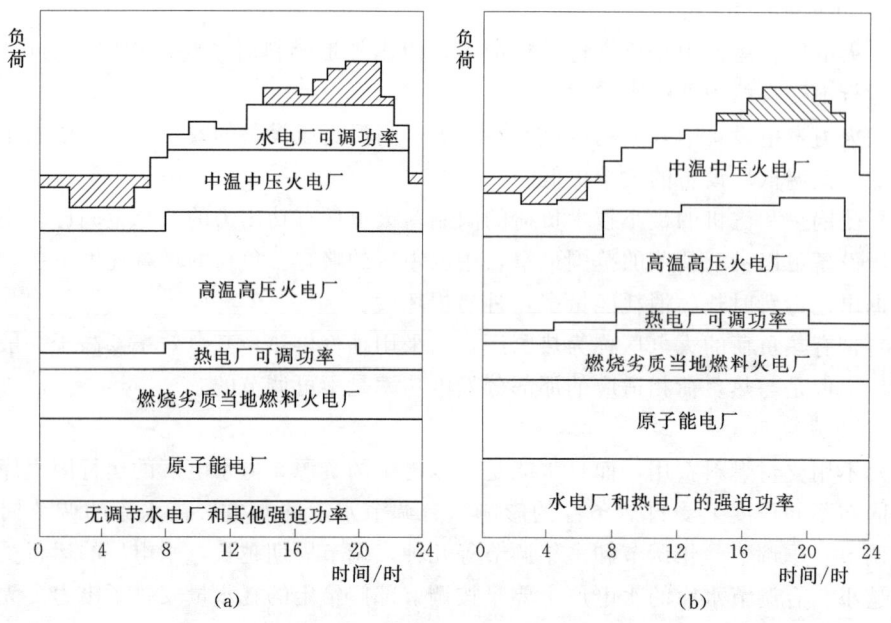

图 4-13 各类发电厂组合顺序示意图
(a) 枯水季节；(b) 丰水季节

在夏季丰水期，水量充足，水电厂应带基本负荷以避免弃水、节约燃煤。热电厂按供热方式运行的部分承担与热负荷相适应的电负荷，也必须安排在日负荷曲线中的基本部分。热电厂的凝汽部分和凝汽式火电厂则带尖峰负荷。在此期间，由于水能的充分利用，火电厂少开机，可以抓紧时间进行火电厂设备的检修。

冬季枯水期，来水较少，在日负荷曲线中，水电厂和凝汽式火电厂则应互换位置，有凝汽式火电厂承担基本负荷，水电厂则承担尖峰负荷。

4.4.3 频率调整和电压调整的关系

电力系统的有功功率和无功功率需求既同电压有关，也与频率有关。频率或电压的变化都将系统的负荷特性同时影响到有功功率和无功功率的平衡。

当系统频率下降时，发电机发出的无功功率将要减少（发电机的电势依赖励磁接线的不同与频率的平方或者三次方成正比变化）；变压器和异步电动机励磁所需的无功功率将要增加，绕组漏抗的无功功率损耗将要减少；线路电容充电功率和电抗的无功损耗都要减少。总的说来，频率下降时，系统的无功需求略有增加。如果系统的无功电源不足，则在频率下降时，将很难维持电压的正常水平。通常频率下降 1%，电压降下降 0.8%～2%。如果系统的无功电源充足，则在频率下降时，为满足正常电压下的无功平衡，发电机将输出更多的无功功率。

当系统频率增高时，发电机电势将要增高，系统的无功需求略有减少，因此系统的电压将要上升。为维持电压的正常水平，发电机的无功出力可以略有减少。

当电力网中电压水平提高时，负荷所需的有功功率将要增加，电力网中的损耗略有减少，系统总的有功需求有所增加。如果有功电源不很充裕，将引起频率的下降。当电压水平降低时，系统总的有功需求有所减少，从而导致频率的升高。在事故后的运行方式下，由于某些发电机（或电厂）推出运行，系统的有功和无功功率都感不足时，电压的下降将减少有功的缺额，从而在一定程度上阻止频率的急剧下降。

当系统由于有功不足和无功不足因而频率和电压都偏低时，应该首先解决有功功率平衡的问题，因为频率的提高能减少无功功率的缺额，这对于调整电压是有利的。如果首先去提高电压，就会加大有功的缺额，导致频率更加下降，因而无助于改善系统的运行条件。

还需指出的是，电力系统在额定参数附近运行时，电压变化对有功平衡的影响和频率变化对无功平衡的影响都是次要的。正因为如此，才有可能分别处理调压和调频的问题。此外，调压和调频也有所区别。全系统的频率是统一的，调频涉及整个系统；而无功功率平衡和电压调整则有可能按地区解决。当线路有功潮流不超出允许范围时，有功电源的任意分布不会妨碍频率的调整，而无功平衡和调压则同无功电源的合理分布有着密切的关系。

【例 4-4】 某一容量为 100MW 的发电机，调差系数整定为 4%，当系统频率为 50Hz 时，发电机出力为 60MW；若系统频率下降为 49.5Hz 时，发电机的出力是多少？

解： 根据调差系数与发电机的单位调节功率关系可得

$$K_G = \frac{1}{\delta_*} \frac{P_{GN}}{f_N} = \frac{1}{0.04} \times \frac{100}{50} = 50 (\text{MW/Hz})$$

于是有

$$\Delta P_G = -K_G \Delta f = -50 \times (49.5 - 50) = 25 \text{MW}$$

即频率下降到 49.5Hz 时，发电机的出力为 60+25=85（MW）

【例 4-5】 电力系统中有 A、B 两等值机组并列运行，向负荷 PD 供电。A 等值机额定容量 500MW，调差系数 0.04，B 等值机额定容量 400MW，调差系数 0.05。系统负荷的频率调节效应系数 $K_{D*}=1.5$。当负荷 PD 为 600 MW 时，频率为 50Hz，A 机组出力 500MW，B 机组出力 100MW。试问：

当系统增加 50MW 负荷后，系统频率和机组出力是多少？

当系统切除 50MW 负荷后，系统频率和机组出力是多少？

解： 首先求等值发电机组 A、B 的单位调节功率及负荷的频率调节效应系数为

$$K_{GA} = \frac{1}{\delta_*} \frac{P_{GNA}}{f_N} = \frac{1}{0.04} \times \frac{500}{50} = 250 (\text{MW/Hz})$$

$$K_{GB} = \frac{1}{\delta_*} \frac{P_{GNB}}{f_N} = \frac{1}{0.05} \times \frac{400}{50} = 160 (\text{MW/Hz})$$

$$K_D = K_{D*} \frac{P_{DN}}{f_N} = 1.5 \times \frac{600}{50} = 18 (\text{MW/Hz})$$

(1) 当系统增加 50MW 负荷后：

由题可知，等值机 A 已满载，若负荷增加，频率下降，$K_{GA}=0$，不再参加频率调整。

系统的单位调节功率 $K = K_D + K_{GB} = 160 + 18 = 178$（MW/Hz）

频率的变化量 $\Delta f = -\dfrac{\Delta P_D}{K} = -\dfrac{50}{178} = -0.2809$（Hz）

系统频率 $f = 50 - 0.1809 = 49.72$（Hz）

A 机有功出力 $P_{GA} = 500$MW

B 机有功出力 $P_{GB} = 100 - K_{GB}\Delta f = 100 + 160 \times 0.2809 = 144.94$（MW）

（2）当系统切除 50MW 负荷后：

A 机满载运行，负荷增加时无可调功率，但切除负荷，即负荷减少，频率上升，A 机组具有频率调整作用。即系统的单位调节功率为 $K = K_D + K_{GA} + K_{GB} = 250 + 160 + 18 = 428$（MW/Hz）

频率的变化量 $\Delta f = -\dfrac{\Delta P_D}{K} = -\left(\dfrac{-50}{428}\right) = 0.117$（Hz）

系统频率 $f = 50 + 0.117 = 50.117$（Hz）

A 机有功出力 $P_{GA} = 500 - K_{GA}\Delta f = 500 - 250 \times 0.117 = 470.75$（MW）

B 机有功出力 $P_{GB} = 100 - K_{GB}\Delta f = 100 - 160 \times 0.117 = 81.30$（MW）

项目实践 微机调速器的调整与试验

1. 实验目的

为了检查调速器的质量，保证机组在突变负荷时能满足调节保证计算的要求和所规定的动态指标，掌握机组在过渡过程中的状态和各调节参数的变化范围，以及参数变化时对机组过渡过程规律的影响，从而找到最佳参数，提高机组运行的可靠性及稳定性，检查机组设计及检修质量，保证机组安全运行等，除事先要求对水轮机调节系统进行理论分析、仿真计算外，还要求在调速器安装或检修后进行水轮机调节系统的动态特性试验。它是在机组投入电网正常运行以前一个很重要的试验项目，一般包括单机空载稳定性试验、突变负荷试验和甩负荷试验。

2. 试验接线

模拟试验时的接线如图 4-14 所示。

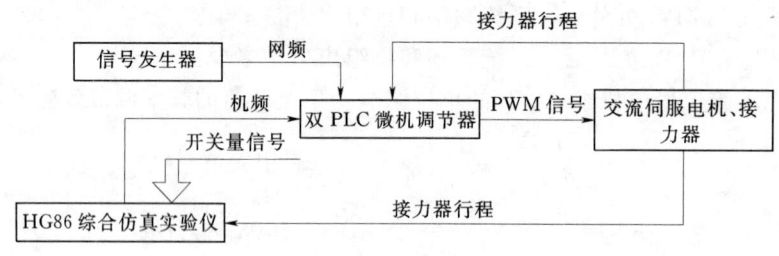

图 4-14 模拟试验接线图

3. 试验项目

主要试验项目有以下几项。

（1）整机静态调整与检查。

整机静态调整及检查是调速器现场安装（或检修）过程中必须进行的调试项目。主要有：

1) 工作电源检查。
2) 机械液压系统调试。
3) 反馈调整与测量调整。
4) 显示与状态指示检查。
5) 调速器工作状态及故障模拟等。

（2）静态特性试验。

静态特性试验包括伺服系统静态特性和调速整机静态特性试验。

伺服系统静态特性试验：其目的是检测伺服系统的线性度和死区。

调速器整机静特性试验：静特性试验是在调速器正常的操作油压下，设置调速器的控制参数 $b_p = 6.0\%$，$K_p = 10$（最大），$KI = 10\ 1/s$（最大），$KD = 0s$，频率给定为额定值，采用曲线方法进行。试验时用综合仿真试验仪作为调速器的机频信号输入源，调整开度给定使接力器的开度接近50%然后升高或降低频率使接力器全关或全开，调整频率信号值，使之按一个方向逐次升高或降低，在接力器每次变化稳定后，记录该次信号频率值及相应的接力器行程。表4-2为某调速器静特性试验结果。

表 4-2 静 特 性 结 果

机组频率/Hz	51.0	50.8	50.6	50.4	50.2	50.0	49.8	49.6	49.4	49.2	49.0
开方向/%	16.59	23.55	30.38	37.15	43.98	50.68	57.47	64.22	71.17	77.79	84.61
关方向/%	17.04	23.81	30.58	37.34	44.10	51.15	57.71	64.62	71.59	78.19	84.93

频率与接力器行程关系曲线如图4-15所示。

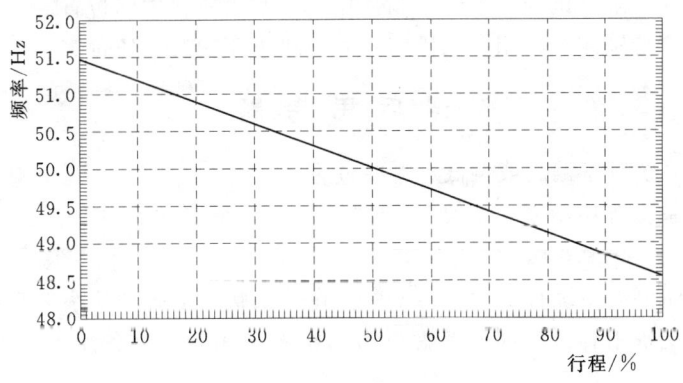

图 4-15 静特性试验曲线图

实际测得的转速死区为0.018%。

（3）动态特性试验。动态特性调试包括调速器部分环节的动态特性试验和整个水轮机调节系统的动态特性试验。主要有：PID调节器动态特性测试，随动系统动态特性测试，单机空载稳定性试验，突变负荷试验，甩负荷试验。有调频任务的机组，还要做调频试验。通过这些动态特性试验，以便评价调速器及调节系统的动态品质。

在现场一般应进行如下动态试验。

1) 自动开机试验。自动开机至空载,检查开机过程是否正常,以及空载稳定性。升速时间及开机过程最大转速值应观测的重点。

2) 自动停机试验。空载运行一定时间后,若一切正常,可进行自动停机,并检查自动停机过程是否正常。

3) 空载扰动试验。空载扰动试验的目的是了解能使调节系统空载稳定运行的调节参数范围,并寻找较佳的空载调节参数。

4) 空载摆动试验。机组在空载工况,调速器在自动位置,发电机加励磁,调节参数整定在空载扰动确定的最好的一组,用自动记录仪录制机组转速摆动值(连续3min),并重复三次。要求:小型,≤±0.35%;中型,≤±0.25%;大型,≤±0.15%。

5) 甩负荷试验。甩负荷试验的目的在于通过该项试验进一步考验机组在已选定的调速器调节参数下调节过程的速动性和稳定性,进而最终考查调节系统的动态调节质量。根据甩负荷时所测得的机组转速上升率、蜗壳水压上升率和尾水管真空值来验证调节保证计算的正确性。检验水轮机导叶接力器关闭规律的正确性及确定接力器不动时间等。

甩负荷时,对调节系统动态品质的要求:①甩100%额定负载后,在转速变化过程中,超过稳态转速3%额定转速值以上的波峰不得超过两次;②甩100%额定负载后,从接力器第一次向开启方向移动起,到机组转速摆动值不超过±0.5%为止所经历的时间,应不大于40s;③甩25%额定负载后,要求自发电机定子电流消失到接力器开始运动为止的不动时间,对电调不大于0.2s,对机调不大于0.3s。

试验时,将空载及负载调节参数置于选定值,依次分别甩25%、50%、75%、100%的额定负荷,用自动记录仪记录机组转速、导叶接力器等参数的过渡过程。试验中应特别注意如下几点:

甩负荷时,开度限制机构应不起限制作用,平衡表应在中间位置。

甩负荷试验应特别注意采用安全措施,防止机组飞逸和水压过高。

课 后 思 考 题

4-1 电力系统频率偏高或偏低有哪些危害?

4-2 电力系统有功功率负荷变化的情况与电力系统频率的一、二、三次调整有何关系?

4-3 什么叫电力系统有功功率的平衡?在什么状态下有功功率平衡才有意义?

4-4 什么是备用容量?如何考虑电力系统的备用容量?备用容量的存在形式有哪些?备用容量主要分为哪几种?各自的用途是什么?

4-5 各类发电厂的特点是什么?排列各类发电厂承担负荷最优顺序的原则是什么?在洪水季节和枯水季节,各类机组承担负荷的最优顺序是什么?

4-6 何为电力系统负荷的有功功率—频率静态特性?何为有功负荷的频率调节效应?

4-7 何为发电机组的有功功率—频率静态特性?何为发电机组的单位调节功率?

4-8 什么是调差系数?它与发电机组的单位调节功率的标幺值有何关系?

4-9　电力系统频率的一次调整（一次调频）的原理是什么？何为电力系统的单位调节功率？为什么它不能过大？

4-10　电力系统频率的二次调整（二次调频）的原理是什么？怎样才能做到频率的无差调节？

4-11　电力系统是如何调频的？调频厂是如何选择的？

4-12　某电力系统负荷的频率调节效应 $K_{L*}=2.0$，主调频厂额定容量为系统负荷的 20%，当系统运行于负荷 $P_{L*}=1.0$，$f_N=50Hz$ 时，主调频厂出力为其额定值的 50%。如果负荷增加，而主调频厂的频率调整器不动作，系统的频率就下降 0.3Hz，此时测得 $P_{L*}=1.1$（发电机组仍不满载）。现在频率调整器动作，使频率上升 0.2Hz。问二次调频作用增加的功率是多少？

4-13　某容量为 100MW，调差系数为 5% 的发电机，满载运行时在 50Hz 的额定频率下运行。当系统频率上升为 51.2Hz 时，发电机出力是多少？

4-14　系统有发电机组的容量和它们的调差系数分别为

水轮发电机组　　100MW　5台 $\delta_*=0.025$

　　　　　　　　75MW　5台 $\delta_*=0.0275$

汽轮发电机组　　100MW　6台 $\delta_*=0.035$

　　　　　　　　50MW　20台 $\delta_*=0.04$

较小容量发电机组合计 $1000MW \delta_*=0.04$。

系统额定频率 50Hz，总负荷 3000MW，负荷的频率调节效应系数 $K_{D*}=1.5$。试计算在以下三种情况下，系统总负荷增大到 3300MW，系统新的稳定频率是多少？

（1）全部机组都参加一次调整；

（2）全部机组都不参加一次调整；

（3）仅有水轮发电机组参加一次调整。

4-15　系统中有 5 台 100MW（$\delta_*=0.03$）和 5 台 200MW（$\delta_*=0.04$）的发电机组对 1200MW 的负荷供电，系统额定频率为 50Hz。当一台满载运行的 200MW 发电机自动跳闸切除后，系统频率的变化量为多少？（负荷的频率调节效应系数 $K_{D*}=2$）

4-16　并列运行的两台发电机组 A、B，调差系数为 0.05 和 0.03。当系统频率为 50Hz 时两机组的出力分别为 1000MW 和 2400MW。当系统负荷减少了 20% 时，系统的频率及两机组的出力各是多少？

4-17　设系统有两台 100MW 的发电机组，其调差系数 $\delta_{1*}=0.02$，$\delta_{2*}=0.04$，系统负荷容量为 140MW，负荷的频率调节效应系数 $K_{D*}=1.5$。系统运行频率为 50Hz 时。两机组出力为 $P_{G1}=60MW$，$P_{G2}=80MW$。当系统负荷增加 50MW 时，试问：

（1）系统频率下降多少？

（2）各机组输出功率增加为多少？

4-18　系统中有两台发电机并列运行，一台额定容量为 $P_{GN1}=150MW$，调差系数 $\delta_{1*}=0.04$；另一台 $P_{GN2}=100MW$，调差系数 $\delta_{2*}=0.05$。求当系统运行频率为 50.5Hz 时，两机组共承担多少系统负荷？当系统负荷增加为 120% 时，系统的运行频率为多少？此时各机组出力是多少？

4-19 某电力系统中有50%的机组（调差系数0.06）已满载；有25%的机组（调差系数为0.05）未满载运行，且有20%的备用容量；还有25%的机组（调差系数0.04）也未满载运行，且有10%的备用容量。系统负荷的频率调节效应系数为1.5，求系统的单位调节功率（标幺值）。

项目5 电力系统的无功功率平衡与电压调整

教与学目标
1. 掌握电力系统中的无功功率平衡及电力系统的无功电源。
2. 学会电力系统中的电压管理。
3. 掌握改变变压器分装接头调压的原理及操作。
4. 掌握改变电力网参数的调压。

电力系统中包含有诸多电压等级，无论是发电机的电压还是变压器、输电线路，以及用电电器的电压，在运行中都应该保持相对的稳定而不能失衡，也就是说电压是衡量电力系统电能质量的重要指标之一。所以，保证用户处的电压接近额定值是电力系统运行调整的基本任务之一。

电力系统中各种用电设备都是按照额定电压来设计制造的，而这些设备在额定电压下运行将能取得最佳的效果。其运行电压过大地偏离额定值将对用户产生不良的影响。主要体现在以下几点。

1. 对用电设备的影响

（1）异步电动机。在电力系统负荷中占较大比重，如起重机、磨煤机、碎石机等，其电磁转矩是与端电压的平方成正比的，当电压降低10%时，转矩大约要降低约20%，如图5-1所示。

如果电动机所带动的机械负载阻力矩不变，则电压降低时，电动机的转差增大，定子电流也随之增大，发热增加，使绕组温升升高，加速绝缘老化，影响电动机的使用寿命。当端电压降低太多时，带额定负荷的电动机可能由于转矩太小而失速甚至停止，而重载电机则可能无法启动。相反时，如果电压过高，则对绝缘不利。

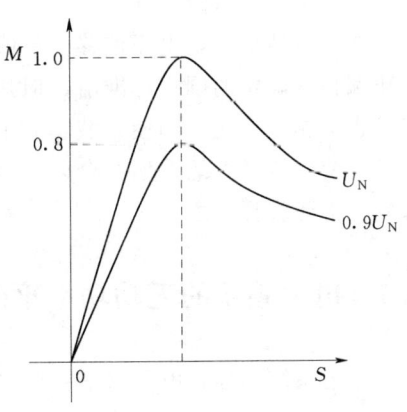

图5-1 异步电动机的转矩特性

（2）白炽灯。也是普遍使用的电器。其端电压低于额定电压时，会使发光效率和光通量下降，影响人的视力和工作效率；其端电压高于额定电压5%时，则尽管发光效率会提高，但寿命又会减少一半。

（3）电热器具。如电炉等电热设备。其阻抗值是不随电压变化的一些负荷。但这些设备的出力大致与电压的平方成正比，电压降低就会延长电炉的冶炼时间，降低生产率。

（4）精密仪器加工业。如电子元件加工业，电压大幅波动会产生大量不合格产品。

2. 对电力系统本身的影响

系统电压的偏移过大，除了影响用户的正常工作以外，对电力系统本身也有不利的影响。电压降低，会使网络中的功率损耗和电能损耗加大，电压过低则可能危及电力系统运行的稳定性；而电压过高时，各种电气设备绝缘易受损害，在超高压电网中还将增加电晕损耗等。

综上所述，电压偏移是越小越好的。但是由于电力系统本身的节点多，结构复杂，各用电负荷既分布不均匀又经常变动，同时系统的运行方式依据调度也会发生改变，这些都会使网络中的电压损耗发生变化。故要保证所有用户节点电压在任何时刻都是额定电压是不可能的。因此，系统运行中各节点出现电压偏移在所难免。实际上，大多数用电设备在稍许偏离额定值的电压下运行仍有良好的技术性能。从技术上和经济上综合考虑，合理地规定各类用户的允许电压偏移值是完全必要的。

3. 电压偏移标准

我国国家标准规定的在正常运行情况下各类用户的允许电压偏移如下：

35kV 及以上电压供电的负荷 $\pm 5\%$。

10kV 及以下电压供电的负荷：$\pm 7\%$。

低压照明负荷：$+5\%$，-10%。

低压照明与动力混合使用：$+5\%$，-7%。

农村电网（正常情况）：$+7.5\%$，-10%。

（事故情况）：$+10\%$，-15%。

在事故情况下，电压偏移允许值比正常值多 5%，但电压的正偏移不大于 10%。尽管电压偏移有确定的国家标准值，但是，随着科学技术和国民经济发展的需要，电压质量的标准也会相应变化。即使是我国现有的电力系统由于电力工业发展使其供电范围极其庞大，要使网络各处的电压符合以上标准规定的电压容许偏移范围，仍然需要采取各种调压措施。下面将详述之。

5.1 电力系统的无功功率平衡

电力系统的运行电压水平主要取决于无功功率的平衡。系统中各种无功电源的无功功率输出亦称无功出力，应能满足系统负荷和网络损耗在额定电压下对无功功率的需求，否则电压就会偏离额定值。为此，先要对无功负荷、网络损耗和各种无功电源的特点作一些说明。

5.1.1 无功功率负荷和无功功率损耗

1. 无功功率负荷

各种用电设备中，除相对很小的白炽灯照明负荷只消耗有功负荷，为数不多的同步电动机可发出一部分无功功率之外，大多数都要消耗无功功率。因此，无论工业或农业用户都以滞后功率因素运行，其值约为 0.6~0.8。

异步电动机在电力负荷（特别是无功负荷）中所占的比例很大，系统无功负荷的电压特性主要由异步电动机决定。其简化的等值电路如图 5-2 所示。

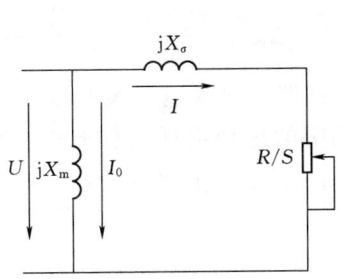

图 5-2 异步电动机的简化等值电路图

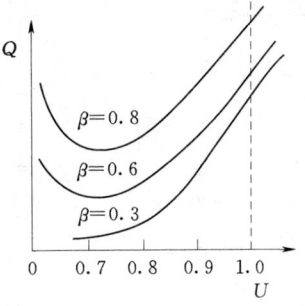

图 5-3 异步电动机的无功功率与端电压关系

它所消耗的无功功率为

$$Q_M = Q_m + Q_\sigma = \frac{U^2}{X_m} + I^2 X_\sigma \tag{5-1}$$

式中 Q_m——励磁无功功率,与机端电压平方成正比。但当电压较高时,由于饱和的影响,励磁电抗 X_m 的数值还有所下降,实际的励磁功率 Q_m 随电压变化的曲线稍高于二次曲线;

Q_σ——绕组漏抗的无功损耗,它与负荷电流平方成正比。由电机学知道,如果负载功率不变,则电磁功率 $P = I^2 R(1-s)/s$ 为常数。电压降低时,转差增大,定子电流随之增大,相应地,绕组漏抗 X_σ 的无功损耗也要增大。

综合这两部分无功功率的变化特点,可得图 5-3 所示的曲线。其中 β 为电动机的实际负荷与其额定负荷之比,称为电动机的受载系数。从图 5-3 中可见,在额定电压附近,电动机的无功功率随电压的升降而增减,当电压明显低于额定值时,无功功率主要由漏抗中的无功损耗决定,因此,随电压的下降反而上升。这一特性对于电力系统运行的稳定性具有重要意义。

2. 变压器的无功损耗

变压器的无功损耗 ΔQ_T 包括励磁损耗 ΔQ_0 和漏抗中的损耗 ΔQ_Z。

$$\Delta Q_T = \Delta Q_0 + \Delta Q_Z = U^2 B_T + \left(\frac{S}{U}\right)^2 X_T \approx \frac{I_0\%}{100} S_N + \frac{U_k\% S^2}{100 S_N}\left(\frac{U_N}{U}\right)^2 \tag{5-2}$$

励磁功率大致与电压的平方成正比,当通过变压器的视在功率不变时,漏抗中损耗的无功功率与电压的平方成反比。因此,变压器的无功损耗特性也与异步电动机的相似。

系统中变压器的无功功率损耗占系统无功需求相当大的比例。假定一台变压器的空载电流 $I_0\% = 2.5$,短路电压 $U_k\% = 10.5$,由式(5-2)可知,在额定负载下运行时,无功功率的消耗可达到额定容量的 13%。如果从电源到用户经过多电压级的网络,则系统中变压器中的无功功率损耗是相当可观的。

3. 输电线路的无功损耗

输电线路上的无功损耗与前述相似,也分两部分,即为并联电纳和串联电抗中的无功损耗,如图 5-4 所示。

线路串联电抗中消耗的无功功率,与通过线路的无功或电流的平方成正比,呈感性。

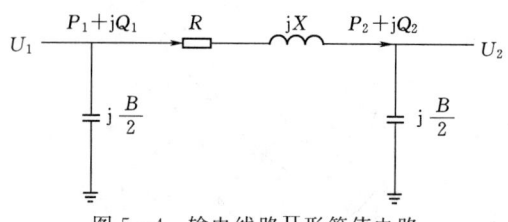

图 5-4 输电线路Ⅱ形等值电路

即是

$$\Delta Q_L = \frac{P_1^2 + Q_1^2}{U_1^2} X = \frac{P_2^2 + Q_2^2}{U_2^2} X \quad (5-3)$$

线路的并联电容发出无功功率。并联电纳中的这种损耗又称充电功率，与线路电压的平方成正比，呈容性，当作无功损耗时应取负号。即是

$$\Delta Q_B = -\frac{B}{2}(U_1^2 + U_2^2) \quad (5-4)$$

式中 $\frac{B}{2}$——线路等值电路中的等值电纳。

线路的无功总损耗为

$$\Delta Q_L + \Delta Q_B = \frac{P_1^2 + Q_1^2}{U_1^2} X - \frac{B}{2}(U_1^2 + U_2^2) \quad (5-5)$$

或者为

$$\Delta Q_L + \Delta Q_B = \frac{P_2^2 + Q_2^2}{U_2^2} X - \frac{B}{2}(U_1^2 + U_2^2) \quad (5-6)$$

当线路传输功率较大时，电抗中消耗的无功功率大于电容中发出的无功功率，线路等值为消耗无功；当传输功率较小（小于自然功率），线路运行电压水平较高时，电抗中消耗的无功功率小于电容发出的无功功率，线路等值为无功电源。35kV 及以下架空线的充电功率较小，总体上是消耗无功的；110kV 及以上架空线，当输送功率较大时，电抗总消耗的无功大于电纳中产生的无功，总体上是无功负载；输送功率较小时，为无功电源。

5.1.2 无功功率电源

在电力系统中，无功电源多于有功电源，除了同步发电机外，还有同步调相机、静止电容器、静止补偿器，这三种装置又称为无功补偿装置；此外还有同步电动机及输电线路等。下面分别介绍各类无功电源的特点与要求。

1. 同步发电机

同步发电机是系统唯一的有功功率电源，也是系统最基本的无功功率电源。同步发电机在额定有功功率条件下运行时，所能发出的无功功率为

$$Q_{GN} = S_{GN} \sin\varphi_N = P_{GN} \tan\varphi_N \quad (5-7)$$

式中 S_{GN}——发电机的额定视在功率；

P_{GN}——发电机的额定有功功率；

φ_N——发电机的额定功率因数角。

设隐极发电机连在无限大容量系统的母线上（端电压维持不变），不计电阻，如图 5-5 所示。

若 $\dot{U}_{GN}$ 不变，以其为参考相量，可作出发电机的 P-Q 极限功率图 5-6 所示。其中 C 点为额定运行点。

图 5-6 中 AC 的长度可以按一定比例代表额定视在功率 S_{GN}，$AC \propto I_N X_d \propto I_N \propto S_{GN}$，

5.1 电力系统的无功功率平衡

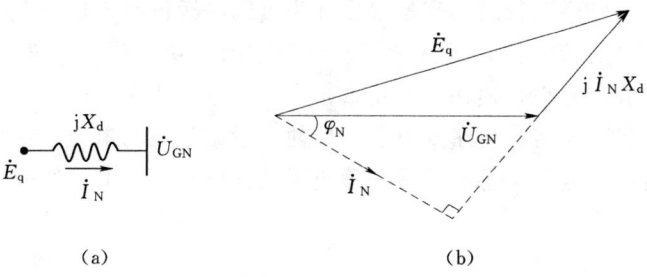

图 5-5 发电机等值电路及相量图
(a) 等值电路图；(b) 相量图

因此，AP_{GN} 的长度可以按一定比例代表额定有功功率 P_{GN}。AQ_{GN} 按一定比例代表额定无功功率 Q_{GN}。

当改变功率因数 $\cos\varphi$ 运行时，发电机要受到以下约束条件的限制：

(1) 定子温升：与定子额定电流相关，即是正比于发电机额定视在功率 S_{GN}。

(2) 原动机功率：决定了发电机的有功功率。

(3) 转子绕组温升：决定于励磁电流即是空载电势。

因此，发电机发出有功、无功的多少，受到该图的 CP_{GN} 和 AQ_{GN} 的限制。该图又称为发电机的 $P-Q$ 运行极限图。从图中可以

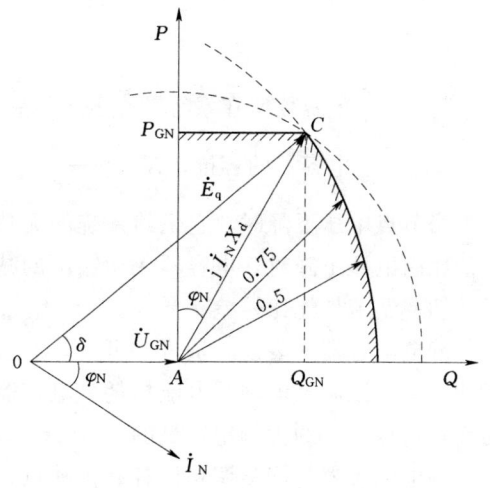

图 5-6 发电机 $P-Q$ 极限功率图

看出，发电机只有在额定电压、额定电流和额定功率因数下运行时，视在功率才能达到额定值，这样其容量才能最充分利用。发电机能提供的最大无功出力与发电机的额定功率因数有关。一般发电机额定功率因数在 0.8～0.9 之间。当发电机的有功功率容量有余，而系统无功功率电源容量不足时，可以降低功率因数运行，甚至将发电机用作调相机运行。

2. 同步调相机

同步调相机是专门发无功功率的发电机，其工作原理相当于空载运行的同步电动机。它是电力系统中能大量吞吐无功功率的设备。

通过调节调相机的励磁电流大小可以平滑地改变其输出的无功功率的大小和方向。在正常励磁（平励磁）状态下，调相机既不发出无功功率，也不吸收系统的无功功率；如果加大调相机的励磁电流，使之在过励磁状态运行时，调相机向系统提供感性无功功率；如果减小调相机的励磁电流，使之在欠励磁状态运行时，调相机则从系统吸取感性无功功率。

因此，调相机既可作为无功电源，发出无功功率，提高母线电压；又可作为无功负荷，吸收无功功率，降低母线电压，有良好的调节效应。由于同步调相机主要用于发出感

性无功功率,它在欠励磁运行时的容量仅设计为过励磁运行时容量的 50%~60%。

但同步调相机是旋转机械,运行维护复杂。它的有功损耗大,满载时达额定容量的 1.5%~5%,而且容量越小,损耗占的比重越大。故容量小于 5Mvar 时,不宜用调相机。在我国,同步调相机常安装在枢纽变电所,以便平滑调整无功出力,维持电压恒定,提高系统稳定性。随着电力电子技术的发展和静止无功补偿器(SVC)的推广使用,调相机现已很少使用。

3. 静电电容器

静电电容器中通过的电流,为超前端电压 90°的容性电流,吸收容性无功功率,相当于发出感性无功功率,因此,静电电容器可作为无功电源,向系统供给无功功率。

静电电容器发出的无功功率与所在节点的电压平方成正比,即

$$Q_C = \frac{U^2}{X_C} \tag{5-8}$$

式中 U——电容器所在系统节点的电压;

X_C——电容器的容抗,$X_C = \frac{1}{\omega C}$。

当节点电压下降时,它供给系统的无功功率将会减少。因此,当系统发生故障或由于其他原因电压下降时,电容器无功输出的减少将导致电压继续下降。也就是说,电容器的无功功率调节性能比较差。

静电电容器的装设容量可大可小,而且既可以集中使用,又可以分散装设来就地供应无功功率,以降低电网的电能损耗。电容器的单位投资费用较小且与总容量无关,运行时功率损耗也小,约为额定容量的 0.3%~0.5%。此外由于没有旋转部件。维护也方便。

静电电容器与同步调相机各有优缺点,比较见表 5-1 所列。

表 5-1   电力电容器与同步调相机的比较

比较内容	电力电容器	同步调相机
有功功率损耗	0.05%~0.5%	1.8%~5.5%
运行与维修	不需人值班,检修周期长	需人值班,要定期检修
调节性能	只能阶梯的调压	可平滑无级的调压
电压下降时的影响	对无功出力有较大影响	对无功出力影响不大
单位容量设备费	廉	贵

4. 静止补偿器

静止补偿器(简称 SVC)是由电力电容器组与可调电抗器组成的可控静止无功补偿装置。其原理是:利用晶闸管电力电子元件所组成的电子开关来分别控制电容器组与电抗器的投切,电容器可发出无功功率,电抗器可吸收无功功率,根据调压需要,通过可调电抗器吸收电容器组中的无功功率,来调节静止补偿器输出的无功功率的大小和方向,既可发出又可以吸收感性无功。依照控制调节方式的不同,静止补偿器可以分为以下几类:

(1) FC-TCR 型静止补偿器。其原理接线如图 5-7 所示。图中 C 为固定电容器 (FC),晶闸管控制的电抗器由线性电抗器 Lh 和两个反极性并联的双向晶闸管构成;与 C

串联的电抗器 L 为高次谐波调谐电感线圈。L 与 C 组成滤波电路,可按需要滤去晶闸管动作所形成的 5、7、11、13 等高次谐波。调节晶闸管的导通角可以改变流过电抗器的电流及其吸收的无功功率。

(2) TSC-TCR 型静止补偿器。其原理接线如图 5-8 所示,图中与固定电容 C 并联部分包括由晶闸管控制的电抗器(TCR)以及由晶闸管开关操作的电容器(TSC)。TSC 和 TCR 的组合运行则可以得到平滑可调的无功功率输出,弥补了 TSC 阶梯式调压的缺陷。

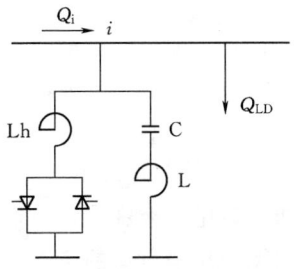
图 5-7 TCR 型静止补偿器原理图

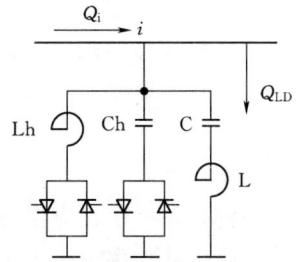
图 5-8 TSC-TCR 型静止补偿器原理图

(3) 可控饱和电抗器型静止补偿器。其原理接线如图 5-9(a)所示。可控饱和电抗器包括两部分绕组,即交流绕组和直流控制绕组。改变直流控制绕组的励磁电流,调节铁芯的饱和程度,就可改变交流绕组的电感值。

(4) 自饱和电抗器型静止补偿器。其原理接线如图 5-9(b)所示它是由并联电容器组 C、自饱和电抗器 L 等部分组成。实质上是一种大容量的磁饱和稳压器,不需要外加控制调节设备,主要用于稳定电压,其原理接线在此不再详述。

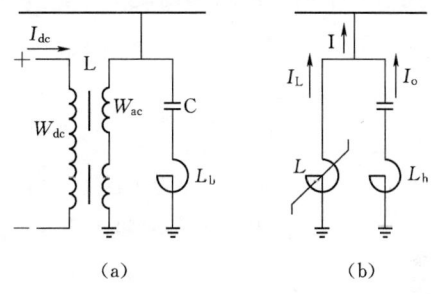
图 5-9 饱和型静止补偿器原理图
(a) 可控饱和电抗器型;(b) 自饱和型

静止补偿器既可以发出无功功率,又可以吸收无功功率;既可以补偿电压偏移,又可以调节电压波动。它在技术、经济特性上的优点主要有:

1) 反应快,能迅速跟踪补偿负荷无功功率突然而频繁地变化,特别适用于补偿冲击负荷。

2) 装有滤波电路,提高了电能质量。

3) 调节电压平滑无极,准确度高。

4) 安全经济,维护简便,可实现分相操作及无人值班。

显然,静止补偿器是一种技术先进、使用方便、经济性能良好的动态无功功率补偿装置。静止补偿器能快速平滑的调节无功功率,以满足无功补偿装置的要求。这样就既克服了电容器作为无功补偿装置只能做电源不能作负荷且不能连续调节的缺点。又与同步调相机相比,运行维护简单,功率损耗小,能做到分相补偿以适应不平衡负荷的变化,对冲击负荷也有较强的适应性。因此在电力系统得到越来越广泛的应用，但是造价较高。

5.1.3 无功功率平衡

电力系统无功功率平衡的含义是：在电力系统运行的任何时刻，系统各类无功电源所发出的无功功率总和与系统无功负荷及无功功率损耗之和相平衡。即

$$\sum Q_G = \sum Q_L + \sum \Delta Q \tag{5-9}$$

式中 $\sum Q_G$——系统无功电源所发出的无功功率；

$\sum Q_L$——系统无功负荷所需要的无功功率；

$\sum \Delta Q$——系统网络元件所引起的无功功率损耗。

进行无功功率平衡计算的前提是系统的电压水平正常，即维持在额定电压水平上。若不能在正常电压水平下保证无功功率的平衡，系统的电压质量就不能保证。电力系统的无功功率应按最大无功负荷的运行方式进行计算，必要时还应校验某些设备检修时或故障运行方式下的无功功率平衡。

和有功功率一样，系统中也应保持一定的无功功率备用，否则，负荷增大时，电压质量仍无法保证。这个无功功率备用容量一般可取最大无功功率负荷的 7%～8%。

在电力系统中，电源的无功出力在任何时刻都同负荷的无功功率和网络的无功损耗之和相等，这是不用怀疑的。问题的关键是无功功率平衡是在什么样的电压水平下实现的。下面以一个简单网络为例说明：

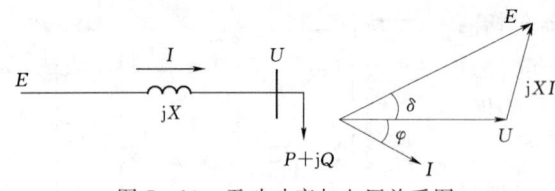

图 5-10 无功功率与电压关系图

如图 5-10 所示，设隐极发电机经过一段线路向负荷供电，省去各元件电阻，用 X 表示发电机和线路电抗之和。假定发电机和负荷的有功功率为定值，根据相量图可以确定发电机送到负荷节点的功率为

$$P = UI\cos\varphi = \frac{EU}{X}\sin\delta$$

$$Q = UI\sin\varphi = \frac{EU}{X}\cos\delta - \frac{U^2}{X}$$

当 P 为一定值时，可得

$$Q = \sqrt{\left(\frac{EU}{X}\right)^2 - P^2} - \frac{U^2}{X} \tag{5-10}$$

当电势 E 为一定值时，Q 与 U 的关系如图 5-11 所示曲线 1，是一条开口向下的抛物线。负荷的主要成分是异步电动机，其无功电压特性如图中曲线 2 所示。这两条曲线的交点 a 确定了负荷节点的电压值 U_a，或者说，系统在电压 U_a 下达到了无功功率平衡。当负荷增加时，其无功电压特性如图中曲线 2′所示。如果系统的无功电源没有相应增加，电源的无功特性仍然是曲线 1，这时曲线 1 和 2′的交点 a′就代表了新的无功平衡点，并由此决定了负荷点的电压为 $U_{a'}$。显然，$U_{a'} < U_a$。这说明负荷增加后系统的无功电源已经不能满足在电压 U_a 下无功平衡的需要，因而只好将低电压运行，以取得在较低电压下的无功平衡。

如果发电机具有充足的无功备用,通过调节励磁电流,增大发电机的电势 E,则发电机的无功特性曲线将上移到曲线 1′ 的位置,从而使曲线 1′ 和 2′ 的交点 c 所确定的负荷节点电压达到或接近原来的数值 U_a。由此可见,系统的无功电源比较充足,能满足较高电压水平下的无功平衡的需要,系统就有较高的运行电压水平;反之,无功不足就反映为运行电压水平偏低。因此,应该力求实现在额定电压下系统无功功率平衡,并根据这个要求装设必要的无功补偿

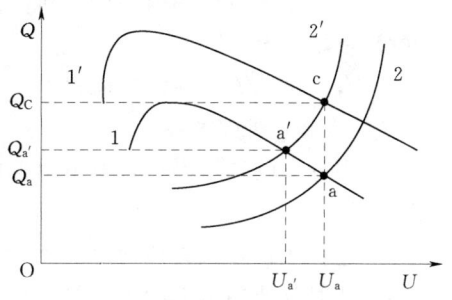

图 5-11　按无功功率平衡确定电压

装置。由于电力系统的供电地区幅员宽广,无功功率因传输损耗不宜长距离输送,因此,负荷所需的无功功率应尽量做到就地供应。为此,不仅应实现整个系统的无功功率平衡,还应分别实现各区域的无功功率平衡。总之,实现无功功率在额定电压下的平衡是保证电压质量的基本条件。

5.2 电力系统的电压调整

各种用电设备都是按照额定电压来设计制造的。这些设备在额定电压下运行将能取得最佳的效果。但在电力系统的正常运行中,随着用电负荷的变化和系统运行方式的改变,网络中的损耗也将发生变化。要严格保证所有用户在任何时刻都有额定电压是不可能的,因此系统运行中各节点出现电压偏移是不可避免的。实际上,大多数用电设备在稍许偏离额定值的电压下运行,仍是允许的。从技术和经济上综合考虑,合理地规定供电电压的允许偏移是完全必要的。但是,电压过大地偏离额定值将对系统和用户产生不良的影响。电压降低,会使网络中的功率损耗和能量损耗加大,电压过低,还可能危及电力系统运行的稳定性;而电压过高,各种电器设备的绝缘可能受到损坏,在超高压网络中还将增加电晕损耗等。因此,必须对电力系统的电压适时调整和管理,使电压偏移在规定的范围内。

5.2.1 中枢点的电压管理

1. 中枢点

电力系统的电压和无功管理的目的是保证电力系统在各种运行方式下,各负荷点的电压都在允许的偏移范围内。但是,由于系统的负荷点众多而又分散,电压质量要求又不一样,不可能花很多的力量来对每一个负荷点的电压都进行监测和调整。因此,必须找出一个切实可行的方法,对电力系统的电压质量进行有效的管理。由于电力系统的负荷点总是通过一些主要的供应点来供应电力的,因此,对系统各负荷电压进行监测和调整,可以通过监视和调整这些供应点的电压来实现,这些供应点叫电压中枢点。

电力系统的电压中枢点,又称电压监控点,指电力系统中大型发电厂和枢纽变电所的母线,一般都装设无功功率电源,具有调节电压的能力。系统中大部分负荷都是由这些节点供电。如果能够控制电压中枢点的电压偏移,也就控制了系统中大部分负荷的电压偏移。通常选择下列母线作为电压中枢点:

(1) 区域性发电厂和枢纽变电所的高压母线。

(2) 重要变电所的 6～10kV 电压母线。

(3) 有大量地方负荷的发电机电压母线。

2. 中枢点的调压方式

电压中枢点的调压方式，按电力网的性质和用电设备对电压的要求不同而有所不同，通常的调压方式有逆调压、顺调压和常调压三种方式。

(1) 逆调压：在最大负荷时，使中枢点的电压较该点所连线路的额定电压提高5％；在最小负荷时，使中枢点的电压等于线路的额定电压。

逆调压方式适用于线路较长、负荷变动较大的电力网。为满足这种调压方式的要求，一般需要在电压中枢点装设较贵重的调压设备（如调相机、静止补偿器、带负荷调压变压器等）。

(2) 顺调压：在最大负荷时，使中枢点的电压不低于线路额定电压的 1.025 倍；在最小负荷时，使电压中枢点的电压不高于线路额定电压的 1.075 倍，即要求电压中枢点的电压偏移在 2.5％～7.5％范围内。

顺调压是一种较低的调压要求，一般不需要加装特殊的调压设备，适用于线路电压损耗较小，负荷变动不大，或用电单位容许电压偏移较大的电力网。

(3) 常调压（也称为"恒调压"）：在任何负荷下都保持中枢点电压为一基本不变的数值。

对于负荷变动小、线路上电压损耗小的情况，采用常调压方式，其电压可以保持为 $102\% \sim 105\% U_N$。

以上三种方式中都是正常运行时对电压调整的要求。当系统发生故障时，电压损耗一般比正常运行时大，对电压质量的要求允许适当降低，通常允许事故时的电压偏移较正常时再增大5％。

5.2.2 电压调整的基本原理

拥有较充足的无功功率电源是保证电力系统有较好的运行电压水平的必要条件，但是要使所有用户的电压质量都符合要求，还必须采用各种调压手段。现以图 5-12 所示的电力系统为例，说明常用的各种调压措施所依据的基本原理。

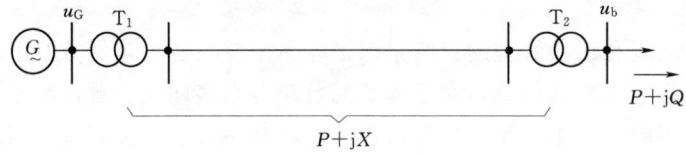

图 5-12 电压调整原理图

为简便起见，略去电力线路的电容功率，变压器的励磁功率和网络的功率损耗。变压器已归算到高压侧。负荷节点 b 的电压为

$$u_b = \frac{u_G K_1 - \Delta U}{K_2} = \frac{u_G K_1 - \dfrac{PR+QX}{u_G K_1}}{K_2} \tag{5-11}$$

式中 u_G——发电机端电压；

K_1 和 K_2——升压和降压变压器的变比；

R——变压器和电力线路归算后的总电阻；

X——变压器和电力线路归算后的总电抗。

由上式可知，为了调整用户端电压 u_b，可以采取以下措施：

(1) 调节励磁电流以改变发电机端电压 u_G。

(2) 改变变压器的分接头来调节变压器的变比 K_1 和 K_2。

(3) 系统中设置无功补偿设备来改变电力网络中输送的无功功率 Q。

(4) 改变电力网的参数 R、X，主要是减少线路的电抗。

5.3 利用发电机和变压器调压

依据上面所述电压调整的基本原理，本节详述发电机和变压器的调压措施。

5.3.1 改变发电机励磁调压

改变发电机的励磁电流，可以改变发电机的电动势和端电压。在发电机端电压保持不变的情况下，当系统负荷增大，引起电力网的电压损耗增加，用户端电压下降；当系统负荷减少，引起电力网的电压损耗降低，用户端电压升高。为了减少用户端电压变化的幅度，可以采用在最大负荷时，增加发电机的励磁电流，提高发电机的端电压；最小负荷时，减少发电机的励磁电流，降低发电机的端电压，从而可以降低用户的端电压。此种调压方式，就是前面介绍的逆调压。发电机端电压的调节范围是其额定值的±5%，在此变动范围内，它能够以额定功率运行。对于不同类型的供电网络，发电机调压所起的作用的是有不同的。

在小型电力系统中，特别是孤立运行的发电机或发电厂中，改变发电机励磁调压是一种既简单、经济又行之有效的最常用的调压方法。例如由发电机经过直配线路给用户供电的电力系统，因供电线路不长，线路上电压损耗不大，往往单靠发电机调压就能满足用户对电压质量的要求。

对于有多级变压器及线路较长、供电范围较大的电力系统，因电压损耗的绝对值较大，而且不同运行方式下电压损耗的差别也太大，单凭发电机调压往往满足不了要求，这就需要和其他调压设备配合共同调压。

在大型电力系统中，改变发电机励磁调节端电压只是一种辅助的调压措施。如果发电机的容量较小，改变发电机的励磁电流，对电厂高压母线的电压不会有多大的影响。如果发电机的容量较大，改变发电机的励磁电流，可以调节电厂高压母线的电压。改变发电厂高压母线的电压，会引起系统中无功功率的重新分配，很可能同系统无功功率的经济分配发生矛盾，影响系统的经济运行。因此，系统中的大型发电机（厂）的无功出力（电压）是按照系统调度下达的无功出力（电压）曲线运行的。

对于大型用户的自备电厂，在最大负荷时，可增加励磁电流提高电压；在最小负荷时，可减少励磁电流，甚至可以欠励磁运行，以吸收系统过剩的无功功率来降低电压。发电机在欠励磁运行时，应保留足够的静态稳定储备。

在水电厂与火电厂组成的电力系统中,可以在丰水期将部分汽轮发电机组改为调相机运行,以补充无功功率不足;在枯水期,可将部分水轮发电机改为调相机运行,以发挥水电厂的调节作用。

改变发电机的励磁电流,不但可以改变发电机的端电压,还可以调节发电机输出的无功功率,来控制调节电力网的电压。发电机是电力系统中最重要的无功电源。在运行中,发电厂在高峰负荷时段高压母线电压偏低期间,应尽量带满无功到额定值;特殊情况下,还可采取减少发电机有功出力多发无功来提高电压的运行方式,使高压母线电压接近运行偏差上限值。在低谷负荷时段高压母线电压偏高期间,应尽量少带无功,使发电机的功率因数达到 0.98 以上运行。已做过进相运行试验的机组,在需要时应进相运行,使高压母线电压接近运行偏差下限值。

发电机应具有进相运行能力(发电机正常运行时,向系统提供有功的同时还提供无功,定子电流滞后于端电压一个角度,此种状态即迟相运行;当逐渐减少励磁电流使发电机从向系统提供无功而变为从系统吸收无功,定子电流从滞后而变为超前发电机端电压一个角度,此种状态即进相运行)。发电机进相运行,此时,电流相角超前电压相角,发电机可以吸收电网无功,用以调低发电机侧电网电压。发电机进相运行对系统稳定存在风险,需要试验确定其能力。新装发电机组应具备在有功功率为额定值时,功率因数进相 0.95 运行的能力,现役发电机未具备进相运行的,应根据需要与可能积极开展进相运行试验及技术改造工作。进相运行机组应保留 10% 的静态稳定储备。

5.3.2 改变变压器的分接头调压

合理选择变压器的分接头来改变变压器的变比进行调压,是电力系统调压措施中应用最为广泛的措施之一。但变压器与发电机不同,它本身几乎不产生无功,如果系统无功不足使得系统电压维持不住时,此时只能依靠发电机的无功出力来提高电压,调整分接头只能改变无功的分配,而无功缺额还是消除不了的,如果强行调变比只能加速系统电压的崩溃。所以,利用变压器分接头调压的前提,就是系统无功充足,电压稳定。

当系统无功功率充足时,采用有载调压变压器调压,非常灵活而有效。但必须注意的是,这种调压措施不增加系统的无功功率,在系统无功功率不足时,不能单靠这种措施来提高整个系统的电压水平。

普通双绕组变压器的高压绕组一般都具有几个分接头供选择使用,除了主分接头外,还有几个附加分接头。对于容量为 6300kVA 及以下变压器,有 3 个分接头,各分接头的电压分别为 $0.95U_n$、U_n、$1.05U_n$,记为"$U_n \pm 5\%$",调压范围为 10%;对于容量为 8000kVA 及以上的变压器,高压侧有 5 个分接头。各分接头的电压分别为 $0.95U_n$、$0.975U_n$、U_n、$1.025U_n$、$1.05U_n$,记为"$U_n \pm 2 \times 2.5\%$",调压范围为 10%。三绕组变压器一般在高、中压绕组都具有分接头供调压选择用。如有特殊要求,制造厂还要提供其他类型的分接头变压器。改变变压器的变比调压实际上就是根据调压要求适当选择分接头。

有载调压变压器的高压侧除主绕组外,还有一个可调节分接头的调压绕组,它可以在带负荷情况下手动或电动操作改变分接头,也能远方电动控制,便于实现自动调压,调压范围也比较大,一般在 15% 以上。目前国内有载调压变压器的分接头个数不一,6~

5.3 利用发电机和变压器调压

10kV 电压等级的有载调压变压器共有 9 个分接头（$U_n \pm 4 \times 2.5\%$），调压范围 20%；35kV 电压等级的，共有 7 个分接（$U_n \pm 3 \times 2.5\%$），调压范围 15%；63kV 以上电压等级的，一般共有 17 个分接 $[U_n \pm 8 \times (1.25\% \sim 1.5\%)]$，调压范围 20%~24%。对个别特殊用户，调压范围还可以放宽，分接头级差还可以更小。

1. 普通双绕组变压器的分接头选择

普通变压器只能在停电情况下改变分接头，对这一类变压器必须事先选好一个分接头，使得在最大负荷与最小负荷时，电压偏移不超过允许范围。在很多情况下，电压正负偏移相等是最符合用电设备电压质量要求的。以下按这一原则来讨论这类变压器分接头的选择方法。

（1）降压变压器的分接头选择。图 5-13 为一降压变压器的分接头情况。

设通过的功率为 $P+jQ$，高压侧的实际电压为 U_1，归算到高压侧的变压器的阻 R_T+jX_T，归算到高压侧的变压器的损耗为 ΔU_T，低压侧要求得到的电压为 U_2，于是有

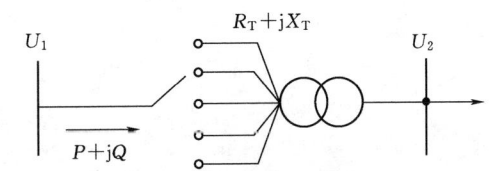

图 5-13 降压变压器的分接头选择示意图

$$\Delta U_T = \frac{PR_T + QX_T}{U_1}$$

$$U_2 = \frac{U_1 - \Delta U_T}{k} \tag{5-12}$$

式中，$k = \dfrac{U_{1F}}{U_{2N}}$ 为变压器的实际变比，即高压绕组分接头电压 U_{1F} 和低压绕组额定电压 U_{2N} 之比。

将 $k = \dfrac{U_{1F}}{U_{2N}}$ 代入式（5-12）便可得到高压侧分接头电压为

$$U_{1F} = \frac{(U_1 - \Delta U_T)}{U_2} U_{2N} \tag{5-13}$$

当变压器通过不同的功率时，高压侧电压 U_1、电压损耗 ΔU_T，以及低压侧所要求的电压 U_2 都要发生变化。

下面通过计算求出不同的负荷下为满足低压侧调压要求所应选择的高压侧分接头电压。

普通双绕组变压器只能在停电状态下改变分接头（无励磁调节电压），在正常的运行中，无论负荷怎样变化只能使用一个固定的分接头。这时可以分别计算出最大负荷和最小负荷下所要求的分接头电压为

$$U_{1Fmax} = \frac{(U_{1max} - \Delta U_{Tmax})U_{2N}}{U_{2max}} \tag{5-14}$$

$$U_{1Fmin} = \frac{(U_{1min} - \Delta U_{Tmin})U_{2N}}{U_{2min}} \tag{5-15}$$

然后取其算术平均值为

$$U_{1Fav} = \frac{(U_{1Fmax} + U_{1Fmin})}{2} \tag{5-16}$$

根据 U_{1Fav} 的值可以选择一个与其最接近的分接头。然后根据所选取的分接头校验最大负荷和最小负荷时低压母线上的实际电压是否符合要求。

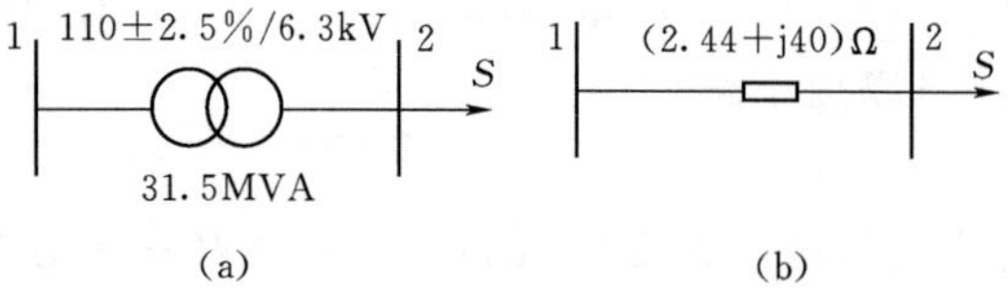

【例 5-1】 降压变压器及其等值电路示于图 5-14（a）、（b）。归算至高压侧的阻抗为 $R_T+jX_T=(2.44+j40)\Omega$。已知在最大和最小负荷时通过变压器的功率分别为 $S_{max}=(28+j14)MVA$ 和 $S_{min}=(10+j6)MVA$，高压侧的电压分别为 $U_{1max}=110kV$ 和 $U_{1min}=113kV$。要求低压母线的电压变化不超出 6.0～6.6kV 的范围，试选择分接头。

图 5-14 [例 5-1] 的降压变压器及其等值电路

解： 先计算最大负荷及最小负荷时变压器的电压损耗

$$\Delta U_{Tmax}=\frac{28\times 2.44+14\times 40}{110}kV=5.7kV$$

$$\Delta U_{Tmin}=\frac{10\times 2.44+6\times 40}{113}kV=2.34kV$$

假定变压器在最大负荷和最小负荷运行时低压侧的电压分别取为 $U_{2max}=6kV$ 和 $U_{2min}=6.6kV$，则由式（5-14）和式（5-15）可得

$$U_{1Fmax}=(110-5.7)\times\frac{6.3}{6.0}kV=109.4(kV)$$

$$U_{1Fmin}=(113-2.34)\times\frac{6.3}{6.6}kV=105.6(kV)$$

取算术平均值

$$U_{1Fav}=(109.4+105.6)kV/2=107.5(kV)$$

选最接近的分接头 $U_{1F}=107.25kV$。按所选分接头校验低压母线的实际电压。

$$U_{2max}=(110-5.7)\times\frac{6.3}{107.25}kV=6.13kV>6(kV)$$

$$U_{2min}=(113-2.34)\times\frac{6.3}{107.25}kV=6.5kV>6.6(kV)$$

可见所选分接头是能满足调压要求的。

（2）升压变压器的分接头选择。图 5-15 为升压变压器的分接头示意图，分接头的选择方法与降压变压器类似，不同的是升压变压器功率输送方向是从低压侧到高压侧。

于是，式（5-13）中 ΔU_T 前面的符号应相反，即是要将电压损耗和高压侧电压相加。因而有

$$U_{1F}=\frac{(U_1+\Delta U_T)}{U_2}U_{2N} \quad (5-17)$$

式中 U_2——低压绕组的实际电压或给定电压；

U_1——高压侧所要求的电压。

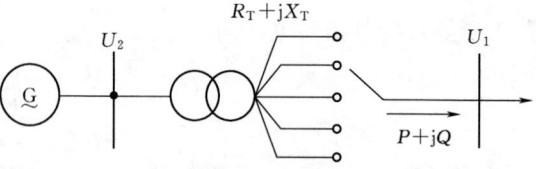

图 5-15 升压变压器的分接头选择示意图

5.3 利用发电机和变压器调压

需要指出的是升压变压器与降压变压器绕组的额定电压是有差别的。此外，在选择发电厂中升压变压器的分接头时，在最大和最小负荷下，要求发电机的端电压不能超过规定的允许范围。同时，如果在发电机电压母线上还接有地方负荷，则应当满足地方负荷对发电机母线的调压要求，一般可采用逆调压方式调压。

由式（5-13）、式（5-17）计算出来的分接头电压为理论值，还应根据厂家提供的铭牌数据选择出标准的分接头电压，再根据变压器低压侧母线调压方式要求的电压，进行校验。如果不满足调压方式的要求，应考虑与其他调压措施配合。

【例 5-2】 某降压变电所有一台容量为 10MVA 的变压器，电压为 $110\pm2\times2.5\%/11\text{kV}$，已知最大负荷时高压侧实际电压为 113kV，变压器阻抗中电压损耗为额定电压的 4.63%；最小负荷时高压侧实际电压为 115kV，变压器阻抗中电压损耗为额定电压的 2.81%，变电所低压母线采用顺调压方式，试选择变压器分接头电压（低压母线额定电压为 10kV）。

解： 最大负荷时变压器分接头电压为

$$U_{Fmax} = \frac{U_{2max} \times u_N}{u'_{2max}} = \frac{113-110\times 4.63\%}{1.025\times 10}\times 11 = 115.8(\text{kV})$$

最小负荷时变压器分接头电压为

$$U_{Fmin} = \frac{U_{2min}\times u_N}{u'_{2min}} = \frac{115-110\times 2.81\%}{1.075\times 10}\times 11 = 114.5(\text{kV})$$

所以

$$U_F = \frac{U_{Fmax}+U_{Fmin}}{2} = \frac{115.8+114.5}{2} = 115.15(\text{kV})$$

选标准分接头电压为 115.5kV。

检验： 最大负荷时，低压侧电压与电压偏移百分数为

$$u'_{2max} = \frac{U_{2max}\,u_N}{U_{F*}} = (113-110\times 4.63\%)\times \frac{11}{115.5} = 10.28(\text{kV})$$

$$m_{max}(\%) = \frac{10.28-10}{10}\times 100 = 2.8 > 2.5$$

最小负荷时，低压侧电压与电压偏移百分数为

$$u'_{2min} = \frac{U_{2min}\,u_N}{U_{F*}} = \left(115-110\times \frac{2.81}{100}\right)\times \frac{11}{115.5} = 10.65(\text{kV})$$

$$m_{min}(\%) = \frac{10.65-10}{10}\times 100 = 6.5 < 7.5$$

由于在最大负荷与最小负荷时低压侧电压偏移均满足要求，故所选分接头是合适的。

【例 5-3】 某升压变电所有一台容量为 240MVA 的变压器，电压为 $242\pm2\times2.5\%/10.5\text{kV}$，在最大负荷时，欲使变压器高压侧为 235kV，在最小负荷时高压侧电压为 226kV，变电所低压母线采用逆调压方式，已知在最大负荷时归算到高压侧的变压器电压损耗为 8kV，在最小负荷时归算到高压侧的变压器电压损耗为 4kV，试选择变压器分接头电压。

解： 最大负荷时变压器分接头电压为

$$U_{F\max}=\frac{U_{2\max}}{u'_{2\max}}u_N=\frac{235+8}{1.05\times10}\times10.5=243(\text{kV})$$

最小负荷时变压器分接头电压为

$$U_{F\min}=\frac{U_{2\min}}{u'_{2\min}}u_N=\frac{226+4}{1.0\times10}\times10.5=241.5(\text{kV})$$

所以
$$U_F=\frac{U_{F\max}+U_{F\min}}{2}=\frac{243+241.5}{2}\times10.5=242.25(\text{kV})$$

选标准分接头电压为 242kV。

检验：最大负荷时，低压侧电压与电压偏移百分数为

$$u'_{2\max}=\frac{U_{2\max}\,u_N}{U_{F*}}=\frac{243\times10.5}{242}=10.54(\text{kV})$$

$$m_{\max}(\%)=\frac{10.54-10}{10}\times100=5.4\approx5，符合逆调压要求。$$

最小负荷时，低压侧与电压偏移百分数为

$$u'_{2\min}=\frac{U_{2\min}\,u_N}{U_{F*}}=\frac{230\times10.5}{242}=9.979(\text{kV})$$

$$m_{\min}(\%)=\frac{9.979-10}{10}\times100=-0.2\approx0$$

符合逆调压要求。

由于在最大负荷与最小负荷时低压侧电压偏移均满足要求，故所选分接头是合适的。

2. 有载调压变压器的分接头选择

有载调压变压器有两种形式：一种是本身具有调压绕组的有载变压器；另一种是带有加压调压器的有载变压器。前一处广泛应用于新建发电厂及变电所中，后一种主要应用于现役普通变压器的技术改造中。这里只介绍本身具有调压绕组的有载调压变压器的工作原理。

本身具有调压绕组的有载调压变压器的接线原理图如图 5-16 所示。高压绕组除主绕组外，还有一个引出若干分接头的调压绕组，调压绕组带有分接头切换装置，可在有负荷时切换分接头。切换装置有两个动触头，改换分接头时，首先断开接触器的触点 KMa，将其中一个可动触头移动到相邻的分接头上，然后合上接触器的触点 KMa，由于另一个可动触头仍然在原来的分接头位置上，故不会出现变压器带负荷开路的问题。接着，断开接触器的触点 KMb，再把另一个可动触头也采用相同的切换程序移到该分接头上，这样逐级地移动，直到两个可动触头都移到所选定的分接头为止。在切换过程中，当两个可动触头在不同分接头位置时，分接头之间由于存在着一定的电位差，会有一定的短路电流。切换装置中电抗器 L 就是用来限制两个分

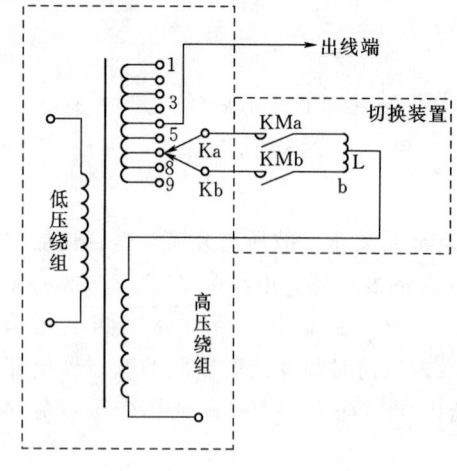

图 5-16 有载调压变压器的原理接线图

接头之间的短路电流的。为了防止可动触头在切换过程中产生电弧,而导致变压器的绝缘油劣化,可在切换装置可动触头 Ka、Kb 的电路中接入接触器的触点 KMa、KMb(它们被放在单独的油箱里)。

对于 110kV 及以上电压等级的变压器,一般调节绕组是放在变压器的中性点侧,因为变压器的中性点接地,中性点侧附近对地电压很低,调节装置的绝缘容易解决。

对于各种变压器分接头的选择,总的要求是:所选出的分接头应使二次母线的实际电压不超出电压允许偏移范围。此外,变压器的分接头的选择还应考虑以下的几个问题:

(1) 区域性的大型电厂的升压变压器分接头应尽量放在最高位置。

(2) 通常只按照最在负荷及最小负荷两种方式选择变压器的分接头,但也应考虑事故发生后中枢点电压是否会降到临界电压。若是,则应采取其他事故措施或自动切负荷的措施。

(3) 应尽量将二次系统的电压提高到上限运行,这样可以降低一次系统的无功功率损失和增加一次系统的充电功率,对系统的无功功率平衡和电压调整是有利的。在无功电源充足的系统中,用户的电压也应尽可能在上限运行,这对系统的经济运行有利。当整个系统的无功电源不足时,则维持用户低压母线的电压为原有水平,以保证系统能安全、可靠地运行。

3. 三绕组变压器分接头选择

三绕组变压器分接头选择的方法类似双绕组变压器,可以采用双绕组变压器的分接头计算公式。

三绕组变压器一般是低压侧为固定分接头,高压侧和中压侧分别设有 3~5 个可选择的分接头,需要分别选出高压侧和中压侧分接头电压。分接头选择的一般方法是:根据变压器的功率流向来决定。对于高压侧有电源的三绕组降变压器(功率从高压侧流向中、低压侧),应首先按低压母线的调压要求选出高压侧的分接头(此时,高压绕组和低压绕组相当于一个双绕组变压器)。当高压绕组的分接头选定后,再按中压母线的调压要求选取中压绕组的分接(此时,高压绕组、中压绕组相当于双

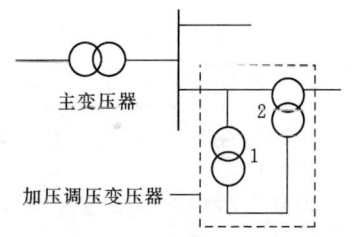

图 5-17 加压调压变压器的原理图

组变压器);对于低压侧有电源的升压变压器,其他两侧分接头可以根据这两侧所要求的电压和低压侧电情况分别进行选择,即将它看成两台双绕组升压变压器来进行选择。

4. 加压调压变压器

如图 5-17 所示,加压调压变压器由电源变压器 1 和串联变压器 2 组成,串联变压器 2 的次级绕组串联在主变压器的引出线上,作为加压绕组。这相当于在线路上串联了一个附加电势。改变附加电势的大小和相位就可以改变线路上电压的大小和相位。通常把附加电势的相位与线路电压的相位相同的变压器称为纵向调压变压器,把附加电势与线路电压有 90°相位差的变压器称为横向调压变压器,把附加电势与线路电压之间有不等于 90°相位差的调压变压器称为混合型调压变压器。

加压调压变压器可与主变压器配合使用,也可单独串联在线路中使用;可单纯调压,

也可改变环形网络中的功率分布以减少功率损耗。

5.4 无功功率补偿调压

5.4.1 利用并联补偿调压

无功功率的产生基本不消耗能源，但是无功功率沿电力网传送却要引起有功功率损耗和电压损耗。合理地配置无功功率补偿容量，以改变电力网的无功功率分布，就地平衡无功负荷，可以减少无功功率在电力网传输过程中产生的电压损耗和功率损耗，提高电网的电压质量和设备利用率。

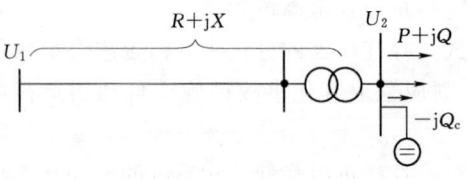

图 5-18 简单电力网的无功功率补偿

图 5-18 所示的一简单电力网，供电点电压 U_1 和负荷功率 $P+jQ$ 已经给定，线路电容和变压器的励磁功率略去不计。在未加补偿装置前若不计电压降落的横分量，便有

$$U_1 = U_2' + \frac{PR+QX}{U_2'} \tag{5-18}$$

式中 U_2'——归算到高压侧的变电所低压母线电压。

变电所装设容量为 Q_c 的并联补偿装置后，网络传送到负荷点的无功功率将变为 $Q-Q_c$，这时变电所低压母线的归算电压也相应的变为 U_{2c}'，故有

$$U_1 = U_{2c}' + \frac{PR+(Q-Q_c)X}{U_{2c}'}$$

如果补偿前后 U_1 保持不变，则有

$$U_2' + \frac{PR+QX}{U_2'} = U_{2c}' + \frac{PR+(Q-Q_c)X}{U_{2c}'} \tag{5-19}$$

由此可解得使变电所低压母线的归算电压从 U_2' 改变到 U_{2c}' 时所需的无功补偿容量为

$$Q_c = \frac{U_{2c}'}{X}\left[(U_{2c}'-U_2') + \left(\frac{PR+QX}{U_{2c}'} - \frac{PR+QX}{U_2'}\right)\right] \tag{5-20}$$

上式方括号中第二项的数值很小，可以略去，于是上式便简化为

$$Q_c = \frac{U_{2c}'}{X}(U_{2c}'-U_2') \tag{5-21}$$

如果变压器的变比选择为 k，经过补偿后，变电所低压侧要求保持的实际电压则为 $U_{2c}' = kU_{2c}$。将其带入式（5-21），可得

$$Q_c = \frac{kU_{2c}}{X}(kU_{2c}-U_2') = \frac{k^2 U_{2c}}{X}\left(U_{2c}-\frac{U_2'}{k}\right) \tag{5-22}$$

由此可见，补偿容量与调压要求和降压变压器的变比选择有关。变比的选择原则是：在满足调压的条件下，使无功补偿容量最小。

由于无功补偿设备不同，选择变比的条件也不相同，以下分别叙述。

1. 补偿设备为静止电容器

通常在大负荷时降压变电所电压偏低，小负荷时电压偏高。静止电容器只能发出感性

无功功率以提高电压,但电压过高时却不能吸收感性无功功率来降低电压。为了充分利用补偿容量,在最大负荷时电容器应全部投入工作,在最小负荷时则应全部退出。

依照上述要求,第一步,依据调压要求,在最小负荷时没有补偿时的情况确定变压器的分接头。设 $U'_{2\min}$ 为最小负荷时,调压前变压器低压侧实际电压归算到高压侧的值,$U_{2\min}$ 为最小负荷时变压器低压侧的调压要求的电压。则 $\dfrac{U'_{2\min}}{U_{2\min}}=\dfrac{U_F}{U_N}$,由此可算出变压器的分接头电压应为

$$U_F = \frac{U'_{2\min} \times U_N}{U_{2\min}} \quad (5-23)$$

式中　U_N——变压器低压绕组的额定电压。

根据上式计算出的分接头电压,选择与其值最接近的标准分接头电压,并检验符合调压要求。根据选择的标准分接头电压计算变压器的实际变比 k 为

$$k = \frac{U_F}{U_N} \quad (5-24)$$

然后,以这一选定的变比 k 值,按最大负荷时的调压要求计算并联无功补偿容量为

$$Q_c = \frac{k^2 U_{2C\max}}{X}\left(U_{2C\max} - \frac{U'_{2\max}}{k}\right) \quad (5-25)$$

式中　$U'_{2\max}$——最大负荷时,调压前变压器低压侧实际电压归算到高压侧的值;
　　　$U_{2C\max}$——最大负荷时,变压器低压侧调压要求的电压;
　　　X——输电线路和降压变压器低的总电抗。

根据式 5-25 计算出的补偿容量,选出标准电容器的型号并计算总容量和总台数。然后,重新计算最大负荷时,补偿后的实际电压,校验是否满足要求。

2. 装设同步调相机

调相机的特点是既能过励磁运行发出感性无功功率使系统电压升高,又能欠励磁运行吸收感性无功功率使电压降低,如图 5-19 所示。

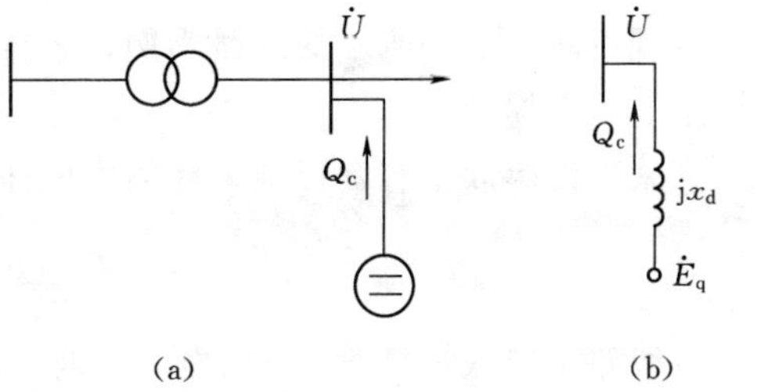

图中 $Q_c = \dfrac{E_q U}{x_d} - \dfrac{U^2}{x_d}$,过励磁时 $Q_c > 0$,发出感性无功功率;欠励磁时 $Q_c < 0$,吸收感性无功功率。

图 5-19　调相机一次接线和等值电路图

这样,在最大负荷时,同步调相机可以过励磁运行,发出无功功率,提高母线电压;在最小负荷时,同步调相机可以欠励磁运行,吸收无功功率,降低母线电压。根据调相机的稳定特性,欠励磁运行容量为过励磁运行容量的 50%~60%。故在最大负荷时,由式 5-25 得调相机容量为

$$Q_c = \frac{k^2 U_{2C\max}}{X}\left(U_{2C\max} - \frac{U'_{2\max}}{k}\right) \quad (5-26)$$

用 ξ 代表数值范围(0.5~0.6)之间的某个值,则在最小负荷时,调相机容量为

$$-\xi Q_c = \frac{k^2 U_{2C\min}}{X}\left(U_{2C\min} - \frac{U'_{2\min}}{k}\right) \quad (5-27)$$

两式相除可得

$$-\xi = \frac{U_{2C\min}(kU_{2C\min} - U'_{2\min})}{U_{2C\max}(kU_{2C\max} - U'_{2\max})} \quad (5-28)$$

由式（5-28）可求解出变比 k 为

$$k = \frac{\xi U_{2C\max}U'_{2\max} + U_{2C\min}U'_{2\min}}{\xi U^2_{2C\max} + U^2_{2C\min}} \quad (5-29)$$

依照 k 计算出变压器分接关电压值 U_F，选出最接近的 U_F 标准分接头后，再次计算出变压器变比，代入式 5-26，即可求出调相机容量。再根据产品目录选出与此容量相近的调相机，最后按所选容量进行电压校验。

5.4.2 线路串联电容补偿改善电压质量

对于长距离输电线路，由于线路感抗较大，产生较大的电压损耗和无功功率损耗，同时也限制了线路的输送容量。为了减少线路感抗，缩短线路的电气距离，可采用串联电容器，补偿线路感抗、降低电压损耗和无功损耗、提高线路末端电压达到调压的目的。

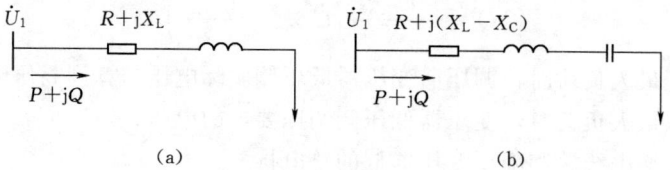

图 5-20 串联电容补偿
(a) 未装串联电容器；(b) 串入电容补偿器后

现以图 5-20 所示的线路为例，来分析串联电容补偿容量的计算。为简化计算，略去线路的功率损耗。

未装设串联电容器以前，线路中电压损耗为

$$\Delta U = \frac{PR + QX_L}{U_1}$$

线路中串入容抗为 X_C 的电容器时，电压损耗为

$$\Delta U' = \frac{PR + Q(X_L - X_C)}{U_1} \quad (5-30)$$

设根据调压要求线路串入电容器后，电压需提高的数值为 $\Delta U''$，则可得

$$\Delta U'' = \Delta U - \Delta U' = \frac{PR + QX_L}{U_1} - \frac{PR + Q(X_L - X_C)}{U_1} = \frac{QX_C}{U_1} \quad (5-31)$$

所以，串联电容器的总容抗为

$$X_C = \frac{U_1 \Delta U''}{Q} \quad (5-32)$$

式中 U_1——线路首端的电压；

$\Delta U''$——串联电容补偿后线路末端电压的提高值；

Q——线路首端的无功功率。

5.4 无功功率补偿调压

则串联电容补偿站(简称串补站)三相电容器的计算容量为

$$Q_C = 3I^2 X_C = \frac{P^2 + Q^2}{U_1^2} X_C \tag{5-33}$$

设串补站为单个容抗为 X_{CO} 的电容器组成,每相电容器的串数为 n,每串电容器个数为 m,这样就可构成单个电容器组成的串并联电路如图 5-21 所示。

则 n、m 可由以下公式计算

$$\left.\begin{array}{l} n = \dfrac{KI}{I_{CO}} \\ m = \dfrac{nX_C}{X_{CO}} \end{array}\right\} \tag{5-34}$$

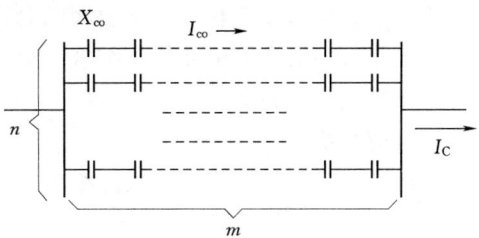

图 5-21 串联电容混联补偿电路

式中 K——电容器电流储备系数,$K=12$;
I_{CO}、X_{CO}——单个电容器的额定电流和容抗。

串补站电容器组的实际三相电容功率为

$$D_C = 3mnQ_{CO} \tag{5-35}$$

除了容量和台数要决定以外,串联电容器组的设置地点也需确定。因为补偿效果与设置地点有关,设置地点选择的原则是:串联电容补偿以后,沿线电压应尽可能比较均匀,所有负荷点电压得以提高,而且电压又在允许范围内。按照这些原则,对于不同结构的线路,串联电容的设置地点就可能有不同的方案。对单电源线路,当负荷集中在线路末端时,仅需要末端(负荷端)电压得到提升,这时,可将串联电容器集中安装在线路末端。当沿线有若干个负荷时,为了能适当提高沿线各负荷点的电压,可将串联电容器安装在补偿前 1/2 线路电压损耗处。

串联电容补偿的性能可用补偿度来表示。所谓补偿度,是指串联电容器的容抗 X_C 与线路感抗 X_L 的比值,用 K_C 表示,则

$$K_C = \frac{X_C}{X_L} \times 100\% \tag{5-36}$$

当 $X_C < X_L$ 时,称为欠补偿。补偿了部分线路感抗,线路末端电压得到提高,但不会超过线路首端电压的值。当 $X_C = X_L$ 时,称为全补偿。线路容抗补偿了全部线路感抗,线路相当于纯电阻线路,在不考虑电阻压降时,线路末端电压等于线路首端电压的值。当 $X_C > X_L$ 时,称为过补偿。在补偿时,线路末端电压可能高于线路首端电压的值。

与并联电容补偿相比,串联电容所补偿的电压,与线路电流成正比。当线路电流增加时,线路感抗压降增加,同时,串联电容器上电压升也相应增加。因此,串联电容补偿有自动按需要调整线路末端电压的优点。另外,串联电容补偿应考虑装设过电压保护和防止短路电流对电容器的冲击的保护电器,如避雷器、放电间隙、释能设备等。

对电网进行无功补偿的重大意义如下所述。

(1) 提高电网输送能力,减少系统元件容量。

(2) 降低网络功率损耗和电能损耗。

(3) 改善电压质量。

但对于中、低压配电网进行无功功率补偿时应该有序进行,制定相应的管理办法,总的原则是无功功率补偿应"就地补偿、分级分区平衡",具体如下。

(1) 总体平衡和局部平衡相结合。尽量避免不同分区之间无功的远距离输送和交换。

(2) 电业部门补偿和用户补偿相结合。

(3) 分散补偿和集中补偿相结合,以分散为主。集中补偿是指在变电所集中装设容量较大的补偿设备。分散补偿是指在配电网的分散区,如配电线路、变压器和用电设备,分散进行无功补偿。

(4) 降损与调压相结合,以降损为主。

项目实践　变电站无功补偿容量的计算

无功补偿是借助于无功补偿设备提供必要的无功功率,以提高系统的功率因数,降低电能损耗,改善电网质量。无功功率的传送会引起有功功率和电压的损耗,为了减少损耗,应合理补偿无功功率。

35~110kV变电站的容性无功补偿装置以补偿变压器无功损耗为主,并适当兼顾负荷侧的无功补偿。容性无功补偿装置的容量按主变压器容量的10%~30%配置,并满足35~110kV主变压器最大负荷时,其高压侧功率因数不低于0.95。下面以某110kV东城变电站扩建增设无功补偿电容器为例进行计算。

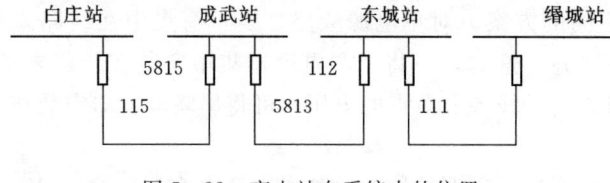

图5-22　变电站在系统中的位置

1. 变电站基本情况

110kV某变电站在系统中的位置如图5-22所示,正常方式由110kV成东线供,通过缯东线与电网相连。该站建成投运,一台主变容量31.5MVA,作为"提高输送能力"的一项措施,在变电站投产时需加装无功补偿电容器。

2. 计算补偿容量的不同方法

依据《电力系统电压和无功电力技术导则》、《国家电网公司电力系统无功补偿配置技术原则》要求,从不同考虑点计算得出不同的容量要求,求其最大值作为变电站无功补偿容量的依据。

(1) 按补偿主变压器无功损耗计算。

东城站1号主变参数及110kV侧、35kV侧负荷见表5-2。

表5-2　　　　　　　　110kV东城站1号主变压器参数

额定容量/MVA	空载损耗P_0/kW	空载电流I_0/%	短路电压$U_{K}12$/%	短路损耗$P_{K}31$/kW	35kW侧负荷/MVA
31.5/31.5/31.5	26.082	0.26	10.02	154.058	16.4+j7.5
短路电压$U_{K}23$/%	短路电压$U_{K}13$/%	短路损耗$P_{K}12$/kW	短路损耗$P_{K}23$/kW	10kW侧负荷/MVA	
7.1	15.77	145.426	123.94	3.5j1.8	

空载漏磁无功损耗：

$$Q_0 \approx S_0 \approx I_0\% S_N \times 10^{-2} = 0.26 \times 31.5 \times 10^{-2} = 0.08 (\text{Mvar})$$

额定负载漏磁功率：

$$Q_{K12} = U_{K12}\% S_{2N} \times 10^{-2} = 10.02 \times 31.5 \times 10^{-2} = 3.15 (\text{Mvar})$$

$$Q_{K13} = U_{K13}\% S_{3N} \times 10^{-2} = 15.77 \times 31.5 \times 10^{-2} = 4.96 (\text{Mcar})$$

$$Q_{K23} = U_{K23}\% S_{3N} \times 10^{-2} = 7.1 \times 31.5 \times 10^{-2} = 2.23 (\text{Mcar})$$

$$Q_{K1} = \frac{Q_{K12} + Q_{K13} - Q_{K23}}{2} = \frac{3.15 + 4.96 - 2.23}{2} = 2.94 (\text{Mvar})$$

$$Q_{K2} = \frac{Q_{K12} + Q_{K23} - Q_{K13}}{2} = \frac{3.15 + 2.23 - 4.96}{2} = 0.21 (\text{Mvar})$$

$$Q_{K3} = \frac{Q_{K13} + Q_{K23} - Q_{K12}}{2} = \frac{2.23 + 4.96 - 3.15}{2} = 2.02 (\text{Mvar})$$

$$\Delta Q_{K2} = Q_{K2} \times \frac{S_2^2}{S_{2N}^2} = 0.21 \times \frac{16.4^2 + 7.5^2}{31.5^2} = 0.068 (\text{Mvar})$$

$$\Delta Q_{K3} = Q_{K3} \times \frac{S_3^2}{S_{3N}^2} = 0.02 \times \frac{3.5^2 + 1.8^2}{31.5^2} = 0.03 (\text{Mvar})$$

$$\Delta Q_{K1} = Q_{K1} \times \frac{S_1^2}{S_{1N}^2} = Q_{K1} \times \frac{(P_2 + \Delta P_{K2} + P_3 + \Delta P_{K3})^2 + (Q_2 + \Delta Q_{K2} + Q_3 + \Delta Q_{K3})^2}{S_{1N}^2}$$

$$\approx 2.94 \times \frac{(16.4+3.5)^2 + (7.5+0.068+1.8+0.03)^2}{31.5^2} = 1.435 (\text{Mvar})$$

变压器无功损耗：

$$\Delta Q_T = (\Delta Q_0 + \Delta Q_{K1} + \Delta Q_{K2} + \Delta Q_{K3})$$
$$= 0.08 + 1.435 + 0.068 + 0.03 = 1.61 (\text{Mvar})$$

补偿容量

$$\Delta Q_c = \Delta Q_T = 1.61 (\text{Mvar})$$

（2）按补偿变压器无功损耗同时补偿输电线路无功损耗计算

110kV 成东线型号为 LGJ-240，$R_1 = 0.13\Omega/\text{km}$，$X_1 = 0.416\Omega/\text{km}$，线路长度 4.56km 成东线带东城站负荷时线路无功损耗：

$$\Delta Q_L = I^2 X_1 = \left(\frac{S}{\sqrt{3}U}\right)^2 x_1 L$$
$$= \frac{(P^2 + Q^2)}{3U^2} x_1 L$$
$$= \frac{(20.394^2 + 12.5^2)}{3 \times 110^2} \times 0.416 \times 4.56$$
$$= 0.05 (\text{Mvar})$$

补偿容量

$$\Delta Q_c = \Delta Q_T + \Delta Q_L = 1.61 + 0.05 = 1.66 (\text{Mvar})$$

（3）按东城站最高负荷时变压器高压侧功率因数不低于 0.95 计算。

110kV 东城站 1 号主变压器高压侧最高负荷

$$S_{\max} = P + jQ = 20.394 + j12.5$$

功率因数

$$\cos\varphi = \frac{P}{S} = \frac{P}{\sqrt{P^2+Q^2}} = \frac{20.394}{\sqrt{20.394^2+12.5^2}} = 0.85$$

补偿容量

$$\Delta Q_c = \Delta Q_T = P(\tan\varphi - \tan\arccos 0.95)$$
$$= 20.394(\tan\arccos 0.85 - \tan\arccos 0.95)\Delta$$
$$= 5.93(\text{Mvar})$$

220kV 以及以上电压等级变电站还需要考虑满足电压的要求配置无功补偿电容器。

3. 补偿容量的确定

为满足各项要求，取三种计算方式的最大值，补偿容量应为

$$\Delta Q_{com} = \max(\Delta Q_c) = 5.93(\text{Mvar})$$

另外，110kV 变电站无功补偿装置的单组容量不宜大于 6Mvar，35kV 变电站无功补偿装置的单组容量不宜大于 3Mvar，单组电容的选择还应考虑变电站负荷较小时无功补偿的需要。

课 后 思 考 题

5-1 电力系统中无功负荷和无功损耗主要是指什么？

5-2 如何进行电力系统无功功率的平衡？在何种状态下才有意义？定期做电力系统无功功率平衡计算的主要内容有哪些？

5-3 电力系统中无功功率电源有哪些？其分别的工作原理是什么？

5-4 电力系统中无功功率与节点电压有什么关系？

5-5 电力系统的电压变动对用户有什么影响？

5-6 电力系统中无功功率的最优分布主要包括哪些内容？其分别服从什么准则？

5-7 有功网损微增率、无功网损微增率和网损修正系数的定义及意义是什么？什么是等网损微增率准则？

5-8 电力系统常见的调压措施有哪些？

5-9 什么是静止补偿器？其原理是什么？有何特点？常见的有哪几种类型？

5-10 并联电容器补偿和串联电容器补偿各有什么特点？其在电力系统中的使用情况如何？

项目 6 电力系统的经济运行

教与学目标
1. 明晰电力系统经济运行的含义，熟悉变压器经济运行方程。
2. 掌握电力系统负荷和负荷曲线的概念。
3. 熟悉电能损耗及降低损耗的措施。

电力系统经济运行的基本要求是，在保证整个系统安全可靠和电能质量满足标准要求的前提下，尽可能地提高电能生产和输送的效率，尽量降低发电的燃料消耗或供电成本。

电力系统经济运行方式是在保证电力系统安全可靠运行和供电质量及满足供电需求基础上，通过对比优选变压器及电力线路损耗最小的运行方式，在保证技术安全、经济合理的条件下，充分利用现有的设备、元件，通过相关技术论证，选取最佳运行方式，调整负荷，提高功率因数，调整或更换变压器，电力系统改造等，在传输相同电量的基础上，以达到减少系统损耗，从而达到降低电力系统损耗和提高经济效益的目的。

由于电力系统的损耗主要是由变压器损耗与电力线路损耗所组成，所以电力系统改造的节电降耗，也就是对电力系统中的所有变压器和电力线路进行择优选择和优化组合，组建成"安全经济型电力系统"。电力系统运行降损措施包括的内容与种类较多，根据各方面经验与理论，下面仅从电力系统经济运行的一些主要方面讨论降损的主要技术措施。

6.1 电力系统负荷和负荷曲线

6.1.1 电力系统的负荷

电力系统某一时刻所承担的各类用电设备消耗电功率的总和称为电力负荷，又称电力系统综合用电负荷。电力系统的负荷通常采用以下几种方法进行分类：

1. 按发、供、用关系分类

（1）用电负荷：电能用户的用电设备在某一时刻向电力系统取用的电功率的总和。
（2）线路损失负荷：电能在输送过程中发生的功率和能量损失。
（3）供电负荷：用电负荷加上同一时刻的线路损失负荷。
（4）厂用负荷：发电厂中厂用设备所消耗的功率。
（5）发电负荷：供电负荷加上同一时刻各发电厂的厂用负荷，这是电力系统的全部生产负荷。

2. 按电力系统中负荷发生的时间分类

（1）高峰负荷：电力系统或用户在一天时间内所发生的最大负荷值，通常选一天24小时中用电最高的一个小时的平均负荷为最高负荷。
（2）最低负荷：电力系统或用户在一天时间内所发生的最小负荷值，通常选一天24

小时中用电最少的一个小时的平均负荷为最低负荷。

（3）平均负荷：电力系统或用户在某一段确定时间内的平均小时用电量。

3. 按突然中断供电引起的损失程度分类

（1）一级负荷：中断供电时将造成人身伤亡，或经济、政治、军事上的重大损失的负荷；如发生设备重大损坏，产品出现大量废品，引起生产混乱、重要交通枢纽、干线受阻、广播通信中断或城市水源中断、环境严重污染等；

（2）二级负荷：中断供电时将造成严重减产、停工，局部地区交通阻塞，大部分城市居民的正常生活秩序被打乱；

（3）三级负荷：除一、二级负荷之外的一般负荷，这级负荷短时停电造成的损失不大。

6.1.2 电力系统负荷的构成与特点

电力系统的负荷具有不同的特点和规律：

（1）城市民用负荷，主要是城市居民的家用电器，它具有年年增长的趋势，以及明显的季节性波动特点，而且民用负荷的特点还与居民的日常生活和工作的规律紧密相关。

（2）商业负荷，主要是指商业部门的照明、空调、动力等用电负荷，覆盖面积大，且用电增长平稳，商业负荷同样具有季节性波动的特性。虽然商业负荷在电力负荷中所占比重不及工业负荷和民用负荷，但商业负荷中的照明类负荷占用电力系统高峰时段。此外，商业部门由于商业行为在节假日会增加营业时间，从而成为节假日中影响电力负荷的重要因素之一。

（3）工业负荷，主要是指用于工业生产的用电，一般工业负荷的比重在用电构成中居于首位，它不仅取决于工业用户的工作方式（包括设备利用情况、企业的工作班制等），而且与各行业的行业特点、季节变化和经济危机等因素都有紧密的联系，一般负荷是比较恒定的。

（4）农村负荷，主要是指农村居民用电和农业生产用电。此类负荷与工业负荷相比，受气候、季节等自然条件的影响很大，这是由农业生产的特点所决定的。农业用电负荷也受农作物种类、耕作习惯的影响，但就电力系统而言，由于农业用电负荷集中的时间与城市工业负荷高峰时间有差别，所以对提高电力系统负荷率有好处。

从以上分析可知电力负荷的特点是经常变化的，不但按小时变、按日变，而且按月变，按年变，同时负荷又是以天为单位不断起伏的，具有较大的周期性，负荷变化是连续的过程，一般不会出现大的跃变，但电力负荷对季节、温度、天气等是敏感的，不同的季节，不同地区的气候，以及温度的变化都会对负荷造成明显的影响。于是，电力负荷的这种特点决定了电力总负荷由以下四部分组成：基本正常负荷分量、天气敏感负荷分量、特别事件负荷分量和随机负荷分量。

6.1.3 负荷曲线

电力系统各用户在使用电能时没有按照固定的规律而是具有较大的随机性，整体上具有统计规律。我们可以用电力系统的负荷曲线来描述某一段时间内负荷随时间变化的规律。负荷曲线通常绘制在平面坐标系中，X轴表示时间，Y轴表示负荷（功率、电流等）。依据纵坐标的不同可以体现为有功负荷曲线、无功负荷曲线、视在功率负荷曲线等，但主

要是依据时间参数的不同,负荷曲线可以归结为以下几种:

1. 日负荷曲线

日负荷曲线就是描述了一天 24 小时负荷的变化情况。图 6-1(a)所示为某电力系统的有功日负荷曲线。负荷曲线中的最大值称为日最大负荷 P_{max}(又称峰荷),最小值称为日最小负荷 P_{min}(又称谷荷)。为了方便计算,实际上常常把连续变化的曲线绘制成阶梯形,如图 6-1(b)所示:

根据日负荷曲线可以计算一天的总耗电量:

$$W_d = \int_0^{24} p(t) dt \qquad (6-1)$$

日平均负荷为

$$P_{av} = \frac{W_d}{24} = \frac{1}{24} \int_0^{24} p(t) dt \qquad (6-2)$$

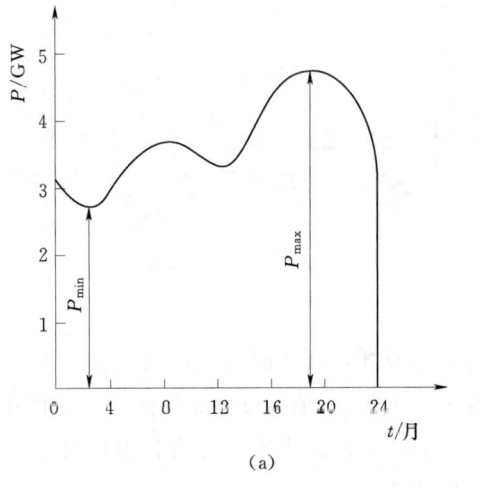
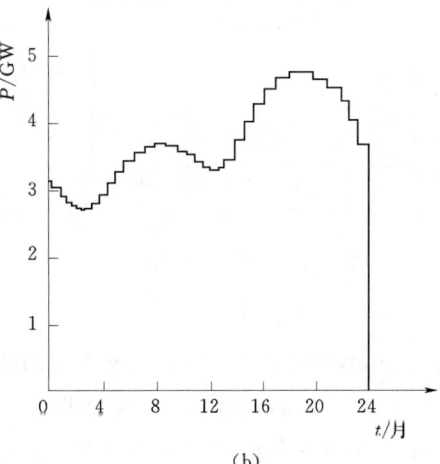

(a)　　　　　　　　　　　　　(b)

图 6-1　日负荷曲线(有功负荷)
(a)平滑曲线;(b)阶梯形曲线

为了说明负荷曲线的起伏特性,常引用负荷率和最小负荷率这两个指标来表征。这两个系数不仅用于日负荷曲线,也可用于其他时间段的负荷曲线。

负荷率是指在规定时间(日、月、年)内的平均负荷与最大负荷之比,通常用 γ 表示:

$$\gamma = \frac{P_{av}}{P_{max}} \qquad (6-3)$$

最小负荷率是指在规定时间(日、月、年)内的最小负荷与最大负荷之比,通常用 β 表示:

$$\beta = \frac{P_{min}}{P_{max}} \qquad (6-4)$$

负荷率和最小负荷率用来衡量在规定时间内负荷变动情况,以及考核电气设备的利用程度。负荷率 γ 与最小负荷率 β 越接近于 1,说明负荷曲线越平坦,设备利用率越高;有利于调频、调压,并且可以降低网损,减少机组启停,提高系统运行的安全性和经济性。电力系统通常采用"调荷节电"、"峰谷电价"等措施来达到这一目的。

2. 年最大负荷曲线

年最大负荷曲线描述一年内每月(或每日)最大有功功率负荷变化的情况。它主要用来安排发电设备的检修计划,同时也为制订发电机组或发电厂的扩建或新建计划提供依据。

图 6-2 所示为年最大负荷曲线,其中划斜线的面积 A 代表各检修机组的容量和检修时间的乘积之和,B 是系统新装的机组容量。

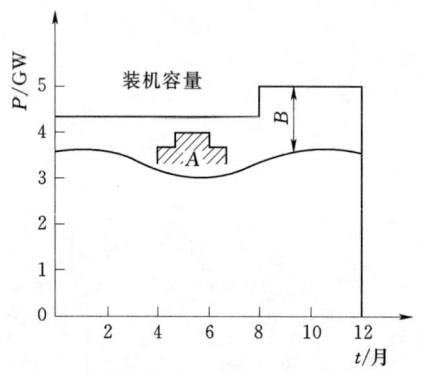

图 6-2 年最大负荷曲线　　　　图 6-3 年持续负荷曲线

3. 年持续负荷曲线

年持续负荷曲线按一年中系统负荷的数值大小及其持续小时数顺序排列而绘制成,如图 6-3 所示。比如,在全年 8760 小时中,有 t_1 小时负荷值为 P_1 即是图 6-3 中最大值 P_{max},有 t_2 小时负荷值为 P_2,有 t_3 小时负荷值为 P_3,以此类推。在安排发电计划、计算电能损耗和进行可靠性估算时,常用到年持续负荷曲线。

根据年持续负荷曲线可以确定系统负荷的全年耗电量为

$$W = \int_0^{8760} p(t)\mathrm{d}t \tag{6-5}$$

如果负荷始终等于最大值 P_{max},经过 T_{max} 小时后所消耗的电能恰好等于全年的实际耗电量,则称 T_{max} 年最大负荷利用小时数(也叫最大负荷使用时间)。它是表征年负荷曲线起伏特性的主要指标,其定义式可表述为

$$T_{max} = \frac{W}{P_{max}} = \frac{\int_0^{8760} p(t)\mathrm{d}t}{P_{max}} \tag{6-6}$$

对于图 6-3 所示的年持续负荷曲线,若使矩形面积 oahgo 等于年持续负荷曲线与时间轴围成的面积 oabcdefgo,则线段 og 表示的时间即等于 T_{max}。图中负荷曲线越平坦,T_{max} 的值越大,设备的利用率越高。

依据电力系统的运行经验,各类负荷的 T_{max} 的数值大体上有一定范围,如表 6-1 所示。

6.2 电力网中的电能损耗

表 6-1 各类用户的年最大负荷利用小时数

负荷类型	T_{max}/h	负荷类型	T_{max}/h
户内照明及生活用电	2000~3000	三班制企业用电	6000~7000
一班制企业用电	1500~2200	农灌用电	1000~1500
二班制企业用电	3000~4500		

在电力设计中，用户的负荷曲线往往是未知的，但如果知道用户的性质，就可以选择适当的 T_{max} 值，就可以近似地估算出用户的全年耗电量，即是 $W=P_{max}T_{max}$。

6.2.1 电能损耗和网损率

电力网运行时，电流或功率通过电力网的元件，就会产生功率损耗和电能损耗。由于负荷时刻都在变化，系统的运行方式也在变化，因而按照某一个电流（功率）值计算的功率损耗是针对该运行状态而言的瞬时值。功率损耗值不能说明电力网运行的经济性，而必须以一定时间段内网络损耗的电量来衡量。在一定时间段内网络元件上损耗的电量，称为电能损耗。

在电力网的电阻和电导中，产生有功功率损耗，在电力网的电抗中，产生无功功率损耗。在电力网元件阻抗上产生的功率损耗和电能损耗大小随负荷的变化而变化，称为变动损耗；在电力网元件导纳上的功率损耗和电能损耗大小与负荷无关，只与运行电压有关，称为固定损耗。

在给定的时间（日、月、季或年）内，系统中所有发电厂的总发电量同厂用电量之差，称为供电量；所有送电、变电和配电环节所损耗的电量，称为电力网的损耗电量（或损耗能量）。在同一时间内，电力网损耗电量占供电量的百分比，称为电力网的损耗率，简称网损率或线损率。

$$网损率(\%) = \frac{电力网损耗电量}{供电量} \times 100\% \quad (6-7)$$

网损率是衡量电力系统运行经济性的一项重要指标，也是衡量供电部门管理水平的一项主要指标，应尽力采取措施降低它，以提高电力系统运行的经济性。

6.2.2 电力网电能损耗的实用计算方法

1. 最大负荷损耗时间法

如果一条线路向某一个集中负荷供电，如图 6-4 所示。当流经线路的负荷电流或功率在一段时间 t 内不变时，则线路电阻中的电能损耗可用下式计算

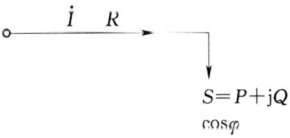

图 6-4 简单供电网

$$\Delta A = \Delta P t = 3I^2 R t \times 10^{-3} = \left(\frac{S}{U}\right)^2 R t \times 10^{-3} \quad (kW \cdot h) \quad (6-8)$$

式中 R ——线路一相的电阻，Ω；

ΔP ——线路电阻中的有功功率损耗，kW；

I——线路电阻中流过的电流，A；

S——线路电阻中通过的视在功率，kVA；

U——线路的实际电压，可用 U_N 代替，kV；

t——计算电能的时间，h。

在一般情况下，线路中的电流或功率是随时间变化的，因此，电能损耗应采用下式计算

$$\Delta A = \int_0^t \Delta P dt = 3R \times 10^{-3} \int_0^t I^2 dt = R \times 10^{-3} \int_0^t \left(\frac{S}{U}\right)^2 dt \quad (\text{kW} \cdot \text{h}) \quad (6-9)$$

显然，如果知道负荷曲线和功率因数，就可以做出电流或视在功率的变化曲线，并利用式（6-9）计算在时间 T 内的电能损耗。但是，这种计算方法十分烦琐。事实上，在某些情况下（比如在电力网规划及设计阶段），通常不知道变电所或用户的负荷曲线或实测记录，况且，又不能确知每一时刻的功率因数，因此，在工程实际中常采用一种简化的方法，即是最大负荷损耗时间法来计算线路的电能损耗。

如果线路中输送的功率一直保持为最大负荷功率 S_{max}，经过 τ 小时后线路损耗的电能，恰好等于线路全年的实际电能损耗，则 τ 称为年最大负荷损耗时间。此时，令式（6-9）中的 $t=8760$，则

$$\Delta A = \int_0^{8760} \left(\frac{S}{U}\right)^2 R \times 10^{-3} dt = \left(\frac{S_{max}}{U}\right)^2 R\tau \times 10^{-3}$$

$$= \Delta P_{max} \tau \times 10^{-3} \quad (6-10)$$

一般来说，系统电压接近于恒定，则

$$\tau = \frac{\int_0^{8760} S^2 dt}{S_{max}^2} \quad (6-11)$$

式（6-11）表明，最大负荷损耗时间 τ 与用视在功率表示的负荷曲线有关。其意义可用图6-5表示，即视在功率 S^2 曲线包含的面积 aed0（$t=8760$h 时为线路运行一年的电能损耗），乘以一定的比例可求得电能损耗。如果用一个矩形面积 abco 来代替面积 aedo，并令矩形的高等于最大视在功率的平方，则矩形的底边就是最大功率损耗时间 τ。

在一定的功率因数下，视在功率与有功功率成正比，而有功功率负荷持续曲线的形状，在某种程度上可由最大负荷的利用小时 T_{max} 反映出来。可以想得到，对于给定的功率因数，τ 和 T_{max} 之间将存在一定的关系。通过一些典型负荷曲线的分析，可以得出年最大负荷利用小时数 T_{max} 和 τ 的关系列于表6-2。

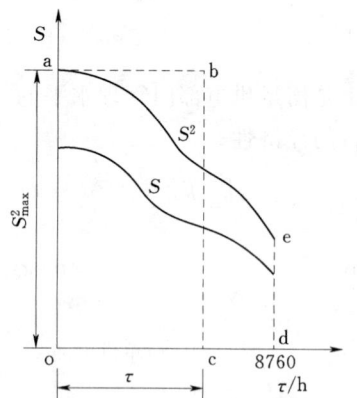

图6-5 最大功率损耗时间的意义

表 6-2　年最大负荷利用小时数 T_{max} 与最大功率损耗时间 τ 的关系

T_{max} /(h/a)	$\cos\varphi$				
	0.80	0.85	0.90	0.95	1.00
	τ/(h/a)				
2000	1500	1200	1000	800	700
2500	1700	1500	1250	1100	950
3000	2000	1800	1600	1400	1250
3500	2350	2150	2000	1800	1600
4000	2750	2600	2400	2200	2000
4500	3200	3000	2900	2700	2500
5000	3600	3500	3400	3200	3000
5500	4100	4000	3950	3750	3600
6000	4650	4600	4300	4350	4200
6500	5250	5200	5100	5000	4850
7000	5950	5900	5800	5700	5600
7500	6650	6600	6550	6500	6400
8000	7400	7350	7350	7300	7250

在不知道负荷曲线的情况下,可根据最大负荷的利用小时 T_{max} 和功率因数从表 6-2 中查出 τ 值,以计算全年的电能损耗。

在实际系统中,一条线路上只有一个负荷点的情况极少,而是有多个负荷点,如图 6-6 所示。

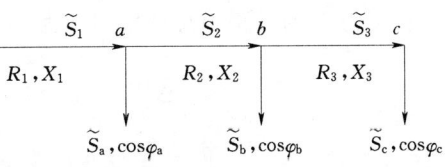

图 6-6　多个负荷点的供电线路

则线路中的总电能损耗就等于各段线路电能损耗之和,即为

$$\Delta A = \left(\frac{S_1}{U_a}\right)^2 R_1 \tau_1 + \left(\frac{S_2}{U_b}\right)^2 R_2 \tau_2 + \left(\frac{S_3}{U_c}\right)^2 R_3 \tau_3$$

式中　S_1、S_2、S_3——各段的最大负荷功率;

τ_1、τ_2、τ_3——各段的最大负荷功率损耗时间。

首先算出各线路段的 $\cos\varphi$ 和 T_{max}。设已知各点负荷的最大负荷利用小时数分别为 $T_{max,a}$、$T_{max,b}$、$T_{max,c}$,各点最大负荷同时出现且分别为 S_a、S_b、S_c,于是有

$$\cos\varphi_1 = \frac{S_a\cos\varphi_a + S_b\cos\varphi_b + S_c\cos\varphi_c}{S_a + S_b + S_c}$$

$$\cos\varphi_2 = \frac{S_b\cos\varphi_b + S_c\cos\varphi_c}{S_b + S_c}$$

$$\cos\varphi_3 = \cos\varphi_c$$

$$T_{max \cdot 1} = \frac{P_a T_{max \cdot a} + P_b T_{max \cdot b} + P_c T_{max \cdot c}}{P_a + P_b + P_c}$$

$$T_{\max \cdot 2} = \frac{P_b T_{\max \cdot b} + P_c T_{\max \cdot c}}{P_b + P_c}$$

$$T_{\max \cdot 3} = T_{\max \cdot c}$$

式中 P_a、P_b、P_c——a、b、c 点的有功负荷；

$T_{\max \cdot a}$、$T_{\max \cdot b}$、$T_{\max \cdot c}$——a、b、c 点的年最大负荷利用小时数。

再依照上述计算出的各线路段的 $\cos\varphi$ 和 $T_{\max}$ 在表 6-2 中查出相对应的 τ 值。

在计算配电电力网的电能损耗时，往往会遇到许多大小相差不多、沿线均匀分布的负荷。例如沿着街道敷设的线路，每隔一定距离接上一个用户的负荷；街道路灯线路以及沿线有相同负荷密度的农村配电电力网等。带有均匀分布负荷的线路，可以按等效集中负荷计算电能损耗。

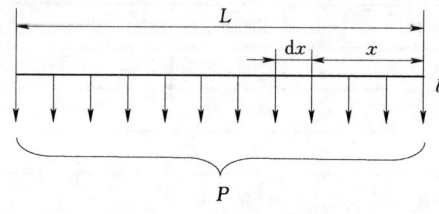

图 6-7 匀布负荷的线路

均匀分布负荷线路，如图 6-7 所示。线路总长为 L，单位长度电阻为 r_0，线路所带的总负荷为 P，则线路单位长度的负荷为 $\frac{P}{L}$，距线路末端 x 段的功率为 $\frac{P}{L}x$，则在线路 $\mathrm{d}x$ 段中的有功功率损耗为

$$\mathrm{d}(\Delta P) = \frac{1}{U_N^2 \cos^2 \varphi} \left(\frac{P}{L} x\right)^2 r_0 \mathrm{d}x \times 10^{-3} \quad (\mathrm{kW/km})$$

长度为 L 的线路中总功率损耗为

$$\Delta P = \int_0^L \mathrm{d}(\Delta P) = \frac{r_0 \times 10^{-3}}{U_N^2 \cos^2 \varphi} \int_0^L \left(\frac{P}{L} x\right)^2 \mathrm{d}x$$

$$= \frac{1}{3} \frac{R \times 10^{-3}}{U_N^2 \cos^2 \varphi} P^2 \quad (\mathrm{kW})$$

在 t 小时内，线路中的电能损耗为

$$\Delta A = \Delta P_{\max} \tau = \frac{1}{3} \frac{R \times 10^{-3}}{U_N^2 \cos^2 \varphi} P_{\max}^2 \tau \quad (\mathrm{kW \cdot h}) \tag{6-12}$$

从式（6-12）得知，均匀分布负荷线路所产生的电能损耗，为总负荷相等而集中在同一线路末端时所产生的电能损耗的 1/3。

变压器绕组中的电能损耗的计算与线路的相同，只是变压器的铁损按全年投入的实际小时数来计算。

变压器中的电能损耗包括产生于铁心上损耗（固定损耗）和产生在线圈上损耗（变动损耗）两个部分。铁芯上的损耗由于基本不受负荷的变化而变化，计算其一段时间 t 内的电能损耗可用空载损耗 ΔP_0 乘以时间来近似计算，因而主要在于计算其铜耗。

变压器接入电力网运行时，利用最大功率损耗时间计算其电能损耗的公式为

$$\Delta A_{cu} = \Delta P_{\max} \tau = 3 I_{\max}^2 R_T \tau \times 10^{-3} \quad (\mathrm{kW \cdot h}) \tag{6-13}$$

式中 $\Delta P_{\max}$——变压器在最大功率时有功功率损耗，kW；

τ——最大功率损耗时间，h；

t——变压器接入电力网运行时间，若计算一年的电能损耗，则 $t = 8760\mathrm{h}$。

将 $R_T = \dfrac{\Delta P_K U_N^2}{S_N^2} \times 10^{-3}$ 及 $I_{max} = \dfrac{S_{max}}{\sqrt{3}U_N}$ 代入，得

$$\Delta A_{cu} = \Delta P_K \left(\dfrac{S_{max}}{S_N}\right)^2 \tau \quad (\text{kW} \cdot \text{h})$$

一台变压器的总损耗为

$$\Delta A = \Delta P_K \left(\dfrac{S_{max}}{S_N}\right)^2 \tau + \Delta P_0 \times 8760 \quad (\text{kW} \cdot \text{h}) \tag{6-14}$$

如果电力网中接有 n 台同容量的变压器并联运行时，则在一年中的电能损耗计算式为

$$\Delta A = \dfrac{\Delta P_K}{n} \left(\dfrac{S_{max}}{S_N}\right)^2 \tau + n\Delta P_0 \times 8760 \quad (\text{kW} \cdot \text{h}) \tag{6-15}$$

式中　S_{max}——电力网在运行时的最大功率；

　　　S_N——单台变压器的容量。

【例 6-1】　有一条额定电压为 10kV，长度为 10km 的三相架空电力线路，采用 LJ-50 导线，已知由此线路所供给的用户年持续负荷曲线如图 6-8 所示，有关数据示于图中。试求一年内线路中的电能损耗。

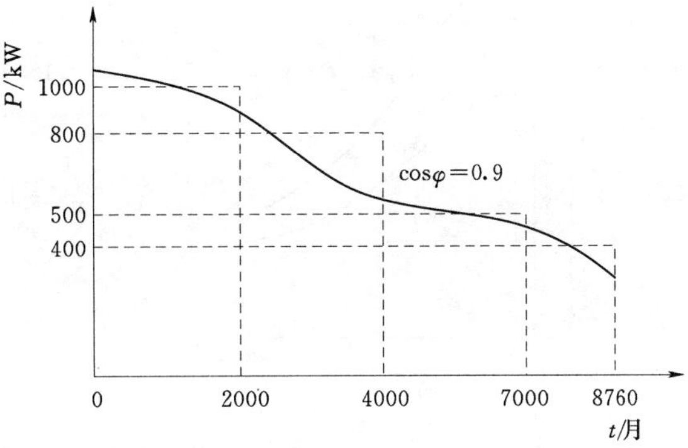

解：查手册知 LJ-50 导线的单位长度电阻 $r_0 = 0.64\Omega/\text{km}$，则线路电阻：

$$R = r_0 L = 0.64 \times 10 = 6.4\Omega$$

图 6-8　[例 6-1] 负荷曲线

将负荷曲线画成阶梯形，数据如图中虚线表示，则线路在一年中的电能损耗：

$$\Delta A = \dfrac{R \times 10^3}{U^2 \cos\varphi^2} \sum_{k=1}^{n} P_k^2 \Delta t_k$$

$$= \dfrac{6.4 \times 10^3}{10^2 \times 0.9^2}[1000^2 \times 2000 + 800^2(4000-2000) + 500^2(7000-4000) + 400^2(8760-7000)]$$

$$= 7.90 \times 4.31 \times 10^4 = 340000 \quad (\text{kW} \cdot \text{h})$$

上述线路运行时，每年损耗电能 340000kW·h。

用年持续负荷平方曲线下的面积计算电能损耗时，需要绘出年持续负荷平方曲线，这是比较复杂的，尤其对于有分支的电力网，工作量很大。

【例 6-2】　对于 [例 6-1] 所述的电力线路，负荷曲线未知，已知线路一年中输送的电能为 6000MWh，已知最大负荷 $P_{max} = 1000\text{kW}$，平均功率因数 $\cos\varphi = 0.9$。试求一年中线路的电能损耗。

解：已知线路的最大负荷 $P_{max} = 1000\text{kW}$

最大负荷利用小时 $T_{max} = \dfrac{A}{P_{max}} = \dfrac{6000000}{1000} = 6000(\text{h})$

查表 6-2 得，最大功率损耗时间 $\tau = 4300\text{h}$

所以，线路全年的电能损耗

$$\Delta A = \frac{R \times 10^{-3}}{U^2 \cos^2 \varphi} P_{\max}^2 \tau = \frac{6.4 \times 10^{-3}}{10^2 \times 0.9^2} \times 1000^2 \times 4300 = 339753 \quad (\text{kW·h})$$

上述两例相比，两者所计算出的结果相差不大，但显然使用最大负荷损耗时间法要简单得多。

2. 等值功率法（均方根电流法）

若已知线路的负荷曲线或已知实测负荷记录，就可以用均方根电流法计算线路的电能损耗。

设已知年持续负荷曲线，如图 6-9（a）所示。先求出对应的负荷平方曲线，用网格法近似地求出负荷平方曲线下从 0 到时间 t 的面积，图 6-9（b）所示，然后乘以适当的比例系数，即可得出线路电阻中的电能损耗。

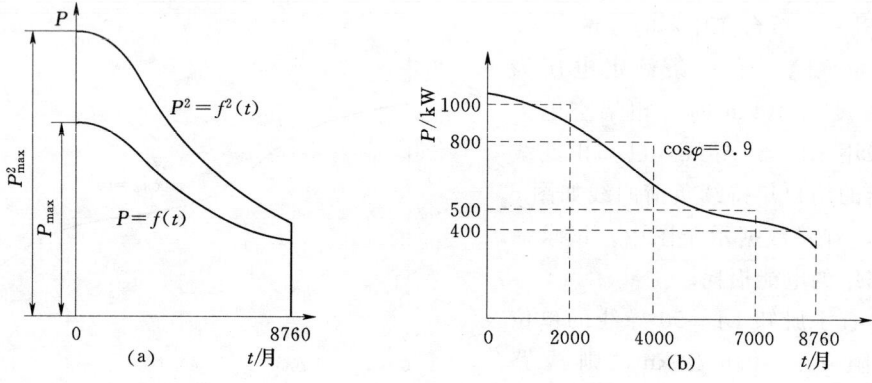

图 6-9 已知负荷曲线计算电力系统能耗图

用公式表示为

$$\Delta A = \int_0^t \left(\frac{S}{U}\right)^2 R \mathrm{d}t \times 10^{-3} = \frac{R \times 10^{-3}}{U^2 \cos^2 \varphi} \int_0^t P^2 \mathrm{d}t \quad (6-16)$$

式中 $\int_0^t P^2 \mathrm{d}t$ ——负荷平方曲线下 t 时间内的面积；

t ——一般等于 8760h；

$\dfrac{R \times 10^{-3}}{U^2 \cos^2 \varphi}$ ——比例系数。

若 S 以千伏安（kVA）为单位，P 以千瓦（kW）为单位，R 以欧姆（Ω）作单位，U 以千伏（kV）为单位，则 ΔA 为一年中线路电阻的电能损耗（kW·h）。

在一般近似计算中，常把负荷曲线画成阶梯形，则可以用解析法计算线路在 t 时间内的电能损耗，计算式为

$$\Delta A = \frac{R \times 10^{-3}}{U^2 \cos^2 \varphi} \sum_{k=1}^n P_k^2 \Delta t_k \quad (\text{kW·h}) \quad (6-17)$$

均方根电流法则是根据上述思路而导出的一种实用计算方法。

对于已知负荷曲线（或实测负荷记录）的电力网，若负荷以电流表示，并且使每一时间间隔都相等，则（6-17）式可改写为

$$\Delta A = 3R \times 10^{-3} \sum_{k=1}^{n} I_k^2 \Delta t = 3R \times 10^{-3}(I_1^2 + I_2^2 + \cdots + I_n^2)\Delta t \quad (6-18)$$

若取 $\Delta t = 1h$，则一天内的电能损耗为

$$\Delta A = \frac{(I_1^2 + I_2^2 + \cdots + I_{24}^2)}{24} \times 3R \times 24 \times 10^{-3}$$

$$= I_{jf}^2 \times 3R \times 24 \times 10^{-3} \quad (kW \cdot h) \quad (6-19)$$

式中 I_{jf}——均方根电流，A；线路 24 小时的 I_{jf} 计算式为

$$I_{jf} = \sqrt{\frac{I_1^2 + I_2^2 + \cdots + I_{24}^2}{24}} \quad (6-20)$$

在电力网实际运行时，可以根据实测负荷记录或负荷曲线获取代表日电流，按上式计算代表日均方根电流，然后按式 6-19 计算代表日电力网的电能损耗。也可根据代表日的数据适当加以修正以确定电力网的月电能损耗及全年的电能损耗。

6.3 降低电力网电能损耗的措施

电力网电能损耗习惯上称为线损，是电能在传输过程中所产生的有功电能、无功电能和电压损失的总称。电网的线损按性质可分为技术线损和管理线损。技术线损又称为理论线损，它是电网中各元件电能损耗的总称。为了降低电力网电能损耗可以采取诸多技术措施，如改善网络中的功率分布，合理安排运行方式，调整运行参数，调整负荷均衡，合理安排检修，对原有电网进行升压改造，简化网络结构，合理选择导线截面等。降低电网损耗的措施包括不需要增加投资仅需改善电网运行方式的措施，这类措施是优先要考虑的。但同时还需要另一类需要增加一定投资对电力网进行技术改造的措施，这类措施往往要经过技术经济比较才能确定合理的方案。综合起来在做好运行的技术管理、计量管理和用电管理等工作的前提下可归结为以下几个方面：

6.3.1 提高电力网负荷的功率因数，减少线路输送的无功功率

实现无功功率的就地平衡，提高电力网负荷的功率因数，不仅可以改善电力网电压质量，还可以达到提高电力网运行的经济性作用。在图 6-4 的简单网络中，线路的有功功率损耗为

$$\Delta P_L = \frac{P^2}{U^2 \cos^2 \varphi} R \quad (6-21)$$

如果将负荷功率因数由原来的 $\cos\varphi_1$ 提高到 $\cos\varphi_2$，则电力网的功率损耗可降低

$$\Delta \eta(\%) = \left[1 - \left(\frac{\cos\varphi_1}{\cos\varphi_2}\right)^2\right] \times 100 \quad (6-22)$$

例如，将负荷功率因数由原来的 0.7 提高到 0.9 时，电力网的功率损耗可降低 39.5%。

实际电力网中消耗无功功率较多的设备主要是异步电动机、变压器等。从电机学中知道，异步电动机所需要的无功功率 Q 与有功功率 P 之间有下列关系，即

$$Q = Q_0 + (Q_N - Q_0)\left(\frac{P}{P_N}\right)^2 = Q_0 + (Q_N - Q_0)\beta^2 \quad (6-23)$$

式中 Q_0——电动机在空载时所需的无功功率；
Q_N——电动机在额定负荷时所需的无功功率；
P_N——电动机在额定负荷时所需的有功功率。
β——负荷系数。

从式（6-23）可知，异步电动机所需的无功功率由两部分组成。一部分是用来建立磁场所需的空载无功功率，约占60%~70%，它与电动机所带负荷大小无关；另一部分是绕阻漏抗中消耗的无功功率，它与电动机负荷系数平方成正比。所以电动机的负荷系数越小，即所带负荷越小，电动机用户的功率因数越低。因此，在选择异步电动机时尽量做到异步电动机的容量与所拖动的机械功率相配套，避免"大马拉小车"的现象。另外，应尽量限制异步电动机的空载运行时间，避免大量消耗无功功率。在有条件的企业中，可用同步电动机来代替异步电动机运行，因为同步电动机不需要电网供给无功功率，在过励情况下，它反而能向电网送出无功功率，这就能显著提高用户的功率因数。

为了提高用户的功率因数，所选择的电动机容量应尽量接近它所带动的机械负载。在技术条件许可的情况下，可以采用同步电机代替异步电机，或者对异步机的线绕式转子通以直流励磁，使它同步化运行。工业企业中已经装设的同步电动机应运行在过励磁状态，以便减少电网的无功负荷。

另外，合理选择变压器及感应电炉和电焊机设备的容量，使之与实际负荷配套，避免过多消耗无功功率。特别是限制变压器空载运行时间和防止变压器轻载运行是提高功率因数的重要措施。

6.3.2 使闭式网的功率实现经济功率分布

如图 6-10 所示的闭式电力网。根据潮流计算分析，网络的功率分布为

$$\widetilde{S}_1 = \frac{\widetilde{S}_c \overset{*}{Z}_3 + \widetilde{S}_b(\overset{*}{Z}_3 + \overset{*}{Z}_2)}{\overset{*}{Z}_1 + \overset{*}{Z}_2 + \overset{*}{Z}_3}$$

$$\widetilde{S}_3 = \frac{\widetilde{S}_b \overset{*}{Z}_1 + \widetilde{S}_c(\overset{*}{Z}_1 + \overset{*}{Z}_2)}{\overset{*}{Z}_1 + \overset{*}{Z}_2 + \overset{*}{Z}_3}$$

式中 $\overset{*}{Z}_1$、$\overset{*}{Z}_2$、$\overset{*}{Z}_3$——各段线路阻抗 Z_1、Z_2、Z_3 的共轭值。

上式说明，功率在环形网络中是与阻抗成反比例分布的。这种由线路阻抗所决定的功率分布，称为自然功率分布。

通常自然功率分布不能满足功率损耗或电能损耗最小的原则。下面讨论闭式电力网满足功率损耗或电能损耗最小的条件。

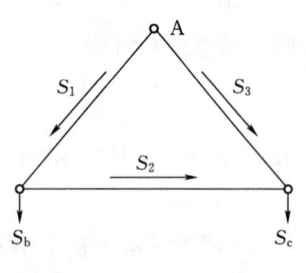

图 6-10 闭式电力网的功率分布

如图 6-10 所示的电力网，令 $\widetilde{S}_b = p_b + jq_b$，$\widetilde{S}_c = p_c + jq_c$，运行时全网有功功率损耗为

$$\Delta P = \frac{S_1^2}{U^2}R_1 + \frac{S_2^2}{U^2}R_2 + \frac{S_3^2}{U^3}R_3$$

$$= \frac{P_1^2 + Q_1^2}{U^2}R_1 + \frac{P_2^2 + Q_2^2}{U^2}R_2 + \frac{P_3^2 + Q_3^2}{U^2}R_3$$

将各节点的功率平衡关系式

$$P_2 = P_1 - p_b; \quad P_3 = P_1 - p_b - p_c; \quad Q_2 = Q_1 - q_b; \quad Q_3 = Q_1 - q_b - q_c$$

代入上式，得

$$\Delta P = \frac{P_1^2 + Q_1^2}{U^2} R_1 + \frac{(P_1 - p_b)^2 + (Q_1 - q_b)^2}{U^2} R_2 + \frac{(P_1 - p_b - p_c)^2 + (Q_1 - q_b - q_c)^2}{U^2} R_3$$

使 ΔP 最小的条件为

$$\frac{\partial \Delta P}{\partial P_1} = \frac{\partial P_1}{U^2} R_1 + \frac{2(P_1 - p_b)}{U^2} R_2 + \frac{2(P_1 - p_b - p_c)}{U^2} R_3 = 0$$

$$\frac{\partial \Delta P}{\partial Q_1} = \frac{\partial Q_1}{U^2} R_1 + \frac{2(Q_1 - q_b)}{U^2} R_2 + \frac{2(Q_1 - q_b - q_c)}{U^2} R_3 = 0$$

解上述方程，可得

$$P_1 = \frac{p_b(R_2 + R_3) + p_c R_3}{R_1 + R_2 + R_3} \tag{6-24}$$

$$Q_1 = \frac{q_b(R_2 + R_3) + q_c R_3}{R_1 + R_2 + R_3}$$

于是可得出结论：当闭式电力网内的功率按各段电阻分布时，电力网内的有功功率损耗 ΔP 为最小。我们把使电力网的有功功率损耗为最小的功率分布，称为经济功率分布。

很容易证明，对于均一电力网，网络内的自然功率分布就等于经济功率分布。

对于一般的非均一电力网，可以采取以下措施，改变自然功率分布为经济功率分布。

(1) 在闭式电力网中装设纵横调压变压器。利用纵横调压变压器在电力网中产生一附加电势，适当调节附加电势大小和相位，可以将闭式电力网的自然功率分布改变为经济功率分布，从而使电力网功率损耗与电能损耗最小。但此方法投资高，一般用于极不均一而输送功率又很大的电力网。

(2) 闭式电力网内装设串联电容器。调整电力网的电抗，从而改变功率分布达到经济运行的目的。这种方法既经济且效果也好。

(3) 选择适当的地点做开环运行。为了限制短路电流或者满足继电保护动作选择性要求，需要将闭式网络开环运行时，开环点的选择应尽可能兼顾到使开环后的功率分布更接近于经济分布。

6.3.3 组织变压器的经济运行

变压器的经济运行主要是指合理选择变压器容量、将变压器安排在负荷中心、根据变电所负荷的变化情况合理选择变压器的台数等。

设一个变电所内装设有 $n(n \geqslant 2)$ 台容量和型号都相同的变压器时，当总的负荷功率为 S 时，单台变压器的额定容量为 S_N，此时选择 K 台变压器运行时，总的有功功率损耗为

$$\Delta P_K = K \Delta P_0 + K \Delta P_d \left(\frac{S}{KS_N}\right)^2$$

式中 ΔP_0、ΔP_d——一台变压器的空载损耗和短路损耗。

由上式可见，空载损耗与台数成正比，短路损耗与台数成反比。当变压器轻载运行时，短路损耗所占比重相对减少，空载损耗的比重相对增大，在某一负荷下，减少变压器

台数就能降低总的功率损耗。为了求得这一临界负荷值，我们先写出负荷功率为 S 时，$(K-1)$ 台并联运行时的变压器的总损耗为

$$\Delta P_{K-1} = (K-1)\Delta P_0 + (K-1)\Delta P_d \left[\frac{S}{(K-1)S_N}\right]^2$$

使得 $\Delta P_K = \Delta P_{K-1}$ 的负荷功率即是临界功率，其表达式为

$$S_{LJ} = S_N \sqrt{K(K-1)\frac{\Delta P_0}{\Delta P_d}} \tag{6-25}$$

当 $S < S_{LJ}$ 时，并联运行的变压器可减少为 $K-1$ 台；当 $S > S_{LJ}$ 时，并联运行的变压器可减少为 K 台，这样总损耗最小。

需要指出：对于季节性变化的负荷，使变压器投入的台数负荷损耗最小的原则是有经济意义的，也是可行的。但是，对于一天内多次大幅度变化的负荷，为了避免断路器过多操作而增加检修次数，不宜完全按照上述方式运行。此外，当变电所仅有两台变压器而需要切除一台时，则应有相应的措施保证供电的可靠性。

6.3.4 提高电力网运行的电压水平

从电力网电能损耗计算式中看到，提高电力网运行的电压水平，也是降低电力网功率损耗和电能损耗的措施之一。电力网运行时，线路和变压器等电气设备的绝缘所允许的最高工作电压，一般可以不超过额定电压的 10%。电力网运行时，在允许范围内，应尽量提高运行电压水平。例如，35kV 电压的线路，可以在 38.5kV 下运行；110kV 电压的线路，可以在 121kV 电压下运行等。

根据计算，线路运行电压值提高 1%，电能损耗可以降低 1%～2%，效果显著。

对于变压器，如果提高变压器运行电压水平，降低功率损耗和电能损耗时，最好相应地改变变压器的分接头，因为当加在变压器的电压高于变压器分接头的额定电压时，虽然减少了变压器绕组中的铜损，但是由于电压的增加使得变压器磁通密度增加，相应地增加了铁损。这就降低了节约的效果。

随着工农业生产的发展，用电负荷的不断上升，就可能有一些电网出现供电容量不足、线损增大、电压质量下降等问题。因此，结合电网规划，实行电网升压改造，是增大供电容量、减小能耗、提高电压质量的有效措施。在电力网的升压改造过程中，应简化电压等级，使电力网布局更加合理，使电力网的电能损耗降到更低的水平。

6.3.5 对旧电力系统进行技术改造

随着工业生产用电的不断增长，城市生活电气化程度提高，配电力系统络的负荷越来越重，负荷密度也越来越大，从而造成电能损耗很大，且难于保证电压质量。若适时对旧电力系统进行升压改造，可大大降低网损。因为，当线路的导线截面一定、负荷功率不变时，线路上的功率损耗与电压平方成反比，电压提高到原来的 3 倍，功率损耗便降低为原来的 1/9。而为改造电力系统所支付的投资，由于年电能损耗费的减少，几年内就可以收回。

电力系统的升压改造，一般将 3～6kV 电力系统升压改造为 10kV；35kV 电力系统改造为 110kV 电力系统等。

在改造旧电力系统时，将 110kV 或 220kV 的高电压直接引入负荷中心，简化网络结

构,减少变电层次,不仅能大量地降低网损,而且是扩大供电能力,提高供电可靠性和改善电能质量的有效措施。

对于某些负荷特别重,最大负荷利用小时数又较高的线路,可按经济电流密度校验其导线截面积,如果导线截面积过小,应考虑予以更换,以降低电能损耗。

项目实践 电力网的经济运行措施案例

1. 合理确定环网的运行方式

环形电网是合环还是开环运行以及在哪一点开环,是与电力网的安全、可靠和经济运行有关的复杂问题。从增强供电可靠性和提高供电经济性出发,应当采用合环方式运行,但是由于合环会导致继电保护的复杂化,它对供电可靠性又有一定影响。从降低线损的观点来看,在均一网络中,同一电压等级的环网,功率分布与各段电阻成反比,即功率经济分布,这时,合环运行可取得很好的效果。在非均一程度较大的网络中,即各段 R/X 相差较大或通过变压器电磁环网,功率按阻抗反比分布(即功率按自然分布)。这时,只要负荷调整适当,开环运行对降损将是有利的,同时也使继电保护简单化。有时,可以在非均一环网中加上串联电容器、纵向或横向调压变压器以强制实现有功和无功功率的经济分布。但是由于这种情况需要增加投资,对此应当进行经济技术比较。

以某地区电网中,临东(220kV 变)—临西(110kV 变)—杭后(110kV 变)可构成环网运行方式为例,取月电量平均负荷作为计算数据进行分析计算。环网结构见图 6-11 所示。

杭后变 110kV 母线负荷为 34+j14MVA;临西变 110kV 母线负荷为 16+j5MVA;两变电站 110kV 母线电压为 116kV。

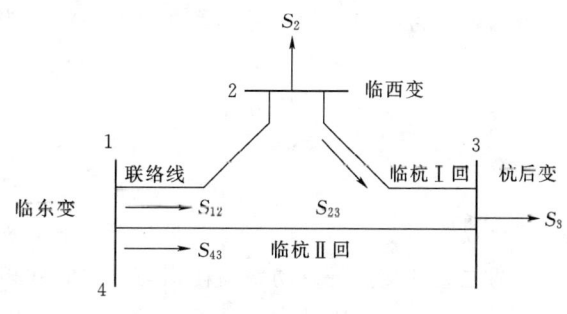

图 6-11 环网结构图

开环运行:临杭Ⅰ回停运时,应用辐射形网络潮流分布计算公式可得:

联络线末端功率:$P+jQ=16+j4.7$(计及线路充电功率)

联络线功率损耗:$\Delta P+j\Delta Q=(R+jX)(P^2+Q^2)/U^2=0.067+j0.133(MVA)$

临杭Ⅱ回末端功率为:34+j13.4(计及线路充电功率)

临杭Ⅱ回功率损耗为:0.56+j1.35(MVA)

两条线路总功率损耗为:0.627+j1.483(MVA)

闭环运行(临东—临西—杭后构成三角环)时,杭后变计算负荷为:34+j12.9(MVA);临西变计算负荷为:16+j4.2(MVA)。

应用环式网络中的功率分布计算得:

$$S_{12}=25.82+j7.56 \text{(MVA)}$$
$$S_{43}=24.18+j9.45 \text{(MVA)}$$

$$S_{23}=S_{12}-S_2=9.82+\text{j}3.45\text{（MVA）}$$

联络线功率损耗为：0.198+j0.4141（MVA）

临杭Ⅱ回功率损耗为：0.28+j0.674（MVA）

临杭Ⅰ回功率损耗为：0.053+j0.103（MVA）

三条线路总功率损耗为：0.531+j1.191（MVA）

因而线路总功率损耗减少了：0.096+j0.292MVA，所以采用闭环运行比开环运行更加经济。

2. 变压器经济运行方案

系统中变压器的台数多，变压器的损耗电量占全系统总线损的30%～60%，因此降低变压器的损耗是又一个重要课题。

下面就两台中的单台、并列两种不同运行方式对降损的影响做分析，不考虑无功功率损耗所引起的有功功率损耗。

(1) 双绕组变压器的单台、并列运行方案。

单台运行的有功功率损耗：

$$\Delta P=P_0+(S/S_N)^2 P_K$$

两台并列运行的有功功率损耗：

并联变压器组，要求有相同的电压比，相同的接线组别，和基本相同的百分阻抗。

当总负荷为S时，两台并列变压器的总损耗为

$$\Delta P_\Sigma=P_{01}+P_{02}+(S_1/S_{N1})^2 P_{K1}+(S_2/S_{N2})^2 P_{K2}$$

因为负荷按容量成正比分配，所以

$$S_1/SN_1=S_2/S_{N2}=(S_1+S_2)/(S_{N1}+S_{N2})=S/\sum S_N$$

$$\Delta P\Sigma=\sum P_0+(S/\sum S_N)^2\sum P_K$$

两台双绕组变压器一般安排三种运行方式，对应有三条$\Delta P=f(S)$有限长曲线。三曲线两两之间的交点处总功率损耗相同，我们称相交点负荷为临界负荷S_{ij}，即

$$\sum P_{0i}+(S_{ij}/\sum S_{Ni})^2\sum P_{Ki}=\sum P_{0j}+(S_{ij}/\sum S_{Nj})^2\sum P_{Kj}$$

整理得

$$S_{ij}=[(\sum P_{0j}-\sum P_{0i})/(\sum P_{Ki}/\sum S_{Ni2}-\sum P_{Kj}/\sum S_{Nj2})]^{1/2}$$

式中　$\sum P_{0i}$、$\sum P_{0j}$、$\sum P_{Ki}$、$\sum P_{Ki}$、$\sum S_i$、$\sum S_j$——i、j两种方式下的变压器总空载损耗、总额定短路损耗和总额定容量。

对不同型号的变压器并列运行，需要把三种方式下的空载损耗和临界负荷列成表格形式，再选择出当负荷变化时最经济的运行方式。

(2) 示例。

如某变电站有两台能够并列运行的双绕组变压器，有关参数数据见表6-3。

表6-3　　　　　　　　某变电站变压器参数表

变压器编号	P_0/kW	P_K/kW	S_N/kVA
1号	19.7	77	16000
2号	25.08	148	31500

可以求得每种运行方式之间的临界负荷值（kVA）。

负荷在 5956kVA 以下时，启运 1 号变；

负荷在 5956～19963kVA 时，启运 2 号变；

负荷在 19963kVA 以上时，启运 1 号变、2 号变。

依此例，可推广应用于地区所有双绕组双主变的变电站和双配变的配电室。

(3) 三绕组变压器的单台、并列运行方案。

对三绕组变压器，仍然可以按损耗最小的原则确定其临界负荷。这时临界负荷确定比双绕组变压器要复杂。一般来说，它取决于流经各绕组的视在功率。

按上式由 i 种方式过渡到 j 种方式时，并列三绕组的临界负荷应当满足：

$$\sum P_{0i} + (S_{Ni}/\sum S_{Ni})^2 \sum P_{K1i} + (S_{2ij}/\sum S_{Ni})^2 \sum P_{K2i} + (S_{3ij}/\sum S_{Ni})^2 \sum P_{K3i}$$
$$= \sum P_{0j} + (S_{1ij}/\sum S_{Nj})^2 \sum P_{K1j} + (S_{2ij}/\sum S_{Nj})^2 \sum P_{K2j} + (S_{3ij}/\sum S_{Nj})^2 \sum P_{K3j}$$

式中　$\sum S_{Ni}$、$\sum S_{Nj}$、$\sum P_{0i}$、$\sum P_{0j}$——i、j 两种方式下的变压器额定容量总和与额定空载损耗之和；

$\sum P_{K1i}$、$\sum P_{K2i}$、$\sum P_{K3i}$ 和 $\sum P_{K1j}$、$\sum P_{K2j}$、$\sum P_{K3j}$——i、j 两种方式下的三侧额定短路损耗之和；

S_{1ij}、S_{2ij}、S_{3ij}——变压器高、中、低压侧的临界负荷值，kVA。

上式移项整理得

$$(\sum P_{K1i}/\sum S_{Ni2} - \sum P_{K1j}/\sum S_{Nj2})S_{1ij2} + (\sum P_{K2i}/\sum S_{Ni2} - \sum P_{K2j}/\sum S_{Nj2})S_{2ij2}$$
$$+ (\sum P_{K3i}/\sum S_{Ni2} - \sum P_{K3j}/\sum S_{Nj2})S_{3ij2} = \sum P_{0j} - \sum P_{0i}$$

可见，三绕组变压器并列运行的临界负荷值并非一个固定值，而是以它的三侧负荷为坐标的一个空间椭球曲面。它的经济运行区域是由几个面及其相交点确定，实际分析较为复杂。

当忽略变压器本身损耗，且三侧功率因数相差不大的情况下，有

$$S_{1ij} = S_{2ij} + S_{3ij}$$

这里以高压侧"1"作为电源侧，令，$S_{2ij} = aS_{1ij}$

式中　a——高压侧和中压侧之间的负荷分配系数，从变电站表计记录的数据中可求得。

(4) 示例。

如某地区的大佘太变电站，每年 5～7 月为农灌用电高峰期，其余时间均为普通工业和民用照明用电，季节性较强，全年三侧负荷的功率因数几乎同起同落相差不大，中压侧 35kV 负荷约占总负荷的 45%。

两台主变各侧额定短路损耗见表 6-4，计算用系数见表 6-5。

表 6-4　　　　　　　　大佘太变电站主变压器损耗表

主变压器编号	额定容量/kVA	额定短路损耗/kW			空载损耗/kW
		高压侧	中压侧	低压侧	
1 号	10000	39.13	30.98	27.67	14.6
2 号	31500	91.44	70.34	84.64	31.15

表 6-5　　　　　　　　　大佘太变电站计算用系数表

运行方式	A	B	C	D
1号—2号	3×10^{-7}	2.4×10^{-7}	1.9×10^{-7}	16.55
1号—1号+2号	3.16×10^{-7}	2.51×10^{-7}	32.12×10^{-7}	31.15
2号—1号+2号	1.67×10^{-8}	1.2×10^{-8}	2.01×10^{-8}	14.6

负荷在 5753kVA 以下时，启运 1 号变；

负荷在 5753～20494kVA 时，启运 2 号变；

负荷在 20494kVA 以上时，启运 1 号变与 2 号变。

具有此负荷特点的三绕组双主变变电站，其经济运行可参照此例进行分析计算。

课 后 思 考 题

6-1　电力系统的负荷分为哪几类？

6-2　电力系统的负荷具有什么特点和规律？

6-3　什么是网损率？计算网损率有何意义？

6-4　什么称为均方根电流？用均方根电流法计算电力网的电能损耗适用于什么样的情况？

6-5　什么是最大功率损耗用时间 τ？通常在什么情况下使用最大功率损耗时间法计算电力网电能损耗？

6-6　降低电力网电能损耗有哪些主要的技术措施？

6-7　什么是自然功率分布？什么是经济功率分布？

6-8　变压器的经济运行需做好哪几方面的工作？

项目 7　电力系统三相短路与实用计算法

教与学目标

1. 熟悉突然短路时的电磁暂态现象，恒定电势源电路短路过程的分析。
2. 掌握三相短路的基本概念：短路冲击电流、短路电流的最大有效值和短路功率。
3. 应熟练掌握短路冲击电流、短路电流的最大有效值和短路功率的计算公式。
4. 熟悉无阻尼和有阻尼绕组发电机的短路电流，暂态参数和次暂态参数的意义及其应用，短路冲击电流、短路电流的最大有效值和短路功率。

7.1　短路的基本概念

7.1.1　短路的原因、类型及后果

短路是电力系统的严重故障。所谓短路，是指电力系统正常运行情况以外的相与相之间或相与地（或中性线）之间的非正常连接。在电力系统正常运行时，除中性点外，相与相以及相与地之间是绝缘的。如果由于某些原因使其绝缘受到破坏而构成了通路，就称为电力系统发生了短路故障。

造成短路故障的原因很多，主要有如下几个方面：

（1）元件损坏。例如设备绝缘的自然老化，机械外力所造成的直接损伤，设计、制造、安装及维护不良所造成的设备缺陷等发展成短路故障。

（2）气象条件。例如雷击所造成的闪络放电，雷击造成的断线、大风引起的断线以及导线覆冰引起的倒杆等。

（3）违规操作。例如运行人员带负荷拉、合隔离开关，线路及设备检修后未拆除接地线就合闸送电等。

（4）其他。例如挖沟损伤电缆，鸟兽、风筝、金属或其他导电体等跨接在裸露的载流导体上造成的短路故障。

在三相系统中，可能发生的短路有：三相短路、两相短路、两相接地短路和单相接地短路。三相短路时，由于各相阻抗相同，三相回路仍然对称，故称为对称短路。其他各种短路由于三相回路阻抗不对称，故称为不对称短路。

电力系统的运行经验表明，在各种类型的短路中，单相短路占大多数，两相短路较少，三相短路的机会最少。虽然三相短路很少发生，但对系统的危害最为严重，而且，从短路电流的计算方法来看，一切不对称短路的计算，在采用对称分量法后，都归结为对称短路的计算。因此，对三相短路的研究就显得非常重要。

各种短路的示意图和代表符号见表 7-1。

表 7-1　　　　　　　　　　　各种短路的图例和代表符号

短路类型	示意图	短路代表符号	短路类型	示意图	短路代表符号
三相短路		$f^{(3)}$	两相短路		$f^{(2)}$
两相短路接地		$f^{(1,1)}$	单相短路接地		$f^{(1)}$

随着短路类型、发生地点和持续时间的不同，短路的后果可能只破坏局部地区的正常供电，也可能威胁整个系统的安全运行。短路故障的危险后果一般有以下几个方面。

（1）短路故障使短路点附近的支路出现比正常值大许多倍的电流，由于短路电流的电动力效应，导体间将产生很大的机械应力，可能使导体及其支架遭到破坏。

（2）短路电流使导体和设备发热增加，短路持续时间较长时，导体和设备可能过热导致损坏。

（3）短路故障会使系统电压大幅度下降，对用户影响极大。系统中最主要的负荷是异步电动机，它的电磁转矩同端电压的平方成正比，电压下降时，电动机的电磁转矩显著减小，转速随之下降。当电压大幅度下降时，电动机甚至可能停转，造成产品报废，设备损坏等严重后果。

（4）短路故障会破坏系统的稳定运行。当短路发生地点离电源不远而持续时间又较长时，并列运行的发电厂可能失去同步，破坏系统稳定，造成大面积停电。这是短路故障的最严重后果。

（5）发生不对称短路时，不平衡电流能产生足够的磁通在附近的电路内感应出很大的电动势，这对于架设在高压电力线路附近的通信线路或铁路信号线等会产生严重的影响。

为了减少短路电流对电力系统的危害，一方面可在电力系统的运行和设计中采取措施，来限制短路电流的大小，如采用合理的主接线形式和运行方式来限制短路电流，必要时加装限流电抗器限制短路电流；另一方面就是尽可能地缩短短路电流的作用时间，如采用合理的继电保护设备，使之能迅速和正确地切断故障，从而减轻短路电流的热效应和电动力效应对设备的危害。

7.1.2　短路电流计算的目的

在电力系统和电气设备的设计和运行中，短路电流计算是解决一系列技术问题所不可缺少的基本计算，这些问题主要如下所述。

（1）电气设备的选择。电力系统中的设备在短路电流的作用下会发热，会受到电动力的冲击，为此必须计算短路电流，以校验设备的动、热稳定性，并保证设备在短路电流热效应和力效应作用下不受到损坏。

（2）继电保护的设计和整定。电力系统中应配置什么样的继电保护，以及这些继电保护装置应如何整定，都需要对电力网中发生的各种短路进行分析和计算。在这些计算中不但要知道故障支路的短路电流值，还要知道短路电流在网络中的分布情况，有时还要知道系统中某些节点的电压值。

（3）接线方案的比较和选择。在设计和选择发电厂、变电所和电力系统的电气主接线时，为了比较各种不同方案的接线图，确定是否增加限制短路电流的设备等，都要进行必要的短路电流计算。

（4）进行电力系统暂态稳定计算，研究短路对用户工作的影响，也包含有一部分短路计算的内容。

此外，确定输电线路对通信线路的干扰时，也必须进行短路电流计算。

在实际工作中，根据一定的任务进行短路计算时，必须首先确定计算条件，所谓计算条件，一般包括，短路发生时系统的运行方式，短路的类型和发生地点，以及短路发生后所采取的措施等。从短路计算的角度来看，系统运行方式指的是系统中投入运行的发电、变电、输电、用电的设备的多少以及它们之间相互连接的情况，计算不对称短路时，还应包括中性点的运行状态。对于不同的计算目的，所采用的计算条件是不同的。

7.2 网络的变换与简化

7.2.1 输入阻抗和转移阻抗的定义

若一个复杂的网络经网络等值变换和化简后，得到只有一条有源支路的最简单形式，如图7-1所示，根据戴维南定理可知，$\dot{E}_\Sigma$即为短路点前节点f的开路电压，$X_{f\Sigma}$就是从f点与地之间看进网络的等值阻抗，也称之为网络对短路点的输入阻抗。

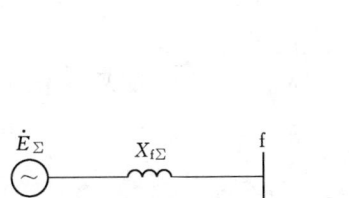

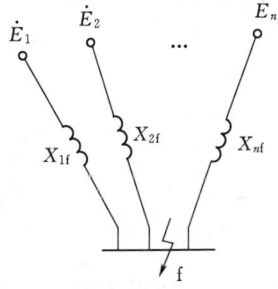

图7-1　只含有等值电源与等值电抗的简单网络　　图7-2　转移阻抗图

在某些情况下，往往不需要把所有的电源合并成一个等效电源，而是要分别求出这些电源与短路点之间直接连接的电抗，即化简为图7-2所示的形式。各电源直接和短路点之间相连的电抗称之为转移阻抗（电抗）。

根据输入阻抗的概念，很容易得出输入阻抗与转移阻抗的关系式为

$$X_{f\Sigma} = 1 \Big/ \left(\frac{1}{X_{1f}} + \frac{1}{X_{2f}} + \cdots + \frac{1}{X_{nf}} \right) \tag{7-1}$$

式（7-1）说明f点的输入阻抗等于f点对所有电源的转移阻抗的并联值。

网络变化和化简的主要目的就是要求取各电源对短路点转移阻抗或等值电源对短路点的输入阻抗，为短路电流的计算打下基础。

7.2.2 等效电源合并

对多电源供电的电力网络进行网络化简时，可将电源电动势相等、电气距离接近的同类型电源（如汽轮机或水轮机组）合并在一起，用一个等效的电源表示，这样就得到各个

不同类型电源到短路点之间的转移电抗 X_f，如图 7-3（a）所示。在计算短路电流时，可以按照叠加原理，分别计算不同类型电源到短路点之间的短路电流，然后将分别计算出的短路电流迭加，即可求出短路点总的短路电流。

在实际计算中，往往会遇到要将多个不同电动势的电源合并成一个等效电源的情况，如图 7-3（b）所示。此时，既要求出短路回路的总电抗（即输入电抗 $X_{f\Sigma}$），又要求出等效电源的等效电动势 $\dot{E}_\Sigma$。根据戴维南定理，合并后的等效电抗应为电源电动势短路从 A 点看进网络中的等效电抗，即

$$X_{f\Sigma}=1\bigg/\left(\frac{1}{X_{1f}}+\frac{1}{X_{2f}}+\frac{1}{X_{3f}}\right) \tag{7-2}$$

由图 7-3（a）可知

$$\dot{I}=\frac{\dot{E}_1-\dot{U}}{jX_{1f}}+\frac{\dot{E}_2-\dot{U}}{jX_{2f}}+\frac{\dot{E}_3-\dot{U}}{jX_{3f}} \tag{7-3}$$

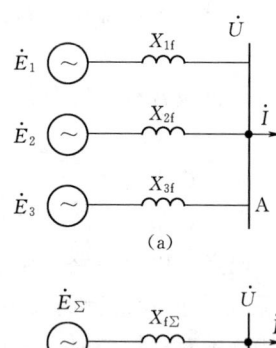

图 7-3 等效电源合并
（a）多电源电路；（b）等效电源

由图 7-3（b）可知

$$\dot{I}=\frac{\dot{E}_\Sigma-\dot{U}}{jX_{f\Sigma}} \tag{7-4}$$

按等效条件，式 7-3 和式 7-4 应相等，故有

$$\begin{aligned}\frac{\dot{E}_\Sigma-\dot{U}}{jX_{f\Sigma}}&=\frac{\dot{E}_1-\dot{U}}{jX_{1f}}+\frac{\dot{E}_2-\dot{U}}{jX_{2f}}+\frac{\dot{E}_3-\dot{U}}{jX_{3f}}\\&=\frac{\dot{E}_1}{jX_{1f}}+\frac{\dot{E}_2}{jX_{2f}}+\frac{\dot{E}_3}{jX_{3f}}-\dot{U}\left(\frac{1}{jX_{1f}}+\frac{1}{jX_{2f}}+\frac{1}{jX_{3f}}\right)\\&=\frac{\dot{E}_1}{jX_{1f}}+\frac{\dot{E}_2}{jX_{2f}}+\frac{\dot{E}_3}{jX_{3f}}-\frac{\dot{U}}{jX_{f\Sigma}}\end{aligned} \tag{7-5}$$

由式 7-5 得等效电源电动势为

$$\dot{E}_\Sigma=\left(\frac{\dot{E}_1}{X_{1f}}+\frac{\dot{E}_2}{X_{2f}}+\frac{\dot{E}_3}{X_{3f}}\right)X_{f\Sigma} \tag{7-6}$$

当有 n 个不同电动势的电源并联时，等效电动势和等效电抗分别为

$$\dot{E}_\Sigma=\left(\frac{\dot{E}_1}{X_{1f}}+\frac{\dot{E}_2}{X_{2f}}+\cdots+\frac{\dot{E}_3}{X_{nf}}\right)X_{f\Sigma} \tag{7-7}$$

$$X_{f\Sigma}=1\bigg/\left(\frac{1}{X_{1f}}+\frac{1}{X_{2f}}+\cdots+\frac{1}{X_{nf}}\right) \tag{7-8}$$

必须指出，在网络化简时，等效电源是否合并，应根据具体情况而定。若为了求取各个电源支路的短路电流，就不需要合并电源；若为了求取短路点总的短路电流值，则电源合并更有利于计算过程的简化。

7.2.3 网络变换法化简网络

在进行短路电流计算时，往往先要计算出电源到短路点之间的电抗，即转移电抗 X_f 或短路回路的总阻抗 $X_{f\Sigma}$。这就要求对所计算的网络进行必要的变换和化简。网络化简常

7.2 网络的变换与简化

用的方法有串联电路的合并、并联电路的化简以及星形与三角形或三角形与星形变换等方法。

阻抗网络变换、化简的图形及换算公式见表 7-2。

表 7-2　　　　　　阻抗网络变换、化简图形及换算公式

原来的接线图	简化或变换后的接线图	换算公式
$S_1 \multimap X_1 - X_2 - \cdots - X_n \multimap$	$S_1 \multimap X \multimap$	$X = X_1 + X_2 + \cdots + X_n$
S_1 并联 $X_1, X_2, \cdots, X_n$	$S_1 \multimap X \multimap$	$X = \dfrac{1}{\dfrac{1}{X_1} + \dfrac{1}{X_2} + \cdots + \dfrac{1}{X_n}}$ 只有两回路时，$X = \dfrac{X_1 X_2}{X_1 - X_2}$
三角形 X_{12}, X_{13}, X_{23}（S_1, S_2, S_3）	星形 X_1, X_2, X_3（S_1, S_2, S_3）	$X_1 = \dfrac{X_{12} X_{13}}{X_{12} + X_{13} + X_{23}}$ $X_2 = \dfrac{X_{12} X_{23}}{X_{12} + X_{13} + X_{23}}$ $X_3 = \dfrac{X_{13} X_{23}}{X_{12} + X_{13} + X_{23}}$
星形 X_1, X_2, X_3	三角形 X_{12}, X_{13}, X_{23}	$X_{12} = X_1 + X_2 + \dfrac{X_1 X_2}{X_3}$ $X_{23} = X_2 + X_3 + \dfrac{X_2 X_3}{X_1}$ $X_{13} = X_1 + X_3 + \dfrac{X_1 X_3}{X_1}$
四支路星形 X_1, X_2, X_3, X_4（S_1, S_2, S_3, S_4）	完全网孔 $X_{12}, X_{13}, X_{14}, X_{23}, X_{24}, X_{34}$	$X_{12} = X_1 X_2 \sum \dfrac{1}{X}$ $X_{23} = X_2 X_3 \sum \dfrac{1}{X}$ $\cdots$ 式中 $\sum \dfrac{1}{X} = \dfrac{1}{X_1} + \dfrac{1}{X_2} + \dfrac{1}{X_3} + \dfrac{1}{X_4}$

1. 分裂电动势和分裂短路点

在网络化简中，有时可以把连接在一个电源点上的支路拆开，拆开后各支路的端点仍具有与原来电动势相等的电源，这就是分裂电动势。有时也可将连接在短路点的 n 个支路从短路点拆开，各支路拆开后的端点仍具有原来短路点的电位（若为三相短路时，短路点电压为零），这就是分裂短路点。在某些情况下采用分裂电动势或分裂短路点的方法，可使网络化简变得比较方便。

对图 7-4（a）所示的电力网络，把 X_1、X_3 支路在电动势点 $\dot{E}_1$ 分开，分开后两条支路的电动势仍为 $\dot{E}_1$。同样可将 X_2、X_4 支路在电动势 $\dot{E}_2$ 处分开，得图 7-4（b）所示的电路，然后把 X_5 和 X_6 支路在短路点 f 处分开，便得到图 7-4（c）所示的两个独立电路，从而使计算变得容易多了。

项目7　电力系统三相短路与实用计算法

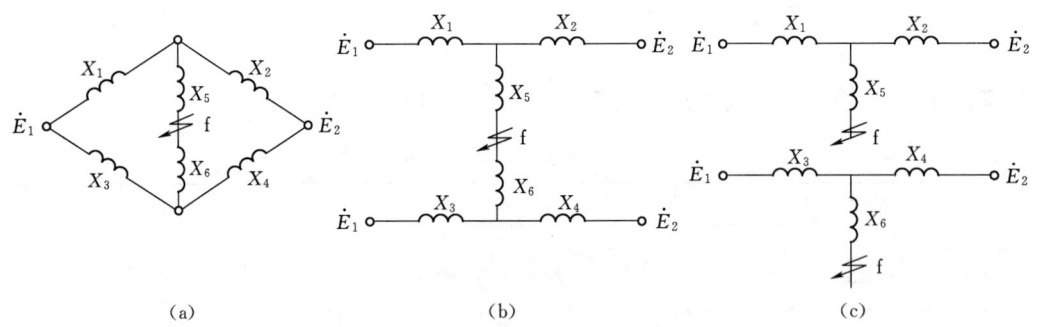

(a)　　　　　　　　　　(b)　　　　　　　　　　(c)

图7-4　分裂电源点和分裂短路点
(a) 电力网络等值图；(b) 分裂电源点；(c) 分裂短路

2. 利用网络对称性化简网络

在电力系统中，常常会遇到对于短路点具有结构对称的网络，如图7-5 (a) 所示。如果所有发电机的电动势均相等，电抗都等于 X_G，电抗器的电抗为 X_L，两台变压器高、中、低压电抗 X_{T1}、X_{T2}、X_{T3} 分别相等，这样的网络在它的某些点上发生短路时，就存在对称关系。它的等效电路示于图7-5 (b) 中。可以看出，f_1 点和 f_2 点短路时，网络是对称的。由于网络对于短路点是对称的，因而各对称部分相应点上的电位是相等的。如图7-5 (b) 中1、2点的电位相等，可把1、2点直接连接起来，这样电抗 X_L 便被短接。又有3、4两点电位也相等，也可以将两点直接相连，这样即可得到图7-5 (c) 所示的简单网络。

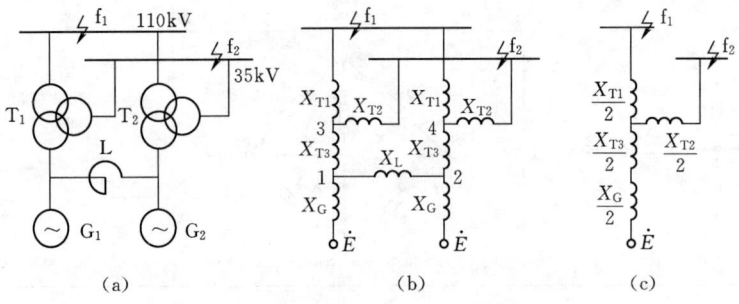

(a)　　　　　　　　　　(b)　　　　　　　　　　(c)

图7-5　利用网络的对称性化简网络图
(a) 接线图；(b) 等值电路图；(c) 网络化简图

应该指出的是，在进行网络化简时，无论如何进行变换和化简，其内部电路无论发生什么变化，对网络的外部而言仍然是等值的。

3. 单位电流法化简网络

利用上述的几种网络变换法消去除电源和短路点之外的其他节点后，即可得到各电源到短路点之间的转移阻抗。但对某些放射形网络利用单位电流法求转移电抗则更为简便。

图7-6 (a) 所示网络中，令电动势 $\dot{E}_1 = \dot{E}_2 = \dot{E}_3 = 0$，并在支路 X_1 中通以单位电流，$\dot{I}_1 = 1$，如图7-6 (b) 所示。由图可得

7.2 网络的变换与简化

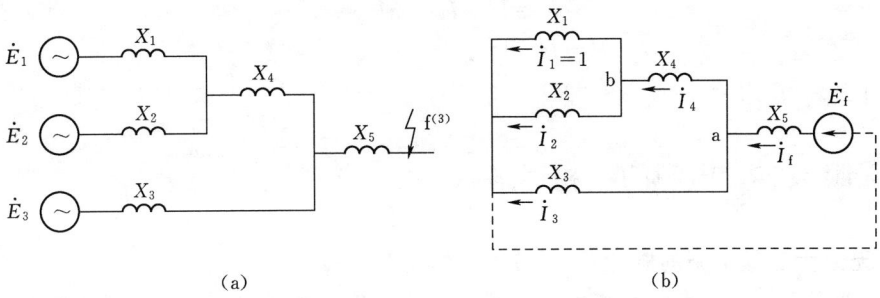

图 7-6 用单位电流法求转移电抗
(a) 原网络图;(b) 单位电流法示

$$U_b = I_1 X_1 = X_1$$
$$I_2 = U_b / X_2$$
$$I_4 = I_1 + I_2 = 1 + I_2$$
$$I_3 = U_a / X_3$$
$$I_f = I_3 + I_4$$
$$E_f = U_a + I_f X_5$$

为产生 $I_1 = 1$、I_2 和 I_3 所需要的短路支路的电动势。根据转移电抗的定义,可得

$$X_{1f} = E_f / I_1 = E_f; \quad X_{2f} = E_f / I_2; \quad X_{3f} = E_f / I_3$$

【例 7-1】 试用单位电流法求图 7-7 所示网络各电源到短路点 f 间的转移电抗。已知:

$X_1 = 2$,$X_2 = 4$,$X_3 = 4$,$X_4 = 2$,$X_5 = 4$。

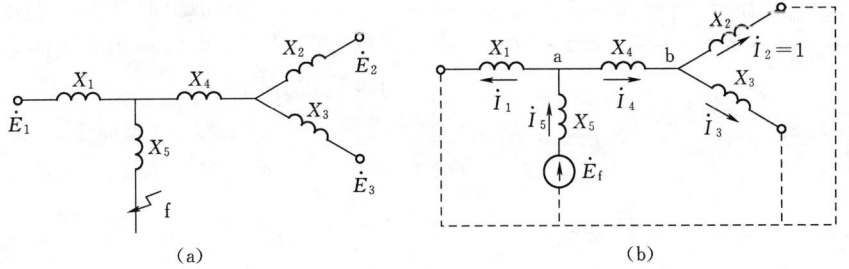

图 7-7 [例 7-1] 附图
(a) 原网络图;(b) 用单位电流求转移电抗

解:令各电源电动势都等于零,在短路点接入电动势 $\dot{E}_f$,如图 7-7(b) 所示。设电动势 $\dot{E}_f$ 使支路上的电流 $I_2 = 1$,则有

$$U_b = X_2 I_2 = X_2 = 4$$
$$I_3 = U_b / X_3 = 4/4 = 1$$
$$I_4 = I_2 + I_3 = 1 + 1 = 2$$
$$U_a = U_b + I_4 X_4 = 4 + 2 \times 2 = 8$$
$$I_1 = U_a / X_1 = 8/2 = 4$$

$$I_5 = I_4 + I_1 = 2 + 4 = 6$$
$$E_f = U_a + I_5 X_5 = 8 + 6 \times 4 = 32$$

因而 $X_{1f} = E_f / I_1 = 32/4 = 8$，$X_{2f} = E_f / I_2 = 32/1 = 32$，$X_{3f} = E_f / I_3 = 32/1 = 32$。

7.3 无限大容量电源的三相短路

7.3.1 无限大容量电源的概念

所谓无限大容量电源，是指电力系统中无论发生什么扰动（短路、断路器跳闸、投切负荷等），电源的电压幅值和频率均为恒定。也就是说电源的容量为无限大、内阻抗为零，因而外电路发生短路引起的功率变化对电源来说是微不足道的；同时由于没有内部电压降，所以电源的频率和端电压都保持不变。实际的电力系统中无限大容量电源是不存在的，它只是一个相对的概念，往往是以供电电源的内阻抗与短路回路总阻抗的相对大小来判断电源能否视为无限大容量电源。若电源的内阻抗小于短路回路总阻抗的10%时，则可认为供电电源为无限大容量电源。在这种情况下，外电路短路对电源影响很小，可近似地认为电源端电压和频率保持恒定。在实际系统中，哪些发电机可以看作无限大容量电源，需要根据具体的情况而定。一般发电机的暂态电抗的标幺值小于0.3，则当电源到短路点之间的电气距离电抗值大于3时，即可认为电源是无限大容量电源。

总之，无限大容量电源的端电压及频率在短路后的暂态过程中保持不变，可以不考虑电源内部的暂态过程，使短路电流的分析、计算变得简单。

7.3.2 无限大容量电源供电系统三相短路电流分析

图 7-8 所示为无限大容量系统供电的三相对称短路。

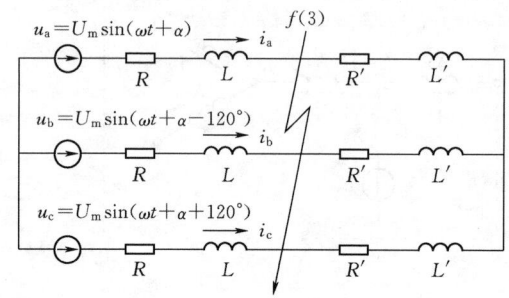

图 7-8 无限大容量电源供电系统的三相对称短路

短路发生以前电路处于稳定状态，由于三相电路对称，可以写出 a 相的电压和电流的表达式分别为

$$u_a = U_m \sin(\omega t + \alpha) \quad (7-9)$$
$$i_a = I_{m|0|} \sin(\omega t + \alpha - \varphi_{|0|}) \quad (7-10)$$

其中
$$I_{m|0|} = \frac{U_m}{\sqrt{(R+R')^2 + \omega^2(L+L')^2}}$$

$$\varphi_{|0|} = \arctan \frac{\omega(L+L')}{(R+R')}$$

式中 $R+R'$ 和 $L+L'$——分别为短路前每相电路的电阻和电感；

|0|——φ 的下标，表示短路前的状态；

α——电源电势初始相角，即 $t=0$ 时的相位角。

当电路在 f 点突然发生三相短路后，这个电路即被分成两个独立的回路，左侧的回路仍与电源连接，但每相阻抗由原来的 $(R+R') + j\omega(L+L')$ 减小为 $R + j\omega L$。短路后电源供给的电流从原来的稳态值逐渐过渡到由电源和新阻抗 $R + j\omega L$ 所决定的短路稳态值。而右侧的回路则由于没有电源，该回路电流逐渐衰减为零。

假定短路在 $t=0$ 时刻发生，由于左侧电路仍为三相对称电路，可以只研究其中的一相,其他两相由对称关系可以得出。

对于 a 相,其电流的瞬时值应满足如下微分方程:

$$L\frac{\mathrm{d}i_a}{\mathrm{d}t}+Ri_a=U_m\sin(\omega t+\alpha) \tag{7-11}$$

式(7-11)是一个一阶常系数线性非齐次微分方程,它的解即为短路时的全电流。

求解式(7-11),得到 a 相短路电流瞬时值的表达式为

$$i_a=I_{pm}\sin(\omega t+\alpha-\varphi)+[I_{m|0|}\sin(\alpha-\varphi_{|0|})-I_{pm}\sin(\alpha-\varphi)]e^{-\frac{t}{T_a}} \tag{7-12}$$

式中 $I_{pm}=\dfrac{U_m}{\sqrt{R^2+(\omega L)^2}}$——短路电流交流分量的幅值;

$\varphi=\arctan\dfrac{\omega L}{R}$——短路回路的阻抗角;

$T_a=\dfrac{L}{R}$——短路电流直流分量衰减的时间常数。

式(7-12)即为 a 相短路电流的表达式。由于三相电路对称,只要用 $\alpha-120°$ 和 $\alpha+120°$ 代替式(7-12)中的 α 就可分别得到 b 相和 c 相短路电流表达式。现将三相短路电流表达式综合如下:

$$\left.\begin{array}{l}i_a=I_m\sin(\omega t+\alpha-\varphi)+[I_{m|0|}\sin(\alpha-\varphi_{|0|})-I_m\sin(\alpha-\varphi)]e^{-\frac{t}{T_a}}\\ i_b=I_m\sin(\omega t+\alpha-120°-\varphi)+[I_{m|0|}\sin(\alpha-120°-\varphi_{|0|})-I_m\sin(\alpha-120°-\varphi)]e^{-\frac{t}{T_a}}\\ i_c=I_m\sin(\omega t+\alpha+120°-\varphi)+[I_{m|0|}\sin(\alpha+120°-\varphi_{|0|})-I_m\sin(\alpha+120°-\varphi)]e^{-\frac{t}{T_a}}\end{array}\right\} \tag{7-13}$$

由式(7-12)可知,短路电流中包含有两个分量,其一是随时间作周期性变化的分量,称为交流分量或称为周期分量,其幅值大小取决于电源电压幅值和短路回路的总阻抗;其二是幅值随时间而衰减的分量,称为直流分量或称非周期分量,产生直流分量的原因是,电感中的电流在突然短路瞬时的前后不能突变。

根据式(7-12)所作的短路电流变化曲线如图 7-9 所示。

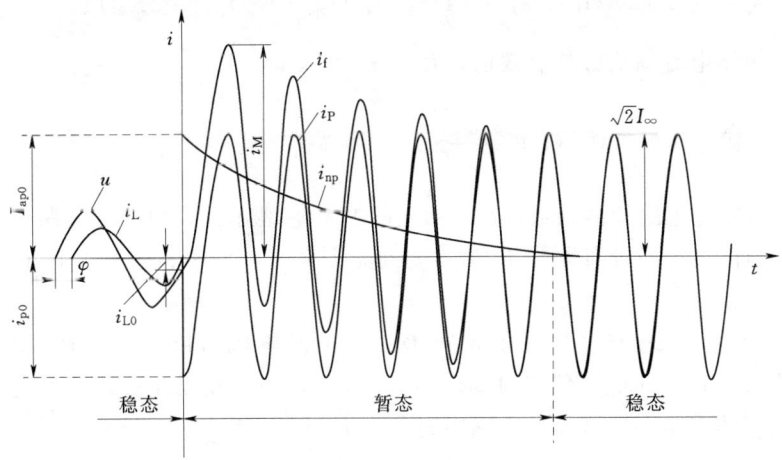

图 7-9 无限大容量电源供电系统短路电流变化曲线

由图 7-9 可知，由于存在直流分量，短路电流曲线的对称轴不再与时间轴对称，而直流分量本身就是短路电流曲线的对称轴。因此，当已知一短路电流曲线时，可以应用这个性质把直流分量从短路电流曲线中分离出来，即将短路电流曲线的两根包络线间的垂直线等分。

在电源电压幅值和短路回路阻抗恒定的情况下，短路电流交流分量的幅值是一定的，因而短路电流的非周期分量起始值的大小决定了短路电流瞬时值的大小。直流分量起始值越大，短路电流的最大瞬时值越大。短路电流起始值的大小与电源电压的初始相角 α 及短路前回路中的电流值 $I_{m|0|}$ 有关。

若不考虑负荷电流对短路电流的影响，即认为短路前为空载（$I_{m|0|}=0$），则式（7-12）可进一步简化为

$$i_f = I_{pm}\sin(\omega t+\alpha-\varphi) - I_{pm}\sin(\alpha-\varphi)e^{-\frac{R}{L}t}$$
$$= i_p + i_{ap} \tag{7-14}$$

式中 i_p——短路电流周期分量；

i_{ap}——短路电流非周期分量。

7.3.3 短路冲击电流、短路电流的最大有效值和短路功率

短路电流最大的瞬时值称为短路冲击电流。通过上面的分析可知，直流分量起始值越大，短路电流最大瞬时值也越大。一般在短路回路中，感抗值要比电阻值大得多，即 $\omega L \gg R$，因此可以近似认为阻抗角 $\varphi \approx 90°$。若短路前为空载，短路正好发生在电源电压过零（即 $\alpha=0$）时，则可得最大短路电流瞬时值表达式为

$$i_f = I_{pm}\sin(\omega t-90°) - I_{pm}\sin(-90°)e^{-\frac{R}{L}t}$$
$$= -I_{pm}\cos\omega t + I_{pm}e^{-\frac{R}{L}t} \tag{7-15}$$

式（7-15）表示的电流波形参见图 7-9。由图可知，短路电流的最大瞬时值将在短路发生后经过半个周期出现，当 $f=50\text{Hz}$ 时，此时间为 0.01s（即 $\omega t=\pi$）。由此可得冲击电流值为

$$i_M = I_{pm} + I_{pm}e^{-\frac{0.01}{T_a}} = (1+e^{-\frac{0.01}{T_a}})I_{pm} = K_M I_{pm} = \sqrt{2}K_M I_p \tag{7-16}$$

式中 I_p——短路电流周期分量有效值，$I_p = \dfrac{U_m}{\sqrt{2}Z} = \dfrac{U}{Z}$；

U——电源电压的有效值，$U = \dfrac{U_m}{\sqrt{2}}$；

K_M——电路电流的冲击系数，$K_M = 1+e^{-\frac{0.01}{T_a}}$，它表示冲击电流为短路电流周期分量的倍数。当时间常数 T_a 由零变到无穷大时，冲击系数的变化范围为 $1 \leqslant K_M \leqslant 2$。

在实际计算中，当短路发生在 12MW 及以上的发电机出口母线上时，取 $K_M=1.9$；当短路发生在发电厂高压侧母线上时，取 $K_M=1.85$；当短路发生在网络其他地方时，取 $K_M=1.8$。当短路发生一般低压配电网中时，取 $K_M=1\sim1.3$。

短路冲击电流一般用来校验电气设备和截流导体的动稳定性。

在短路过程中，任一时刻 t 的短路电流有效值 I_t，是以时刻 t 为中心的一个周期内瞬

时电流的均方根值,即

$$I_t = \sqrt{\frac{1}{T}\int_{t-T/2}^{t+T/2} i_t^2 dt} = \sqrt{\frac{1}{T}\int_{t-T/2}^{t+T/2}(i_p + i_{ap})^2 dt} \qquad (7-17)$$

式中 i_t——t 时刻短路电流瞬时值;

i_p,i_{ap}——t 时刻短路电流周期分量和非周期分量的瞬时值;

T——交流电的周期,$T=0.02s$。

由图 7-9 可知,最大有效值电流也是出现在短路发生后半个周期时,假设在该时刻前后一个周期内直流分量近似不变,则最大有效值电流为

$$I_M = \sqrt{(I_p)^2 + i_{ap(t=0.01s)}^2} = \sqrt{(I_p)^2 + (i_M - I_{pm})^2}$$
$$= \sqrt{(I_p)^2 + 2I_p^2(K_M-1)^2} = I_p\sqrt{1+2(K_M-1)^2} \qquad (7-18)$$

当 $K_M=1.9$ 时,$I_M=1.62I_p$;当 $K_M=1.8$ 时,$I_M=1.52I_p$。

短路电流的最大有效值常用来校验某些设备的断流能力。

在无限大容量电源供电的三相短路计算中,经常要用到短路容量这个概念。所谓短路容量是指某点的三相短路电流与该点短路前的平均额定电压的乘积。根据其定义,有短路容量有名值:

$$S_f = \sqrt{3}U_{av}I_f \qquad (7-19)$$

短路容量标幺值:

$$S_{f*} = \frac{S_f}{S_B} = \frac{\sqrt{3}U_{av}I_f}{\sqrt{3}U_{av}I_B} = I_{f*} = \frac{1}{X_{f\Sigma*}} \qquad (7-20)$$

由式 (7-20) 可知,短路容量的大小实际上反映了该点短路时短路电流的大小,同时也反映了该点输入阻抗的大小。短路容量是一个很重要的概念,它反映了该点与系统联系的紧密程度。系统的容量越大,网络联系越紧密,则等值电抗越小,短路容量越大。

7.4 电力系统三相短路实用计算

在实际工作中,对短路电流进行非常准确的计算是相当复杂的。同时在解决大部分实际问题时,并不要求十分精确的计算结果。为了简化计算,通常采用近似计算方法,并对计算条件作一些必要的简化,使得短路电流计算更方便和迅速。为此,还要作以下几点假设:

(1) 在短路过程中,所有发电机转速和电动势的相位均相同,即发电机无摇摆现象。

(2) 不计系统的磁饱和。即认为短路回路各元件的感抗为常数,可采用重叠原理计算。

(3) 不计变压器励磁支路和电路电容的影响,不计高压电网电阻的影响,仅在低压配电网计算中由于电阻值相对电抗较大时,才予以考虑。

(4) 假设发电机转子是对称的,所以可以用次暂态电抗 X_d'' 和次暂态电动势 $\dot{E}''$(或用暂态电抗 X_d' 和暂态电动势 $\dot{E}'$)来代表。

(5) 短路电流一般远远大于负荷电流,因而可不计负荷电流的影响,即认为短路前发

电机是空载的,各发电机的电动势标幺值为1。

(6) 当短路点附近有大容量的电动机时,需要计及它们对短路电流的影响。

短路电流交流分量的计算步骤如下所示:

(1) 选择基准功率 S_B 和基准电压 $U_B=U_{av}$,计算各元件的参数标幺值,并作等值电路图。

(2) 化简网络,求取各电源到短路点之间的转移电抗;或求取网络对短路点的输入电抗 $X_{f\Sigma}$,得到最简化的等值电路。

(3) 不考虑负荷影响时,发电机电动势 $E''=1$(或 $E'=1$)。若计及负荷影响时,利用短路前的潮流计算结果计算发电机电动势,即

$$\dot{E}''_* = \dot{U}_{G*} + j\dot{I}_{G*} X''_{d*} \quad (或 \quad \dot{E}'_* = \dot{U}_{G*} + j\dot{I}_{G*} X'_{d*}) \tag{7-21}$$

式中 $\dot{U}_G$、$\dot{I}_G$——发电机在短路前的端电压和电流。

(4) 短路电流交流分量起始值按下式计算:

$$I_{f*} = I''_* = \frac{E''_*}{X_{f*}} \approx \frac{1}{X_{f\Sigma*}} \tag{7-22}$$

当计及负荷影响时,各电源的 $\dot{E}''$ 不同相,则要按各电源对短路点的转移阻抗分别计算每台发电机送到短路点的短路电流,相加后得到短路点的总短路电流。

(5) 短路电流有名值及其他各量。

短路电流有名值

$$I_f = I_{f*} \cdot \frac{S_B}{\sqrt{3}U_{av}} \tag{7-23}$$

短路冲击电流

$$i_M = \sqrt{2} K_M I_f \tag{7-24}$$

短路容量

$$S_f = \sqrt{3} U_N I_f \tag{7-25}$$

总短路电流计算出来后,如果要求某一支路的短路电流,可根据网络计算电流分布,进而可得各支路的短路电流值。网络中短路电流的分布常用分布系数表示,由式(7-1)可得

$$\frac{X_{f\Sigma}}{X_{1f}} + \frac{X_{f\Sigma}}{X_{2f}} + \cdots + \frac{X_{f\Sigma}}{X_{nf}} = C_1 + C_2 + \cdots + C_n = 1 \tag{7-26}$$

式中 $C_1, C_2, \cdots, C_n$ 称为电流分布系数,表示该支路电流占总短路电流的比值。显然,某一支路的短路电流应为

$$I_{if} = C_i I_f = I_f \frac{X_{f\Sigma}}{X_{if}} \quad (i=1,2,\cdots,n) \tag{7-27}$$

【例 7-2】 图 7-10 所示为一电力系统及其参数。试求在 f 点发生三相短路时,短路点处的短路电流、短路冲击电流和短路容量。

解:(1) 计算各元件参数的标幺值,并作出等值电路。

取基准功率 $S_B=100\text{MVA}$,$U_B=U_{av}$。

7.4 电力系统三相短路实用计算

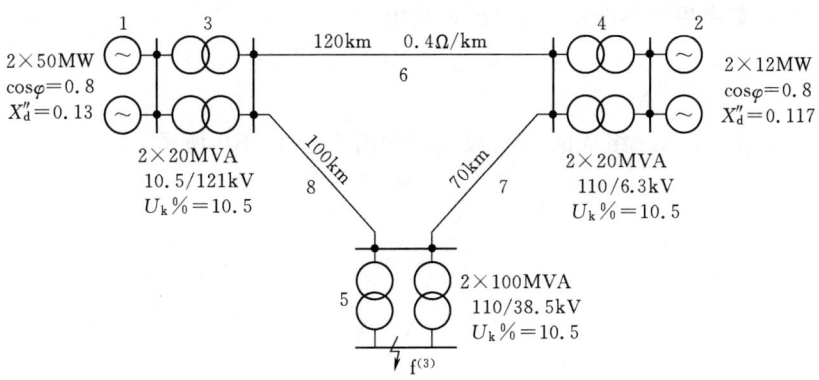

图 7-10 [例 7-2] 图

发电厂 1：$X_{1*} = \dfrac{X_d''}{2} \cdot \dfrac{S_B}{S_{1N}} = \dfrac{0.13}{2} \times \dfrac{100}{50/0.8} = 0.104$

发电厂 2：$X_{1*} = \dfrac{X_d''}{2} \cdot \dfrac{S_B}{S_{2N}} = \dfrac{0.117}{2} \times \dfrac{100}{12/0.8} = 0.39$

变电所 3：$X_{3*} = \dfrac{1}{2} \cdot \dfrac{U_k\%}{100} \cdot \dfrac{S_B}{S_{TN}} = \dfrac{0.105}{2} \times \dfrac{100}{20} = 0.263$

变电所 4：$X_{4*} = \dfrac{1}{2} \cdot \dfrac{U_k\%}{100} \cdot \dfrac{S_B}{S_{TN}} = \dfrac{0.105}{2} \times \dfrac{100}{10} = 0.525$

变电所 5：$X_{5*} = \dfrac{1}{2} \cdot \dfrac{U_k\%}{100} \cdot \dfrac{S_B}{S_{TN}} = \dfrac{0.105}{2} \times \dfrac{100}{10} = 0.525$

线路 6：$X_{6*} = X_{L6} \cdot \dfrac{S_B}{U_{av}^2} = 120 \times 0.4 \times \dfrac{100}{115^2} = 0.363$

线路 7：$X_{7*} = X_{L7} \cdot \dfrac{S_B}{U_{av}^2} = 70 \times 0.4 \times \dfrac{100}{115^2} = 0.212$

线路 8：$X_{8*} = X_{L8} \cdot \dfrac{S_B}{U_{av}^2} = 100 \times 0.4 \times \dfrac{100}{115^2} = 0.302$

该系统的等值电路图如图 7-11 所示。

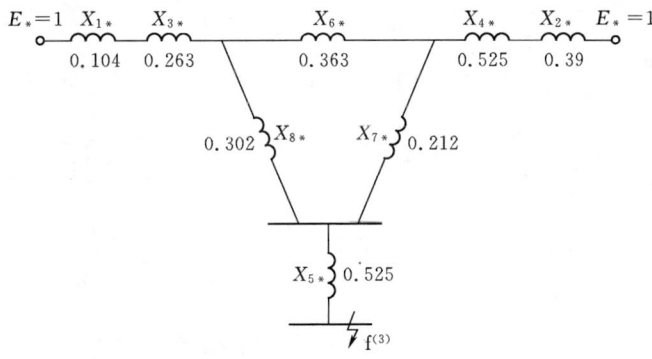

图 7-11 [例 7-2] 等值电路图

(2) 化简网络。

首先把串联支路相加得图 7-12 (a)，其中

$$X_{9*} = X_{1*} + X_{3*} = 0.104 + 0.263 = 0.367$$

$$X_{10*} = X_{2*} + X_{4*} = 0.39 + 0.525 = 0.915$$

再将 X_{6*}、X_{7*}、X_{8*} 组成的 △ 变成 Y，如图 7-12 (b) 所示。

$$X_{11*} = \frac{X_{6*} X_{8*}}{X_{6*} + X_{7*} + X_{8*}}$$

$$= \frac{0.363 \times 0.302}{0.363 + 0.212 + 0.302} = 0.125$$

$$X_{12*} = \frac{X_{6*} X_{7*}}{X_{6*} + X_{7*} + X_{8*}}$$

$$= \frac{0.363 \times 0.212}{0.363 + 0.212 + 0.302} = 0.088$$

$$X_{13*} = \frac{X_{7*} X_{8*}}{X_{6*} + X_{7*} + X_{8*}}$$

$$= \frac{0.212 \times 0.302}{0.363 + 0.212 + 0.302} = 0.073$$

再把图 7-12 (b) 中的串联电抗相加得图 7-12 (c)，其中

$$X_{14*} = X_{9*} + X_{11*} = 0.367 + 0.125 = 0.492$$

$$X_{15*} = X_{10*} + X_{12*} = 0.915 + 0.088 = 1.003$$

$$X_{16*} = X_{13*} + X_{5*} = 0.073 + 0.525 = 0.598$$

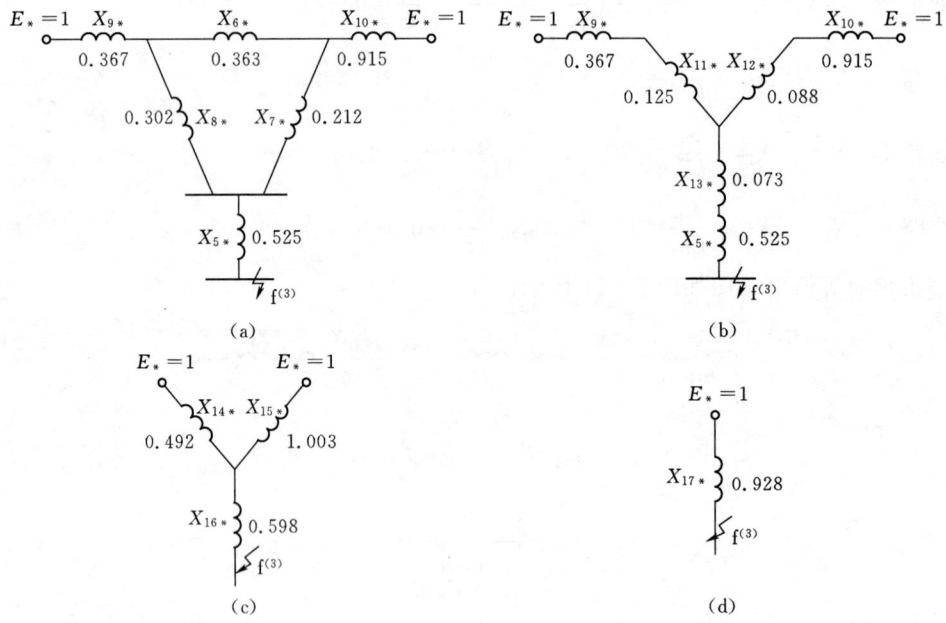

图 7-12 [例 7-2] 网络化简图
(a) 串联支路相加；(b) △形变成 T 形；(c) 串联电抗相加；(d) 合并

由于短路电流实用计算中可以不计负荷的影响，故可以将两个电源合并。将 X_{14*} 与

X_{15*} 并联后再与 X_{16*} 相加,得图 7-12 (d)。其中

$$X_{17*} = \frac{X_{14*} X_{15*}}{X_{14*} + X_{15*}} + X_{16*} = \frac{0.492 \times 1.008}{0.492 + 1.008} + 0.598 = 0.928$$

(3) 短路电流及各量的计算。

短路电流为 $\quad I''_{f*} = \dfrac{1}{X_{17*}} = \dfrac{1}{0.928} = 1.08$

短路电流有名值为 $\quad I''_f = I''_{f*} \dfrac{S_B}{\sqrt{3} U_{av}} = 1.08 \times \dfrac{100}{\sqrt{3} \times 37} = 1.68 \text{(kA)}$

短路电流冲击值为 $\quad i_M = \sqrt{2} K_M I''_f = \sqrt{2} \times 1.8 \times 1.69 = 4.302 \text{(kA)}$

短路容量为 $\quad S_f = I''_{f*} S_B = 1.08 \times 100 = 108 \text{(MVA)}$

7.5 运用运算曲线求任意时刻的短路电流

7.5.1 运算曲线的概念

在工程计算中,常采用运算曲线来求短路后任意时刻的短路电流的交流分量。由上节分析可知,由于短路电流是许多参数的函数,它与发电机的各种电抗、时间常数、发电机电动势、励磁系统的参数、短路点离电源的电气距离及时间 t 等因素有关。在发电机的参数和运行初始状态给定后,短路电流只是短路点距离(用外界电抗 X_c 表示)和时间 t 的函数。通常把归算到发电机容量的外接电抗的标幺值与发电机次暂态电抗 X''_d 之和定义为计算电抗,记为 X_{js},即

$$X_{js} = X_c + X''_d \qquad (7-28)$$

这样,短路电流交流分量的标幺值可表示为计算电抗和时间的函数,即

$$I_{f*} = f(X_{js}, t)$$

反映这一函数关系的曲线就称为运算曲线,如图 7-13 所示。

7.5.2 运算曲线的制作

运算曲线是以图 7-14 所示的网络制作的。短路前发电机满载运行,50% 的负荷接于发电厂的高压母线上,其余负荷经输电线路送出。根据短路前的运行方式,可以方便地计算出发电机的各种电动势。图 7-14 (b) 为短路后的网络,负荷用恒定阻抗模拟,即

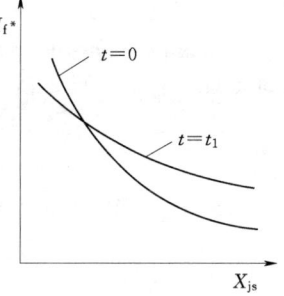

图 7-13 运算曲线示意图

$$Z_{LD} = \frac{U^2}{S_{LD}}(\cos\varphi + \text{j}\sin\varphi)$$

式中 U——负荷点的电压,取 $U=1$;

S_{LD}——接于发电厂高压母线的负荷,其大小为发电机额定容量的 50%;

$\cos\varphi$——取 0.9。

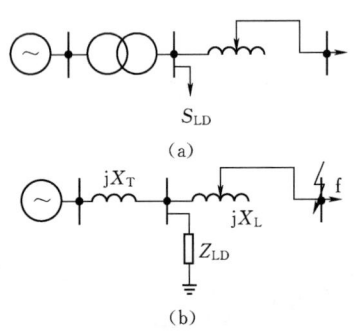

图 7-14 制作运算曲线的接线图
(a) 短路前；(b) 短路后

图 7-14 中 X_T、X_L 均为以发电机额定值为基准值的标幺值。改变 X_L 的大小可改变短路点的远近。

根据图 7-14（b）可以求出发电机的外部网络对发电机的等值电抗，也就是外部电抗。再将外部电抗与发电机的有关电抗相加，即可用发电机短路电流交流分量的表达式计算出不同时刻的周期分量电流值。

不同发电机的参数不同，运算曲线也不同。我国根据自己的实际情况，选取了容量从 12～200MW 的 18 种不同型号的汽轮发电机作为样机。对给定的 X_{js} 和时间 t，分别算出各种机组的交流分量电流值，取其算术平均值作为汽轮发电机的短路电流交流分量值，然后绘制成曲线。对于水轮发电机也用相同的方法制作运算曲线。各种类型的运算曲线列于附录 4、附录 5 中。

运算曲线只做到 $X_{js*}=3.45$ 为止。当 $X_{js*} \geqslant 3.45$ 时，可以近似地认为，短路电流交流分量的幅值已不随时间而变，可直接按下式计算

$$I_{f*} = \frac{1}{X_{js*}} \tag{7-29}$$

7.5.3 运算曲线应用

应用运算曲线计算短路电流的步骤如下。

1. 网络化简，求各电源对短路点的转移电阻

在运用运算曲线之前，首先要略去负荷支路（曲线制作时已近似地计及了负荷的影响），把原系统等值电路通过网络变换，求得每个电源到短路点之间的转移电阻。

2. 求各电源的计算电抗

由于求得的转移电抗为按事先选定的基准值的标幺值，必须把转移电抗归算到以各发电机容量为基准的标幺值，才能得到发电机对短路点的计算电抗。即

$$X_{js*i} = X_{if*} \frac{S_{iN}}{S_B} \quad (i=1,2,\cdots,n) \tag{7-30}$$

式中 S_{iN} ——第 i 台发电机的容量；

n——发电机台数。

3. 查运算曲线

由 X_{js1}，X_{js2}，…，X_{jsn} 分别查适当的运算曲线，找出制定的时刻各发电机提供的发电机以发电机容量为基准的交流分量标幺值 I_{t1*}，I_{t2*}，…，I_{tn*}。

网络中如有无限大容量系统时，其供给的短路电流周期分量是不衰减的，由下式计算

$$I_{S*} = \frac{1}{X_{Sf}} \tag{7-31}$$

4. 求各周期分量有名值之和，得短路点的短路电流

第 i 台发电机提供的短路电流为

$$I_{ti} = I_{ti*} \frac{S_{iN}}{\sqrt{3}U_{av}} \tag{7-32}$$

7.5 运用运算曲线求任意时刻的短路电流

无限大容量系统提供的短路电流为

$$I_S = I_{S*} I_B = I_{S*} \frac{S_B}{\sqrt{3} U_{av}} \tag{7-33}$$

则短路点总的短路电流有名值为

$$I_t = I_S + \sum_{i=1}^{n} I_{ti} \tag{7-34}$$

在实际电力系统中，发电机数目很多，如果每台发电机都用一个电源表示，则计算工作量很大。因此，在实际计算中，为了简化计算，通常可以将类型相同或电源到短路点之间电气距离相近的电源合并为一等效电源，如参数接近的汽轮发电机或水轮发电机可以合并，距短路点较远的不同类型发电机可以合并等。发电厂合并成一个等效电源后，进而求出等效电源到短路点之间的转移电抗，相应的转移电抗归算到以等效电源总容量为基准的计算电抗。这时，式（7-30）和式（7-32）中的 S_{iN} 应为被合并的所有发电机额定容量之和 $\sum S_{iN}$。

【**例 7 - 3**】 试计算图 7 - 15（a）所示系统中，分别在 f_1 点和 f_2 点发生三相短路后 0.2s 时的短路电流。图中所有发电机均为汽轮发电机。发电机断路器是断开的。

解：

取 $S_B = 300$MVA；电压基准为各段的平均额定电压，求得各元件的电抗标幺值为

发电机 G_1、G_2：$x_1 = x_2 = 0.13 \times \frac{300}{30} = 1.3$

系统 S：$x_3 = 0.5 \times \frac{300}{300} = 0.5$

变压器 T1、T2：$x_4 = x_5 = 0.105 \times \frac{300}{20} = 1.58$

架空线路 L6：$x_6 = \frac{1}{2} \times 130 \times 0.4 \times \frac{300}{115^2} = 0.59$

电缆线路 L7：$x_7 = 0.08 \times 1 \times \frac{300}{6.3^2} = 0.6$

等值电路如图 7 - 15（b）所示。

（1）f_1 点短路：

1）网络化简，求转移阻抗：

如图 7 - 15（c）所示，将星形 x_5、x_8、x_9 化成网形 x_{10}、x_{11}、x_{12}，即消去了网络中的中间节点，x_{11} 即为系统 S 对 f_1 点的转移阻抗；x_{12} 即为 G_1 对 f_1 点的转移阻抗：

$$x_{10} = 1.09 + 2.88 + \frac{1.09 \times 2.88}{1.58} = 5.96$$

$$x_{11} = 1.09 + 1.58 + \frac{1.09 \times 1.58}{2.88} = 3.27$$

$$x_{12} = 1.58 + 2.88 + \frac{1.58 \times 2.88}{1.09} = 8.63$$

G_2 对 f_1 点的转移阻抗 $x_2 = 1.3$。

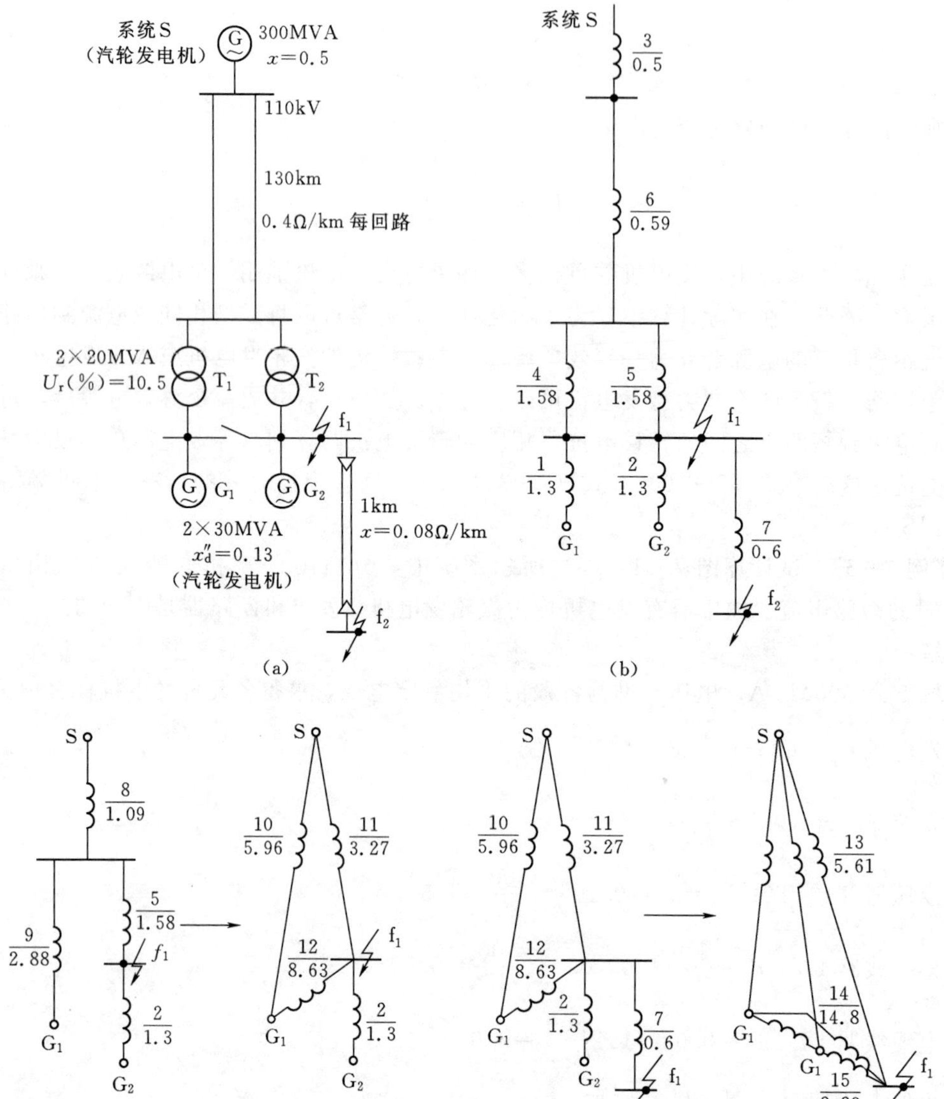

图 7-15 [例 7-3] 系统图和网络化简

(a) 系统图；(b) 等值电路；(c)、(d) f_1、f_2 点短路时网络化简

2) 求各电源的计算电抗

$$x_{Sjs} = 3.27 \times \frac{300}{300} = 3.27$$

$$x_{1js} = 8.63 \times \frac{30}{300} = 0.863$$

$$x_{2js} = 1.3 \times \frac{30}{300} = 0.13$$

3) 由计算电抗查运算曲线得各电源 0.2s 短路电流标幺值

$$I_s = 0.3;\ I_1 = 1.14;\ I_2 = 4.92$$

4) 短路点总短路电流

$$I_{0.2} = 0.3 \times \frac{300}{\sqrt{3} \times 6.3} + 1.14 \times \frac{30}{\sqrt{3} \times 6.3} + 4.92 \times \frac{30}{\sqrt{3} \times 6.3}$$

$$= 8.25 + 3.13 + 13.5 = 24.9 \text{(kA)}$$

(2) f_2 点短路。

1) 网络化简,求转移阻抗。如图 7-15 (d) 所示,将星形 x_2、x_7、x_{11}、x_{12} 化成网络,只有有关的转移阻抗 x_{13}、x_{14}、x_{15}。

$$x_{13} = x_{11} x_7 \sum \frac{1}{x} = 3.27 \times 0.6 \left(\frac{1}{3.27} + \frac{1}{8.63} + \frac{1}{1.3} + \frac{1}{0.6} \right) = 5.61$$

$$x_{14} = x_{12} x_7 \sum \frac{1}{x} = 8.63 \times 0.6 \left(\frac{1}{3.27} + \frac{1}{8.63} + \frac{1}{1.3} + \frac{1}{0.6} \right) = 14.8$$

$$x_{15} = x_2 x_7 \sum \frac{1}{x} = 1.3 \times 0.6 \left(\frac{1}{3.27} + \frac{1}{8.63} + \frac{1}{1.3} + \frac{1}{0.6} \right) = 2.23$$

2) 求各电源的电抗

$$x_{Sjs} = 5.61$$

$$x_{1js} = 14.8 \times \frac{30}{300} = 1.48$$

$$x_{2js} = 2.23 \times \frac{30}{300} = 0.223$$

3) 由计算电抗查运算曲线得各电源 0.2s 时短路电流标幺值。由曲线可知,当 $x_{js} \geqslant 3.5$ 时,各时刻的短路电流均相等,系统 S 相当于无穷大电源,可以用 $1/x_{js}$ 求得。

$$I_s = \frac{1}{5.61} = 0.178;\ I_1 = 0.66;\ I_2 = 3.45$$

4) 短路点总短路电流

$$I_{0.2} = 0.178 \times \frac{300}{\sqrt{3} \times 6.3} + 0.66 \times \frac{30}{\sqrt{3} \times 6.3} + 3.45 \times \frac{30}{\sqrt{3} \times 6.3}$$

$$= 4.89 + 1.81 + 9.49 = 16.19 \text{(kA)}$$

项目实践 SXD 电站短路电流计算书

计算内容:电站 115kV、10.5kV 侧三相短路电流。

1. 原始资料

(1) SXD 电站电气主接线图。

(2) 系统资料:系统归算至水电站 115kV 母线阻抗值:$X_s = 0.04781$($S_j = 100\text{MVA}$,$U_j = 115\text{kV}$)。

(3) 主变压器有关参数：容量 $S=63\text{MVA}$，$U_z=10.5\%$。

(4) 发电机有关参数：容量 $S=26.471\text{MVA}$；$X_d''=0.185$；计算用接线图见图 7-16。

2. 计算元件正序电抗标幺值

基准值取 $S_j=100\text{MVA}$，$U_j=U_p$。

各元件正序电抗值计算见表 7-3，正序等值阻抗图见图 7-17。

表 7-3 　　　　　　各 元 件 正 序 阻 抗 值

系统	S	X_1	0.04781	—	0.0478
主变	B_1	X_2	10.50%	0.105/00/63	0.1667
发电机	1G、2G	X_3、X_4	0.185	0.185/00/26.470	0.6989

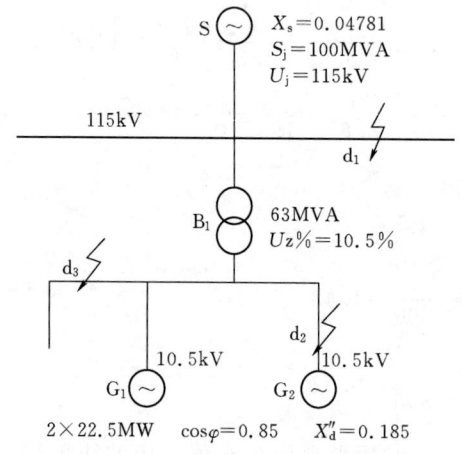

图 7-16　计算用结构图

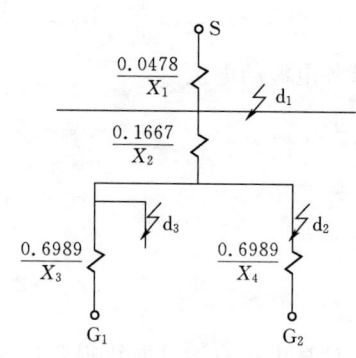

图 7-17　正序等值阻抗图

3. 按短路点进行网络变换

(1) 对点 d_1 进行网络变换，网络变换见图 7-18。

由图 7-17 变化到图 7-18 时，

$$X_5=\frac{X_3}{2}+X_2=\frac{0.6898}{2}+0.1667=0.5162$$

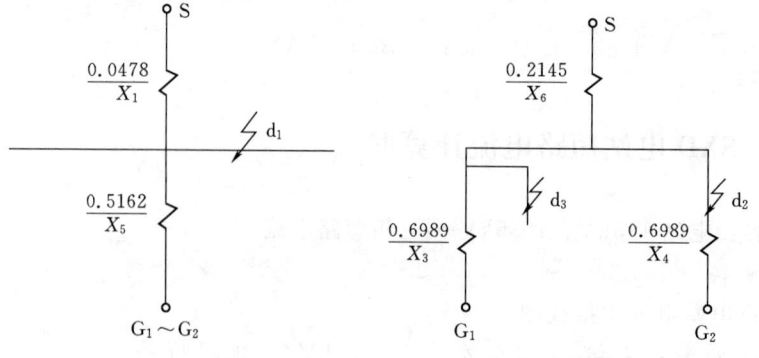

图 7-18　网络简化计算图　　　　图 7-19　网络变换图

(2) 对点 d_2、d_3 进行网络变换,网络变换见图 7-19。

由图 7-17 变化到图 7-19 时

$$X_6 = X_1 + X_2 = 0.0478 + 0.1667 = 0.2145$$

4. 计算短路电流周期分量

(1) d_1 点短路电流周期分量计算。

1) 求各电源点计算电抗和额定电流。

系统 S:假定系统为无穷大,则

$$X_{js} = X_1 = 0.0478$$

$$I_{js} = \frac{S}{\sqrt{3}U_j} = \frac{100}{\sqrt{3}115} = 0.502(\text{kA})$$

G_1 和 G_2:电源容量 $S = 2 \times 26.471 = 52.942(\text{MVA})$

$$X_j = X_5 \frac{S}{S_j} = \frac{0.05162 \times 52.942}{100} 0.2733$$

$$I_{js} = \frac{S}{\sqrt{3}U_j} = \frac{52.942}{\sqrt{3}115} = 0.2658(\text{kA})$$

2) 计算点 d_1 短路电流周期分量。

根据各电源对短路点的计算电抗,利用插值法查《水电站机电设计手册》表 3-7,得各分支电源提供的短路电流周期分量值,经换算得相应的有效值。计算结果见表 7-4。

(2) 点 d_2 和点 d_3 短路电流周期分量计算。

1) 求各电源点计算电抗和额定电流。系统 S:视系统为无穷大,则

$$X_{js} = X_6 = 0.2145$$

$$I_{js} = \frac{S_j}{\sqrt{3}U_j} = \frac{100}{\sqrt{3}10.5} = 5.5(\text{kA})$$

G_1 和 G_2:电源容量 $S = 26.471(\text{MVA})$

$$X_{js} = X_3 \frac{S}{S_j} = \frac{0.6989 \times 26.471}{100} = 0.185$$

$$I_j = \frac{S}{\sqrt{3}U_j} = \frac{26.471}{\sqrt{3} \times 10.5} = 1.456(\text{kA})$$

2) 计算点 d_2、d_3 短路电流周期分量。

根据各电源对短路点的计算电抗,利用插值法查《水电站机电设计手册》表 3-7,得各分支电源提供的短路电流周期分量值,经换算得相应的有效值。计算结果见表 7-4。

5. 计算短路电流非周期分量

各电源点对点 $d_1 \sim d_3$ 的时间常数按《水电站机电设计手册》图 3-20 和表 3-13 选取。计算结果见表 7-5。

项目7 电力系统三相短路与实用计算法

表 7-4 三相短路电流周期分量计算结果表

短路点	U_j/kV	分支回路	额定电流/kA	X_{js}	$t(0s)$ $I_z''^*$	$t(0s)$ I_z''	$t(0.06s)$ $I_z^{0.06*}$	$t(0.06s)$ $I_z^{0.06}$	$t(0.2s)$ $I_z^{0.2*}$	$t(0.2s)$ $I_z^{0.2}$	$t(1s)$ I_{z1}^*	$t(1s)$ I_{z1}	$t(2s)$ I_{z2}^*	$t(2s)$ I_{z2}	$t(4s)$ I_{z4}^*	$t(4s)$ I_{z4}	K_{ch}	i_h
d_1	115	S	0.502	0.0478	20.921	10.502	20.921	10.502	20.921	10.502	20.921	10.502	20.921	10.502	20.921	10.502	2.55	26.780
		1G+2G	0.266	0.2733	4.091	1.087	3.407	0.906	3.150	0.837	3.097	0.823	3.070	0.816	3.060	0.813	2.62	2.849
		合计				11.589		11.408		11.339		11.325		11.318		11.315		29.629
d_2	10.5	S	5.500	0.2145	4.662	25.641	4.662	25.641	4.662	25.641	4.662	25.641	4.662	25.641	4.662	25.641	2.55	65.385
		1G	1.456	0.1850	5.980	8.707	4.540	6.510	4.040	5.882	3.598	5.239	3.320	4.834	3.118	4.540	2.69	23.422
		合计				34.348		32.251		31.523		30.880		30.475		30.181		88.806
d_3	10.5	S	5.500	0.2145	4.662	25.641	4.662	25.641	4.662	25.641	4.662	25.641	4.662	25.641	4.662	25.641	2.55	65.385
		1G	1.456	0.1850	5.980	8.707	4.540	6.510	4.040	5.882	3.598	5.239	3.320	4.834	3.118	4.540	2.69	23.422
		2G	1.456	0.1850	5.980	8.707	4.540	6.510	4.040	5.882	3.598	5.239	3.320	4.834	3.118	4.540	2.69	23.422
		合计				43.055		38.862		37.406		36.118		35.309		34.721		112.228

表 7-5　　　　　　　　　三相短路电流非周期分量计算结果

短路点	分支回路	时间常数 T_a/s	I''_z /kA	i_{fz} 计算式	$i_{fz}0.04$ /kA
d_1	S	0.05	10.50	$\sqrt{2}I''_z e^{-\frac{t}{T_a}}$	6.67
d_1	$G_1 \sim G_2$	0.11	1.09		1.07
d_1	合计		11.59		7.74
d_2	S	0.11	25.64		25.21
d_2	G_1	0.2	8.71		10.08
d_2	合计		34.35		35.29
d_3	S	0.11	25.64		25.21
d_3	G_2	0.2	8.71		10.08
d_3	G_1	0.2	8.71		10.08
d_3	合计		43.06		45.37

说明：时间常数的取值见《水电站机电设计手册》。

课 后 思 考 题

7-1　无限大电源供电回路与有限大容量电源供电的三相短路电流有什么特点？

7-2　有一输电线路接在一个无限大功率电源母线上，当 A 相电压过零时（$\alpha=0°$）发生三相短路，以致短路后的稳态短路电流有效值等于 5kA，试分别在 $\varphi=0°$，$\varphi=90°$ 两种情况下，求短路瞬间各相短路电流中直流分量的起始值（假定短路前线路空载）。

7-3　某电力系统接线如图 7-20 所示，各架空线路阻抗均为 $0.4\Omega/km$，发电机、变压器参数见下表 7-6 和 7-7，求短路点及各发电机的起始次暂态电流。（取 $S_B=100MVA$，各线路平均额定电压为基准。忽略：变压器励磁支路、元件电阻、负荷。）

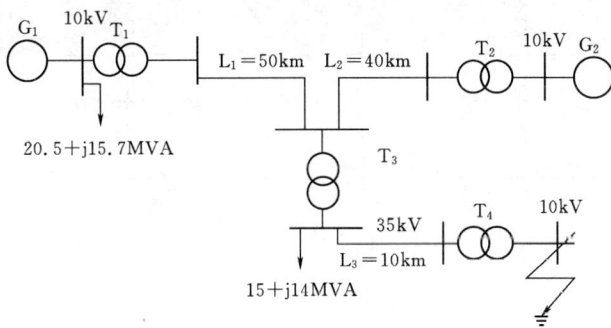

图 7-20　习题 7-3 图

表 7-6　　　　　　　　　　发 电 机 参 数

发电机	额定容量/MVA	X''_d	E''
G_1	250	0.4	1.08
G_2	60	0.125	1.08

表 7-7 变压器参数

变 压 器	额定容量/MVA	$U_k/\%$
T1	250	10.5
T2	60	10.5
T3	31.5	10.5
T4	20	10.5

7-4 系统如图 7-21 所示。d 点发生三相短路，变压器 T2 空载。求：

（1）短路处起始次暂态电流和短路容量；

（2）发电机起始次暂态电流；

（3）变压器 T2 高压母线的起始残压。

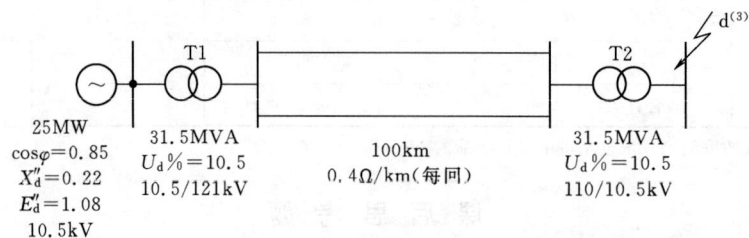

图 7-21 习题 7-4 图

7-5 电力系统等效网络如图图 7-22 所示，$U_{av}=115\text{kV}$，网络中参数已按 $U_j=115\text{kV}$，$S_j=1000\text{MVA}$ 进行归算，试计算在 f 点发生三相短路时的起始次暂态电流和冲击电流（$K_{ch}=1.8$）。

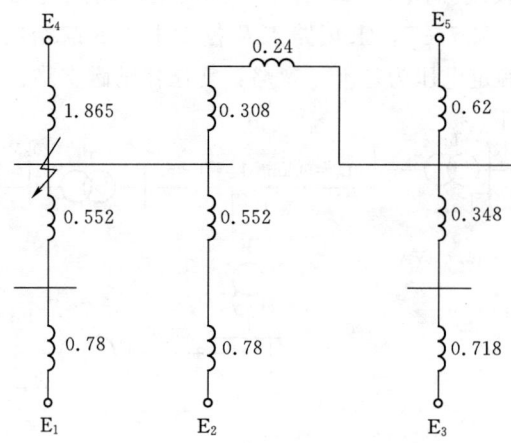

图 7-22 习题 7-5 图

项目 8　电力系统各元件的序参数和等值电路

教与学目标
1. 明晰系统元件各序参数含义，能够表达出序参数电路。
2. 掌握对称分量法运用技能。

8.1　对称分量法

在电力系统中，简单不对称短路故障如两相短路、两相接地短路、单相接地短路称为横向不对称短路故障。而单相断线和两相断线称为纵向不对称故障。系统发生不对称短路，三相参数不再对称，系统节点电压和支路电路也不再对称。

人们在实际中发现，一组不对称的三相量可以看成是三组不同的对称三相量之和。在线性系统里，可以应用叠加定理，对这三组对称分量分别按对称三相电路去求解，然后将结果叠加起来，就是不对称三相电路的解答，这个方法就是对称分量法。

求解不对称短路问题，一般采用对称分量法。

8.1.1　对称分量法

对于任意不对称的三相相量 $\dot{F}_a$、$\dot{F}_b$、$\dot{F}_c$（F 可以代表电动势、电压或电流），如图 8-1 (a) 所示。均可以分解成三相相序不同的对称分量：正序分量 $\dot{F}_{a1}$、$\dot{F}_{b1}$、$\dot{F}_{c1}$，如图 8-1 (b) 所示；负序分量 $\dot{F}_{a2}$、$\dot{F}_{b2}$、$\dot{F}_{c2}$，如图 8-1 (c) 所示；零序分量 $\dot{F}_{a0}$、$\dot{F}_{b0}$、$\dot{F}_{c0}$，如图 8-1 (d) 所示。即存在如下关系

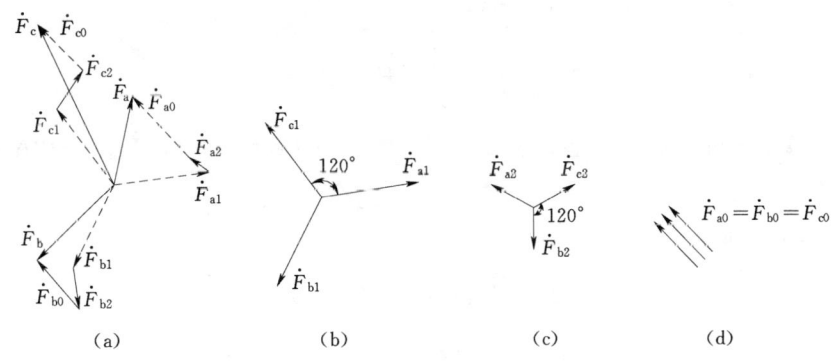

图 8-1　三相不对称相量分解为对称分量
(a) 三相不对称相量；(b) 正序分量；(c) 负序分量；(d) 零序分量

$$\left.\begin{aligned}\dot{F}_{\mathrm{a}} &= \dot{F}_{\mathrm{a1}} + \dot{F}_{\mathrm{a2}} + \dot{F}_{\mathrm{a0}} \\ \dot{F}_{\mathrm{b}} &= \dot{F}_{\mathrm{b1}} + \dot{F}_{\mathrm{b2}} + \dot{F}_{\mathrm{b0}} = a^2\dot{F}_{\mathrm{a1}} + a\dot{F}_{\mathrm{a2}} + \dot{F}_{\mathrm{a0}} \\ \dot{F}_{\mathrm{c}} &= \dot{F}_{\mathrm{c1}} + \dot{F}_{\mathrm{c2}} + \dot{F}_{\mathrm{c0}} = a\dot{F}_{\mathrm{a1}} + a^2\dot{F}_{\mathrm{a2}} + \dot{F}_{\mathrm{a0}}\end{aligned}\right\} \quad (8-1)$$

其中

$$a = e^{\mathrm{j}120°} = -\frac{1}{2} + \mathrm{j}\frac{\sqrt{3}}{2}$$

$$a^2 = e^{\mathrm{j}240°} = e^{-\mathrm{j}120°} = -\frac{1}{2} - \mathrm{j}\frac{\sqrt{3}}{2}$$

$$a^2 + a + 1 = 0$$

式 (8-1) 用矩阵形式表示为

$$\begin{bmatrix}\dot{F}_{\mathrm{a}} \\ \dot{F}_{\mathrm{b}} \\ \dot{F}_{\mathrm{c}}\end{bmatrix} = \begin{bmatrix}1 & 1 & 1 \\ a^2 & a & 1 \\ a & a^2 & 1\end{bmatrix}\begin{bmatrix}\dot{F}_{\mathrm{a1}} \\ \dot{F}_{\mathrm{a2}} \\ \dot{F}_{\mathrm{a0}}\end{bmatrix} \quad (8-2)$$

即

$$[\dot{F}_{\mathrm{abc}}] = [a][\dot{F}_{120}] \quad (8-3)$$

式中，矩阵 $[a]$ 是一个非奇异矩阵，它存在逆矩阵，所以式 (8-1) 也可以写成

$$\begin{bmatrix}\dot{F}_{\mathrm{a1}} \\ \dot{F}_{\mathrm{a2}} \\ \dot{F}_{\mathrm{a0}}\end{bmatrix} = \frac{1}{3}\begin{bmatrix}1 & a & a^2 \\ 1 & a^2 & a \\ 1 & 1 & 1\end{bmatrix}\begin{bmatrix}\dot{F}_{\mathrm{a}} \\ \dot{F}_{\mathrm{b}} \\ \dot{F}_{\mathrm{c}}\end{bmatrix} \quad (8-4)$$

即

$$[\dot{F}_{120}] = [a]^{-1}[\dot{F}_{\mathrm{abc}}] \quad (8-5)$$

用下式表示为

$$\left.\begin{aligned}\dot{F}_{\mathrm{a0}} &= \frac{1}{3}(\dot{F}_{\mathrm{a}} + \dot{F}_{\mathrm{b}} + \dot{F}_{\mathrm{c}}) \\ \dot{F}_{\mathrm{a1}} &= \frac{1}{3}(\dot{F}_{\mathrm{a}} + a\dot{F}_{\mathrm{b}} + a^2\dot{F}_{\mathrm{c}}) \\ \dot{F}_{\mathrm{a2}} &= \frac{1}{3}(\dot{F}_{\mathrm{a}} + a^2\dot{F}_{\mathrm{b}} + a\dot{F}_{\mathrm{c}})\end{aligned}\right\} \quad (8-6)$$

【例 8-1】 已知 A 相电流各序分量为 $\dot{I}_{\mathrm{A1}} = 5\mathrm{A}$, $\dot{I}_{\mathrm{A2}} = -3\mathrm{A}$, $\dot{I}_{\mathrm{A0}} = -2\mathrm{A}$ 试求 $\dot{I}_{\mathrm{A}}$、$\dot{I}_{\mathrm{B}}$、$\dot{I}_{\mathrm{C}}$。

解：用解析法根据式 (8-1) 可得

$$\dot{I}_{\mathrm{A}} = \dot{I}_{\mathrm{A1}} + \dot{I}_{\mathrm{A2}} + \dot{I}_{\mathrm{A0}} = 0$$

$$\begin{aligned}\dot{I}_{\mathrm{B}} &= \dot{I}_{\mathrm{B1}} + \dot{I}_{\mathrm{B2}} + \dot{I}_{\mathrm{B0}} = a^2\dot{I}_{\mathrm{A1}} + a\dot{I}_{\mathrm{A2}} + \dot{I}_{\mathrm{A0}} \\ &= \left[\left(-\frac{1}{2} - \mathrm{j}\frac{\sqrt{3}}{2}\right) \times 5 + \left(-\frac{1}{2} + \mathrm{j}\frac{\sqrt{3}}{2}\right) \times (-3) + (-2)\right]\mathrm{A} \\ &= (-3 - \mathrm{j}4\sqrt{3})\mathrm{A} = 7.5498 e^{\mathrm{j}-113.41°}\mathrm{A}\end{aligned}$$

$$\dot{I}_C = \dot{I}_{C1} + \dot{I}_{C2} + \dot{I}_{C0} = \alpha \dot{I}_{A1} + \alpha^2 \dot{I}_{A2} + \dot{I}_{A0}$$
$$= \left[\left(-\frac{1}{2} + j\frac{\sqrt{3}}{2}\right) \times 5 + \left(-\frac{1}{2} - j\frac{\sqrt{3}}{2}\right) \times (-3) + (-2)\right] A$$
$$= (-3 + j4\sqrt{3}) A = 7.5498 e^{j-113.41°} A$$

【例 8-2】 在图 8-2（a）中，已知各电流表的读数分别为 $I_A = 30A$，$I_B = 30A$，$I_C = 0A$，$I_N = 30A$，设 A 相电流超前 B 相电流，试求 A 相电流的对称分量并画出相量图。

解：根据图 8-2（a）可知 $\dot{I}_N = \dot{I}_A + \dot{I}_B + \dot{I}_C$，则画出如图 8-2（b）所示的相量图，只有 $\dot{I}_A$ 与 $\dot{I}_B$ 相量差 120°才能使 $\dot{I}_A$ 与 $\dot{I}_B$ 之和与 $\dot{I}_N$ 在大小上相等。

设 $\dot{I}_B = 30 e^{j0°} A$，则 $\dot{I}_A = 30 e^{j120°} A$，由图 8-2（b）可知

$$\dot{I}_{A1} = \frac{1}{3}(\dot{I}_A + \alpha \dot{I}_B + \alpha^2 \dot{I}_C) = 20 e^{j120°} A$$

$$\dot{I}_{A2} = \frac{1}{3}(\dot{I}_A + \alpha^2 \dot{I}_B + \alpha \dot{I}_C) = 10 e^{j180°} A = -10 A$$

$$\dot{I}_{A0} = \frac{1}{3}(\dot{I}_A + \dot{I}_B + \dot{I}_C) = 10 e^{j60°} A$$

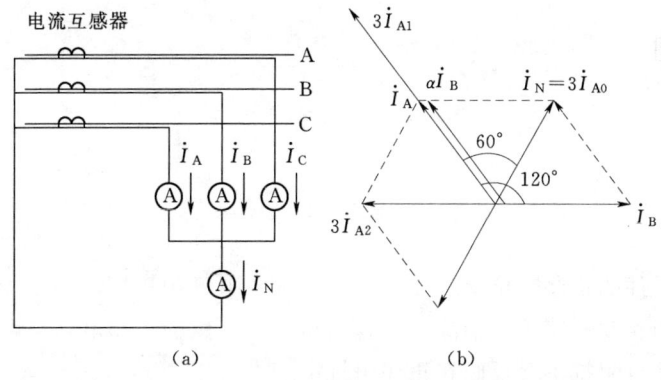

图 8-2 [例 8-2] 接线图和相量图
(a) 接线图；(b) 相量图

8.1.2 电力系统序阻抗

在应用对称分量法分析和计算电力系统不对称故障时，将故障点的不对称三相电压分解为正序、负序和零序电压，三个序电压将独立作用于电力系统，这样，电力系统有着相应的正序、负序和零序参数及相应的等值电路。因此要用到各元件的正序阻抗、负序阻抗和零序阻抗。

电力系统中某元件的正序阻抗，就是当仅有正序电流通过元件时，形成的正序压降与通过的正序电流之比。设正序电流 $\dot{I}_1$ 通过该元件时形成的一相正序电压为 $\Delta \dot{U}_1$，则正序阻抗 $Z_1 = \dfrac{\Delta \dot{U}_1}{\dot{I}_1}$；负序阻抗，就是当仅有负序电流通过该元件时形成的负序压降与通过的负序电流之比，设负序电流 $\dot{I}_2$ 通过该元件时形成的一相负序电压为 $\Delta \dot{U}_2$，则负序阻抗

$Z_2 = \dfrac{\Delta \dot{U}_2}{\dot{I}_2}$；零序阻抗，就是当仅有零序电流通过该元件时形成的零序与通过的零序电流之比，设零序电流 $\dot{I}_0$ 通过该元件时形成零序电压为 $\Delta \dot{U}_0$，则零序阻抗 $Z_0 = \dfrac{\Delta \dot{U}_0}{\dot{I}_0}$。

电力系统的元件分为两类：一类是旋转元件，如发电机、电动机、同步补偿机等；另一类是静止元件，如架空线路、电缆、电抗器、变压器等。不同类型元件的各序阻抗具有不同的规律。

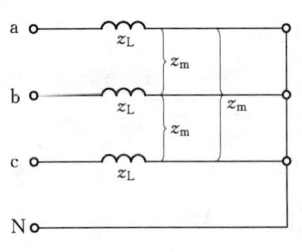

图 8-3 静止三相电路

以图 8-3 所示的静止三相对称电路为例，各相自阻抗为 Z_L，相间互阻抗为 Z_m，中性点阻抗为 Z_n（有时 $Z_n=0$）。当施加正序电压时，电路中流过正序电流，且 $\dot{I}_n=0$，以一相为例有如下关系式（由于三相对称，只要讨论一相）

$$\dot{U}_{a1} = \dot{I}_{a1} Z_L + (\dot{I}_{b1} + \dot{I}_{c1}) Z_m = \dot{I}_{a1}(Z_L - Z_m)$$

则

$$Z_{a1} = \dfrac{\dot{U}_{a1}}{\dot{I}_{a1}} = Z_L - Z_m$$

同样可以得到

$$Z_{b1} = \dfrac{\dot{U}_{b1}}{\dot{I}_{b1}} = Z_L - Z_m$$

$$Z_{c1} = \dfrac{\dot{U}_{c1}}{\dot{I}_{c1}} = Z_L - Z_m$$

因此，静止元件的正序阻抗 $Z_1 = Z_L - Z_m$，当采用每相正序阻抗为 Z_1 的正序等值电路时，已将原有的相间互感等值消除了，变为相间无互感的三相电路；由于中性点中电流为零，所以，中性点阻抗不会反映在正序阻抗中。

运用同样的方法，可以的得到静止元件的负序阻抗 $Z_2 = Z_L - Z_m$，即与正序阻抗 Z_1 相同，同样，中性点阻抗也是一样不会出现在负序阻抗中。

当对静止电路施加零序电压时，即 $\dot{U}_a = \dot{U}_b = \dot{U}_c = \dot{U}_0$ 时，$\dot{I}_a = \dot{I}_b = \dot{I}_c = \dot{I}_0$，$\dot{I}_n = 3\dot{I}_0$，因此有

$$\dot{U}_a = \dot{U}_b = \dot{U}_c = \dot{U}_0 = \dot{I}_0 Z_L + 2\dot{I}_0 Z_m + 3\dot{I}_0 Z_n = \dot{I}_0(Z_L + 2Z_m + 3Z_n)$$

所以零序阻抗为 $Z_0 = \dot{U}_0 / \dot{I}_0 = Z_L + 2Z_m + 3Z_n$

如果 $Z_n=0$，则 $Z_0 = Z_L + 2Z_m$

比较 Z_1 和 Z_0 的表达方式可知：静止元件的正序阻抗和零序阻抗不同，且中性点阻抗会反映到零序阻抗中，若各相之间没有互感，中性点阻抗为零或中性线阻抗为零，则零序阻抗和正序阻抗相同。

由此可见，电力系统的静止元件只要三相参数相同，正序阻抗和负序阻抗就相等。对零序阻抗来说由于三相的零序电流同相，相间互感影响不同，因而零序阻抗与正序（负

序）阻抗不等（对变压器来说还和变压器结构、接线方式有关）。因此，对于架空线路、电缆、变压器，有 $Z_1 = Z_2$。

对于电抗器，它是静止元件，正序电抗等于负序电抗，因其是无铁芯的空芯线圈，各相间的互感很小，它的电抗主要由各相线圈的自感所决定。因此，零序电抗可以认为也等于正序电抗。当互感抗 $Z_m = 0$ 时，$Z_1 = Z_2 = Z_0$，对于电容器以及三个单相变压器组成的三相变压器组（若零序电流能够流通），也有 $Z_1 = Z_2 = Z_0$，但一般情况 $Z_1 = Z_2 \neq Z_0$。

对于旋转元件，如电动机和发电机，因各序电流通过定子绕组时有不同的电磁过程，正序电流通过定子绕组时产生与转子旋转方向相同的旋转磁场；负序电流通过定子绕组时产生与转子旋转方向相反的旋转磁场；零序电流通过定子绕组时对不产生旋转磁场，只形成各相的漏磁场。所以旋转元件的正序、负序阻抗和零序阻抗是互不相等的。

8.1.3 对称分量法在不对称故障计算中的应用

当系统发生了不对称故障时，根据对称分量所具有的独立性，就可以将故障网络分成三个独立的序网来研究，对不对称故障进行分析讨论。下面以一简单电力系统为例，来说明应用对称分量法计算不对称短路的一般原理。

有一台发电机接于空载输电线路，发电机的中性点经阻抗 Z_n 接地，故障前的网络是三相对称的，现假定在线路某处发生了单相（例如 a 相）接地短路，即 $\dot{U}_a = 0$，$\dot{U}_b \neq 0$，$\dot{U}_c \neq 0$，如图 8-4（a）所示。

故障点对地电压的不对称，可以看作是在故障点接有不对称的接地阻抗，即 $Z_a = 0$，$Z_b = \infty$，$Z_c = \infty$，但系统其余部分的阻抗参数仍然是对称的。根据电路原理中的替代原理，可用一组不对称电势 $\dot{U}_a$、$\dot{U}_b$、$\dot{U}_c$ 来代替故障点的不对称阻抗，该组电势的大小与故障点对地电压相等。如图 8-4（b）所示。图中电动势源符号中箭头指向为电动势升的方向；电压的箭头指向表示电动势降的方向。

应用对称分量法将不对称电势 $\dot{U}_a$、$\dot{U}_b$、$\dot{U}_c$ 和不对称电流 $\dot{I}_a$、$\dot{I}_b$、$\dot{I}_c$ 按式（8-6）分解成正序、负序、零序三组对称分量，如图 8-4（c）所示。

根据对称分量所具有的独立性，把故障网络分为三个独立的序网：正序网、负序网、零序网，如图 8-4（d）、（e）、（f）所示。在正序网中包含有发电机的电源电势（正序）和故障点的正序电压分量，在这样正序电源的作用下，三相正序网中流有正序电流，对应的发电机和线路元件的阻抗就是正序阻抗。在负序网或零序网中由于发电机没有负序和零序电源，因而只有故障点的负序或零序电压分量。在这些相应的电压作用下，三相负序网或零序网中流有负序或零序电流，电路中对应的是负序和零序阻抗。

对每一个序网，由于三相都是对称的，故可以只取一相来进行分析计算，通常称此相为基准相。基准相原则上可以选择三相中的任意一相，但在电力系统故障分析计算中，一般是选择最特殊的一相作为基准相。例如，a 相接地故障时，取 a 相为基准相，这样就可以作出 a 相的正序网、负序网和零序网。如图 8-5（a）、（b）、（c）所示。在正序网和负序网中，因三相对称，流过发电机中性线的电流为零，故可将中性点的接地阻抗 Z_n 略去。在零序网络中，流过中性线的电流为三倍零序电流，因此在单相零序网中应在中性点接入 $3Z_n$ 的接地阻抗。求得一相序网后，分别将各序网络从故障端口用戴维南定理等值，就得

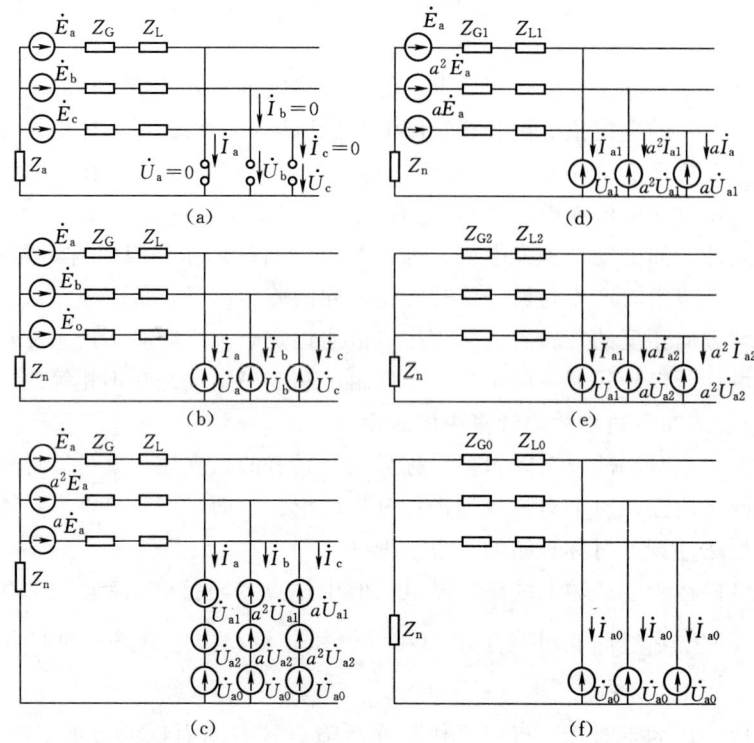

图 8-4 应用对称分量法分析不对称故障用图
(a) a 相短路；(b) 替代电路；(c) 对称分量表示电压相量；
(d) 正序网；(e) 负序网；(f) 零序网

到图 8-5 (d)、(e)、(f) 所表示的 a 相正序、负序、零序等值网络。它们所对应的序网方程为

$$\left.\begin{array}{l}\dot{U}_{a1}=\dot{E}_{a\Sigma1}-Z_{\Sigma1}\dot{I}_{a1}\\ \dot{U}_{a2}=0-Z_{\Sigma2}\dot{I}_{a2}\\ \dot{U}_{a0}=0-Z_{\Sigma0}\dot{I}_{a0}\end{array}\right\} \tag{8-7}$$

式中　　$\dot{E}_{a\Sigma1}$——a 相正序等值电路的电势，它等于故障前故障点对地的开路电压；

$\dot{U}_{a1}$、$\dot{U}_{a2}$、$\dot{U}_{a0}$——分别为故障点 a 相对地的正序、负序、零序电压；

$\dot{I}_{a1}$、$\dot{I}_{a2}$、$\dot{I}_{a0}$——分别为故障点 a 相的正序、负序、零序分量电流，它由故障点流入大地；

$Z_{\Sigma1}$、$Z_{\Sigma2}$、$Z_{\Sigma0}$——分别为正序、负序、零序等值网络对故障点每相的组合阻抗。

式 (8-7) 只和系统结构以及故障点位置有关，是关于基准相（此处选择 a 相）的各序网络方程，与故障形式无关，反映了各种不对称短路的共性，即说明了当系统发生各种不对称故障时各序网络的序电压和序电流都应遵循的相互关系。

式 (8-7) 只有三个方程式，但有六个未知数，所以还要根据短路故障的边界条件，

8.2 电力系统各元件的序参数和等值电路

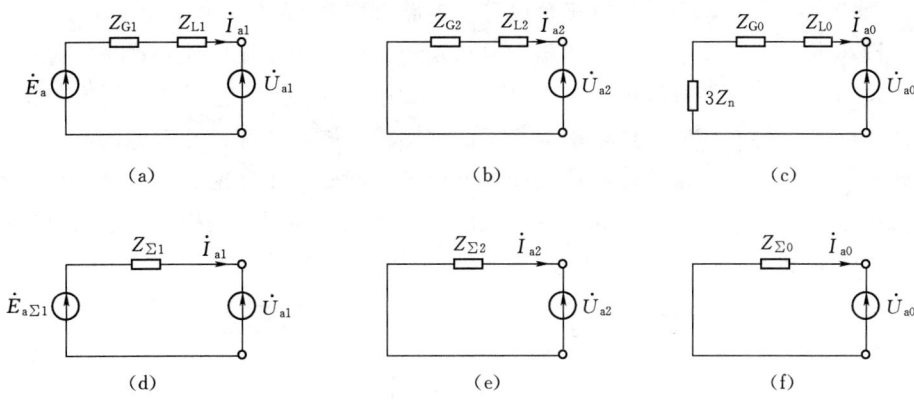

图 8-5 各序网及其等值电路
(a) 正序网；(b) 负序网；(c) 零序网；(d) 正序等值电路；(e) 负序等值电路；(f) 零序等值电路

找出另外三个方程来加以联立求解。

8.2 电力系统各元件的序参数和等值电路

在短路电流的实用计算中，对于高压电网，各元件阻抗参数一般只计及电抗，而略去电阻。

8.2.1 同步发电机的各序电抗和等值电路

(1) 同步发电机的正序电抗。发电机在正序电源的作用下，定子电流是三相对称的正序电流，相应的电抗就是正序电抗。发电机的正序等值电路应根据分析求解问题的不同而取用不同的模型。例如在计算次暂态短路电流时，用图 8-6 (a) 所示的等值电路和参数。计算暂态短路电流时，用图 8-6 (b) 所示的等值电路和参数。

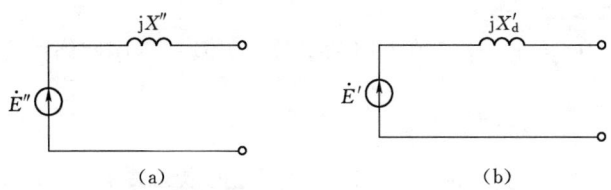

图 8-6 发电机正序等值电路
(a) 次暂态参数的等值电路；(b) 暂态参数的等值电路

(2) 同步发电机的负序电抗。发电机没有负序电源，当同步发电机定子绕组中流过同步频率的负序电流时，它产生的旋转磁场与转子的转向相反，对转子的相对转速为同步转速的二倍。因此在转子的励磁绕组和阻尼绕组中感应产生二倍同步频率的交流电流，并将负序电枢反映磁通排挤到各自的漏磁通路径上通过。可见定子绕组对负序电流的等值电抗，即负序电抗 X_2 应为 X_d'' 和 X_q'' 的某种平均值，一般近似地取用算术平均值，即

$$X_2 \approx \frac{1}{2} \times (X_d'' + X_q'') \tag{8-8}$$

当 $X''_d \approx X''_q$ 时，$X_2 \approx X''_d$。发电机负序等值电路如图 8-7（a）所示。

（3）同步发电机的零序电抗。同步发电机定子绕组中的零序电流不产生气隙磁通，只存在定子绕组的漏磁通，所以定子零序电抗 X_0 实为零序漏抗。定子零序漏磁与正序或负序电流产生的漏磁很不一样，这是因为定子的许多槽中嵌有相邻两相绕组的导线且绕向相反，而各相零序电流大小相等，相位相同，所以零序漏磁比正序漏磁小，减小的程度视绕组的形式而定。由于上述原因，同步发电机的零序电抗标幺值差别很大，一般 $X_0 = (0.15 \sim 0.6)X''_d$，发电机零序等值电路如图 8-7（b）所示。

图 8-7 发电机负序和零序等值电路
(a) 负序等值电路；(b) 零序等值电路

表 8-1 列出同步发电机 X_2 和 X_0 标幺值的大致范围。

表 8-1　　　　　　　　不同类型同步发电机 X_2 和 X_0 标幺值

类　型	汽轮发电机	水轮发电机	同步调相机和大型同步发动机
X_2	0.134～0.18	0.15～0.35	0.24
X_0	0.036～0.08	0.04～0.125	0.08

8.2.2 变压器的各序电抗和等值电路

变压器是静止元件，其正序参数及等值电路与负序参数及等值电路是相同的。变压器的正序参数及等值电路在前面已作讨论。在短路电流计算中，常略去激磁支路以及阻抗中的电阻，仅用一电抗参数表示。

本节着重讨论变压器的零序等值电路和参数，以及在零序网络中变压器等值电路与外电路的连接问题。

1. 普通变压器的零序电抗及等值电路

变压器的等值电路表征了一相一、二次侧绕组间的电磁关系。不论变压器通以哪一序的电流，都不会改变一相一、二次侧绕组间的电磁关系，因此，变压器的正序、负序和零序等值电路具有相同的形式。图 8-8 为不计绕组电阻和铁芯损耗时变压器的零序等值电路。

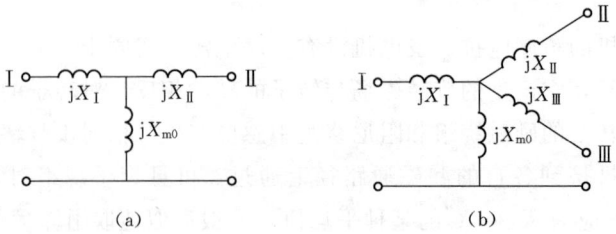

图 8-8 变压器的零序等值电路
(a) 双绕组变压器；(b) 三绕组变压器

变压器的漏抗，反映了一、二次侧绕组间磁耦合的紧密情况。漏磁通的路径与所通电流的序别无关。因此，变压器的正序、负序和零序的等值漏抗也相等。

变压器的激磁电抗，取决于主磁通路径的磁导。当变压器通以负序电流时，主磁通的路径与通以正序电流时完全相同。因此，负序激磁电抗与正序的相同。由此可见，变压器正、负序等值电路及其参数是完全相同的。这个结论适用于电力系统中的一切静止元件。

变压器的零序激磁电抗与变压器的铁芯结构密切相关。图 8-9 所示为三种常见的变压器铁芯结构与零序激磁磁通的路径。

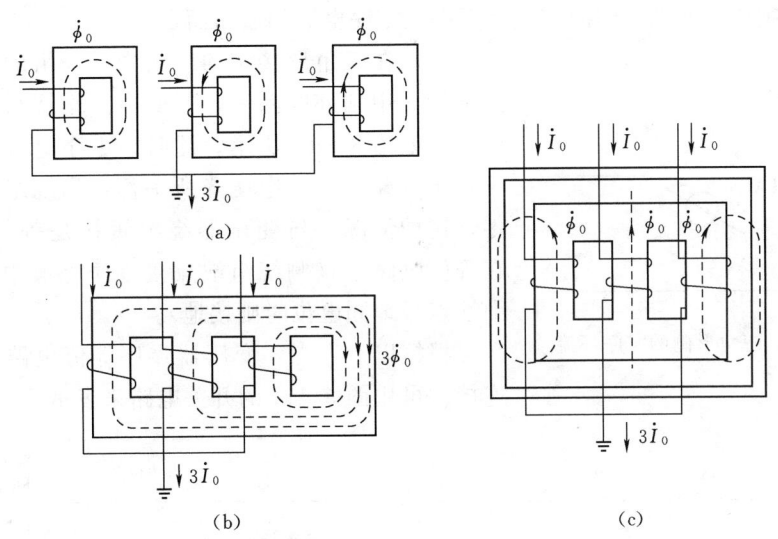

图 8-9 零序主磁通的磁路
(a) 三个单相的组式；(b) 三相四柱式；(c) 三相三柱式

对于由三个单相变压器组成的三相变压器组，每相的零序主磁通与正序主磁通一样，都有独立的铁芯磁路，如图 8-9（a）所示，因此，零序激磁电抗与正序的相等。对于三相四柱式（或五柱式）变压器零序主磁通也能在铁芯中形成回路，磁阻很小，因而零序激磁电抗的数值很大。以上两种变压器，在短路计算中都可以取 $X_{m0} \approx \infty$，即忽略激磁电流，把激磁支路断开。

对于三相三柱式变压器由于三相零序磁通大小相等，相位相同，因而不能像正序（或负序）主磁通那样一相主磁通可以经过另外两相的铁芯形成回路。它们被迫经过绝缘介质和外壳形成回路，如图 8-9（c）所示，遇到很大的磁阻。因此，这种变压器的零序激磁电抗比正序激磁电抗小很多。在短路计算中，应视为有限值，其值一般用实验方法确定，大致是 $X_{m0}=0.3 \sim 1.0$。

2. 变压器零序等值电路与外电路的连接

变压器的零序等值电路与外电路的连接，取决于零序电流的流通路径，因而与变压器三相绕组连接形式及中性点是否接地有关。不对称短路时，零序电压（电势）是施加在线和大地之间的。根据这一点，我们可以从以下三个方面来讨论变压器零序等值电路与外电路的连接情况。

（1）当外电路向变压器某侧三相绕组施加零序电压时，如果能在该侧绕组产生零序电流，则等值电路中该侧绕组端点与外电路接通；如果不能产生零序电流，则从电路等值的观点看，可以认为变压器该侧绕组端点与外电路断开。根据这个原则，只有中性点接地的星形接法（用 YN 表示）绕组才能与外电路接通。

（2）当变压器绕组具有零序电势（由另一侧绕组的零序电流感生的）时，如果它能将零序电势施加到外电路上去，则等值电路中该侧绕组端点与外电路接通，否则与外电路断开。据此，也只有中性点接地的 YN 接法绕组才能与外电路接通。至于能否在外电路产生零序电流，则应由外电路中的元件是否提供零序电流的通路而定。

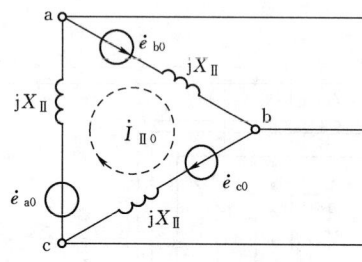

图 8-10 三角形侧的零序环流

（3）在三角形接法的绕组中，绕组的零序电势虽然不能作用到外电路去，但能在三相绕组中形成零序环流，如图 8-10 所示。此时，零序电势将被零序环流在绕组漏抗上的电压降所平衡，相绕组两端电压为零。这种情况，与变压器绕组短接是等效的。因此，在等值电路中该侧绕组端点接零序等值中性点（等值中性点与地同电位时则接地）。

根据以上三点，变压器零序等值电路与外电路的连接，可用图 8-11 的开关电路来表示。

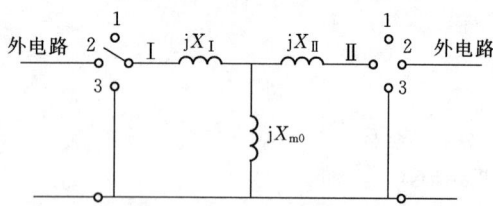

变压器绕组接法	开关位置	绕组端点与外电路的连接
Y	1	与外电路断开
Y_n	2	与外电路接通
△	3	与外电路断开，但与励磁支路并联

图 8-11 变压器零序等值电路与外电路的连接

上述各点及开关电路也完全适用于三绕组变压器。

顺便指出，由于三角形接头的绕组漏抗与励磁支路并联，不管何种铁芯结构的变压器，一般励磁电抗总比漏抗大得多。因此，在短路计算中，当变压器有三角形接法绕组时，都可以近似的取 $X_{m0} \approx \infty$。

3. 变压器中性点经阻抗接地时的零序等值电路

变压器中性点经阻抗接地时，零序等值电路必须计及这一阻抗。这点与正序或负序等值电路不同（变压器中性点经阻抗接地时，在正序或负序等值电路中不必画出，因为此时流过中性点阻抗的电流为零）。例如图 8-12（a）的 YN，YN，d 接线的变压器，Ⅰ 侧中性点经阻抗 Z_n 接地，Ⅱ 侧直接接地。假设不对称故障在 Ⅰ 侧（即 Ⅰ 侧加零序电压），为了正确地作出零序等值电路，首要先查明零序电流的分布情况（注意到此时中性点接地阻抗上将流过三倍的零序电流）和中性线 Z_n 上的零序电压降（为 $3Z_n \dot{I}_{I0}$）。在保持零序电流分布不变，各回路零序电压方程不变的条件下，可作出图 8-12（b）的等值图，再参考前述的变压器零序等值电路的做法，就不难画出图 8-12（c）所示的零序等值电路，其

中 X_{m0} 支路可以除去（$X_{m0} \approx \infty$）。

4. 自耦变压器零序等值电路

自耦变压器一般用于联系两个中性点接地的电力网，它本身的中性点一般也是接地的。中性点直接接地的自耦变压器的零序等值电路及其参数，等值电路与外电路的连接情况，短路计算中励磁电抗 X_{m0} 的处理等，都与普通变压器的情况相同。但应注意，由于两个自耦绕组共用一个中性点和接地线，因此，我们不能直接从等值电路中已折算的电流值求出中性点的入地电流。中性点的入地电流应等于两个自耦绕组零序电流实际有名值之差的三倍，如图 8-13 所示，即 $\dot{I}_n = 3(\dot{I}_{10} - \dot{I}_{20})$。

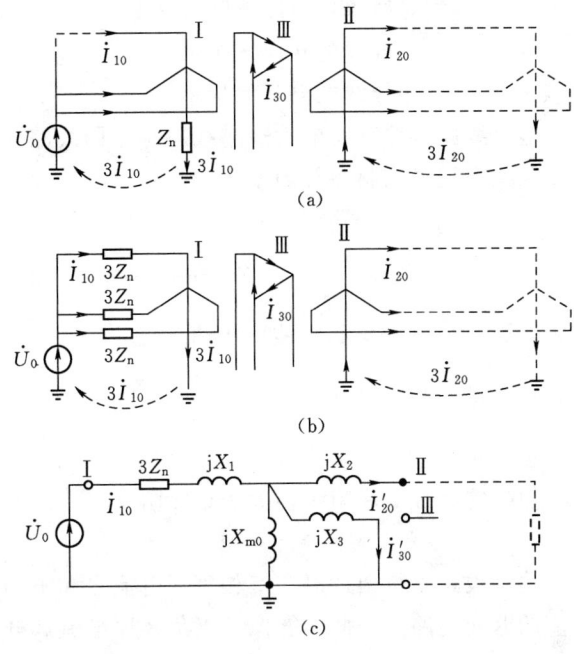

图 8-12 中性点经阻抗接地时的零序等值电路
(a) 接线图；(b) 等值图；(c) 等值电路

8.2.3 架空输电线路各序阻抗和等值电路

1. 单回架空线路

架空线路属于静止元件，它的正序阻抗等于负序阻抗。一般可以按式（8-9）计算：

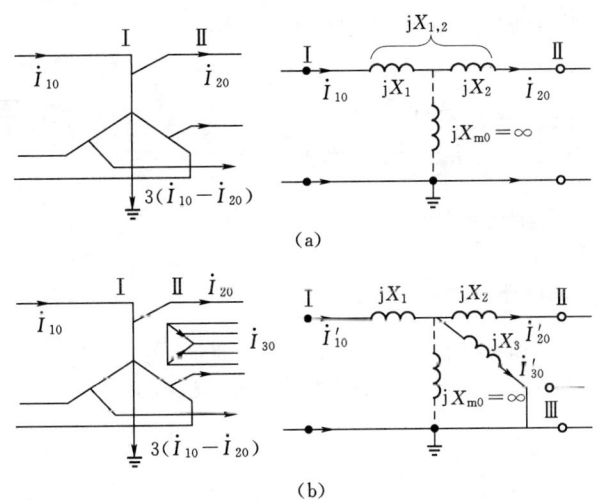

图 8-13 中性点直接接地自耦变压器零序等值电路（$X_{m0} \approx \infty$）
(a) 双绕组自耦变压器；(b) 三绕组自耦变压器

$$Z_1 = Z_2 = r + j0.1445 \lg \frac{D_{eq}}{D_s} \tag{8-9}$$

式中　　r——相导线单位长度电阻，Ω/km；

　　　D_{eq}——三相导线的几何均距；

　　　D_s——一相导线的自几何均距。

输电线路零序阻抗的大小与线路是单回线路还是双回线路架设、线路是否装设架空地线以及架空地线的材料等因素有关。

三相单回架空线路零序阻抗一般可以按下式计算

$$Z_0 = r + 3r_n + j0.1445 \lg \frac{D_e^3}{D_s \cdot D_{eq}^2} \tag{8-10}$$

式中　　D_e——地中虚拟导线的等值深度，是大地电阻率 P_e（$\Omega \cdot \text{m}$）和频率 f（Hz）的函数，即 $D_e = 660\sqrt{\dfrac{P_e}{f}}$。

在三相架空线路中，各相零序电流大小相等，相位相同，所以，各相间的互感磁通是相互加强的，故零序阻抗要大于正序阻抗。

2. 平行架设的双回架空线路

输电线路平行架设时，三相零序电流之和不为零，并且双回路都以同一大地作为零序电流的返回通路，因此不能像正（负）序电流那样，可以忽略平行回路间的影响。

图 8-14（a）表示两端共母线的双回输电线路。这两回线路的电压降分别为

$$\left.\begin{array}{l}\Delta \dot{U}_{\text{I}0} = \Delta \dot{U}_0 = Z_{\text{I}0}\dot{I}_{\text{I}0} + Z_{\text{I-II}0}\dot{I}_{\text{II}0} \\ \Delta \dot{U}_{\text{II}0} = \Delta \dot{U}_0 = Z_{\text{II}0}\dot{I}_{\text{II}0} + Z_{\text{I-II}0}\dot{I}_{\text{I}0}\end{array}\right\} \tag{8-11}$$

式中　　$\dot{I}_{\text{I}0}$、$\dot{I}_{\text{II}0}$——线路 I 和 II 中的零序电流；

　　　$Z_{\text{I}0}$、$Z_{\text{II}0}$——不计两回线路间互相影响时线路 I 和 II 的一相零序等值阻抗；

　　　$Z_{\text{I-II}0}$——平行线路 I 和 II 之间的零序互阻抗。

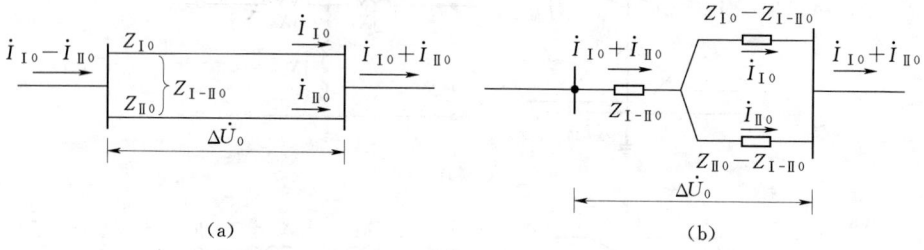

图 8-14　双回平行输电线路的零序等值电路
(a) 零序电流回路；(b) 零序等值电路

式（8-11）可改写为

$$\left.\begin{array}{l}\Delta \dot{U}_0 = (Z_{\text{I}0} - Z_{\text{I-II}0})\dot{I}_{\text{I}0} + Z_{\text{I-II}0}(I + \dot{I}_{\text{II}0}) \\ \Delta \dot{U}_0 = (Z_{\text{II}0} - Z_{\text{I-II}0})\dot{I}_{\text{II}0} + Z_{\text{I-II}0}(I + \dot{I}_{\text{II}0})\end{array}\right\} \tag{8-12}$$

根据式（8-12），可以绘出双回平行输电线路的零序等值电路，如图 8-14（b）所示。如果双回路完全相同，即 $Z_{\text{I}0} = Z_{\text{II}0} = Z_0$，则 $\dot{I}_{\text{I}0} = \dot{I}_{\text{II}0}$，此时，计及平行回路间相互影响后每一回路一相的零序等值阻抗为

$$Z_0' = Z_0 + Z_{\text{I-II}0} \tag{8-13}$$

由此可见，由于平行线路间的互阻抗的影响，使输电线路的零序等值阻抗增大了。

在以上各式中，$Z_{\text{I}0}$ 和 $Z_{\text{II}0}$ 的每单位长度的值可用式（8-10）计算。$Z_{\text{I-II}0}$ 的每单位长度的值可用式（8-14）计算

$$Z_{\text{I-II}0} = 3\left(r_e + j0.1445\lg\frac{D_e}{D_{\text{I-II}}}\right)(\Omega/\text{km}) \tag{8-14}$$

式（8-14）等号右边出现系数 3 是因为线路之间的互阻抗电压降是由三倍的一相零序电流产生的。

线路 I 和 II 之间的互几何均距 $D_{\text{I-II}}$ 等于线路 I 中每一导线（设为 a_1、b_1、c_1）到线路 II 中每一导线（设为 a_2、b_2、c_2）的所有九个轴间距离连乘积的 9 次方根，即 $D_{\text{I-II}} = \sqrt[9]{D_{a_1a_2}D_{a_1b_2}D_{a_1c_2}D_{b_1a_2}D_{b_1b_2}D_{b_1c_2}D_{c_1a_2}D_{c_1b_2}D_{c_1c_2}}$。

3. 架空地线对输电线路零序阻抗及等值电路的影响

图 8-15 所示为有架空地线的单回输电线路零序电流的通路。线路中的零序电流入地之后，由大地和架空地线返回，此时地中电流 $\dot{I}_e = 3\dot{I}_0 - \dot{I}_g$。我们假设架空地线也由三相组成，每相电流 $\dot{I}_{g0} = \dot{I}_g/3$。这样，架空地线的影响可以按平行架设的输电线路来处理，不同的是架空地线电流的方向与输电线路零序电流的方向相反。据此，可以做出有架空地线的单回线路一相的示意图，如图 8-16（a）所示。

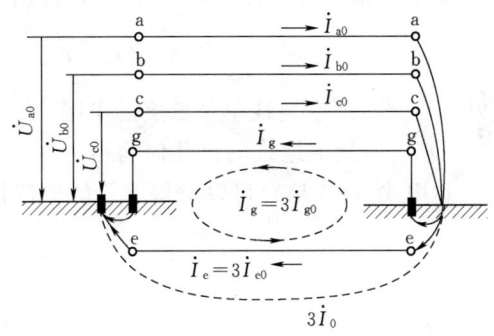

图 8-15 有架空地线时零序电流的通路

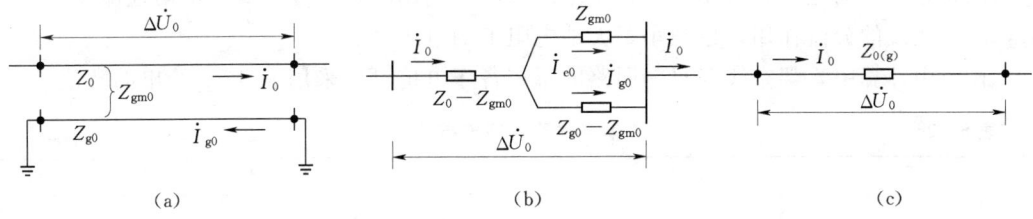

图 8-16 有架空地线的输电线路及其零序等值电路
(a) 零序电流回路；(b) 零序等值电路；(c) 简化电路

根据图 8-16（a），可以列出输电线路和架空地线的电压降方程，因架空地线两端接地，所以

$$\left.\begin{aligned}\Delta\dot{U}_0 &= Z_0\dot{I}_0 - Z_{gm0}\dot{I}_{g0} \\ \Delta\dot{U}_{g0} &= Z_{g0}\dot{I}_{g0} - Z_{gm0}\dot{I}_0 = 0\end{aligned}\right\} \tag{8-15}$$

式中 Z_0——无架空地线时输电线路的零序阻抗；

Z_{g0}——架空地线—大地回路的自阻抗；

Z_{gm0}——架空地线与输电线路间的互阻抗。

由式 (8-15) 可以解出

$$\Delta \dot{U}_0 = \left(Z_0 - \frac{Z_{gm0}^2}{Z_{g0}}\right)\dot{I}_0 = Z_{0(g)}\dot{I}_0$$

其中

$$Z_{0(g)} = Z_0 - \frac{Z_{gm0}^2}{Z_{g0}} \qquad (8-16)$$

这就是具有架空地线的三相输电线路每相的等值零序阻抗。

取 $\dot{I}_{e0} = \dot{I}_e/3 = \dot{I}_0 - \dot{I}_{g0}$，并将式 (8-15) 的第二式代入第一式，得出下列两种变换形式

$$\left.\begin{array}{l}\Delta\dot{U}_0 = (Z_0 - Z_{gm0})\dot{I}_0 + Z_{gm0}\dot{I}_{e0} \\ \Delta\dot{U}_0 = (Z_0 - Z_{gm0})\dot{I}_0 + (Z_{g0} - Z_{gm0})\dot{I}_{g0}\end{array}\right\} \qquad (8-17)$$

由式 (8-17) 可以做出零序等值电路，如图 8-15 (b) 所示。

由于一相等值电路中 $\dot{I}_{g0} = \dot{I}_g/3$，算出的 Z_{g0} 的单位长度值应乘以 3，即

$$Z_{g0} = 3\left(r_g + r_e + j0.1445\lg\frac{D_e}{D_{sg}}\right)(\Omega/\text{km}) \qquad (8-18)$$

式中 r_g——架空地线单位长度的电阻；

D_{sg}——架空地线的自几何均距。

利用式 (8-14) 可以求得 Z_{gm0} 的单位长度值

$$Z_{gm0} = 3\left(r_e + j0.1445\lg\frac{D_e}{D_{L\text{-}g}}\right) \qquad (8-19)$$

$$D_{L\text{-}g} = \sqrt[3]{D_{ag}D_{bg}D_{cg}} \qquad (8-20)$$

式中 $D_{L\text{-}g}$——线路和架空地线间的互几何均距。

式 (8-16) 表明，架空地线使输电线路的等值零序阻抗减小。这是因为地线中的电流相位和导线中的电流相位相反，计及地线电流的作用时，与导线交链的磁通减少了。同时，由于地线的分流作用，也减小了大地电阻上的电压降。

在实用计算中，架空线路每一回路的每相各序电抗可以采用表 8-2 给出的数值。

表 8-2 输电线路各序电抗值

线 路 种 类	电 抗 值/(Ω/km)	
	$x_1 = x_2$	x_0/x_1
无架空地线单回路	0.4	3.5
有钢导线架空地线单回线路	0.4	3.0
有良体架空地线单回线路	0.4	2.0
无架空地线双回线路	0.4	5.5
有钢导线架空地线双回线路	0.4	4.7
有良体架空地线双回线路	0.4	3.0
35kV 电缆线路	0.12	4.6
6~10kV 电缆线路	0.08	4.6

4. 电缆线路

电缆线路是静止元件，它的正序电抗等于负序电抗。由于电缆的三相芯线间的距离远

比架空线路的线间距离要小得多,所以,电缆线路的正序电抗小于架空线路的正序电抗。

电缆线路的零序电抗一般由试验确定。

在近似计算中,电缆线路的参数也可以采用表 8-2 给出的数值。

电缆线路的正序、负序、零序等值电路,均可用一电抗参数表示。

8.2.4 综合负荷的各序电抗和等值电路

电力系统的负荷主要是工业负荷。大多数工业负荷是异步电动机,因此,在电力系统不对称短路故障的分析计算中,异步电动机的各序电抗可以近似代表负荷的电抗。

根据《电机学》的知识,异步电动机的正序电抗与电动机的转差 S 有关,在正常运行时,电动机的转差与机端电压及电动机的受载系数(即机械转矩与电动机额定转矩之比)有关。在系统短路过程中,因电动机的转差与它的端电压有关,而端电压是随着短路电流的变化而变化的,所以精确计算十分困难。在不对称短路故障的实用计算中,正序电抗常取 $X_1=1.2$(以其自身容量为基准的标幺值)。等值电路如图 8-17 所示(只计电抗)。

异步电动机是旋转元件,其负序电抗不等于正序电抗。当电动机端施加基频负序电压时,流入定子绕组的负序电流将在气隙中产生一个与转子转向相反的旋转磁场,它对电动机产生制动性的转矩。若转子相对于正序旋转磁场的转差为 S,则转子相对于负序旋转磁场的转差为 $2-S$。因此,负序电抗也是转差 S 的函数。在实用计算中,常取 $X_2=0.2$。如果计及降压变压器和线路的电抗,常取 $X_2=0.35$(以其自身容量为基准的标幺值)。其等值电路也如图 8-17 所示。

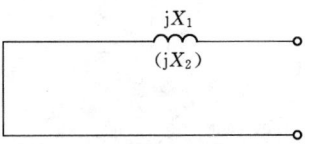

图 8-17 异步电动机或综合负荷的正序(或负序)等值电路

异步电动机三相绕组一般接成不接地星形或三角形,综合负荷一般用 Y,d 接法的变压器供电,所以零序电流不能流通。相当于 $X_0=\infty$,在零序网络中不用画出。

8.3 电力系统各序网络的制定

掌握了电力系统各元件的各序电抗及等值电路,就可以作出电力系统不对称故障后的各序等值电路。以图 8-18(a)所示的简单电力系统为例,假设在 k 点发生某种形式的不对称的短路故障,除了抽出来的故障端口不对称外,从故障端口看原电力系统,其电路结构仍然是对称的。因此根据对称分量法,可以作出对应各序分量的电力系统等值电路。在作等值电路时,一般从故障点开始作起(相当于在故障点施加某一序电压),逐一查明各序电流所能流通的路径,凡各序电流所流经的元件,都应包括在各等值电路中。以下分别介绍各序等值电路的做法及注意点。

8.3.1 正序网络

(1)将各元件的正序等值电路按电力系统的联接形式联结起来,其中正序电流不流经变压器 T1 的中性点电抗 X_n 和空载变压器 T3,所以在正序等值电路中相应的电抗不必画出。应注意,元件参数用标幺值表示时应归算到统一的基准值。

(2)发电机模型(E_G、X_G)应根据求解问题的要求而取用相应的参数模型。

(3) 短路点要接正序电压 $\dot{U}_{k1}$。

(4) 作正序等值电路如图 8-18（b）所示，在故障端口可用戴维南定理等效成右图的形式，其中：$X_{\Sigma 1}=(X_{G1}+X_{T11})//(X_{I1}+X_{T21}+X_{L1})$；$\dot{E}_{\Sigma}=\dot{U}_{k101}$（即短路前 k 点的电压）。

(5) 正序等值电路的方程为：$\dot{U}_{k1}=\dot{E}_{\Sigma}-j\dot{I}_{k1}X_{\Sigma 1}$。

8.3.2 负序网络

(1) 将元件的负序等值电路按电力系统的联接方式联接起来。其中，负序电流不流经变压器 T1 的中性点电抗 X_n 和空载变压器 T3，所以在负序等值电路中不必画出。

(2) 发电机没有负序电势源，但可以流通负序电流。

(3) 静止元件负序参数与正序参数相等，旋转元件负序参数原则上不同于正序参数。

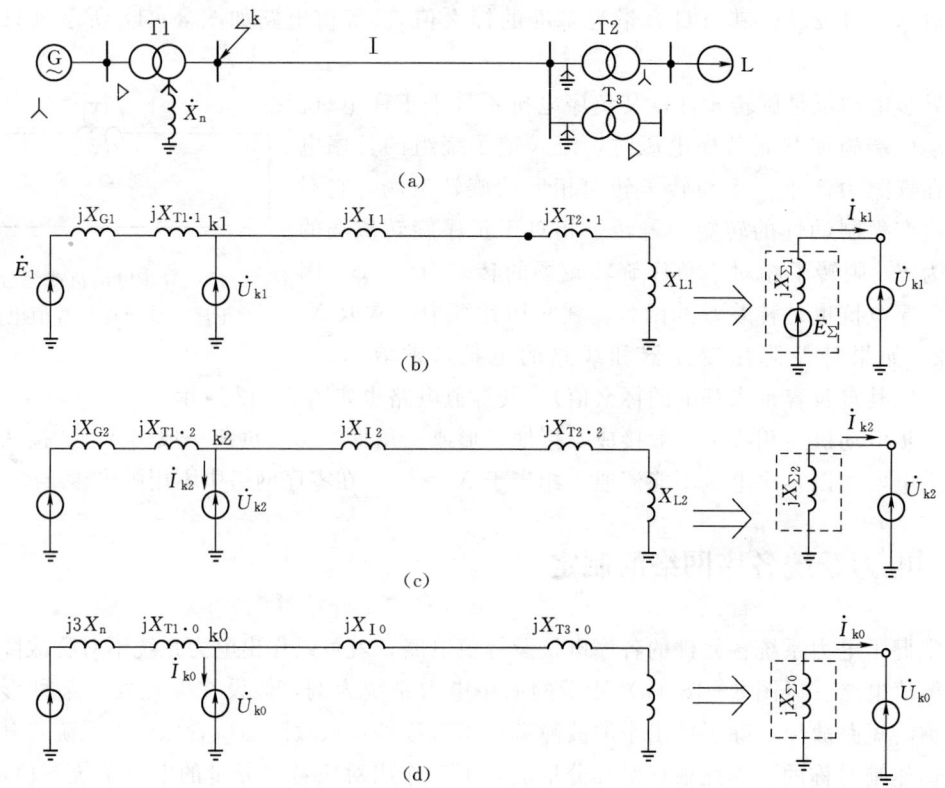

图 8-18 电力系统及各序等值电路
(a) 系统图；(b) 正序等值电路；(c) 负序等值电路；(d) 零序等值电路

(4) 故障点接负序电压 $\dot{U}_{k2}$。

(5) 作负序等值电路如图 8-18（c）所示，在故障端口可用戴维南定理等效成右图的形式，其中，$X_{\Sigma 2}=(X_{G2}+X_{T1.2})//(X_{I2}+X_{T2.2}+X_{L2})$。

(6) 负序等值电路的方程为：$\dot{U}_{k2}=-j\dot{I}_{k2}X_{\Sigma 2}$。

8.3.3 零序网络

(1) 应特别注意从故障点开始，先画上零序电压 $\dot{U}_{k0}$ 后，再查明零序电流可能流通的路径，有零序电流流过的元件，按原电力系统的连接形式画出，没有零序电流流过的元件不必画出（变压器 T2 二次侧为 Y 接线，零序电流不能流通，当 $X_{m0}\approx\infty$ 时，该支路仍然相当于断开）。

(2) 发电机没有零序电势源，零序电流也不流通。

(3) 不论是旋转元件（发电机、电动机等）还是静止磁耦合元件（线路、变压器等），其零序参数原则上与正、负序参数是不相等的。

(4) 作零等值电路如图 8-18 (d) 所示。在故障端口可用戴维南定理等效成右图形式，其中 $X_{\Sigma 0}=(3X_n+X_{T1.0})/\!/(X_{I0}+X_{T3.0})$。若没有特别说明，通常认为 $X_{m0}\approx\infty$。

(5) 零序等值电路的方程为 $\dot{U}_{k0}=-j\dot{I}_{k2}X_{\Sigma 0}$

【**例 8-3**】 如图 8-19 所示电力系统，试分别作出在 k_1、k_2、k_3 点发生不对称故障的正序、负序、零序等值电路。并写出 $X_{\Sigma 1}$、$X_{\Sigma 2}$、$X_{\Sigma 0}$ 的表达式（计及 $X_{m0}\approx\infty$）。

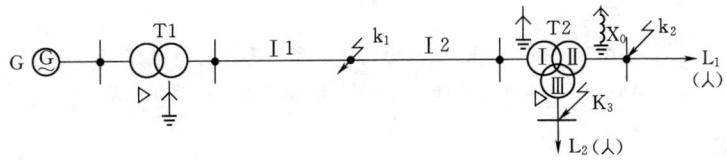

图 8-19 电力系统

解：(1) 在 k_1 点发生不对称短路故障时。

1) 作正序等值电路如图 8-20 (a) 所示。以 k_1 点与大地为端口，根据戴维南定理，可求得正序等值电抗为

$$X_{\Sigma 1}=(X_{G1}+X_{T1.1}+X_{I1.1})/\!/[(X_{I2.1}+X_{II1})+(X_{II1}+X_{L2.1})/\!/(X_{II1}+X_{L1.1})]$$

2) 作负序等值电路如图 8-20 (b) 所示。以 k_1 点与大地为端口，根据戴维南定理，可求得负序等值电抗为

$$X_{\Sigma 2}=(X_{G2}+X_{T1.2}+X_{I1.2})/\!/[(X_{I2.2}+X_{II2})+(X_{II2}+X_{L2.2})/\!/(X_{II2}+X_{L1.2})]$$

3) 作零序等值电路如图 8-20 (c) 所示。变压器 T_2 的 II 绕组虽然是经电抗 X_n 接地，但由于外接负载 L_1 是不接地的，所以零序电流仍然不能流通，故在零序网络中不画出。

以 k_1 点与大地为端口，根据戴维南定理，可求得零序等值电抗为

$$X_{\Sigma 0}=(X_{T1.0}+X_{I1.0})/\!/(X_{I2.0}+X_{I0}+X_{II0})$$

(2) 在 k_2 点发生不对称短路故障时。

1) 作正序等值电路如图 8-21 (a) 所示。以 k_2 点与大地为端口，根据戴维南定理，可求得正序等值电抗 $X_{\Sigma 1}$ 为

$$X_{\Sigma 1}=[(X_{G1}+X_{T1.1}+X_{I1.1}+X_{I2.1}+X_{II1})/\!/(X_{II1}+X_{L2.1})+X_{II1}]/\!/X_{L1.1}$$

2) 作负序等值电路，求等值电抗 $X_{\Sigma 2}$。等值电路类似图 8-20 (a)。但在负序等值电路中发电机没有负序电源电势但有负序电流（短接）。故障点应接负序电压 $\dot{U}_{k2.2}$。根据

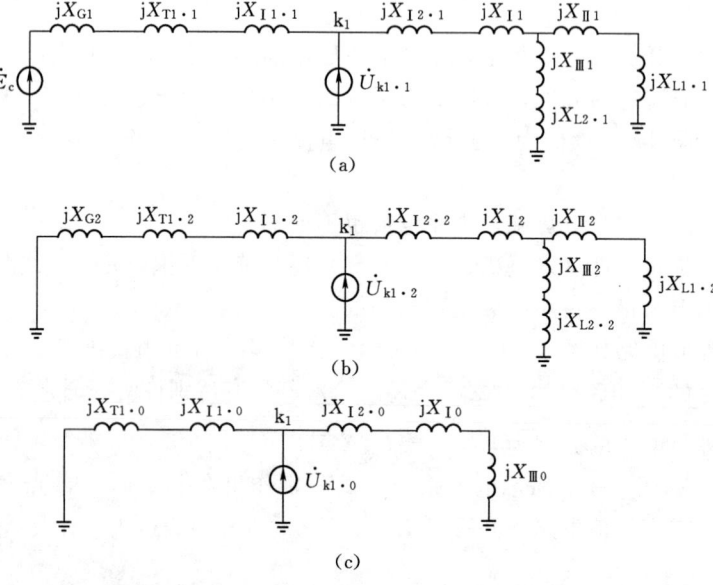

图 8-20 当 k_1 点故障时正、负、零序等值电路
(a) 正序等值电路；(b) 负序等值电路；(c) 零序等值电路

戴维南定理可求得 $X_{\Sigma 2}$ 为

$$X_{\Sigma 2}=[(X_{G2}+X_{T1\cdot 2}+X_{I1\cdot 2}+X_{I2\cdot 2}+X_{I2})/\!/(X_{II2}+X_{L2\cdot 2})+X_{II2}]/\!/X_{L1\cdot 2}$$

3) 作零序等值电路，如图 8-21（b）所示。

根据戴维南定理可求得 $X_{\Sigma 0}$ 为

$$X_{\Sigma 0}=[(X_{T1\cdot 0}+X_{I1\cdot 0}+X_{I2\cdot 0}+X_{I0})/\!/X_{II0}]+(X_{II\cdot 0}+3X_n)$$

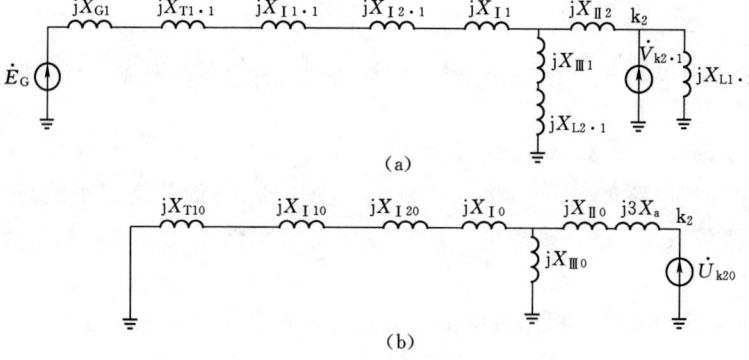

图 8-21 当 k_2 点故障时正、零序等值电路
(a) 正序等值电路；(b) 零序等值电路

(3) 在 k_3 点发生不对称短路故障时。

1) 作正序等值电路如图 8-22 所示。以 k_3 点与大地为端口，根据戴维南定理，可求得正序等值电抗为

$$X_{\Sigma 1}=\{[(X_{G1}+X_{T1\cdot 1}+X_{I1\cdot 1}+X_{I2\cdot 1}+X_{I1})/\!/(X_{II1}+X_{L1\cdot 1})]+X_{II1}\}/\!/X_{L2\cdot 1}$$

2) 作负序等值电路，求等值电抗 $X_{\Sigma 2}$。等值电路的形式类似于图 8-22。但在负序等值电路中没有电源电势（短接），故障点应接负序电压 $\dot{U}_{k32}$。按戴维南定理可求 $X_{\Sigma 2}$ 为

$$X_{\Sigma 2} = \{[(X_{G2} + X_{T1 \cdot 2} + X_{I1 \cdot 2} + X_{I2 \cdot 2} + X_{II2}) /\!/ (X_{II2} + X_{L1 \cdot 2})] + X_{II2}\} /\!/ X_{L2 \cdot 2}$$

3) 零序等值电路。因为不对称故障是发生在变压器 T_2 的三角形绕组侧，零序电流不能流通。所以，$X_{\Sigma 0} = \infty$。

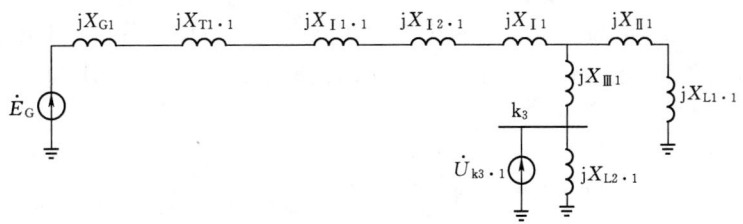

图 8-22　当 k_3 点故障时正序等值电路

项目实践　三相同步发电机的参数测定

1. 实验目的

掌握三相同步发电机参数的测定方法，并进行分析比较加深理论学习。

2. 实验原理

各种序电抗是定量分析同步电机性能的有用参数。同步电机的参数主要有：①同步电抗 X_s 或 X_d、X_q；②直轴瞬变电抗 X'_d 和超瞬变电抗 X''_d；③交轴瞬变电抗 X''_q；④各序电抗，X_+、X_- 和 X_0 分别表示正序、负序和零序电抗；⑤电枢反应电抗 X_a 或 X_{ad}、X_{aq}；⑥定子漏电抗 X_σ 等。

本次实验介绍同步发电机中最基本和常用的几个参数的测量方法。

(1) 同步电抗 X_d、X_q。

同步电抗 X_s 或 X_d、X_q 均由各自对应的电枢反应电抗和定子漏电抗合成。其中 X_s 或 X_d 的求取如前述实验，可通过空载、稳态短路实验求出。而利用转差率实验可以同时测出凸极式同步电机的直轴、交轴同步电抗 X_d、X_q 的不饱和值。转差率实验的做法是：把被试同步电机的励磁绕组开路，即不加励磁；原动机拖动转子以接近同步速旋转，约有 0.5% 的转差率；定子绕组外施低电压约为额定电压的 5%~15% 左右，以避免转子被拖入同步，但其相序须保证电枢旋转磁场的转向与转子转向一致。此时定子旋转磁场便以转差率速度切割转子。当定子磁场轴线与转子直轴重合时，电抗达最高值，电枢电流便有最小值。当定子磁场轴线与转子的交轴重合时，电抗达最低值，而电枢电流便有最大值。由于线路中电压降的影响，随着电枢电流的变化，定子绕组上测得的电压也有相应的、较小幅度的变动，显然电枢电流有最小值时电压为最大，电枢电流有最大值时电压为最小。电枢电流和端电压波动的频率正比于转差率。由于转差率很低，电流表和电压表的指针摆动位置可以被清楚地读取，即记录出各最大电流、电压和最小电流、电压值。设读取的数据为每相值，则每相同步电抗为

$$X_d = \frac{U_{\max}}{I_{\min}} \quad X_q = \frac{U_{\min}}{I_{\max}}$$

(2) 负序电抗。

研究电机不对称运行最有效的方法是对称分量法。即把不对称的三相电压或三相电流分解为正序、负序和零序分量。然后对各个分量分别建立方程并求解，最后迭加起来得到最后结果。

对不同相序的电流来说，同步电机的电抗也就有不同数值。若定子电流为一稳定的对称三相电流，这时定子电流仅有正序分量，所遇到的电抗就是前述的同步电抗，其电抗的测取方法前已介绍。故正序电抗值等于同步电抗值。

定子三相电流若不对称时则存在负序电流，由于负序电流所产生的旋转磁场与转子转向相反，此反向旋转磁场以两倍同步速度切割转子绕组（包括励磁和阻尼绕组），在其中感应一个两倍频率的交变电势。在电机正常运行时，转子所有绕组都是自成闭路的，因而产生两倍频率的电流。这就相当于异步电机运行于转差率 $S = \frac{n_1 - (-n_1)}{n_1} = 2$ 时的制动状态。负序电流流过定子绕组所对应的电抗就是负序电抗，故根据以上分析可用"逆同步旋转法实验"测取负序电抗 X_-。测定负序电抗的方法是，被试电机的励磁绕组首先短路，对定子绕组外施一适当降低的三相对称电压，被试发电机的转子由原动机拖动且以同步速旋转，但其转向应与定子磁场的旋转方向相反。测量并记录此时电机每相的电压 U_φ、电流 I_φ 和功率 P_φ 值，即可求出 X_- 值，计算式为

$$Z_- = \frac{U_\varphi}{I_\varphi} \quad R_- = \frac{P_\varphi}{I_\varphi^2} \quad X_- = \sqrt{Z_-^2 - R_-^2}$$

(3) 零序电抗 X_0。

零序电流流过定子绕组时所对应的电抗就是零序电抗。由于三相零序电流在时间上各相同相位、振幅又相等，将三相绕组依次按末端、首端连接的次序串联后接到电源，此时绕组通过的便是零序电流。当零序电流流过三相绕组时，各相所建立的磁势在时间上也应同相位、振幅相等。因三相绕组在空间相隔 120°电角度，因此在空气隙中三相基波磁势为零，零序电流不能在气隙中建立基波磁势及磁场。

零序电流流过三相绕组时，只产生漏磁通。和定子漏抗相似，零序电抗的大小依绕组形式而定。对于单层绕组和整距双层绕组而言，在每一个槽中的电流都属于同一相，零序漏磁通便和正序漏磁通相同。对于短距双层绕组而言，在一部分槽中，上、下导体分别属于不同的两相。当有零序电流通过时，上下两导体中的电流的作用相抵消。因此零序磁通便较正序漏磁通为小。另外当定子绕组中流过零序电流时，除了产生漏磁通以外，尚须考虑它所产生的空间三次谐波磁势。这个磁势在时间上和空间上均各相同相，将合成为空间三次谐波的脉振磁势。故零序电抗的数值将随着转子位置的变化而稍有不同，即随着转子位置的不同有三倍于基波频率的周期变化。

在测定零序电抗 X_0 时，把定子绕组串联联接，励磁绕组被短路。然后对定子绕组外施一额定频率的适当电压，使流入的零序电流数值等于额定电流。电机的转子由原动机拖动以同步速转动。测出串联后的电压 U、电流 I 和功率 P 值，可计算出零序电抗，其计算式为

$$Z_0 = \frac{U/3}{I} \quad R_0 = \frac{P/3}{I^2} \quad X_0 = \sqrt{Z_0^2 - R_0^2}$$

(4) 超瞬间电抗 X_d''、X_q''。

瞬态短路定子绕组会产生巨大的冲击电流。巨大冲击电流的主要危害是产生极大的电磁力,使绕组端部变形甚至拉断。瞬态短路时会产生巨大电流的原因是当定子电流增加时,定子产生的磁通增加,于是在转子绕组中产生变压器电势,转子绕组中便有电流流过,转子电流对定子磁通有阻尼作用,使定子磁通减小,所以定子电抗变小,于是定子电流剧增。

同步发电机瞬态短路时,转子上励磁绕组及阻尼绕组都感应了电流,因此励磁绕组及阻尼绕组对电枢反应磁通 φ_a 的进入,产生反抗作用,使电枢反应磁通被挤到它们的漏磁路径上,电枢反应磁通 φ_a 的路径要经过气隙磁阻 R_{ad},励磁绕组漏磁阻 $R_{f\sigma}$ 及阻尼绕组漏磁阻 $R_{z\sigma}$,考虑到漏磁通,并用相应的磁导表示磁阻所得到的等效磁导为

$$\Lambda_{ad}'' = \Lambda_\sigma + \frac{1}{\dfrac{1}{\Lambda_{ad}} + \dfrac{1}{\Lambda_{F\sigma}} + \dfrac{1}{\Lambda_{z\sigma}}}$$

对应的电抗称为直轴超瞬变电抗,其表达式为

$$X_{ad}'' = X_\sigma + \frac{1}{\dfrac{1}{X_{ad}} + \dfrac{1}{X_{F\sigma}} + \dfrac{1}{X_{z\sigma}}}$$

若把同步发电机的定子绕组引线端通过负载电阻短路或在电网上某处短路,则由于线路阻抗的存在使电枢磁势不仅有直轴分量,还有交轴分量。由于凸极式同步电机的直、交轴的磁阻不等,相应的瞬变电抗 X_q' 和超瞬变电抗 X_q'' 也不相等。推导公式的方法与前面相似。又由于交轴没有励磁绕组,所以交轴超瞬变电抗为

$$X_q'' = X_\sigma + \frac{1}{\dfrac{1}{X_{aq}} + \dfrac{1}{X_{zq}}}$$

瞬变电抗和超瞬变电抗可以通过"静止法"试验来测定。试验时定子绕组的一相开路,另两相串联并外施一单相低压交流电源,使定子电流不大于额定值。转子励磁绕组经电流表短接。缓慢转动转子,定子电流和转子电流均将变化,记下定子外施电压 U 和定子电流的最大值 $I_{\max}$(此时转子绕组中的感应电流也最大)和最小值 $I_{\min}$(此时转子绕组中的感应电流也最小)。不难理解,超瞬变电抗可由下式求得

$$X_d'' = \frac{U}{2I_{\max}} \quad X_q'' = \frac{U}{2I_{\min}}$$

若没有阻尼绕组,则上式求得的电抗将分别是瞬变电抗 X_d' 和 X_q',即不存在超瞬变电抗了。

3. 实验内容

(1) 用转差法测定同步发电机的同步电抗 X_d、X_q。
(2) 用逆同步旋转法测定同步发电机的负序电抗 X_-。
(3) 用单相电源测同步发电机的零序电抗 X_0。
(4) 用静止法测超瞬变电抗 X_d''、X_q'' 或瞬变电抗 X_d'、X_q'。

4. 实验说明及操作步骤

接线说明：

实验线路如图 8-23。图中 M 为直流电动机 M03，作原动机用；被试电机为三相凸极式同步电机 M08，其额定值为：$P_N=170W$、$U_N=220V$、$I_N=0.45A$、$n_N=1500r/min$；TG 为涡流测功机。M、同步电机、TG 由联轴器直接相连（虚线所示）。

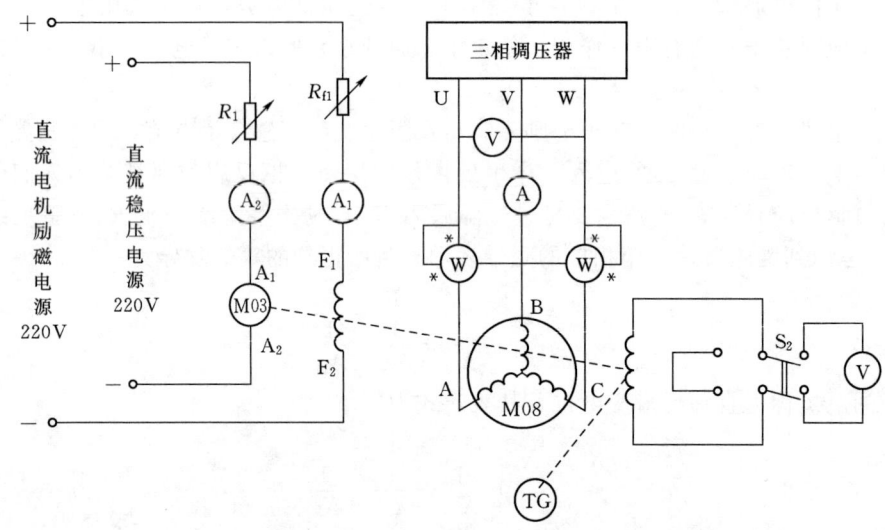

图 8-23 用转差法测同步发电机的同步电抗

电阻 R_1 选用 MEL-04 挂箱上的阻值为 180Ω（接 A_1、A_2 端，即两只 90Ω 串联）、电流为 1.3A 的可调电阻，作为直流并励电动机的启动电阻。

电阻 R_{f1} 选用 MEL-09 挂箱上的阻值为 300Ω、电流为 200mA 的可调电阻，作为直流并励电动机励磁回路串接电阻。

直流电流表 A_1 选用励磁电源上的励磁电流表（mA），A_2 选用直流稳压电源上的电枢电流表（A）。

同步发电机定子回路的电压表 V、电流表 A、功率表 W 选用主控屏左侧的交流电压表、电流表、功率表。

同步电机励磁回路电压表 V 选用 MEL-06 挂箱上的直流电压表，量程为 2V。

开关 S_2 选用 MEL-05B 挂箱上的 S_2。

(1) 用转差法测定同步发电机的同步电抗 X_d、X_q。

操作步骤如下：

1) 按图 8-23 接线，同步机定子绕组为 Y 形接法。

2) 将 MEL-13 挂箱上的红色开关至"ON"位置，"3A"开关合向下方，"转速控制/转矩控制"选择开关合向"转速控制"端。

MEL-06 挂箱上的红色开关至"ON"位置，电压表量程为 2V。

启动电阻 R_1 调至阻值最大，励磁回路电阻 R_{f1} 调至阻值最小；三相调压器调至零位；用导线将定子回路电流表和功率表电流线圈短接；开关 S_2 闭合到直流电压表端。

3) 合上电源开关（实验台左侧端面），主电源面板红色指示灯亮，再按下绿色按钮，绿灯亮，红灯灭，电源接通。

4) 合上直流电机励磁电源开关，再合上 220V 直流稳压电源（红色开关至"ON"位置），观察励磁电流表读数大小（若无读数，切不可启动电动机），按下直流稳压电源上的白色"复位"按钮，直流电动机启动。

5) 调节直流稳压电源上的"电压调节"旋钮，使电动机输入电压为 220V（看直流稳压电源上的电压表，内部已接好）。

6) 调节电阻 R_1 使电机升速到接近同步发电机的额定转速 1500r/min，保持 0.5% 的转差率，即与同步速差 7～8r/min。

7) 调节三相调压器输出，观察同步发电机励磁绕组所接直流电压表。若它有缓慢的摆动（出现正、负显示），则表示同步发电机定子产生的旋转磁场和转子的转向相同，若它只有轻微振动（无负显示），而无摆动，则表示同步发电机定子产生的旋转磁场和转子的转向相反，这时需停机并调整相序。

8) 调节调压器使同步发电机电枢绕组端电压为 5%～15% 的额定电压，调节电机转速使同步发电机电枢端所接交流电压表和交流电流表摆动很慢。

9) 在同一瞬间读取电枢电流周期性摆动的最小值 I_{min} 与相应的电压最大值 U_{max} 以及电流最大值 I_{max} 与电压最小值 U_{min}，数据记录于表 8-3 中。

表 8-3　　　　　　　　　　转差法测定同步电抗 X_d、X_q

I_{max}/A	U_{min}/V	X_q/Ω	I_{min}/A	U_{max}/V	X_d/Ω

注　$X_q = U_{min}/(\sqrt{3} I_{max})$；$X_d = U_{max}/(\sqrt{3} I_{min})$。

(2) 用逆同步旋转法测定同步发电机的负序电抗 X_-。

操作步骤如下：

1) 实验线路仍为图 8-23，只是将同步发电机电枢绕组任意二相接线对换，以改变相序使同步发电机的定子旋转磁场和转子转向相反。把开关 S_2 闭合在短接端（图示左端），将调压器退至零位，功率表处于正常测量状态。

2) 合上直流电源，启动直流电机（方法同上）并使电机升速到额定转速 1500r/min。

3) 调节调压器逐渐升压，直至同步发电机电枢电流达 30%～40% 额定电流，读取电枢绕组电压、电流和功率值，并记录于表 8-4 中。

表 8-4　　　　　　　　　逆同步旋转法测定负序电抗 X_-

记 录 值					计 算 值		
I/A	U/V	P_I/W	P_{II}/W	P/W	Z_-/Ω	R_-/Ω	X_-/Ω

注　$P = P_I + P_{II}$；$Z_- = U/(\sqrt{3} I)$；$R_- = P/(3I^2)$；$X_- = \sqrt{Z_-^2 - R_-^2}$。

(3) 用单相电源测同步发电机的零序电抗 X_0。

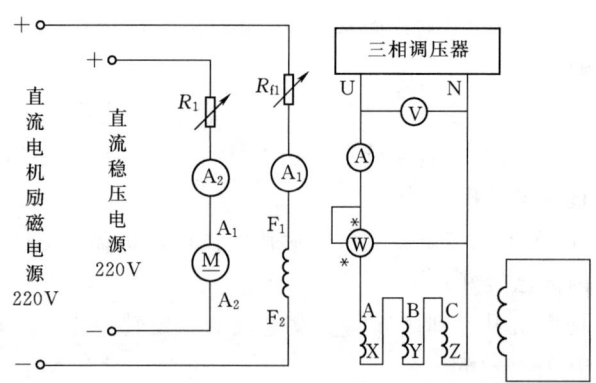

图 8-24 用单相电源测同步发电机的零序电抗

1) 按图 8-24 接线，同步机定子绕组按顺序串联起来通以单相电源。
2) 把调压器退至零位，同步发电机励磁绕组短接。
3) 启动直流电机并使电机升速至额定转速 1500r/min。
4) 调节调压器使电枢绕组中电流上升至额定电流值，测取此时的电压、电流和功率值，并记录于表 8-5 中。

表 8-5　　　　　　　　　　单相电源测零序电抗 X_0

记　录　值			计　算　值		
U/V	I/A	P/W	Z_0/Ω	R_0/Ω	X_0/Ω

注　$Z_0=U/(3I)$；$R_0=P/(3I^2)$；$X_0=\sqrt{Z_0^2-R_0^2}$。

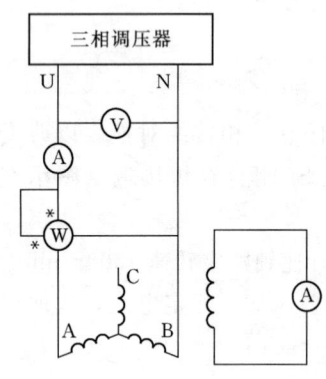

图 8-25　静止法测电抗图

(4) 用静止法测超瞬变电抗 X_d''、X_q'' 或瞬变电抗 X_d'、X_q'。

1) 按图 8-25 接线。
2) 将调压器退到零位，发电机处于静止状态，调节调压器逐渐升高输出电压，直至同步发电机电枢电流达 30%～40% 额定电流。
3) 用手慢慢转动同步发电机转子，观察两只电流表读数的变化，仔细调整同步发电机转子的位置，使两只电流表读数最大。
4) 读取这位置时的电压、电流、功率值并记录于表 8-6 中。

表 8-6　　　　　　　　　　用静止法测超瞬变电抗

记　录　值			计　算　值		
U/V	I/A	P/W	Z_d''/Ω	R_d''/Ω	$X_d''(X_d')/\Omega$

注　$Z_d''=U/(2I)$；$R_d''=P/(2I^2)$；X_d''（或 X_d'）$=\sqrt{Z_d''^2-R_d''^2}$。

5) 把同步发电机转子转过 45°角，在这附近仔细调整同步发电机转子的位置，使 2 只电流表读数最小，读取这位置时的电压、电流、功率值并记录于表 8-7 中。

表 8-7　　　　　　　　　　用静止法测超瞬变电抗

记　录　值			计　算　值		
U/V	I/A	P/W	Z''_q/Ω	R''_q/Ω	$X''_q(X'_q)/\Omega$

注　$Z''_q = U/(2I)$；$R''_q = P/(2I^2)$；X''_q（或 X'_q）$= \sqrt{Z''^2_q - R''^2_q}$。

5. 实验报告

(1) 由转差法实验数据计算出直轴与交轴同步电抗的标幺值。

$$X_d^* = \frac{I_{N\varphi} X_d}{U_{N\varphi}} = \frac{X_d}{Z_N}$$

$$X_q^* = \frac{I_{N\varphi} X_q}{U_{N\varphi}} = \frac{X_q}{Z_N}$$

式中电压、电流均指每相值。

(2) 由逆同步旋转法实验，求出负序电抗标幺值。

$$X_-^* = \frac{I_{N\varphi} X_-}{U_{N\varphi}} = \frac{X_-}{Z_N}$$

(3) 从零序电抗的测取数据中计算出零序电抗标幺值。

$$X_0^* = \frac{I_{N\varphi} X_0}{U_{N\varphi}} = \frac{X_0}{Z_N}$$

(4) 从静止法实验数据中计算出直轴与交轴超瞬变电抗的标幺值（若同步电机无阻尼绕组，则所测得的电抗为瞬变电抗）。

$$X''_d{}^* = \frac{I_{N\varphi} X''_d}{U_{N\varphi}} = \frac{X'_d}{Z_N} \quad X''_q{}^* = \frac{I_{N\varphi} X''_q}{U_{N\varphi}} = \frac{X'_q}{Z_N}$$

6. 思考题

说明 X_s、X_d、X_q、X_-、X_0、X_a、X'_d、X'_q、X''_d、X''_q 各电抗的详细名称，并能理解各电抗的物理意义。

课　后　思　考　题

8-1　什么是对称分量法？

8-2　如何应用对称分量法分析不对称短路故障？

8-3　电力系统元件序参数的基本概念如何？

8-4　旋转元件（同步发电机、异步电动机）的序参数有何特点？

8-5　变压器的零序参数主要由哪些因素决定？零序等值电路有何特点？

8-6　变压器的正序励磁电抗与零序励磁电抗有什么相同点和不同点？为什么？

8-7　架空输电线路的正序、负序、零序参数各有什么特点？

8-8　架空地线的存在，对线路零序阻抗有何影响、为什么？

8-9　如何制定电力系统的各序等值电路形式？

8-10 三个序网方程是否与不对称故障的形式有关？为什么？

8-11 有一台三绕组变压器，$S_N=90$MVA，电压为 220/121/38.5kV，$U_{S(1-2)}\%=14.07$，$U_{S(2-3)}\%=7.65$，$U_{S(1-3)}\%=23.73$，取基准值 $S_B=100$MV·A，$U_B=U_{av}$。试求变压器侧电抗标幺值，并画出变压器的等值电路图。

8-12 有一台双绕组变压器参数为：$S_N=60$MVA，电压为 10.5/121kV，短路电压百分数 $U_S\%=10.5$。

试求：

(1) 归算到高压侧的漏抗有名值。

(2) 归算到低压侧的漏抗有名值。

(3) 取 $S_B=100$MVA，$U_B=U_{av}$，计算变压器漏抗的标幺值。

8-13 有一个 YN，d 连接变压器，电压为 110/10kV，短路电压百分数 $U_S\%=10.5$（两侧各一半），容量 $S_N=20$MVA，零序励磁电抗 $X_{m0}=\infty$，在 YN 侧施加 1/3 相电压的零序电压，试求在下列情况下三角形联接绕组中的零序电流。

(1) 中性点直接接地时

(2) 中性点经 j10Ω 接地时

8-14 试分别绘制图 8-26 所示的两电力系统的零序等值电路图（各元件序参数以其相应的符号表示）。假定图 8-26（a）中的变压器为三相三柱式结构。

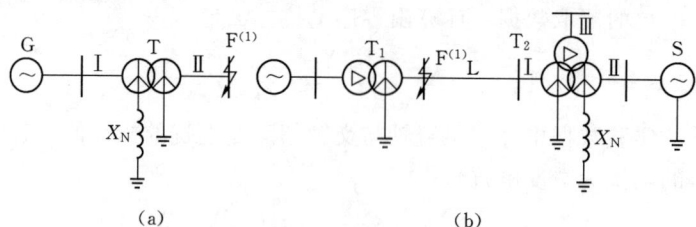

图 8-26 题 8-14 图

8-15 图 8-27 所示电力系统，在 k 点发生单相接地故障，试作正序、负序、零序等值电路。

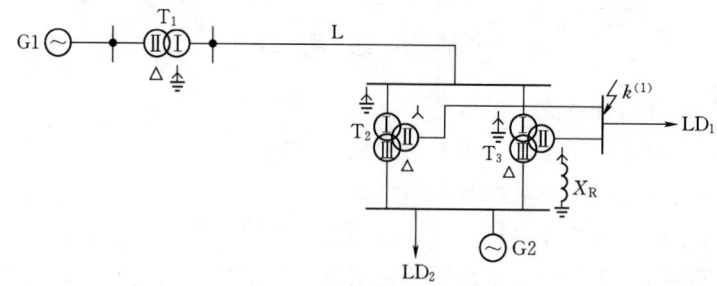

图 8-27 系统接线

8-16 如图 8-28 所示电力系统，试作出 k 点发生单相接地故障时的正序、负序、零序等值电路。

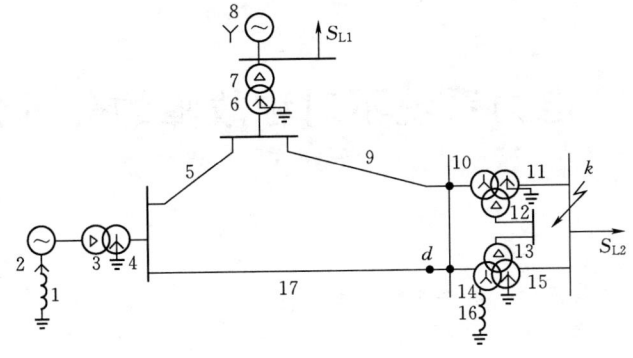

图 8-28 故障系统图

8-17 当图 8-29（a）、（b）、（c）所示的三个系统在 k 点发生不对称短路故障时，试画出它们的零序等值电路（不用化简）、写出零序电抗 $X_{\Sigma 0}$ 的表达式（$X_{m0} = \infty$）。

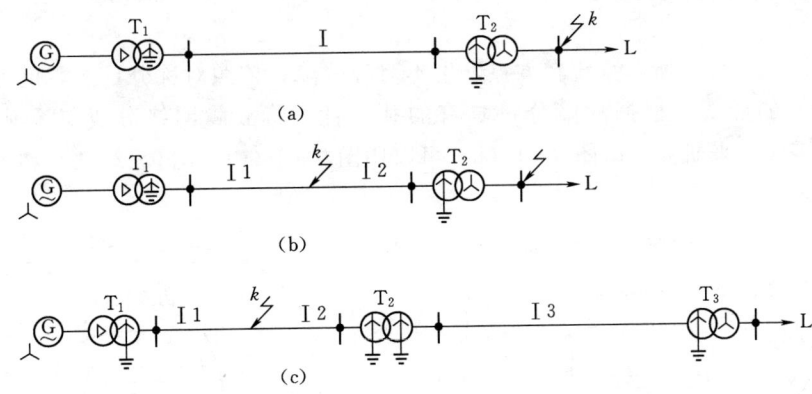

图 8-29 故障系统接线
(a) 系统一；(b) 系统二；(c) 系统三

项目9 电力系统不对称故障的分析和计算

教与学目标

1. 掌握不对称短路概念及其类型。
2. 能够准确绘制序网图并列解序网方程。
3. 掌握正序等效定则。
4. 了解各序电压电流分布计算。

9.1 简单不对称短路的分析和计算

假设图 9-1 (a) 所示系统在 k 点发生不对称故障,依照对称分量法,也可以表示成图 9-1 (b) 的形式。根据故障分量具有的独立性,将故障网络分成三个独立的序网(正、负、零序)来研究。即图 9-1 (b) 可以用图 9-2 (a)、图 9-2 (b) 和图 9-2 (c) 来表示。

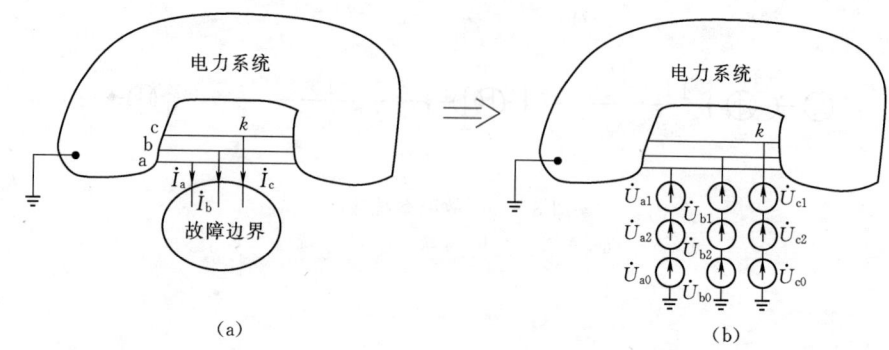

图 9-1 故障系统

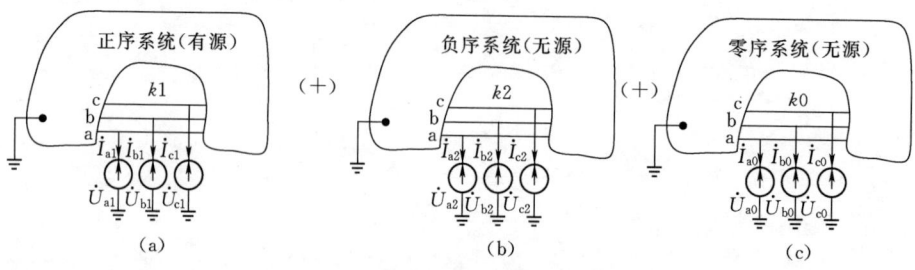

图 9-2 对称分量表示的故障系统

因为正序、负序、零序系统三相分别是对称的,因此,故障分析计算时只需要计算一相即可。通常把所分析计算的这一相称为"基准相"。

基准相的选择：原则上选择任何一相均可，但按故障边界条件，选择最特殊的一相为基准相分析计算较为方便，通常选取最特殊一相作为基准相。

假设选择 a 相为基准相。则图 9-2 用戴维南定理等效后，可以表示为图 9-3 所示的等值电路。

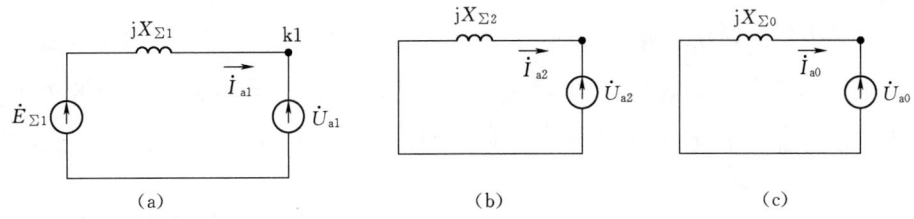

图 9-3 三个序网的等值电路

$E_{\Sigma 1}$ 是正序网故障端口的开路电压，其实质是故障点短路前的电压，即 $E_{\Sigma 1} = U_{k10} \approx 1$。

根据前述可知：

(1) 三个序网络（对应三个序网方程）与故障形式无关；三个等值电路的三个序网方程为

$$\left. \begin{array}{l} \dot{U}_{a1} = \dot{E}_{\Sigma 1} - j \dot{I}_{a1} X_{\Sigma 1} \\ \dot{U}_{a2} = -j \dot{I}_{a2} X_{\Sigma 2} \\ \dot{U}_{a0} = -j \dot{I}_{a0} X_{\Sigma 0} \end{array} \right\} \qquad (9-1)$$

(2) 三个序网方程有 6 个未知数（$\dot{U}_{a1}$、$\dot{U}_{a2}$、$\dot{U}_{a0}$、$\dot{I}_{a1}$、$\dot{I}_{a2}$、$\dot{I}_{a0}$）。因此，还必须根据不对称短路的具体边界条件写出另外三个方程，才能进行求解。再按照对称分量的关系式，即可求得故障点三相电压和电流（$\dot{U}_a$、$\dot{U}_b$、$\dot{U}_c$、$\dot{I}_a$、$\dot{I}_b$、$\dot{I}_c$）。

以下具体分析各种不对称故障的计算方法。

9.1.1 单相接地故障

1. 确定基准相

假设电力系统中某一点发生图 9-4 所示的 a 相接地故障 $[\mathrm{k}_a^{(1)}]$，因此，选择最特殊的 a 相为基准相。

2. 列出边界条件

根据短路类型和相别可以写出下列边界条件

$$\left. \begin{array}{l} \dot{U}_a = 0 \\ \dot{I}_b = 0 \\ \dot{I}_c = 0 \end{array} \right\} \qquad (9-2)$$

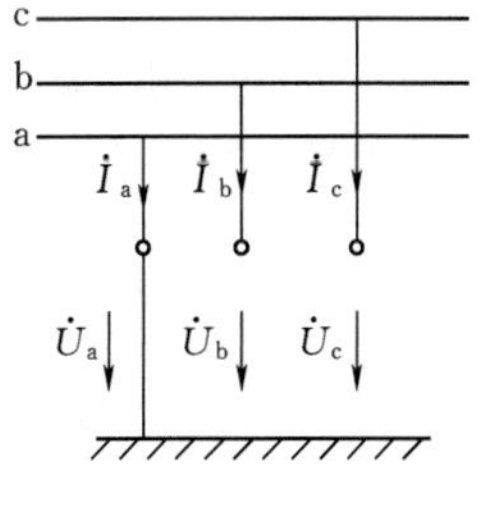

图 9-4 a 相接地故障

3. 变换成解算条件

按照对称分量法的分解式用基准相的对称分量来表示边界条

件，可以写成式（9-3）的形式

$$\left.\begin{array}{l}\dot{U}_{a1}+\dot{U}_{a2}+\dot{U}_{a0}=0\\a^2\dot{I}_{a1}+a\dot{I}_{a2}+\dot{I}_{a0}=0\\a\dot{I}_{a1}+a^2\dot{I}_{a2}+\dot{I}_{a0}=0\end{array}\right\} \quad (9-3)$$

4. 计算故障电压和电流（有两种方法）

（1）代数方法：联立求解式（9-1）和式（9-3）的6个方程，即可求得故障点基准相电压和电流的6个未知数 $\dot{U}_{a1}$、$\dot{U}_{a2}$、$\dot{U}_{a0}$、$\dot{I}_{a1}$、$\dot{I}_{a2}$、$\dot{I}_{a0}$。再根据对称分量法的合成式就可以求出故障点三相电压和电流 $\dot{U}_a$、$\dot{U}_b$、$\dot{U}_c$、$\dot{I}_a$、$\dot{I}_b$、$\dot{I}_c$。显然，此方法运算较为复杂。

（2）电路方法：将式（9-3）确定的解算条件化简，找出三个序网电压和电流之间的关系，以确定三个序网的连接形式（复合序网）。再按电路的基本关系求解 $\dot{U}_{a1}$、$\dot{U}_{a2}$、$\dot{U}_{a0}$、$\dot{I}_{a1}$、$\dot{I}_{a2}$、$\dot{I}_{a0}$。

1）化简式（9-3），可以得到

$$\left.\begin{array}{l}\dot{U}_{a1}+\dot{U}_{a2}+\dot{U}_{a0}=0\\ \dot{I}_{a1}=\dot{I}_{a2}=\dot{I}_{a0}\end{array}\right\} \quad (9-4)$$

2）根据式（9-4）的条件，将经过戴维南定理等效后的序网连接起来，就可得到复合序网，如图9-5所示。

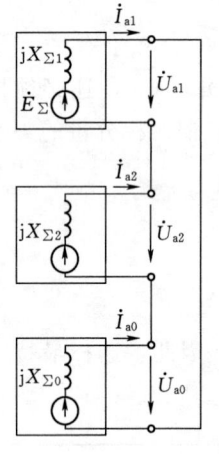

图9-5 单相接地短路的复合序网

3）按复合序网的电路形式，求解基准相的各对称分量

$$\dot{I}_{a1}=\dot{I}_{a2}=\dot{I}_{a0}=\frac{\dot{E}_\Sigma}{\mathrm{j}(X_{\Sigma1}+X_{\Sigma2}+X_{\Sigma0})} \quad (9-5)$$

$$\left.\begin{array}{l}\dot{U}_{a1}=\dot{E}_\Sigma-\mathrm{j}X_{\Sigma1}\dot{I}_{a1}=\mathrm{j}(X_{\Sigma2}+X_{\Sigma0})\dot{I}_{a1}\\ \dot{U}_{a2}=-\mathrm{j}X_{\Sigma2}\dot{I}_{a2}\\ \dot{U}_{a0}=-\mathrm{j}X_{\Sigma0}\dot{I}_{a0}\end{array}\right\} \quad (9-6)$$

4）利用对称分量法的合成关系式可求得故障点三相电压和电流

$$\dot{I}_a=\dot{I}_{a1}+\dot{I}_{a2}+\dot{I}_{a0}=3\dot{I}_{a1}$$

$$\dot{I}_b=0, \dot{I}_c=0, \dot{U}_a=0$$

$$\dot{U}_b=a^2\dot{U}_{a1}+a\dot{U}_{a2}+\dot{U}_{a0}=\mathrm{j}[(a^2-a)X_{\Sigma2}+(a^2-1)X_{\Sigma0}]\dot{I}_{a1}$$

$$=\frac{\sqrt{3}}{2}[(2X_{\Sigma2}+X_{\Sigma0})-\mathrm{j}\sqrt{3}X_{\Sigma0}]\dot{I}_{a1}$$

$$\dot{U}_c=a\dot{U}_{a1}+a^2\dot{U}_{a2}+\dot{U}_{a0}=\mathrm{j}[(a-a^2)X_{\Sigma2}+(a-1)X_{\Sigma0}]\dot{I}_{a1}$$

$$=\frac{\sqrt{3}}{2}[-(2X_{\Sigma2}+X_{\Sigma0})-\mathrm{j}\sqrt{3}X_{\Sigma0}]\dot{I}_{a1}$$

5. 作故障点相量图

先以基准相的某一对称分量电流（如 $\dot{I}_{a1}$）为参考相量，再按照式（9-5）和式（9-

6）的关系，确定各对称分量电流、电压相量的位置，随后再按相叠加便可得到故障点各相电流、电压的相量关系。如图9-6所示。

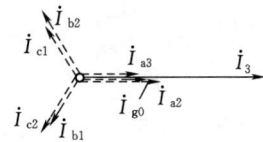

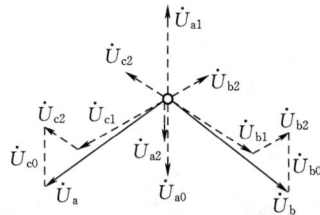

图9-6 单相接地短路时短路处的电流电压相量图

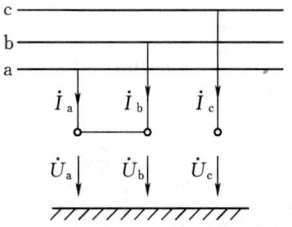

图9-7 ab两相短路故障

9.1.2 两相短路

1. 确定基准相

假设电力系统某一点发生图9-7所示的ab两相短路故障 $[k_{ab}^{(2)}]$，因此，选择最特殊的c相为基准相。

2. 列出边界条件

根据短路类型和相别可以写出下列边界条件

$$\left.\begin{array}{l} \dot{U}_a = \dot{U}_b \\ \dot{I}_c = 0 \\ \dot{I}_a + \dot{I}_b = 0 \end{array}\right\} \quad (9-7)$$

3. 变换成解算条件

按照对称分量法的分解式用基准相的对称分量来表示边界条件，可以写成式（9-8）的形式

$$\left.\begin{array}{l} a^2\dot{U}_{c1} + a\dot{U}_{c2} + \dot{U}_{c0} = a\dot{U}_{c1} + a^2\dot{U}_{c2} + \dot{U}_{c0} \\ \dot{I}_{c1} + \dot{I}_{c2} + \dot{I}_{c0} = 0 \\ a^2\dot{I}_{c1} + a\dot{I}_{c2} + \dot{I}_{c0} + a\dot{I}_{c1} + a^2\dot{I}_{c2} + \dot{I}_{c0} = 0 \end{array}\right\} \quad (9-8)$$

4. 计算故障电压和电流（有两种方法）

（1）代数方法：联立求解式（9-1）和式（9-8）的6个方程，即可求得故障点基准相电压和电流的6个未知数$\dot{U}_{c1}$、$\dot{U}_{c2}$、$\dot{U}_{c0}$、$\dot{I}_{c1}$、$\dot{I}_{c2}$、$\dot{I}_{c0}$。再根据对称分量法的基本变换关系式（9-9）

$$\begin{bmatrix} \dot{F}_a \\ \dot{F}_b \\ \dot{F}_c \end{bmatrix} = \begin{bmatrix} a^2 & a & 1 \\ a & a^2 & 1 \\ 1 & 1 & 1 \end{bmatrix} \begin{bmatrix} \dot{F}_{c1} \\ \dot{F}_{c2} \\ \dot{F}_{c0} \end{bmatrix} \quad (9-9)$$

就可以求出故障点三相电压和电流 $\dot{U}_a$、$\dot{U}_b$、$\dot{U}_c$、$\dot{I}_a$、$\dot{I}_b$、$\dot{I}_c$。

（2）电路方法：将式（9-8）确定的解算条件化简，找出三个序网电压和电流之间的关系，以确定三个序网的连接方式（复合序网）。再按电路的基本关系式求解 $\dot{U}_{c1}$、$\dot{U}_{c2}$、$\dot{U}_{c0}$、$\dot{I}_{c1}$、$\dot{I}_{c2}$、$\dot{I}_{c0}$。

1）化简式（9-8）可以得到

$$\left.\begin{array}{l} \dot{U}_{c1} = \dot{U}_{c2} \\ \dot{I}_{c1} + \dot{I}_{c2} = 0 \\ \dot{I}_{c0} = 0 \end{array}\right\} \quad (9-10)$$

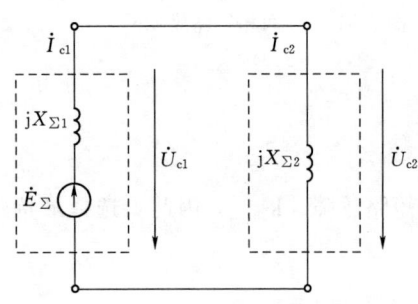

图 9-8 两相短路的复合序网

2）根据式（9-10）的条件。将经过戴维南定理等效后的各序网络连接起来，就可以得到复合序网，如图 9-8 所示。

3）按复合序网的电路形式，求解基准相的各对称分量，即

$$\dot{I}_{c1} = \frac{\dot{E}_\Sigma}{j(X_{\Sigma 1} + X_{\Sigma 2})} = -\dot{I}_{c2} \quad (9-11)$$

$$\dot{U}_{c1} = \dot{U}_{c2} = -jX_{\Sigma 2}\dot{I}_{c2} = jX_{\Sigma 2}\dot{I}_{c1} \quad (9-12)$$

4）利用对称分量法的基本变换关系式（8-1），可求得故障点三相电流和电压

$$\left.\begin{array}{l} \dot{I}_a = a^2\dot{I}_{c1} + a\dot{I}_{c2} + \dot{I}_{c0} = (a^2-a)\dot{I}_{c1} = -j\sqrt{3}\dot{I}_{c1} \\ \dot{I}_b = -\dot{I}_a = j\sqrt{3}\dot{I}_{c1} \\ \dot{I}_c = 0 \end{array}\right\}$$

$$\left.\begin{array}{l} \dot{U}_a = a^2\dot{U}_{c1} + a\dot{U}_{c2} + \dot{U}_{c0} = (a^2+a)\dot{U}_{c1} = -\dot{U}_{c1} = -\frac{1}{2}\dot{U}_c \\ \dot{U}_b = \dot{U}_a = -\dot{U}_{c1} = -\frac{1}{2}\dot{U}_c \\ \dot{U}_c = \dot{U}_{c1} + \dot{U}_{c2} + \dot{U}_{c0} = 2\dot{U}_{c1} = j2X_{\Sigma 2}\dot{I}_{c1} \end{array}\right\}$$

可见，两相短路时，故障相电流为基准相正序电流的 $\sqrt{3}$ 倍；短路点非故障相电压为基准相正序电压的两倍，而故障相电压只有非故障相电压的一半而且方向相反。

5. 作故障点相量图

先以基准相的某一对称分量电流（如 $\dot{I}_{c1}$）为参考相量，再按照式（9-11）和式（9-12）的基本关系，确定各对称分量电流、电压相量的位置，随后再按相叠加，即可得到故障点各相电流和电压的相量关系。如图 9-9 所示。

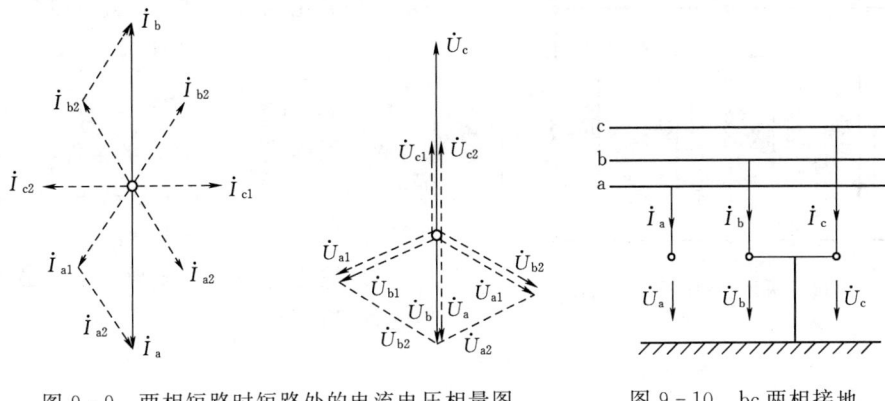

图 9-9 两相短路时短路处的电流电压相量图　　图 9-10 bc 两相接地

9.1.3 两相短路接地

1. 确定基准相

假设电力系统某一点发生图 9-10 所示的两相接地故障 $[k_{\text{bc}}^{(1.1)}]$ 因此,选择最特殊的 a 相为基准相。

2. 列出边界条件

根据短路类型和相别可以写出下列边界条件

$$\left.\begin{array}{l} \dot{I}_a = 0 \\ \dot{U}_b = \dot{U}_c \\ \dot{U}_b = 0 \end{array}\right\} \tag{9-13}$$

3. 变换成解算条件

按照对称分量法的分解式,用基准相的对称分量来表示边界条件,可以写成式(9-14)的形式

$$\left.\begin{array}{l} \dot{I}_{a1} + \dot{I}_{a2} + \dot{I}_{a0} = 0 \\ a^2 \dot{U}_{a1} + a \dot{U}_{a2} + \dot{U}_{a0} = a \dot{U}_{a1} + a^2 \dot{U}_{a2} + \dot{U}_{a0} \\ a^2 \dot{U}_{a1} + a \dot{U}_{a2} + \dot{U}_{a0} = 0 \end{array}\right\} \tag{9-14}$$

4. 计算故障电压和电流(有两种方法)

(1) 代数方法：联立求解式(9-1)和式(9-14)的 6 个方程,即可求得故障点基准相电压、电流的 6 个未知数：$\dot{U}_{a1}$、$\dot{U}_{a2}$、$\dot{U}_{a0}$、$\dot{I}_{a1}$、$\dot{I}_{a2}$、$\dot{I}_{a0}$。再根据对称分量法的合成基本关系式就可以求出故障点三相电压和电流 $\dot{U}_a$、$\dot{U}_b$、$\dot{U}_c$、$\dot{I}_a$、$\dot{I}_b$、$\dot{I}_c$。

(2) 电路方法：将式(9-14)确定的解算条件化简,找出三个序网电压和电流之间的关系,以确定三个序网的连接形式(复合序网)。再按照电路的基本关系式求解 $\dot{U}_{a1}$、$\dot{U}_{a2}$、$\dot{U}_{a0}$、$\dot{I}_{a1}$、$\dot{I}_{a2}$、$\dot{I}_{a0}$。

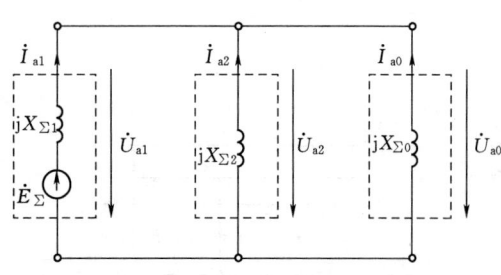

图 9-11 两相接地故障的复合序网

1) 简化式 (9-13), 就可得到

$$\left.\begin{array}{l}\dot{I}_{a1}+\dot{I}_{a2}+\dot{I}_{a0}=0\\ \dot{U}_{a1}=\dot{U}_{a2}=\dot{U}_{a0}\end{array}\right\} \quad (9-15)$$

2) 根据式 (9-15) 的条件, 将经过戴维南定理等效后的网络连接起来, 就可得到复合序网, 如图 9-11 所示。

3) 按复合序网的电路形式, 求解基准相的各对称分量

$$\left.\begin{array}{l}\dot{I}_{a1}=\dfrac{\dot{E}_{\Sigma}}{j(X_{\Sigma1}+X_{\Sigma2}/\!/X_{\Sigma0})}\\ \dot{I}_{a2}=-\dfrac{X_{\Sigma0}}{X_{\Sigma2}+X_{\Sigma0}}\dot{I}_{a1}\\ \dot{I}_{a0}=-(\dot{I}_{a1}+\dot{I}_{a2})=-\dfrac{X_{\Sigma2}}{X_{\Sigma2}+X_{\Sigma0}}\dot{I}_{a1}\end{array}\right\} \quad (9-16)$$

$$\dot{U}_{a1}=\dot{U}_{a2}=\dot{U}_{a0}=j\dfrac{X_{\Sigma2}X_{\Sigma0}}{X_{\Sigma2}+X_{\Sigma0}}\dot{I}_{a1} \quad (9-17)$$

4) 利用对称分量法的基本变换关系式, 可求得故障点三相电流和电压

$$\dot{I}_a=0, \dot{U}_b=0, \dot{U}_c=0$$

$$\dot{I}_b=a^2\dot{I}_{a1}+a^2\dot{I}_{a2}+\dot{I}_{a0}=\left(a^2-\dfrac{X_{\Sigma2}+aX_{\Sigma0}}{X_{\Sigma2}+X_{\Sigma0}}\right)\dot{I}_{a1}$$

$$\dot{I}_c=a\dot{I}_{a1}+a^2\dot{I}_{a2}+\dot{I}_{a0}=\left(a-\dfrac{X_{\Sigma2}+a^2X_{\Sigma0}}{X_{\Sigma2}+X_{\Sigma0}}\right)\dot{I}_{a1}$$

即故障相 (b、c 相) 电流的绝对值可以写为

$$I_b=I_c=\sqrt{3}I_{a1}\sqrt{1-\dfrac{X_{\Sigma0}X_{\Sigma2}}{X_{\Sigma0}+X_{\Sigma2}}}$$

$$\dot{U}_a=\dot{U}_{a1}=\dot{U}_{a2}=\dot{U}_{a0}=3\dot{U}_{a1}=j\dfrac{3X_{\Sigma0}X_{\Sigma2}}{X_{\Sigma0}+X_{\Sigma2}}\dot{I}_{a1}$$

$$I_b=I_c=\sqrt{3}I_{a1}\sqrt{1-\dfrac{X_{\Sigma0}X_{\Sigma2}}{X_{\Sigma0}+X_{\Sigma2}}}$$

则

$$\dot{U}_a=\dot{U}_{a1}+\dot{U}_{a2}+\dot{U}_{a0}=3\dot{U}_{a1}=j\dfrac{3X_{\Sigma2}X_{\Sigma0}}{X_{\Sigma2}+X_{\Sigma0}}\dot{I}_{a1}$$

5. 作故障点相量图

先以基准相的某一对称分量电流 (如 $\dot{I}_{a1}$) 为参考相量。再按照式 (9-16) 和式 (9-17) 的基本关系, 确定各对称分量电流、电压相量的位置, 随后再按相叠加, 即可得到故障点各相电流和电压的相量关系如图 9-12 所示。

以上介绍了三种故障点未经过渡电阻短路 (金属性短路) 时, 故障电流和电压的分析计算方法, 以及故障点的相量图。实际电力系统发生故障时, 故障点往往是经过过渡电阻短路的 (电弧电阻等), 此时故障点电流和电压的分析计算方法, 完全可以按前述的五个步骤来进行。值得注意的是列写边界条件时, 要计及过渡电阻的影响, 但是三个序网方程

9.1 简单不对称短路的分析和计算

与故障形式、边界条件无关[即式（9-1）不变]。

9.1.4 正序等效定则

纵观上述各种不同对称短路故障的分析计算结果可知，短路点基准相电流的正序分开量的算式（9-5）、式（9-11）、式（9-16）可以统一写成式（9-18）的形式

$$\dot{I}_{k1}^{(n)} = \frac{\dot{E}_\Sigma}{j(X_{\Sigma 1} + X_\Delta^{(n)})} \tag{9-18}$$

其中，上标（n）表示短路类型；$X_\Delta^{(n)}$ 表示附加电抗，它的取值决于短路类型，见表9-1；下标k表示故障基准相的量。

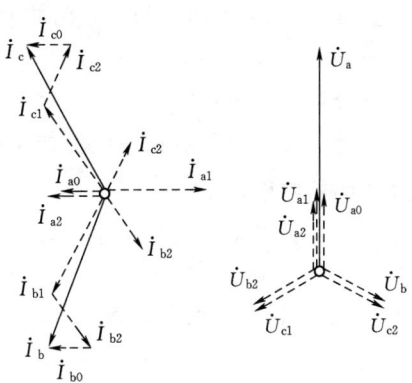

图9-12 两相短路接地时短路处电流电压相量图

此外，由式（9-6）、式（9-12）、式（9-17）可以归纳得到短路点基准电压的正序分量的通用式为

$$\dot{U}_{k1} = jX_\Delta^{(n)} \dot{I}_{k1} \tag{9-19}$$

式（9-18）和式（9-19）表明：在不对称短路时，短路点的电流和电压的正序分量与短路点每一相中加上附加电抗 $X_\Delta^{(n)}$ 后发生三相短路时的电流和电压相等。这就是不对称短路的正序等效定则。它阐述了一个重要的概念：不对称短路可以转化为对称短路来计算。

例如图9-13（a）所示的系统，若在k点发生不对称短路故障，则按正序等效定则可作出图9-13（b）的等值电路（又称正序增广电路）。通过图9-13（b），即可求得正序电流 $\dot{I}_{k1}$。注意到，图9-13（b）实质上是不对称故障时的复合序网（正序等值电路不化简，负序、零序等值电路化简后合并）。

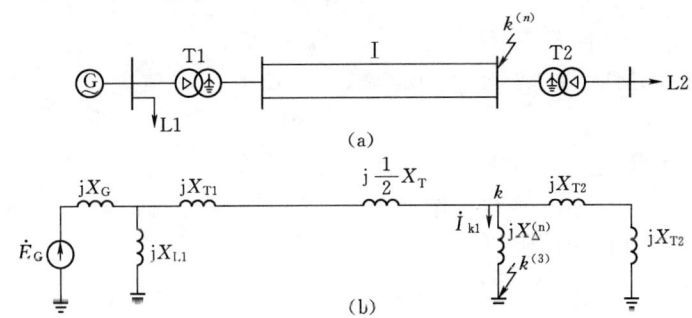

图9-13 某系统以及k点不对称故障时正序增广网络
(a) 系统图；(b) 等值电路（正序增广网络）

在各种不对称电路时，短路点故障相电流的算式也可以写成通式

$$\dot{I} = m^{(n)} I_{k1}^{(n)} \tag{9-20}$$

式中 $m^{(n)}$——比例系数，其值决定于短路类型，见表9-1；

$I_k^{(n)}$——短路点故障相短路电流的绝对值。

式（9-20）表明：短路点故障相短路电流的绝对值和短路电流的正序分量成正比。

另外，由式（9-5）、式（9-11）、式（9-16）可知，短路点基准相电流的负序分量和零序分量也与短路点基准相正序电流分量成正比，且短路点基准相电压的正序、负序、零序分量也都与短路点正序电流成正比。因此，在短路电流计算中，关键是先求出短路点基准相的正序电流 $\dot{I}_{k1}$。

由上分析可见，根据正序等效定则，若要将不对称短路计算转化对称短路来计算，只需要先求出系统对短路点的零序等效电抗 $X_{\Sigma 0}$ 和负序等效电抗 $X_{\Sigma 2}$，然后按照短路类型，由表 9-1 计算出附加电抗 $X_{\Delta}^{(n)}$。将 $X_{\Delta}^{(n)}$ 接入短路点，就可以计算出短路点正序电流分量 $\dot{I}_{k1}$，再解得短路点的负序和零序电流分量 $\dot{I}_{k2}$ 和 $\dot{I}_{k0}$ 以及各序电压分量 $\dot{U}_{k1}$、$\dot{U}_{k2}$ 和 $\dot{U}_{k0}$，最后，应用对称分量法将各序电流、电压分量逐相合成，求出短路点的电压和电流。

表 9-1 各种短路故障的 $X_{\Delta}^{(n)}$ 和 $m^{(n)}$

短路类型 $k^{(n)}$	$X_{\Delta}^{(n)}$	$m^{(n)}$
单相接地 $k^{(1)}$	$X_{\Sigma 2} + X_{\Sigma 0}$	3
两相短路 $k^{(2)}$	$X_{\Sigma 2}$	$\sqrt{3}$
两相接地 $k^{(1,1)}$	$X_{\Sigma 2} // X_{\Sigma 0}$	$\sqrt{3}\sqrt{1 - \dfrac{X_{\Sigma 2} X_{\Sigma 0}}{(X_{\Sigma 2} + X_{\Sigma 0})^2}}$
三相短路 $k^{(3)}$	0	1

【**例 9-1**】 如图 9-14（a）所示的系统，变压器 T2 高压母线发生 $K_b^{(1)}$、$K_{bc}^{(2)}$ 和 $K_{ab}^{(1,1)}$ 三种金属性不对称短路故障，试分别计算短路瞬间故障点的短路电流和各相电压，并绘制相量图，已知参数如下：

发电机 G：120MVA，10.5kV，$X_d'' = X_2 = 0.14$；

变压器 T1 和 T2 相同：60MVA，$U_k\% = 10.5$；

线路 L：105km，每回路 $X_1 = 0.4\Omega/km$，$X_0 = 3X_1$；

负荷 L1 容量 60MVA，L2 容量 40MVA；负荷的标幺值电抗，正序取 1.2，负序取 0.35。

故障前 k 点电压 $U_{k|0|} = 109kV$。

解 根据图 9-14 的系统接线，作其正序，负序，零序等值电路，如图 9-14（b）、图 9-14（c）、图 9-14（d）所示。

计算参数：取 $S_B = 120MVA$，$U_B = U_{av}$

$X_{G1} = 0.14$，$X_{G2} = 0.14$

$$X_{L1\cdot 1} = 1.2 \times \frac{S_B}{S_N} = 1.2 \times \frac{120}{60} = 2.4$$

$$X_{L1\cdot 2} = 0.35 \times \frac{120}{60} = 0.7$$

$$X_{T1\cdot 1} = \frac{U_k\% S_B}{100 S_N} = \frac{10.5 \times 120}{100 \times 60} = 0.21 = X_{T1\cdot 2} = X_{T1\cdot 0}$$

$$X_{l1} = X_{l2} = 0.4 \times 105 \times \frac{120}{115^2} \times \frac{1}{2} = 0.1905$$

9.1 简单不对称短路的分析和计算

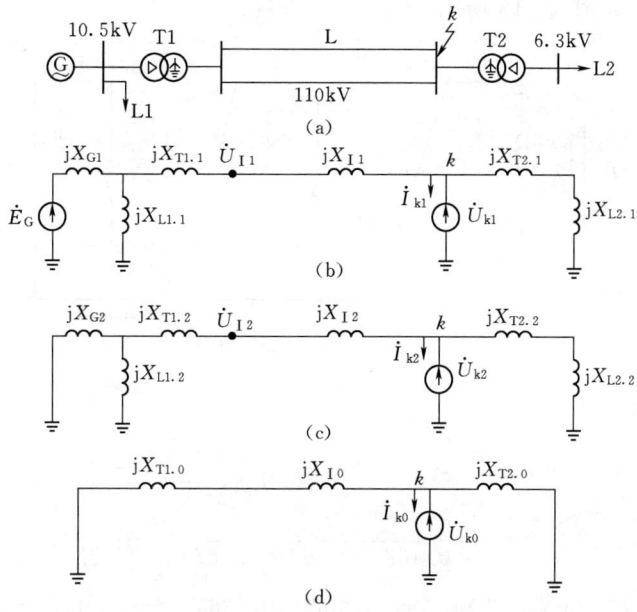

图 9-14 系统以及正序、负序、零序等值电路
a) 系统接线；(b) 正序等值电路；(c) 负序等值电路；(d) 零序等值电路

$$X_{I0} = 3 \times X_{I1} = 3 \times 0.1905 = 0.572$$

$$X_{T2.1} = X_{T2.2} = X_{T2.0} = \frac{U_k\% S_B}{100 S_N} = \frac{10.5 \times 120}{100 \times 60} = 0.21$$

$$X_{L2.1} = 1.2 \times \frac{120}{40} = 3.6$$

$$X_{L2.2} = 0.35 \times \frac{120}{40} = 1.05$$

则
$$X_{\Sigma 1} = [(X_{G1} /\!/ X_{L1.1}) + X_{T1.1} + X_{I1}] /\!/ (X_{T2.1} + X_{L2.1}) = 0.468$$

$$X_{\Sigma 2} = [(X_{G2} /\!/ X_{L1.2}) + X_{T1.2} + X_{I2}] /\!/ (X_{T2.2} + X_{L2.2}) = 0.367$$

$$X_{\Sigma 0} = (X_{T1.0} + X_{I0}) /\!/ X_{T2.0} = 0.166$$

故障前 k 点的电压 $\dot{U}_{k|0|} = 109/115 = 0.948 \angle 0°$

（当已知条件未给出故障前 k 电压或是电源电势时，通常取 $\dot{U}_{k|0|} = 1 \angle 0°$）

(1) 单相接地故障 $[k_b^{(1)}]$。

1) 选择 b 相为基准相。

2) 边界条件

$$\dot{I}_a = 0, \dot{I}_c = 0, \dot{U}_b = 0$$

3) 解算条件

$$\left. \begin{array}{l} a\dot{I}_{b1} + a^2\dot{I}_{b2} + \dot{I}_{b0} = 0 \\ a^2\dot{I}_{b1} + a\dot{I}_{b2} + \dot{I}_{b0} = 0 \\ \dot{U}_{b1} + \dot{U}_{b2} + \dot{U}_{b0} = 0 \end{array} \right\} \Rightarrow \left\{ \begin{array}{l} \dot{I}_{b1} = \dot{I}_{b2} = \dot{I}_{b0} \\ \dot{U}_{b1} + \dot{U}_{b2} + \dot{U}_{b0} = 0 \end{array} \right.$$

4) 复合序网，如图9-15所示。

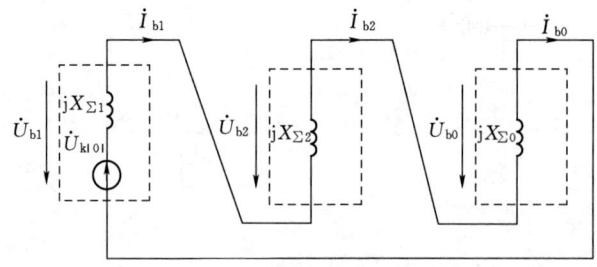

图9-15 b相接地复合序网

5) 计算序电流、序电压

$$\dot{I}_{b1} = \dot{I}_{b2} = \dot{I}_{b0} = \frac{\dot{U}_{k|0|}}{j(X_{\Sigma 1} + X_{\Sigma 2} + X_{\Sigma 0})}$$

$$= \frac{0.948}{j(0.468 + 0.367 + 0.166)} = -j0.947$$

$$\dot{U}_{b1} = j\dot{I}_{b1} \times (X_{\Sigma 2} + X_{\Sigma 0}) = j(0.367 + 0.166) \times (-j0.947) = 0.505$$

$$\dot{U}_{b2} = -j\dot{I}_{b2} X_{\Sigma 2} = -j(-j0.947) \times 0.367 = -0.348$$

$$\dot{U}_{b0} = -j\dot{I}_{b0} X_{\Sigma 0} = -j \times (-j0.947) \times 0.166 = -0.157$$

6) 故障点各相电流、电压

$$\begin{bmatrix} \dot{I}_a \\ \dot{I}_b \\ \dot{I}_c \end{bmatrix} = \begin{bmatrix} a & a^2 & 1 \\ 1 & 1 & 1 \\ a^2 & a & 1 \end{bmatrix} \begin{bmatrix} \dot{I}_{b1} \\ \dot{I}_{b2} \\ \dot{I}_{b0} \end{bmatrix} = \begin{bmatrix} 0 \\ -j2.84 \\ 0 \end{bmatrix}$$

$$\begin{bmatrix} \dot{U}_a \\ \dot{U}_a \\ \dot{U}_a \end{bmatrix} = \begin{bmatrix} a & a^2 & 1 \\ 1 & 1 & 1 \\ a^2 & a & 1 \end{bmatrix} \begin{bmatrix} \dot{U}_{b1} \\ \dot{U}_{b2} \\ \dot{U}_{b0} \end{bmatrix} = \begin{bmatrix} 0.775 \angle 107.7° \\ 0 \\ 0.775 \angle -107.7° \end{bmatrix}$$

短路电流有效值 $I_b = 2.84 \times \frac{120}{\sqrt{3} \times 115} = 1.71 (kA)$

非故障电压有效值 $U_a = U_c = 0.775 \times \frac{115}{\sqrt{3}} = 51.5 (kV)$

7) 短路点电压、电流相量图。如图9-16所示。

(2) 两相短路 $[k_{bc}^{(2)}]$。

1) 选择 a 相为基准相。

2) 边界条件

$$\dot{I}_a = 0, \dot{U}_b = \dot{U}_c, \dot{I}_b + \dot{I}_c = 0$$

3) 解算条件

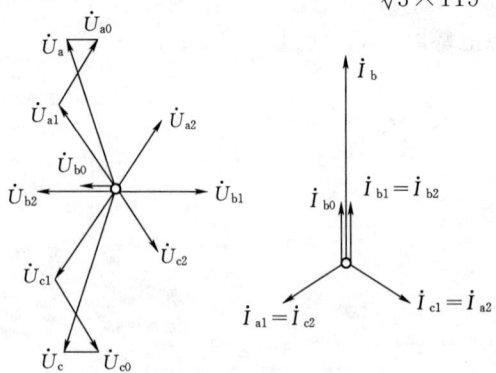

图9-16 b相接地相量图

9.1 简单不对称短路的分析和计算

$$\left.\begin{array}{l}\dot{I}_{a1}+\dot{I}_{a2}+\dot{I}_{a0}=0\\ a^2\dot{I}_{a1}+a\dot{I}_{a2}+\dot{I}_{a0}+a\dot{I}_{a1}+a^2\dot{I}_{a2}+\dot{I}_{a0}=0\\ a^2\dot{U}_{a1}+a\dot{U}_{a2}+\dot{U}_{a0}=a\dot{U}_{a1}+a^2\dot{U}_{a2}+\dot{U}_{a0}\end{array}\right\}\Rightarrow\left\{\begin{array}{l}\dot{U}_{a1}=\dot{U}_{a2}\\ \dot{I}_{a1}+\dot{I}_{a2}=0\\ \dot{I}_{a0}=0\end{array}\right.$$

4）复合序网，如图 9-17 所示。

5）计算序电流、序电压

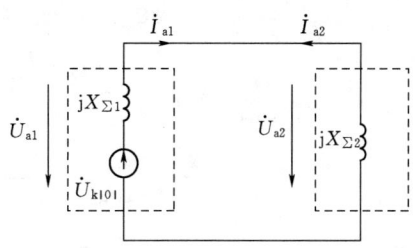

图 9-17 bc 相短路复合序网

$$\dot{I}_{a1}=\frac{\dot{U}_{k|0|}}{j(X_{\Sigma 1}+X_{\Sigma 2})}$$

$$=\frac{0.948}{j(0.468+0.367)}=-j1.135$$

$$\dot{I}_{a2}=-\dot{I}_{a1}=j1.135$$

$$\dot{U}_{a1}=\dot{U}_{a2}=-j\dot{I}_{a2}X_{\Sigma 2}$$

$$=-j(j1.135)\times 0.367=0.417$$

6）故障点各相电流、电压

$$\begin{bmatrix}\dot{I}_a\\ \dot{I}_b\\ \dot{I}_c\end{bmatrix}=\begin{bmatrix}1 & 1 & 1\\ a^2 & a & 1\\ a & a^2 & 1\end{bmatrix}\begin{bmatrix}\dot{I}_{a1}\\ \dot{I}_{a2}\\ \dot{I}_{a0}\end{bmatrix}=\begin{bmatrix}0\\ -1.966\\ 1.966\end{bmatrix}$$

$$\begin{bmatrix}\dot{U}_a\\ \dot{U}_b\\ \dot{U}_c\end{bmatrix}=\begin{bmatrix}1 & 1 & 1\\ a^2 & a & 1\\ a & a^2 & 1\end{bmatrix}\begin{bmatrix}\dot{U}_{a1}\\ \dot{U}_{a2}\\ \dot{U}_{a0}\end{bmatrix}=\begin{bmatrix}0.834\\ -0.417\\ -0.417\end{bmatrix}$$

短路电流有效值　　$I_b=I_c=1.966\times\dfrac{120}{\sqrt{3}\times 115}=1.184(\text{kA})$

故障相电压有效值　　$U_b=U_c=0.417\times\dfrac{115}{\sqrt{3}}=27.7(\text{kV})$

非故障相电压有效值　　$U_a=0.834\times\dfrac{115}{\sqrt{3}}=55.4(\text{kV})$

7）短路点电压、电流相量图，如图 9-18 所示。

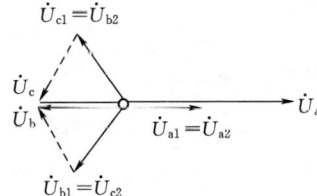 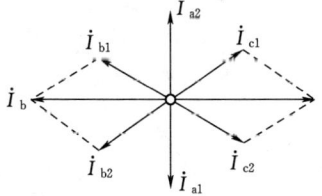

图 9-18 bc 相短路相量图

(3) 两相接地故障 $[k_{ab}^{(1.1)}]$。

1）选择 c 相为基准相。

2）边界条件

$$\dot{U}_a = 0, \dot{U}_b = 0, \dot{I}_c = 0$$

3) 解算条件

$$\left.\begin{array}{r}a^2\dot{U}_{c1} + a\dot{U}_{c2} + \dot{U}_{c0} = 0 \\ a\dot{U}_{c1} + a^2\dot{U}_{c2} + \dot{U}_{c0} = 0 \\ \dot{I}_{c1} + \dot{I}_{c2} + \dot{I}_{c0} = 0\end{array}\right\} \Rightarrow \begin{cases}\dot{I}_{c1} + \dot{I}_{c2} + \dot{I}_{c0} = 0 \\ \dot{U}_{c1} = \dot{U}_{c2} = \dot{U}_{c0}\end{cases}$$

4) 复合序网，如图 9-19 所示。

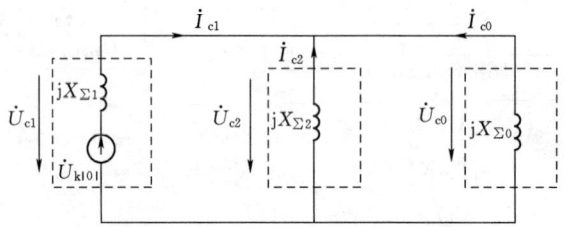

图 9-19 ab 两相接地复合序网

5) 计算序电流、序电压

$$\dot{I}_{c1} = \frac{\dot{U}_{k|0|}}{j(X_{\Sigma1} + X_{\Sigma2} /\!/ X_{\Sigma0})} = -j1.629$$

$$\dot{I}_{c2} = \frac{X_{\Sigma0}}{X_{\Sigma2} + X_{\Sigma0}} \dot{I}_{c1} = j0.507$$

$$\dot{I}_{c0} = -\frac{X_{\Sigma2}}{X_{\Sigma2} + X_{\Sigma0}} \dot{I}_{c1} = j1.122$$

$$\dot{U}_{c1} = \dot{U}_{c2} = \dot{U}_{c0} = j\frac{X_{\Sigma2}X_{\Sigma0}}{X_{\Sigma2} + X_{\Sigma0}} \dot{I}_{c1} = 0.1862$$

6) 故障点各相电流、电压

$$\begin{bmatrix}\dot{I}_a \\ \dot{I}_b \\ \dot{I}_c\end{bmatrix} = \begin{bmatrix}a^2 & a & 1 \\ a & a^2 & 1 \\ 1 & 1 & 1\end{bmatrix}\begin{bmatrix}\dot{I}_{c1} \\ \dot{I}_{c2} \\ \dot{I}_{c0}\end{bmatrix} = \begin{bmatrix}2.5\angle 137.7° \\ 2.5\angle 42.3° \\ 0\end{bmatrix}$$

$$\begin{bmatrix}\dot{U}_a \\ \dot{U}_b \\ \dot{U}_c\end{bmatrix} = \begin{bmatrix}a^2 & a & 1 \\ a & a^2 & 1 \\ 1 & 1 & 1\end{bmatrix}\begin{bmatrix}\dot{U}_{c1} \\ \dot{U}_{c2} \\ \dot{U}_{c0}\end{bmatrix} = \begin{bmatrix}0 \\ 0 \\ 0.559\end{bmatrix}$$

短路电流有效值 $I_a = I_b = 2.5 \times \dfrac{120}{\sqrt{3} \times 115} = 1.51(\text{kA})$

非故障相电压有效值 $U_c = 0.559 \times \dfrac{115}{\sqrt{3}} = 37.1(\text{kV})$

7) 短路点电压、电流相量图，如图 9-20 所示。

【例 9-2】 设电网中 k 点三相短路电流为 6kA，两相短路电流为 $4\sqrt{3}$ kA，单相接地短路电流为 9kA，试求该点两相接地短路时流入地中的电流。

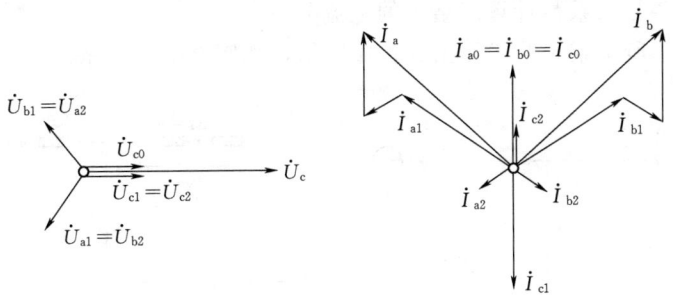

图 9-20 ab 两相接地相量图

解：根据正序等效定则推算，即

$$I_k^{(3)} = I_{k1}^{(3)} = \frac{E_{\Sigma 1}}{X_{\Sigma 1}} = 6(\text{kA}) \Rightarrow E_{\Sigma 1} = 6X_{\Sigma 1}$$

$$I_k^{(2)} = \sqrt{3} I_{k1}^{(2)} = \frac{\sqrt{3} E_{\Sigma 1}}{X_{\Sigma 1} + X_{\Sigma 2}} = 4\sqrt{3}(\text{kA}) \Rightarrow E_{\Sigma 1} = 4(X_{\Sigma 1} + X_{\Sigma 2})$$

$$I_k^{(1)} = 3I_{k1}^{(1)} = \frac{3E_{\Sigma 1}}{X_{\Sigma 1} + X_{\Sigma 2} + X_{\Sigma 0}} = 9(\text{kA}) \Rightarrow E_{\Sigma 1} = 3(X_{\Sigma 1} + X_{\Sigma 2} + X_{\Sigma 0})$$

即

$$X_{\Sigma 1} = \frac{1}{6} E_{\Sigma 1},\ X_{\Sigma 2} = \frac{1}{12} E_{\Sigma 1},\ X_{\Sigma 0} = \frac{1}{12} E_{\Sigma 1}$$

则

$$I_k^{(1,1)} = \sqrt{3} \times \sqrt{1 - [X_{\Sigma 2} X_{\Sigma 0}/(X_{\Sigma 2} + X_{\Sigma 0})^2]} \times \frac{E_{\Sigma 1}}{X_{\Sigma 1} + X_{\Sigma 2} // X_{\Sigma 0}}$$

$$= \sqrt{3} \times \sqrt{1 - (6 \times 6)/(12 \times 12)} \times \frac{1}{\frac{1}{6} + \frac{6}{12 \times 12}} = \frac{36}{5} = 7.2(\text{kA})$$

9.2 简单不对称短路时非故障处的电压和电流计算

在分析电力系统故障时，不仅需要计算短路点处的电流和电压，往往还要计算出流过网络中某些支路的电流和某些节点的电压。下面讨论各种不对称短路时，非故障处的电流和电压计算方法。

9.2.1 计算各序网中任意处的各序电流和各序电压

要计算网络中任意处的电流和电压，必须首先求得各序网络中该处电流和电压的序分量，然后再将该处电流和电压的序分量合成，即可得该处的三相电流和电压。

1. 各序电流分布计算

由于各序网络是对称网络，因此三相对称短路时有关电流分布的基本计算方法，例如并联支路电流可按阻抗反比分配法、基尔霍夫电流定律（$\sum \dot{I} = 0$）法及电流分布系数法等计算方法，在求不对称故障的各序电流分布时同样适用。

负序网络和零序网络是无源网络，当通过复合序网求得故障点处的序电流 $\dot{I}_{K2}$、$\dot{I}_{K0}$ 后，利用电流分布系数计算电流分布较为简便。对于给定的短路点，负序和零序网络中各支路点电流分布系数都是确定的。在该点发生各种不对称短路时，在短路过程的任一时间，都可应用这些分布系数计算网络中的电流分布。

根据图 9-21 所示系统接线作出其负序网络，如图 9-22 所示。

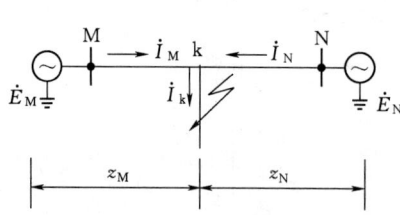
图 9-21 电流分布计算系统接线图

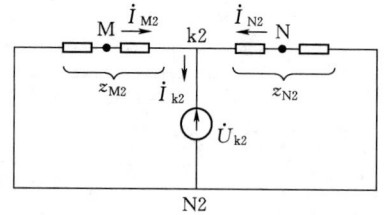
图 9-22 负序电流的分布计算网络图

由图 9-22 可求出各支路的负序电流，即

$$\begin{cases} \dot{I}_{M2} = \dfrac{Z_{\Sigma 2}}{Z_{M2}} \dot{I}_{K2} = C_{M2} \dot{I}_{K2} \\ \dot{I}_{N2} = \dfrac{Z_{\Sigma 2}}{Z_{N2}} \dot{I}_{K2} = C_{N2} \dot{I}_{K2} \end{cases} \tag{9-21}$$

式中　$Z_{\Sigma 2}$——M、N 支路的组合等值负序阻抗；

C_{M2}、C_{N2}——M 及 N 支路中的负序电流分布系数。

其中

$$Z_{\Sigma 2} = \dfrac{Z_{M2} Z_{N2}}{Z_{M2} + Z_{N2}} \tag{9-22}$$

$$\begin{cases} C_{M2} = \dfrac{\dot{I}_{M2}}{\dot{I}_{K2}} = \dfrac{Z_{\Sigma 2}}{Z_{M2}} \\ C_{N2} = \dfrac{\dot{I}_{N2}}{\dot{I}_{K2}} = \dfrac{Z_{\Sigma 2}}{Z_{N2}} \end{cases} \tag{9-23}$$

且满足

$$C_{M2} + C_{N2} = 1$$

可见，当故障点总的负序电流 $\dot{I}_{K2}$ 及网络参数均已知时，即可求出 M、N 支路的负序电流。

系统的零序网络图如图 9-23 所示。零序电流的分布计算与负序电流方法相同，各参数之间的关联也相同。

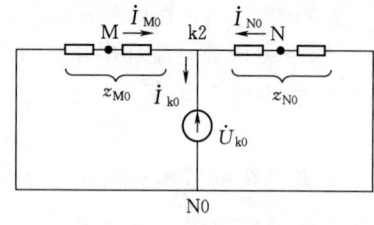
图 9-23 零序电流的分布计算网络图

正序网络是有源网络，求得故障处的 $\dot{I}_{K1}$ 后，可以利用叠加原理把正序网络分解成正常情况和故障情况两部分，如图 9-24 所示。

正常情况下各支路电流可由潮流计算得到。在实用计算中，假定正常运行时系统为空载，故障情况时故障点只有正序分量电流，网络中无电源，故仿照负序或零序网络的方法也很容易求出任意处的支路电流。对于任意处节点电压的求解方法类似求支路电流。

利用电流分布系数法求各支路电流，好处是在同一种运行方式下，网络中同一点发生不同类型的故障时，每序网络的电流分布系数是相同的。因此，只要第一次计算时求出某

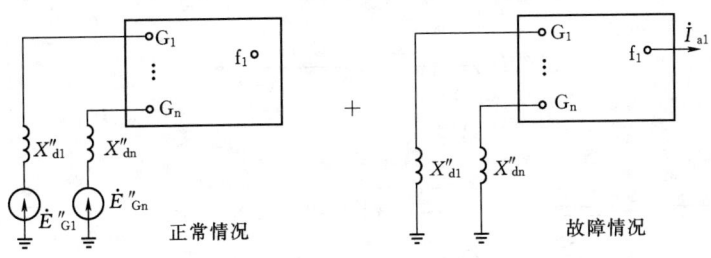

图 9-24 正序网分解图

支路的各序电流分布系数,用其乘上不同类型短路时短路点相应的总电流,即可得到这时该支路的相应序的分支电流。

2. 各序电压分布计算

在图 9-25 所示的简单系统中,当 k 点发生了三相短路时,M 母线上的基准相(a 相)电压,可以表示为

$$\dot{U}_M = \dot{U}_K^{(3)} + \dot{I}_K^{(3)} X_K \tag{9-24}$$

式中 $\dot{U}_K^{(3)}$——短路点的电压;

$\dot{I}_K^{(3)}$——短路点的电流;

X_K——从 M 点到故障点 k 间的线路阻抗。

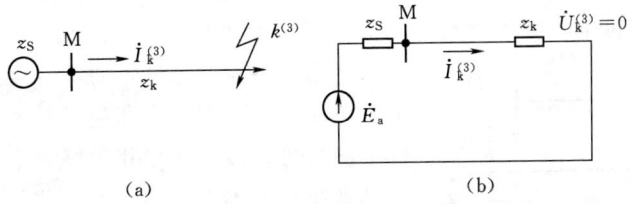

图 9-25 计算三相短路电压分布的系统接线图
(a) 系统接线图;(b) 电流流通图

上式表明,线路上某点的电压等于故障点的电压加上从故障点到所求点阻抗上的压降。这一关系式用在计算不对称短路时,要按每一序网络分别进行计算。例如,在图 9-26 中 k 点发生不对称短路时,求 M 点电压的计算步骤大致如下:

首先,求出短路点对应基准相的各序电压 $\dot{U}_{K1}$、$\dot{U}_{K2}$、$\dot{U}_{K0}$,按下列公式求出 M 点的各序电压分量

$$\left.\begin{array}{l}\dot{U}_{M1} = \dot{U}_{K1} + j\dot{I}_{K1} X_{K1} \\ \dot{U}_{M2} = \dot{U}_{K2} + j\dot{I}_{K2} X_{K2} \\ \dot{U}_{M0} = \dot{U}_{K0} + j\dot{I}_{K0} X_{K0}\end{array}\right\} \tag{9-25}$$

式中 $\dot{U}_{K1}$、$\dot{U}_{K2}$、$\dot{U}_{K0}$——短路点各序电压分量;

$\dot{I}_{K1}$、$\dot{I}_{K2}$、$\dot{I}_{K0}$——流过 M 点至短路点支路中的各序电流;

X_{K1}、X_{K2}、X_{K0}——M 点至短路点的线路各序电抗。

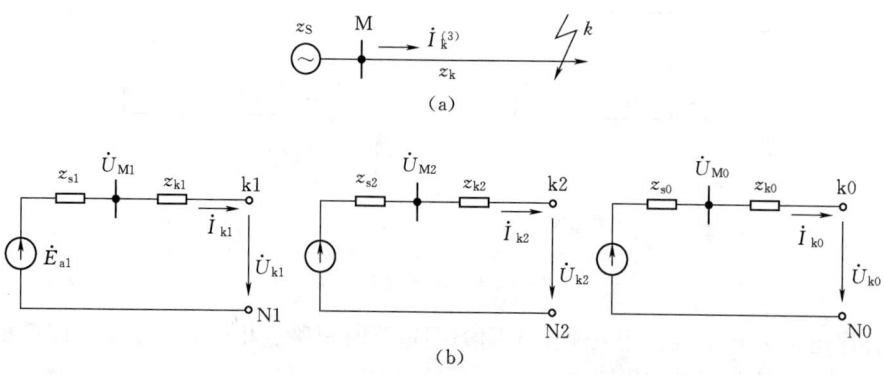

图 9-26 不对称故障时电压分布计算图
(a) 系统接线图；(b) 各序网络图

由于 $\dot{U}_{K2}$ 与 $j\dot{I}_{K2}X_{K2}$ 符号相反，$\dot{U}_{K0}$ 与 $j\dot{I}_{K0}X_{K0}$ 符号相反，网络中 M 点或其他节点的负序电压和零序电压都比短路点的要低。

图 9-27 示出简单系统在各种不同类型短路时，各序电压有效值的分布情况。正序网中，电源正序电压最高，越靠近短路点正序电压越低，三相短路时短路点电压为零。负序和零序网中，短路点的负序和零序电压最高，节点距故障点越远，即越靠近电源点，负序和零序电压越低，在电源点，负序电压等于零，由于变压器是 $Y_0/\triangle$ 接法，所以零序电压在变压器三角形一侧的出线端就已经降为零了。上述结论可推广到一般系统。

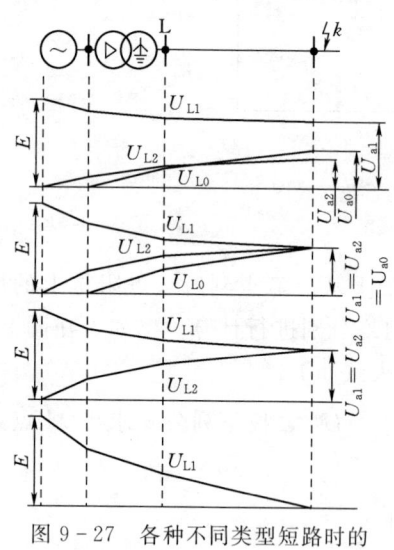

图 9-27 各种不同类型短路时的各序电压分布规律

网络中各点电压的不对称程度主要由负序分量决定。负序分量越大，电压越不对称。比较图 9-27 中各个图形可以看出，单相短路时电压的不对称程度要比其他类型的不对称短路时小些。不管发生何种不对称短路，短路点的电压最不对称，电压不对称程度将随着和短路点距离的增大而逐渐减弱。

上述求网络中各序电流和电压分布的方法，只对与短路点有直接电气联系的部分网络，才可获得各序量间的相位关系。在由变压器联系的两段电路中，由于变压器绕组的连接方式，变压器一侧各序电压对另一侧可能有相位移动，并且正序分量与负序分量的相位移动也可能不同。下面我们将讨论这一情况。

9.2.2 对称分量经变压器后的相位变换

对称分量经变压器后，不仅数值大小要发生变化，而且相位也可能发生移动。变压器两侧各序分量大小关系由变压器变比决定，而相位关系则与变压器的连接组别有关。如果用标幺值表示，变压器的变比 $k_*=1$，则各序分量仅有相位的变化。以下采用标幺值进行分析，并以变压器的两种常用连接方式 Y,y_0 和 Y,d11 来说明两侧对称分量的相位关系。注意电流相量和电抗标幺值统一归算至同一基准容量。

图 9-28 (a) 表示 Y，y₀ 连接的变压器，用 A、B 和 C 表示变压器一次绕组的出现端，a、b 和 c 表示二次绕组的出线端。如果在一次侧施以正序电压，则二次相电压与一次相电压同相位，如图 9-28（b）所示。如果在一次侧施以负序电压，侧二次相电压与一次相电压也是同相位，如图 9-28（c）所示。对这样连接的变压器，两侧相电压负序分量或正序分量的标幺值分别相等，且相位相同，即

$$\dot{U}_{a1}=\dot{U}_{A1}, \dot{U}_{a2}=\dot{U}_{A2}$$

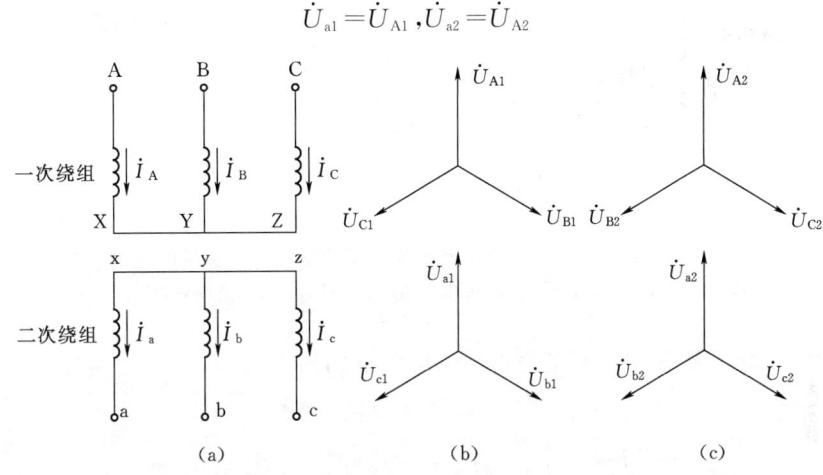

图 9-28 Y，y₀ 连接变压器两侧电压的正、负序分量的相位关系
(a) Y，y₀ 连接变压器；(b) 正序分量；(c) 负序分量

对于两侧相电流的正序及负序分量，也存在上述关系。

如果变压器接成 YN，yn0，而又存在零序电流的通路时，则变压器两侧的零序电流（或零序电压）亦是同相位。因此，电压和电流的各序对称分量经过 Y，y₀ 连接的变压器时，并不发生相位移动。

Y，d11 连接的变压器，情况则打不相同。图 9-29（a）所示为这种变压器的接线。在空载情况下，如在 Y 侧施以正序电压，d 侧的线电压与 Y 侧的相电压相同，但 d 侧的相电压超前于 Y 侧相电压 30°，如图 9-29（b）所示。当在 Y 侧施加负序电压时，d 侧的相电压落后于 Y 侧相电压 30°，如图 9-29（c）所示。变压器两侧相电压的正序和负序分量存在以下关系

$$\begin{cases}\dot{U}_{a1}=e^{j30°}\dot{U}_{A1}\\ \dot{U}_{a2}=e^{-j30°}\dot{U}_{A2}\end{cases} \quad (9-26)$$

电流也有类似的情况，d 侧的正序电流超前 Y 侧的正序电流 30°，d 侧的负序线电流落后于 Y 侧的负序线电流 30°。于是有

$$\begin{cases}\dot{I}_{a1}=e^{j30°}\dot{I}_{A1}\\ \dot{I}_{a2}=e^{-j30°}\dot{I}_{A2}\end{cases} \quad (9-27)$$

Y，d11 连接的变压器，在三角形侧的外电路中不含零序分量。

由此可见，经过 Y，d11 连接的变压器并且由星形侧到三角形侧时，正序系统逆时针方向转过 30°，负序系统顺时针方向转过 30°。反之，由三角形侧到星形侧时，正序系统顺时针方向转过 30°，负序系统逆时针方向转过 30°。因此，当已求得星形侧的序电流

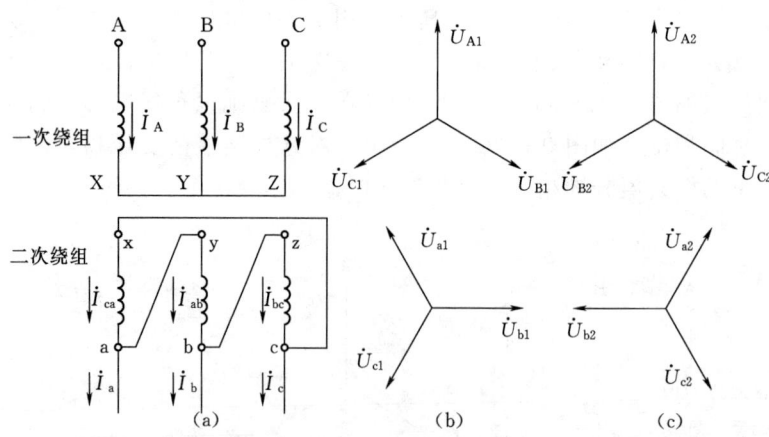

图 9-29 Y，d11 连接的变压器两侧电压的正、负序分量的相位关系
(a) Y，d11 连接的变压器；(b) 正序分量；(c) 负序分量

$\dot{I}_{A1}$、$\dot{I}_{A2}$ 时，三角形侧各相（不是绕组）的电流分别为

$$\begin{cases} \dot{I}_a = \dot{I}_{a1} + \dot{I}_{a2} = e^{j30°}\dot{I}_{A1} + e^{-j30°}\dot{I}_{A2} \\ \dot{I}_b = \alpha^2\dot{I}_{a1} + \alpha\dot{I}_{a2} = e^{j30°}\alpha^2\dot{I}_{A1} + e^{-j30°}\alpha\dot{I}_{A2} \\ \dot{I}_c = \alpha\dot{I}_{a1} + \alpha^2\dot{I}_{a2} = e^{j30°}\alpha\dot{I}_{A1} + e^{-j30°}\alpha^2\dot{I}_{A2} \end{cases} \quad (9-28)$$

当已知三角形侧各序电流分量时，可列出星形侧各相电流分别为

$$\begin{cases} \dot{I}_A = \dot{I}_{A1} + \dot{I}_{A2} = e^{-j30°}\dot{I}_{a1} + e^{j30°}\dot{I}_{a2} \\ \dot{I}_B = \alpha^2\dot{I}_{A1} + \alpha\dot{I}_{A2} = e^{-j30°}\alpha^2\dot{I}_{a1} + e^{j30°}\alpha\dot{I}_{a2} \\ \dot{I}_C = \alpha\dot{I}_{A1} + \alpha^2\dot{I}_{A2} = e^{-j30°}\alpha\dot{I}_{a1} + e^{j30°}\alpha^2\dot{I}_{a2} \end{cases} \quad (9-29)$$

当变压器为任意接线组别 ξ 时，两侧线电流的关系如下

$$\begin{cases} \dot{I}_{a1} = e^{j(12-\xi)30°}\dot{I}_{A1} \\ \dot{I}_{a2} = e^{-j(12-\xi)30°}\dot{I}_{A2} \end{cases} \quad (9-30)$$

$$\begin{cases} \dot{I}_{A1} = e^{-j(12-\xi)30°}\dot{I}_{a1} \\ \dot{I}_{A2} = e^{j(12-\xi)30°}\dot{I}_{a2} \end{cases} \quad (9-31)$$

当变压器中电流由二次侧流向一次侧，考虑该电流在变压器阻抗上形成的压降时，两侧电压的关系为

$$\begin{cases} \dot{U}_{a1} = e^{j(12-\xi)30°}(\dot{U}_{A1} + \dot{I}_{A1}jX_{T1}) \\ \dot{U}_{a2} = e^{-j(12-\xi)30°}(\dot{U}_{A2} + \dot{I}_{A2}jX_{T2}) \end{cases} \quad (9-32)$$

$$\begin{cases} \dot{U}_{A1} = e^{-j(12-\xi)30°}(\dot{U}_{a1} - \dot{I}_{a1}jX_{T1}) \\ \dot{U}_{A2} = e^{j(12-\xi)30°}(\dot{U}_{a2} - \dot{I}_{a2}jX_{T2}) \end{cases} \quad (9-33)$$

式中　X_{T1}、X_{T2}——变压器的正序、负序漏抗标幺值。

不对称短路故障时，分析变压器两侧电流分布及其电压、电流的相量关系可由下述方法求解：用相量作图的方法来分析变压器两侧电流、电压的大小和相位关系，方法比较直观，也很方便，同时还可以用来校验计算方法所得结果的正确性，在继电保护方面应用广泛。

发生不对称短路时，电压、电流经变压器变换的相量作图方法如下：

（1）首先求出短路故障处的各序电压、电流相量，并根据短路故障类型、短路相别求出相互间关系，然后作出短路点侧的电压、电流相量图。

（2）根据变压器的接线组别，确定变压器另一侧（非短路侧）的各序分量电压、电流的表示式。

（3）应用计算公式或相量作图法，将变换后的各序分量电压、电流进行叠加，即可求得变压器另一侧的各相电压和电流。

（4）为了比较不对称故障时变压器两侧电流的分布情况，把各相的电流都以故障相的电流来表示。

9.2.3 不对称短路时非故障处的电压和电流计算

1. 电流分布计算

不对称故障电流分布计算的一般步骤：首先求出故障点的各序对称分量总电流，然后求出各序网络中每一支路电流，再把同一支路中各序电流分量按对称分量合成公式叠加，求出任一支路中的各相电流。

某系统接线如图 9-21 所示，$\dot{E}_\text{M} = \dot{E}_\text{N}$，假定对应基准相故障点的各序电流分量 $\dot{I}_{\text{K}1}$、$\dot{I}_{\text{K}2}$、$\dot{I}_{\text{K}0}$（用下标 K 代表故障点各序的总电流）均已知，求出流过 M 和 N 支路的各序电流分量及各相电流。

利用电流分布系数法求出各支路基准相的各序电流，再用对称分量法的合成公式将同一支路的各序电流相加，即可求出各支路的各相电流。其中，M 支路电流为

$$\begin{cases} \dot{I}_{\text{M}a} = \dot{I}_{\text{M}1} + \dot{I}_{\text{M}2} + \dot{I}_{\text{M}0} \\ \dot{I}_{\text{M}b} = \alpha^2 \dot{I}_{\text{M}1} + \alpha \dot{I}_{\text{M}2} + \dot{I}_{\text{M}0} \\ \dot{I}_{\text{M}c} = \alpha \dot{I}_{\text{M}1} + \alpha^2 \dot{I}_{\text{M}2} + \dot{I}_{\text{M}0} \end{cases} \qquad (9-34)$$

N 支路电流为

$$\begin{cases} \dot{I}_{\text{N}a} = \dot{I}_{\text{N}1} + \dot{I}_{\text{N}2} + \dot{I}_{\text{N}0} \\ \dot{I}_{\text{N}b} = \alpha^2 \dot{I}_{\text{N}1} + \alpha \dot{I}_{\text{N}2} + \dot{I}_{\text{N}0} \\ \dot{I}_{\text{N}c} = \alpha \dot{I}_{\text{N}1} + \alpha^2 \dot{I}_{\text{N}2} + \dot{I}_{\text{N}0} \end{cases} \qquad (9-35)$$

若在故障点连接有更多支路时，也可用电流分布系数法求出各支路电流。

2. 电压分布计算

在求系统中某一点 M 的电压时，将求得的故障点处的序电压 $\dot{U}_{\text{K}1}$、$\dot{U}_{\text{K}2}$、$\dot{U}_{\text{K}0}$ 按序分别加上 K 点至 M 点的各序压降，然后再按对称分量合成公式叠加即可。

M 点的各相对地电压表示为

$$\begin{cases} \dot{U}_{Ma} = \dot{U}_{M1} + \dot{U}_{M2} + \dot{U}_{M0} \\ \dot{U}_{Mb} = a^2\dot{U}_{M1} + a\dot{U}_{M2} + \dot{U}_{M0} \\ \dot{U}_{Mc} = a\dot{U}_{M1} + a^2\dot{U}_{M2} + \dot{U}_{M0} \end{cases} \quad (9-36)$$

3. 经变压器变换的电流、电压分布计算

不对称短路经变压器的变换计算，不仅和不对称短路类型有关，而且和变压器的接线组别、结构形式及系统中性点接地与否有关。计算方法是先求出不对称短路处电压和电流的对称分量，然后分别将正序、负序、零序分量作经变压器的变换，并将变换后的各序分量按对称分量的合成公式合成。

【例 9-3】 空载条件下，图 9-30（a）所示系统中距离母线 M40km 处发生 A、B 两相短路，求母线 M 处（保护安装处）的各相电流标幺值。已知：发电机 $G-1$、$G-2$：$S_N=50\text{MVA}$，$E''=10.5\text{kV}$，$X''_d=0.2$ 变压器 $T-1$、$T-2$：$S_N=50\text{MVA}$，$U_S\%=10.5$，Y，d11 接线，线路 MN：长 80km；各序参数：$X_0=3X_1$，$X_1=0.4\Omega/\text{km}$；电压为 110kV。

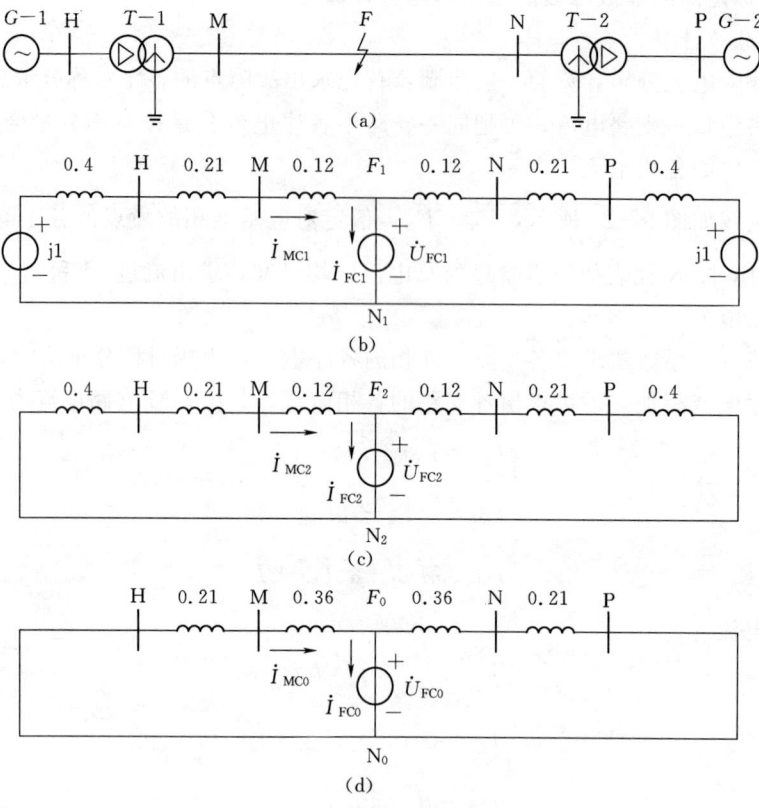

图 9-30 ［例 9-3］图
(a) 系统接线图；(b) 正序网络图；(c) 负序网络图；(d) 零序网络图

解：（1）计算各序网络的等值参数

取 $S_b=100\text{MVA}$，$U_B=U_{av}$（以下计算均为标幺值，省略下标 *）

发电机 $G-1$、$G-2$：$X_{G1}=X_{G2}=X''_d\times\dfrac{S_B}{S_N}=0.2\times\dfrac{100}{50}=0.4$，$E''_*=1$

变压器 $T-1$、$T-2$：$X_{T-1}=X_{T-2}=\dfrac{U_s\%}{100}\times\dfrac{S_B}{S_N}=0.105\times\dfrac{100}{50}=0.21$

线路 MN 的一半：$X_{L1}=X_1 l\times\dfrac{S_B}{U_B^2}=0.4\times40\times\dfrac{100}{115^2}=0.12$，$X_{L0}=3X_{L1}=0.36$

(2) 制定各序网络图（以 C 相为基准）。

作出图 9-30（a）在 F 点发生故障的正序网络、负序网络、零序网络分别如图 9-30（b）、(c)、(d) 所示。

(3) 网络化简，求各序综合等值电抗

$$X_{\Sigma 1}=\dfrac{1}{2}(0.4+0.21+0.12)=0.365=X_{\Sigma 2}$$

$$X_{\Sigma 0}=\dfrac{1}{2}(0.21+0.36)=0.285$$

(4) M 处的电流大小计算

先求故障点 F 处的电流

$$I_{FC1}=I_{FC2}=\dfrac{U_{FC|0|}}{X_{\Sigma 1}+X_{\Sigma 2}}=\dfrac{1}{0.365+0.365}=1.37$$

$$I_{FA}=I_{FB}=\sqrt{3}I_{FC1}=2.37$$

再求 M 处的电流

要求 M 处电流，必须知道电流分布系数。由图 9-30（b）可知电流分布系数 $C_{1M}=0.5$，则

$$I_{MA}=0.5 I_{FA}=0.5\times 2.37=1.19$$

$$I_{MB}=0.5 I_{FB}=0.5\times 2.37=1.19$$

9.3 非全相运行的分析和计算

电力系统中，除了出现前述的横向故障外，还可能出现纵向故障，主要是单相断线和两相断线，又称之为非全相运行。下面分别讨论单相断线和两相断线的情况。

9.3.1 单相断线

图 9-31（a）所示的电力系统在 qk 间发生 a 相断线故障，如图 9-31（b）所示，在 a 相中出现了断口 qk。在断口 qk 处的三相线路电流（从端口一侧流到另一侧）和三相断口两端间的电压均不对称，而系统其他处的参数仍然是对称的。和分析不对称短路时类似，将断口处的三相线路电流和断口间的三相电压分解成三序对称分量，如图 9-31（c）所示。

由于系统中其他地方的参数是对称的，

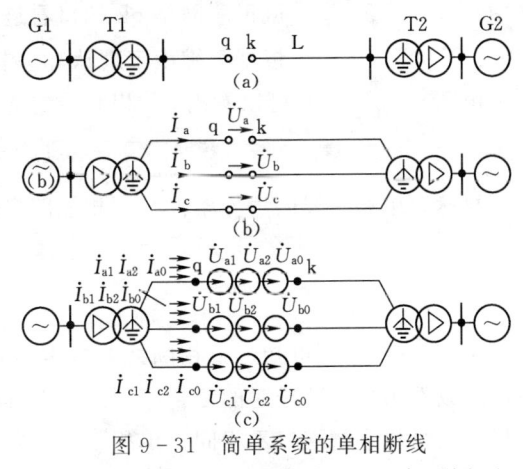

图 9-31 简单系统的单相断线
(a) 网络接线图；(b) 单相断线图；(c) 断口处电压和电流的各序分量

所以三序网是相互独立的。与不对称短路时一样，可以作出三个序网图。图9-32（a）示出了三个序网图，图9-32（b）为三序网络的等值电路图。这里要注意与横向故障的区别：在横向故障时，电压是kn之间的电压，电流是从k点流入地中的电流；而纵向故障时，电压是断口qk之间的电压，电流是流过断口端点的电流。

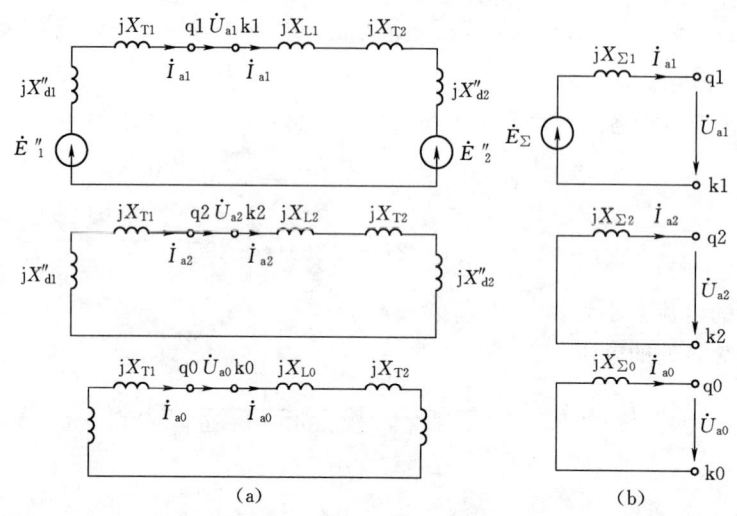

图9-32 三序网络及等值电路
(a) 正、负和零序网络；(b) 正、负和零序网络等值电路

由图9-32（b）可得

$$\left.\begin{array}{l}\dot{U}_{a1}=\dot{E}_{\Sigma}-\mathrm{j}\dot{I}_{a1}X_{\Sigma 1}\\ \dot{U}_{a2}=-\mathrm{j}\dot{I}_{a2}X_{\Sigma 2}\\ \dot{U}_{a0}=-\mathrm{j}\dot{I}_{a0}X_{\Sigma 0}\end{array}\right\} \quad (9-37)$$

式中 $\dot{E}_{\Sigma}$ ——从正序网络qk端口看进去的正序等值电动势；

$X_{\Sigma 1}$、$X_{\Sigma 2}$、$X_{\Sigma 0}$——根据戴维南定理从qk端口看进去的各序网络的等值电抗。

由图9-31（b）可以看出，a相断线的边界条件为

$$\dot{I}_a=0, \dot{U}_b=0, \dot{U}_c=0 \quad (9-38)$$

显然，单相断线的边界条件与两相短路接地时的边界条件类似，用对称分量表示为

$$\left.\begin{array}{l}\dot{I}_{a1}+\dot{I}_{a2}+\dot{I}_{a0}=0\\ \dot{U}_{a1}=\dot{U}_{a2}=\dot{U}_{a0}\end{array}\right\} \quad (9-39)$$

由式（9-39）可知，单相断线时的复合序网是三序网络的并联，如图9-33所示。由图可以看出单相断线时的复合序网图与图9-11两相接地时的复合序网图在形式上完全一样，只是代表的端口不相同，单相断线和两相短路接地的三序电流的计算公式在形式上也完全一样，即式（9-16）。

断口的各序电压计算公式与式（9-17）完全一样，也可用式9-37计算。

9.3 非全相运行的分析和计算

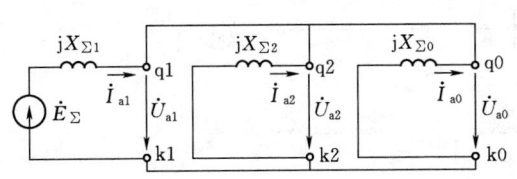

图 9-33 单相断线时的复合序网

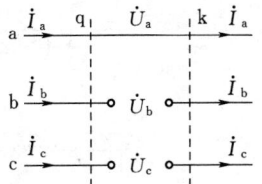

图 9-34 两相断线

9.3.2 两相断线

图 9-31（a）所示的电力系统在 qk 间发生两相断线故障时，其断口 qk 的情况如图 9-34 所示。设 b、c 相断线，其边界条件为

$$\dot{U}_a = 0, \dot{I}_b = 0, \dot{I}_c = 0 \tag{9-40}$$

其相应的对称分量表示的边界条件为

$$\left.\begin{array}{l}\dot{U}_{a1} + \dot{U}_{a2} + \dot{U}_{a0} = 0 \\ \dot{I}_{a1} = \dot{I}_{a2} = \dot{I}_{a0}\end{array}\right\} \tag{9-41}$$

由式（9-41）可知，两相断线的边界条件与单相接地短路时的边界条件在形式上完全一样。因此，它们的复合序网和计算公式也相同，其复合序网如图 9-35 所示，由复合序网可得各序电流与式（9-5）有相同的形式，即

$$\dot{I}_{a1} = \dot{I}_{a2} = \dot{I}_{a0} = \frac{\dot{E}_\Sigma}{j(X_{\Sigma 1} + X_{\Sigma 2} + X_{\Sigma 0})}$$

断口的各序电压可用式 9-37 计算

与不对称短路一样，可以用正序增广网络计算断线故障时的正序分量。正序增广网络为在正序网络断口处串联一附加电抗 X_Δ，在单相断线时

$$X_\Delta = \frac{X_{\Sigma 2} X_{\Sigma 0}}{X_{\Sigma 2} + X_{\Sigma 0}}$$

两相断线时 $X_\Delta = X_{\Sigma 2} + X_{\Sigma 0}$

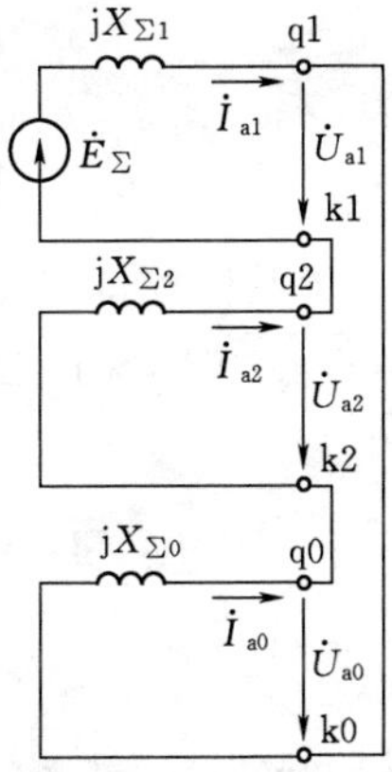

图 9-35 两相断线时的复合序网

【例 9-4】 图 9-36（a）所示电力系统，各元件参数均为 $S_B = 100\text{MVA}$，$U_B = U_{av}$ 基准下的标幺值，发动机电动势 $\dot{E}_1 = j1.43$，标注在图 9-36（b）的各序网络中。当 qk 点发生 a 相断线故障时，求通过非故障相的电流。

解：以 a 相为基准相。当 a 相断线时，对应的复合序网 9-36（b）所示。由此图可知

$$X_{\Sigma 1} = 0.25 + 0.2 + 0.15 + 0.2 + 1.2 = 2$$

$$X_{\Sigma 2} = 0.25 + 0.2 + 0.15 + 0.2 + 10.35 = 1.15$$

$$X_{\Sigma 0} = 0.2 + 0.57 + 0.2 = 0.97$$

由式（9-16）可得

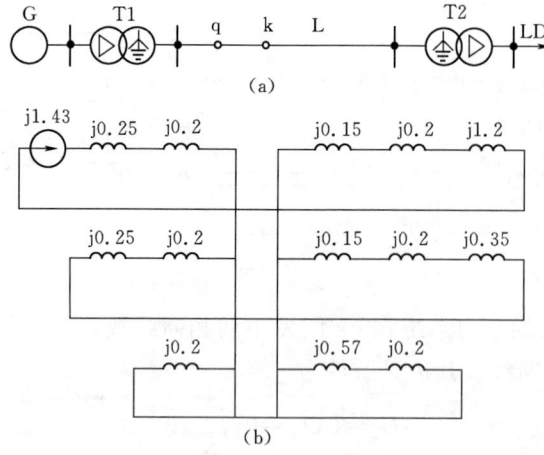

图 9-36 [例 9-4] 图

$$\dot{I}_{a1} = \frac{\dot{E}_1}{j(X_{\Sigma1} + X_{\Sigma2} // X_{\Sigma0})} = \frac{j1.43}{j2 + \frac{j1.15 \times j0.97}{j(1.15+0.97)}} = 0.565$$

$$\dot{I}_{a2} = -\dot{I}_{a1} \frac{X_{\Sigma0}}{X_{\Sigma2} + X_{\Sigma0}} = -0.565 \times \frac{0.97}{1.15+0.97} = -0.258$$

$$\dot{I}_{a0} = -\dot{I}_{a1} \frac{X_{\Sigma2}}{X_{\Sigma2} + X_{\Sigma0}} = -0.565 \times \frac{1.15}{1.15+0.97} = -0.307$$

非故障相的电流

$$\dot{I}_b = a^2 \dot{I}_{a1} + a\dot{I}_{a2} + \dot{I}_{a0} = 0.565\angle 240° - 0.258\angle 120° - 0.307$$
$$= -0.461 - j0.714 = 0.85\angle 237°$$

$$\dot{I}_c = a\dot{I}_{a1} + a^2\dot{I}_{a2} + \dot{I}_{a0} = 0.565\angle 120° - 0.258\angle 240° - 0.307$$
$$= -0.461 + j0.714 = 0.85\angle 123°$$

项目实践 考察电力设计院

1. 目的和意义
(1) 实地考察和体验电力设计院的工作过程。
(2) 为后续职业生涯取得感性认识。
2. 项目内容
(1) 掌握变电站的电气部分设计程序（流程）。
(2) 掌握电力线路的设计程序（流程）。
(3) 了解其他部分设计程序（流程）。
3. 写出项目实践报告

课 后 思 考 题

9-1 应用对称分量法分析单相短路、两相短路、两相短路接地的一般方法是什么？

9-2 何谓正序等效定则？

9-3 不对称短路时各序电压是如何分布的？

9-4 YN，d11 接线变压器两侧的正、负、零序电压，电流分量的相位关系如何？

9-5 说明不对称短路和断线的不同点？

9-6 何谓基准相？何谓特殊相？分析不对称问题时为什么要选择基准相？

9-7 已知某电力系统接线如图 9-37 所示，各元件电抗均已知，当 k 点发生单相接地故障时，求短路点各序电流、电压及故障相电流和故障相电压，并绘出短路点的电流、电压相量图。

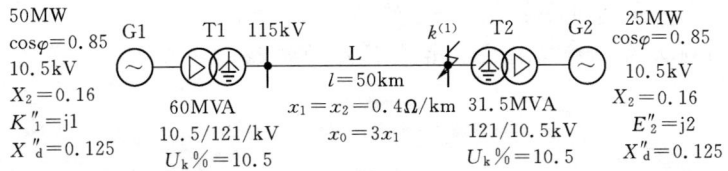

图 9-37 习题 9-7 图

9-8 在图 9-37 所示电力系统中，若在 k 点发生 b、c 两相短路故障，试求短路点各序电流、电压以及故障相的电流和非故障相的电压。

9-9 图 9-38 所示电力系统接线中，各元件参数均已知，当 k 点分别发生 $k^{(3)}$、$k^{(2)}$、$k^{(1)}$、$k^{(1,1)}$ 短路时求短路点的短路电流。

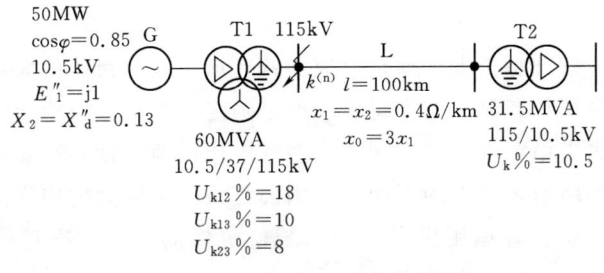

图 9-38 习题 9-9 图

9-10 试计算图 9-39 所示电力系统的 k 点分别发生单相短路与两相短路时，流经发电机 G1 的电流。

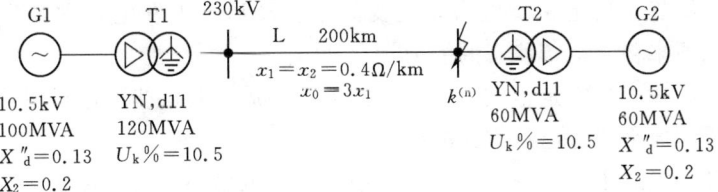

图 9-39 习题 9-10 图

项目 10　电力系统稳定运行

教与学目标
1. 明晰电力系统运行稳定性概念，能够表达出同步发电机的功角特性。
2. 掌握简单电力系统的静态稳定性、暂态稳定性分析。
3. 了解提高电力系统静态稳定、暂态稳定的措施；电力系统振荡的概念及其处理方法。

10.1　概述

电力系统所有的同步发电机都是并列同步运行的。同步运行是电力系统正常运行的重要标志。但是运行中不可避免地出现不同程度的扰动，例如：负荷的微小变化、短路故障的巨大冲击等，都有可能影响系统同步运行，所谓稳定性是指电力系统受到不同程度扰动后，并列运行的发电机组间能否维持同步运行，不发生电压崩溃和频率崩溃的问题。

现代电力系统的规模日趋扩大，逐渐形成了跨区域，甚至跨国的大规模电力系统。这种大规模的联合电力系统具有显著的优越性，但是随之而来的系统稳定问题也显得更加突出和严重。系统一旦失去稳定性，造成频率崩溃或电压崩溃，使系统解列，将造成大面积停电事故，给人民的生活带来极大的不便，给国民经济带来巨大的损失。所以，研究电力系统稳定性的内在规律，正确运用提高电力系统稳定性的措施，这对现代电力系统的安全、可靠、经济运行有着十分重大的意义。

到目前为止，国际还没有统一的有关电力系统稳定的分类标准。根据电力系统受扰动程度的大小，一般可将系统的稳定分为静态稳定和暂态稳定两大类。

我国现行的《电力系统安全稳定导则》对电力系统稳定作了如下规定：

（1）电力系统静态稳定是指电力系统受到小扰动后，不发生自发振荡和非周期性失步，自动恢复到原来稳定运行状态的能力。

（2）电力系统暂态稳定是指电力系统受到大扰动后，各同步发电机保持同步运行并过渡到新的或恢复到原来稳定运行方式的能力。

电力系统几乎无时不再受到小扰动，例如：负荷的微小变化，风吹架空线路引起线间距离的变化从而引起线路电抗的微小变化，发电机受到微小的机械振动等。因此，电力系统运行的静态稳定性实质是讨论系统在某个运行状态能否保持的问题。大扰动一般指各种类型短路故障，投切大容量发电机或大型输变电设备及大容量负荷的突然变化等。大、小扰动只是相对而言，一般没有明显的界限。

10.2 电力系统运行的静态稳定性

研究电力系统稳定性问题最有效的数学方法,就是利用同步发电机的功角特性方程。同步发电机输出的电磁功率有它本身的变化规律,它与发电机所连接的电力网参数有关,特别是与并列运行的发电机间的功率角有关。这种关系被称为同步发电机的功角特性。

10.2.1 保持 E_q 恒定不变时的功角特性

图 10-1 为某一简单电力系统。同步发电机为隐极机,受电端为无限大容量系统,系统母线电压 $\dot{U}$ 的大小和相位可以认为是恒定不变的。在正常运行或系统受到小扰动时,若同步发电机的励磁电流不变,则同步发电机的空载电势 E_q 也保持恒定不变。

图 10-2 所示为简单电力系统的等值电路图。发电机的等值电路用空载电势 E_q 和直轴电抗 X_d 表示;X_{T1}、X_{T2} 分别表示变压器 T_1、变压器 T_2 的等值电抗;X_L 表示一条线路的等值电抗。在稳定性分析中,通常忽略各元件的电阻和导纳,只计电抗,并用标幺制计算。

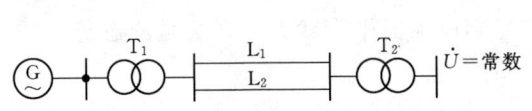

图 10-1 简单电力系统接线图   图 10-2 E_q 恒定时系统的等值电路图

发电机到系统之间的总电抗为

$$X_{d\Sigma} = X_d + X_{T1} + \frac{1}{2}X_L + X_{T2}$$

根据潮流计算,发电机输出的有功功率为 P,两点之间电压降落的横分量为

$$\delta U = \frac{P X_{d\Sigma}}{U} = E_q \sin\delta$$

式中 δ——发电机空载电势 $\dot{E}_q$ 与受电端无限大容量系统母线电压 $\dot{U}$ 间的相位角,又称功率角或功角。

可得

$$P = \frac{E_q U}{X_{d\Sigma}} \sin\delta \qquad (10-1)$$

上式为 E_q 恒定不变时发电机的功角特性方程。根据功角特性方程得到发电机的功角特性曲线如图 10-3 所示。

由式(10-1)可知,发电机输出的有功功率与功率角 δ 呈正弦规律变化。当 $\delta=90°$ 时,功率取得最大值,称之为发电机的功率极限,用 P_{max} 表示。

$$P_{max} = \frac{E_q U}{X_{d\Sigma}} \qquad (10-2)$$

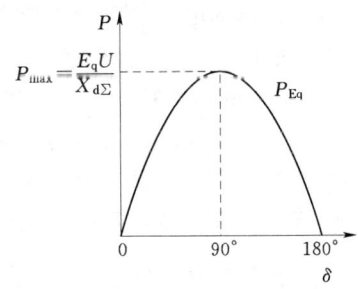

图 10-3 E_q 恒定不变时功角特性曲线

功率角 δ 在电力系统稳定性问题的分析中具有特别重要的意义。δ 不仅可表示电气量 $\dot{E}_q$ 与 $\dot{U}$ 之间的相位差,而且还可以表示发电机转子与系统等值发电机转子间的空间位置角。δ 角随时间的变化反映了发电机转子间的相对运动,而发电机转子间的相对运动规律,恰好是判断发电机是否同步运行的依据。

10.2.2 同步发电机并联运行的静态稳定性

电力系统运行的静态稳定性包括同步发电机并联运行的静态稳定性和负荷的静态稳定性两个方面。下面以图 10-1 所示的简单电力系统分析系统的静态稳定性。

分析发电机的功角特性方程以及功角特性曲线。

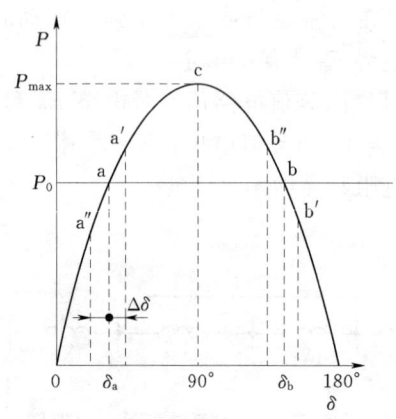

图 10-4 简单电力系统的功角特性曲线

假定系统在某正常运行状态下,原动机输入的有效机械功率为 P_T,发电机输出的电磁功率为 P_0,显然,$P_0=P_T$。由图 10-4 可见,当原动机输入的有效机械功率 P_T 给定后,在功角特性曲线上只有 a、b 两个能保持功率平衡的运行点,两个运行点对应的功率角分别为 δ_a 和 δ_b。

发电机运行于 a 点时,当系统受到小扰动后能自动恢复到原来的平衡状态,系统是静态稳定的。具体分析如下:

若系统出现某种瞬时性小扰动后使功角 δ_a 增加了一个微小增量 $\Delta\delta$,运行点到 a' 点,则发电机输出的电磁功率为图中 a' 点对应值,而原动机机械功率 P_T 仍保持不变,因此,发电机输出的电磁功率大于原动机输入的机械功率,发电机转子转矩平衡遭破坏,发电机转子将减速,δ 将减小,运行点向原始的 a 点运动。同样,若系统出现某种瞬时性小扰动使功角 δ_a 减小了 $\Delta\delta$,则发电机运行于 a″点。这时发电机输出的电磁功率小于原动机输入的机械功率,转子将加速,δ 将增加,运行点又回到了原始的 a 点。

发电机运行在 b 点时,当系统受到小扰动后,不是转移到 a 点,就是与系统失去同步。所以,b 点是不稳定的。具体分析如下:

若系统出现某种瞬时性小扰动,使功角 δ_b 增加了微小增量 $\Delta\delta$,发电机运行到 b' 点,则发电机输出的电磁功率小于原动机输入的机械功率,发电机转子加速,δ 将继续增大,与之对应的电磁功率将继续减小。这样下去,功角会不断增加,运行点再也不能回到 b 点。δ 角的不断增大标志着发电机与无限大容量系统非周期性的失去同步,即系统失去了稳定性。若系统在 b 点运行时受到小扰动,使功角 δ_b 获得负的增量,运行到 b″点。b″点对应电磁功率大于机械功率,因而转子减速,δ 将一直减小,最后稳定在 a 点。

实际上,系统在受到小扰动后,功角 δ 在回到稳定运行点的过程是有阻尼振荡的。

进一步观察分析图 10-4 所示的功角特性曲线,分析 a、b 两个运行点的异同可知:

在功角特性曲线的上升部分(即 $0°\leqslant\delta<90°$ 区间),任何一点对小扰动的响应都与 a 点相同,都是静态稳定的。

在功角特性曲线的下降部分(即 $90°<\delta\leqslant180°$ 区间),任何一点对小动扰的响应都与

b 点相同，都是静态不稳定。

由上分析可知，在功率特性的上升部分电磁功率增量 ΔP 和功角增呈 $\Delta \delta$ 总是具有相同的符号；而在功率特性的下降部分，ΔP 和 $\Delta \delta$ 总是具有相反的符号，据此可得简单电力系统静态稳定的实用判据：

当 $\dfrac{\mathrm{d}P}{\mathrm{d}\delta} > 0$ 时，系统是静态稳定的；

当 $\dfrac{\mathrm{d}P}{\mathrm{d}\delta} < 0$ 时，系统是静态不稳定的。

当 $\delta = 90°$，对应有 $\dfrac{\mathrm{d}P}{\mathrm{d}\delta} = 0$。该点是系统静态稳定的临界点。它与功角特性曲线上发电机输出电磁功率的最大值对应。

在静态稳定临界状态下发电机能够输出的最大电磁功率，又称为系统的静态稳定极限功率，用 P_{Sl} 表示。

为了确保安全运行，电力系统不应该在接近静态稳定的临界点附近运行，而应保持有一定的静态稳定裕度。系统的静态稳定裕度通常用静态稳定储备系统 K_P 表示。

静态稳定储备系数定义为

$$K_P = \frac{P_{Sl} - P_0}{P_0} \times 100\% \tag{10-3}$$

式中　P_{Sl}——表示静态稳定极限功率；

　　　P_0——表示运行点发电机输出的电磁功率。

我国现行的《电力系统安全稳定导则》规定：

(1) 正常运行方式和正常检修运行方式下，$K_P \geqslant 15\% \sim 20\%$；

(2) 事故后运行方式和特殊运行方式下，$K_P \geqslant 10\%$。

K_P 太大，不利于有效利用系统中的发电设备；K_P 太小，系统的安全可靠性太低。

10.3　电力系统运行的暂态稳定性

当系统遭受大的扰动后，其各种运行参数（电流、电压和功角等）会发生急剧变化，但发电机组原动机的调速装置具有一定惯性，它必须经过一定时间才能改变原动机的机械频率，发电机转子会出现较大的过剩转矩或缺额转矩，发电机转子之间有相对运动，转速和功角将发生较大变化。所以，大扰动引起的电力系统运行的暂态过程是一个电磁暂态过程和发电机转子机械运动暂态过程交织在一起的复杂过程。由此可见，电力系统运行的暂态稳定性分析和静态稳定性分析是有很大区别的。

精确计算发电机机电暂态过程中的参数是非常复杂的，为了解决工程中的实际问题采用一些简化分析，实用计算中往往要忽略一些次要因素或对一些问题作近似考虑，使计算简化，但同时又必须保证计算结果在工程允许范围之内。

10.3.1　分析暂态稳定性问题基本前提讨论

(1) 以不对称短路分析电力系统的暂态稳定性。

从安全角度考虑，希望系统能够承受最严重的三相短路故障。但是，三相短路出现的概率很小,因此,一般以不对称短路故障作为扰动方式来分析系统的暂态稳定性。根据我国电力系统长期运行的经验,现行的《电力系统安全稳定导则》规定:220kV 及以上电压等级的系统以单相接地故障作为扰动方式,110kV 的系统以两相接地故障作为扰动方式,35kV 及以下电压等级的系统以三相短路作为扰动方式。

(2) 发生不对称短路时,不计零序电流和负序电流对转子运动的影响。

当电力系统发生不对称短路时,根据对称分量法,可以把短路电流分解成正序、负序以及零序分量。三相零序电流对转子运动没有影响,负序电流对转子的运动的影响可以忽略不计,只考虑正序电流的影响。

(3) 发电机等值电路参数用暂态电动势 E' 和暂态电抗 X'_d 表示,功角特性为:

$$P_E = \frac{E'U}{X'_{d\Sigma}}\sin\delta \qquad (10-4)$$

(4) 由于发电机组调速装置有一定动作时间,原动机具有较大动作惯性,为了使分析问题简单,工程中可以近似认为在暂态过程中原动机输出机械功率 P_T 不变。

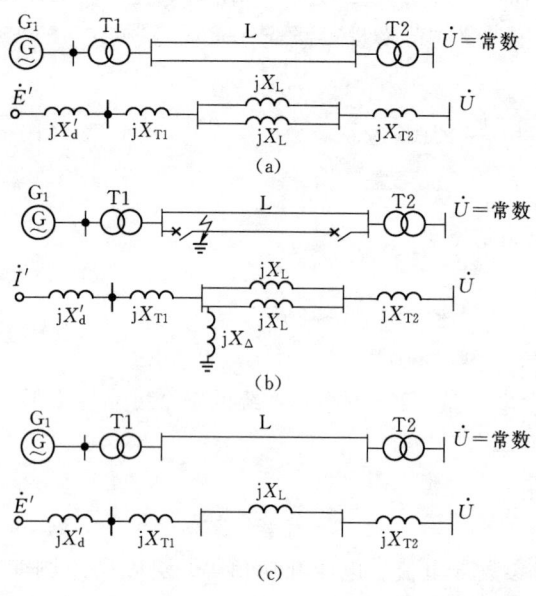

图 10-5 简单电力系统几种运行情况下的等值电路图
(a) 正常运行时;(b) 不对称短路时;(c) 故障线路切除后

10.3.2 暂态稳定过程的功角特性

以图 10-5 (a) 所示的简单电力系统为例分析:

(1) 系统正常运行时,发电机经变压器和双回线路向无限大容量系统送电。发电机到系统之间的总阻抗为

$$X_I = X'_d + X_{T1} + \frac{1}{2}X_L + X_{T2}$$

发电机的功角特性为

$$P_I = \frac{E'U}{X_I}\sin\delta \qquad (10-5)$$

(2) 如果在一回输电线路的首端 K 点发生不对称短路,根据前面讨论,暂态稳定分析只需考虑正序分量对转子运动的影响即可。正序分量的计算根据正序等效定则,相当于在短路点接入附加电抗 X_Δ,如图 10-5 (b) 所示。将图中的三节点 (E'、U,短路接地点) 星形网络变成三角形网络,则发电机与系统之间的转移电抗

$$X_{II} = (X'_d + X_{T1}) + \left(\frac{1}{2}X_L + X_{T2}\right) + \frac{(X'_d + X_{T1}) + \left(\frac{1}{2}X_L + X_{T2}\right)}{X_\Delta}$$

$$= X_I + \frac{(X'_d + X_{T1}) + \left(\frac{1}{2}X_L + X_{T2}\right)}{X_\Delta}$$

式中 X_Δ——附加电抗。

参考图 10-5 (c),单相接地短路时 $X_\Delta = X_{2\Sigma} + X_{0\Sigma}$;两相短路时 $X_\Delta = X_{2\Sigma}$;两相接

地短路时 $X_\Delta = \dfrac{X_{2\Sigma} X_{0\Sigma}}{X_{2\Sigma} + X_{0\Sigma}}$；三相短路时 $X_\Delta = 0$。

短路故障时，发电机的功角特性为

$$P_{\mathrm{II}} = \dfrac{E'U}{X_{\mathrm{II}}}\sin\delta \qquad (10-6)$$

如果线路发生三相短路 $X_\Delta = 0$，X_{II} 趋近于无限大，则 P_{II} 接近于零。这相当于三相短路截断了发电机与系统之间的联系，因此，三相短路对系统的影响最严重。

（3）输电线路继电保护动作跳开故障线路两侧断路器，短路故障切除后。系统等值电路如图 10-5（c）所示。发电机与系统之间的总电抗为

$$X_{\mathrm{III}} = X'_d + X_{\mathrm{T1}} + X_{\mathrm{L}} + X_{\mathrm{T2}}$$

发电机的功角特性为

$$P_{\mathrm{III}} = \dfrac{E'U}{X_{\mathrm{III}}}\sin\delta \qquad (10-7)$$

三种情况下的电抗关系为 $X_{\mathrm{I}} < X_{\mathrm{III}} < X_{\mathrm{II}}$。因为 $X_{\mathrm{II}} > X_{\mathrm{I}}$，$X_{\mathrm{III}} > X_{\mathrm{I}}$，且一般情况下，$X_{\mathrm{II}} > X_{\mathrm{III}}$。因此，$P_{\mathrm{III}}$ 曲线的幅值介于 P_{I} 与 P_{II} 的幅值之间，P_{II} 的幅值最小。图 10-6 所示为三种情况下的功角特性曲线。

10.3.3 暂态稳定的物理过程分析

结合图 10-6 所示的简单电力系统在正常运行、故障时、故障被切除后三种运行情况下的功角特性曲线，分析系统暂态稳定的物理过程如下：

（1）系统正常运行时，发电机输出的有功功率 P_0 与原动机输入的机械功率 P_{T} 相等，发电机运行在 P_{I} 曲线的 a 点，对应功率角为 δ_0。

（2）在线路首端发生短路故障瞬间，运行点从 P_{I} 曲线 a 点变化到 P_{II} 曲线 b 点（由于转子惯性，功率角不能变突）。此时，输入的机械功率 P_{T} 大于 b 对应的输出电磁功率，转子轴上出现了过剩转矩。在过剩转矩的作用下，转子将加速，功率角开始增大，运行点沿 P_{II} 曲线从 b 点向 c 点运动。

（3）设运行点到 c 点时，故障切除，则运行点从 P_{II} 曲线 c 点变化到 P_{III} 曲线 e 点（由于功率角不能突变）。此时，发电机输出的电磁功率大于原动机输出的机械功率，转子轴上出现缺额转矩。缺额

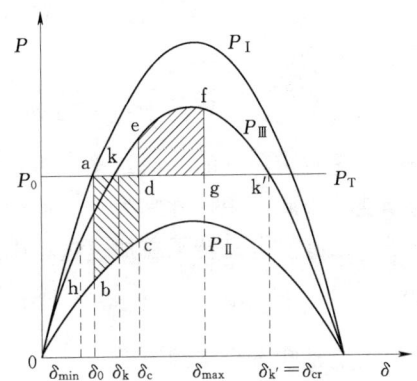

图 10-6 系统在正常运行、故障时及故障被切除后的功角特性

转矩将使转子减速，但此时转子转速高于同步转速，功率角 δ 仍将继续增大，运行点沿 P_{III} 曲线由 e 点向 f 点方向运动。

（4）设运行点到达 f 点时，转子正好减速到同步转速，此时功率角 δ 达到了最大角 $\delta_{\max}$。

（5）在 f 点，原动机输入的机械功率小于发电机输出的电磁功率，转子将继续减速，功率角 δ 开始减小，运行点将沿 P_{III} 曲线由 f 点向 e 点方向运动。

（6）运行点到达 k 点时，作用在转子轴上的机械功率和电磁功率达到平衡，但由于转

子转速低于同步转速，功率角 δ 将继续减小，一直运动到 h 点，功率角达到最小值 δ_{min}。

(7) 在 h 点，机械功率大于电磁功率转子又将加速，δ 将增大，运行点沿 P_{III} 曲线运动。

(8) 运行点将沿 P_{III} 曲线，在 δ_{max} 和 δ_{min} 之间来回振荡。

(9) 在振荡过程中，能量不断损失，振幅将逐渐减小。

系统最后稳定在 k 点。说明在上述大扰动后保持了暂态稳定。

系统不稳定的情况是：到上述第（4）步的情况有变化，运行点到达 f 点时，转子没有减速到同步转速，直至功率角 δ 增大到 k′点以后，发电机转子仍未恢复到同步转速，则运动点将越过 k′点。越过 k′点之后，发电机原动机输入机械功率大于发电机输出的电磁功率，转子将会加速，而使功率角 δ 越来越大，不能恢复到稳定状态。系统是暂态不稳定的。

10.3.4 等面积定则

等面积定则用于定量地分析系统暂态稳定性。分析图 10-6 所示的变化过程：

在功率角从 δ_0 变化到 δ_c 的过程中，原动机输入的能量大于发电机输出的能量，发电机转速升高，转子动能的增量为正：

$$W_{(+)} = \int_{\delta_0}^{\delta_c} \Delta M \mathrm{d}\delta \approx \int_{\delta_0}^{\delta_c} \Delta P \mathrm{d}\delta = \int_{\delta_0}^{\delta_c} (P_\mathrm{T} - P_{\mathrm{II}}) \mathrm{d}\delta$$

上式右边积分的几何意义：表示图 10-6 中阴影部分 abcd 所围成的面积。转子所获得的动能增量等于此面积，称其为加速面积。

在功率角从 δ_c 变到 δ_{max} 的过程中，原动机输入的能量小于发电机输出的能量，转子动能增量为负：

$$W_{(-)} = \int_{\delta_c}^{\delta_{max}} \Delta M \mathrm{d}\delta \approx \int_{\delta_c}^{\delta_{max}} \Delta P \mathrm{d}\delta = \int_{\delta_c}^{\delta_{max}} (P_\mathrm{T} - P_{\mathrm{III}}) \mathrm{d}\delta$$

上述右边积分的几何意义：表示图 10-6 中阴影部分 defg 所围成的面积。转子减少的动能等于此面积，称其为减速面积。

如果有发电机转子在加速过程中所增加的动能在减速过程中全部释放，即

$$W_{(+)} + W_{(-)} = \int_{\delta_0}^{\delta_c} (P_\mathrm{T} - P_{\mathrm{II}}) \mathrm{d}\delta + \int_{\delta_c}^{\delta_{max}} (P_\mathrm{T} - P_{\mathrm{III}}) \mathrm{d}\delta = 0 \quad (10-8)$$

系统是暂态稳定的。

等面积定则：在电力系统暂态过程中，加速面积和减速面积相等，系统是暂态稳定的。

减速面积最大值为运行点到 k′点的情况，即最大减速面积为 dek′所围成的面积

$$W_{(-)max} = \int_{\delta_c}^{\delta_{cr}} (P_\mathrm{T} - P_{\mathrm{III}}) \mathrm{d}\delta \quad (10-9)$$

若 $|W_{(-)max}| \geqslant W_{(+)}$，系统暂态稳定。

等面积定则为分析和判断系统受到大扰动时能否保持稳定提供了重要依据。在工程的实际计算中，最大可能的减速面积更容易计算出，因此用 $W_{(-)max}$ 的大小判断系统的暂态稳定性更实用。

10.3.5 极限切除角和极限切除时间

结合图 10-6 分析，设有这样一个功率角，当在此功率角切除故障时，加速面积等于

最大可能的减速面积，则称其为暂态稳定的极限切除角 δ_{cm}。

若切除故障对应的功率角 δ_c 小于 δ_{cm}，加速面积小于最大可能的减速面积，则系统稳定。

若 δ_c 大于 δ_{cm}，加速面积大于最大可能的减速面积，则系统将不稳定。

所以，极限切除角 δ_{cm} 对于系统暂态稳定性是一个很重要的参数。

根据等面积定则有

$$W_{(+)} = -W_{(-)max}$$

即

$$\int_{\delta_0}^{\delta_{cm}}(P_T - P_{II})d\delta = \int_{\delta_{cm}}^{\delta'_k}(P_{III} - P_T)d\delta$$

上式两边求定积分整理后得

$$\delta_{cm} = \arccos\frac{P_T(\delta'_k - \delta_0) + P_{IIIm}\cos\delta'_k - P_{IIm}\cos\delta_0}{P_{IIIm} - P_{IIm}} \quad (10-10)$$

式中　　δ_0——初始功率角；

δ'_k——临界功率角，$\delta'_k = \delta_{cr} = \pi - \arcsin\dfrac{P_T}{P_{IIIm}}$；

P_{IIm}、P_{IIIm}——P_{II}、P_{III} 曲线的幅值。

在工程实用计算时，极限切除角 δ_{cm} 使用起来不是很方便，常用的是极限切除时间 t_{cm}。极限切除时间 t_{cm} 是指，转子从发生时刻开始，抵达极限切除角 δ_{cm} 所对应的时间。若继电保护切除故障的时间小于 t_{cm}，加速面积小于最大可能的减速面积，则系统是稳定的，反之，系统不稳定。

10.4　提高电力系统稳定性的措施

电力系统运行的稳定性是电力系统安全、经济运行的重要因素。随着电力系统的发展和扩大，特别是大容量机组和远距离输电线路的出现，电力系统的稳定性问题日益突出。从规划设计到运行维护都应进行电力系统稳定性的分析计算，并采取相应的提高和控制稳定运行的措施。

提高电力系统稳定性的一般原则是：尽可能地提高系统的稳定极限，尽可能减小加速面积而增大最大可能的减速面积。

通过前面对简单电力系统用等面积定则分析系统暂态稳定性可知，凡是提高发电机功率极限的措施，都有利于减小加速面积而增大最大可能减速面积。所以，凡是提高系统静态稳定性的措施都可以提高暂态稳定性。

下面分别介绍目前在电力系统中采用的一些提高系统静态稳定性和暂态稳定性的措施。

10.4.1　提高电力系统静态稳定性的措施

从静态稳定性的分析可知，若系统受到小扰动后具有较高的稳定极限，系统也就具有较高的静态稳定性。提高系统静态稳定性的措施如下：

1. 减小系统电抗

发电机电抗在系统总电抗中所占的比例很大（一般占 1/3 以上），但受制造成本和其他因素的限制,要想大幅度减小,比较困难。

变压器的电抗在系统总电抗中占有的比例较小。然而,在远距离超高压输电系统中,减小变压器的电抗,仍有一定的作用。例如,广泛采用的自耦变压器,除了节省材料、价格较便宜外,还因为它的电抗值较小,对提高远距离超高压输电系统的静态稳定性仍有一定的意义。

输电线路的电抗在系统总电抗中占有最大的比例,特别是远距离输电线路,有的将近占一半。所以,减小输电线路的电抗,对提高系统的静态稳定性有着十分重要的意义。可以通过以下措施来实现。

(1) 采用分裂导线。

采用分裂导线不仅可以防止电晕,而且还可以减小线路的电抗。一种新式紧凑型分裂导线同常规型分裂导线相比,更能大幅度减小电抗。但是,目前这种导线结构工艺复杂,造价较高。

(2) 采用串联电容补偿。

一般在较低电压等级线路上,串联电容补偿主要是用于调压;在较高电压等级线路上,串联电容补偿主要是用于减少等值电抗,提高系统的稳定性。但是线路上采用串联电容补偿后也带来一些新问题,如串联电容的过电压过电流保护、线路的继电保护及低频自发振荡等问题。

(3) 提高输电线路的额定电压等级。

从分析稳定性方面来考虑,提高线路的额定电压等级相当于减小了线路的电抗。但输电线路的额定电压等级提高,线路投资增加。

2. 提高系统的运行电压

提高系统运行电压水平,可以提高系统的稳定性。但系统运行电压水平提高,负荷所吸收的无功功率也要增加,所以要考虑系统有充足的无功电源。

3. 发电机采用自动调节励磁装置

发电机的自动调节励磁装置不仅对电力系统无功功率平衡和电压调整起主导作用,而且对提高电力系统的静态稳定性也起着十分重要的作用。当发电机没有采用自动调节励磁装置时,空载电动势 E_q 恒定,发电机的电抗为 X_d;当发电机装有了自动调节励磁装置以后,发电机可以做到使暂态电势 E' 或者机端电压 U_G 恒定,而 E' 恒定意味着发电机电抗 X_d 减小到 X_d';U_G 恒定则意味着 X_d 减小到几乎为零。由此可见,自动调节励磁装置对提高系统静态稳定性的效果是非常显著的。发电机都应尽可能地装设高灵敏、完善的新型自动调节励磁装置,如具有电力系统稳定器(简称 PSS)的自动调节励磁装置或微机的自动调节励磁装置等。

10.4.2 提高电力系统暂态稳定性的措施

从暂态稳定的分析可知,若系统受到大扰动后,发电机转子轴上的不平衡力矩将使并联运行发电机转子之间发生剧烈的相对运动,当发电机之间的功率角振荡超过一定限度时,发电机便会失去同步。因此,提高电力系统暂态稳定性的措施有以下几项:

1. 快速切除故障

快速切除故障是提高电力系统暂态稳定性最根本、最有效的措施。根据等面积定则,要使系统获得暂态稳定性，必须尽量减小加速面积，增大最大可能减速面积。减小加速面积最直接的方法就是快速切除故障。

切除故障的时间包括继电保护动作时间和从断路器接到跳闸脉冲到触头分开电弧熄灭为止的时间总和。因此，减小切除故障时间应从改善断路器性能和提高继电保护动作速度这两方面着手。目前最快可以做到短路故障后约一个工频周波（即 0.02s）切除故障；220kV 及以上电压等级的电力系统 1/4 至 1/2 周波内（即 0.05~0.1s）切除故障。

2. 采用自动重合闸装置

输电线路上的短路故障，绝大多数是瞬时性故障（例如雷击线路避雷器动作），当继电保护将故障线路两侧断路器断开，电弧熄灭后，绝缘又恢复到正常水平。在此情况下，若线路两侧都装有自动重合闸装置，则经预约时间延时后，两侧重合闸装置能自动将两侧断路器分别重合；若故障为永久性故障，则两侧重合闸装置能加速再次跳开两侧断路器。运行统计资料表明，输电线路自动重合闸动作成功率在 60%~90% 之间。因此，电力系统《继电保护和安全自动装置技术规程》规定，对于 1kV 及以上电压等级的输电线路，当具有断路器时，应装设自动重合闸装置。高压线路的自动重合闸装置，不仅可提高供电的可靠性，而且更重要的是可提高系统暂态稳定性。自动重合闸装置对提高电力系统暂态稳定性起着十分显著的作用。

在高压线路中，发生单相接地短路故障的概率最大。若采用综合重合闸装置，当线路发生单相短路故障时，通过选相元件仅将故障相实现单相重合闸，而非故障相照常运行，这样可以更好地提高电力系统的暂态稳定性，特别对于单回输电线路与系统连接的网络，则具有更重要的意义。

3. 设置开关站和采用强行串联电容补偿

（1）设置开关站。

当远距离输电线路的长度超过 300km 时，为了提高系统的稳定性，可以在输电线路中间设置开关站。若设置开关站，线路故障时切除的范围可以缩小，不仅提高系统的暂态稳定性，也提高故障后系统的静态稳定性。

（2）采用强行串联电容补偿。

若已经在输电线路上设置了串联电容补偿，为了提高系统的暂态稳定性和故障后的静态稳定性，以及改善故障时的电压质量，可以考虑采用强行串联电容补偿。

4. 采用电气制动和变压器中性点经小电阻接地

（1）电气制动。

所谓电气制动，就是当系统发生故障时，若送电端发电机输出给系统的电磁功率急剧减小，在送电端发电机出线立即投入电阻负荷（一般在发电机出线母线或升压变压器高压侧母线上加上一并联电阻），吸收发电机因系统故障而产生的过剩功率，抑制发电机转子加速。

许多大型水电厂把电气制动作为提高系统暂态稳定性的重要措施，因为水电厂调节阀门及水流的惯性较大，远不如火电厂快速气门的调节速度。

（2）变压器中性点经小电阻接地。

变压器中性点经小电阻接地实质上是系统在发生不对称接地短路时的电气制动。将小电阻接在发电机升压变压器星形侧中性点与大地之间。在正常运行状态下，没有电流通过小电阻；当系统发生不对称接地短路时，接在中性点的小电阻有零序电流通过。这时电阻中消耗的功率就起着电气制动的作用。

5. 减小原动机输入的机械功率

当系统故障使送电端发电机输出的电磁功率突然减少时，可以通过减少原动机输入机械功率的办法，抑制发电机转子的加速，提高系统暂态稳定性。下面介绍两种常用的方法。

（1）联锁切机。

所谓联锁切机就是在输电线路发生短路切除故障线路的同时（或重合闸不成功时），联锁切除线路送电端发电厂的部分发电机组。

（2）快速控制调速气门。

现在大容量汽轮发电机组都是高温、高压具有中间再热的机组，而且都配置了反应较快的阀门控制系统。因此在系统故障期间，这种机组能够做到快速关闭汽门，降低原动机的输入功率，提高系统的暂态稳定性。

6. 采用直流输电

直流输电是将送电端的交流电经升压、整流后，通过高压直流线路，送到受电端，然后在受电端将直流电逆变成交流电后，送入交流电力系统。由于直流输电传输的功率与频率无关，两端交流系统可以在不同的频率下，通过直流输电线路联在一起运行，所以，两个交流系统之间不存在稳定性问题。此外，还可以利用直流输电快速调整能力来提高两侧交流系统的稳定性。

7. 利用调度自动化提供的信息及时调整运行方式

电力系统运行调度自动化系统，很多都配备安全、经济分析的高级应用软件。在运行中，软件提供的安全分析信息，随时调整系统的运行方式，以保证系统的稳定性。

根据提高系统稳定性的一般原则，采取提高系统稳定性的措施很多，但应该指出，无论采用哪种措施来提高系统的稳定性，除了考虑技术上实现的可能性之外，还要考虑经济上的合理性；要考虑多种措施的合理配合问题。此外，还要从电力系统高速发展的特点来考虑这些措施。

项目实践　电力系统静态和暂态稳定试验

1. 静态稳定试验

（1）试验目的。

在物理动态模型系统上研究电力系统静态稳定问题，从而加深对静态稳定极限的理解，并提出提高静态稳定极限的方法。

（2）试验原理。

电力系统静态稳定性与发电机的功－角特性方程式中的各参数有直接关系。发电机功角特性方程式为

$$P = \frac{E_q U}{X_{d\Sigma}} \sin\delta$$

式中　P——系统传输功率；

　　　E_q——发电机横轴电势；

　　　U——系统侧电压；

　　　$X_{d\Sigma}$——系统综合电抗；

　　　δ——发电机功角。

上式中的 $\frac{E_q U}{X_{d\Sigma}}$ 一项为系统传输功率极限，此项若为定值，则传输功率为功角 δ 的函数。若 δ 角为定值，则系统传输功率与发电机电势 E_q、系统电压 U 成正比，与系统的综合电抗 $X_{d\Sigma}$ 成反比。

（3）试验内容。

1）观察发电机电压变化对静态稳定极限的影响。

2）手调励磁调节器对静态稳定极限的影响。

3）自动励磁调节器对静态稳定极限的影响。

4）输电线路长短对静态稳定地影响。

（4）试验步骤。

1）观察发电机电压变化对静态稳定极限的影响。

不投自动励磁调节器，在发电机 $P=0$ 时，调节系统电压和发电机电压都位 800V，然后在不调节励磁的情况下，不断地增加发电机有功功率，直至发电机失步。在增加发电机有功功率过程中，要记录 P 在不同点失 P 值及其他电量值，并求出稳态极限值。

不投自动励磁调节器，在发电机 $P=0$ 时，调节系统电压＝800V，发电机电压 760V，然后在不调节励磁的情况下，不断地增加发电机有功，直至发电机失步，在增加发电机有功功率过程中，要记录 P 在不同点时 P 值及其他电量值，并求出稳态极限值。

不投自动励磁调节器，在发电机 $P=0$ 时，调节系统电压＝800V，发电机电压 840V，然后在不调节励磁地情况下，不断地增加发电机有功直至发电机失步。在增加发电机有功功率过程中，要记录 P 在不同点时 P 值及其他电量值，并求出稳态极限值。

2）手调励磁调节器对静态稳定极限的影响。

不投自动励磁调节器，在发电机 $P=0$ 时，调节系统电压＝800V，发电机电压＝800V，然后在维持发电机电压＝800V 的情况下，不断地增加发电机有功直至发电机失步。在增加发电机有功功率过程中，要记录 P 在不同点时 P 值及其他电量值，并求出稳态极限值。

3）自动励磁调节器对静态稳定极限的影响

在发电机 $P=0$ 时，调节系统电压＝800V，发电机电压＝800V，在调整自动调节器的放大倍数为 1 后，投入自动励磁调节器，然后不断地增加发电机有功直至发电机失步。在增加发电机有功功率过程中，要记录 P 在不同点时 P 值及其他电量值，并求出稳态极限值。

在发电机 $P=0$ 时，调节系统电压＝800V，发电机电压＝800V，在调整自动调节器的放大倍数为 6 后，投入自动励磁调节器。然后不断地增加发电机有功功率直至发电机失步。在增加发电机有功功率过程中，要记录 P 在不同点时 P 值及其他电量值，并求出稳态极限值。

4) 输电线路长短对静态稳定地影响切除一回线，不投自动励磁调节器，在发电机 $P=0$ 时，调节系统电压 $=800\text{V}$，发电机电压 $=800\text{V}$，然后在不调节励磁的情况下，不断地增加发电机有功直至发电机失步。在增加发电机有功功率过程中，要记录 P 在不同点时 P 值及其他电量值，并求出稳态极限值。

(5) 试验要求。

把上述实验纪录分别在坐标纸上作出曲线并加以分析。

2. 电力系统暂态稳定试验

(1) 试验目的。

在物理动态模型系统上，研究电力系统暂态稳定问题，研究影响暂态稳定极限的因素。

(2) 试验原理。

电力系统暂态稳定问题是指电力系统受到较大的扰动之后，各发电机能否继续保持同步运行的问题。在各种扰动中以短路故障的扰动最为严重。

正常运行时发电机功率特性为：$P_1=(E_\circ \times U_\circ)\times \sin\delta_1/X_1$；短路运行时发电机功率特性为：$P_2=(E_\circ \times U_\circ)\times \sin\delta_2/X_2$；故障切除发电机功率特性为：$P_3=(E_\circ \times U_\circ)\times \sin\delta_3/X_3$；对这三个公式进行比较，我们可以知道决定功率特性发生变化与阻抗和功角特性有关。而系统保持稳定条件是切除故障角 δ_c 小于 $\delta_{\max}$，$\delta_{\max}$ 可由等面积原则计算出来。本试验就是基于此原理，由于不同短路状态下，系统阻抗 X2 不同，同时切除故障线路不同也使 X3 不同，$\delta_{\max}$ 也不同，使对故障切除的时间要求也不同。

同时，在故障发生时及故障切除通过强励磁增加发电机的电势，使发电机功率特性中 $E_\circ$ 增加，使 $\delta_{\max}$ 增加，相应故障切除的时间也可延长；由于电力系统发生瞬间单相接地故障较多，发生瞬间单相故障时采用自动重合闸，使系统进入正常工作状态。这两种方法都有利于提高系统的稳定性。

(3) 试验内容。

不同故障类型、故障时间下的暂态稳定极限的测定。

(4) 试验步骤。

1) 发电机并列运行后，退出自动励磁调节器，缓慢调节速度给定旋扭和以较长间隔时间不断按动增、减磁按钮，使发电机 $P=0\text{kW}$，并使发电机电压为额定值。然后在不调节励磁的情况下，通过调节发电机的有功功率，测定在故障时间为 0.5s 时两相短路、三相短路的暂态极限功率。

2) 发电机并列运行后，退出自动励磁调节器，缓慢调节速度给定旋扭和以较长间隔时间不断按动增、减磁按钮，使发电机 $P=0\text{kW}$，并使发电机电压为额定值。然后在不调节励磁的情况下，通过调节发电机的有功功率，测定在故障时间为 1.0s 时两相短路、三相短路的暂态极限功率。

3) 发电机并列运行后，退出自动励磁调节器，缓慢调节速度给定旋扭和以较长间隔时间不断按动增、减磁按钮，使发电机 $P=0\text{kW}$，并使发电机电压为 110% 额定值。然后在不调节励磁的情况下，通过调节发电机的有功功率，测定在故障时间为 0.5s 时两相短路、三相短路的暂态极限功率。

4）发电机并列运行后，投入自动励磁调节器，缓慢调节速度给定旋扭和以较长间隔时间不断按动增、减磁按钮，使发电机 $P=0\text{kW}$，并使发电机电压为额定值。通过调节发电机的有功功率，测定在故障时间为 0.5s 时两相短路、三相短路的暂态极限功率。

课 后 思 考 题

10-1 何谓电力系统的稳定性？一般可将电力系统的稳定性分为哪几类？

10-2 什么叫同步发电机的功角特性？功率角 δ 有哪些含义？

10-3 电力系统静态稳定性的实用判据是什么？如何分析系统是否具有静态稳定性？

10-4 何为等面积定则？如何判断电力系统的暂态稳定性？

10-5 什么叫极限切除角？什么叫极限切除时间？

10-6 提高电力系统静态稳定性的一般原则是什么？简述提高静态稳定性措施。

10-7 提高电力系统暂态稳定性的一般原则是什么？简述提高暂态稳定性措施。

10-8 为什么说提高系统静态稳定性的措施都可以提高暂态稳定性？

项目 11　直流输电基本知识

教与学目标
1. 掌握直流输电系统的概念。
2. 熟悉直流输电系统主要组成部件及作用。
3. 能分析直流输电基本工作原理，重点理解整流器工作原理。

11.1　直流输电概述

11.1.1　直流输电的基本概念

直流输电是指将发电厂发出的交流电，经换流站（整流站）变换成直流电，继而通过直流线路输送至受电端，再经换流站（逆变站）将直流电变换成交流电供给交流电网的一种输电方式。

11.1.2　高压直流输电系统（HVDC）分类

依据换流站数目的不同，直流输电系统分为两端直流输电系统和多端直流输电系统。

1. 两端 HVDC 系统

由两个换流站组成的直流输电系统称为两端直流输电系统。两端直流输电系统按照构成方式的不同可分为三种类型：单极、双极、背靠背。

（1）两端单极 HVDC 系统。两端单级 HVDC 系统根据回流方式不同又分为大地（海水）回流式和导线回流式系统。

1）大地（海水）回流方式。换流站出线端对地电位为正称为正极，与之相连的导线称为正极导线，对地电位为负的称为负极，与之相连的导线称为负极导线。单级 HVDC 系统一般采用正极接地（即以负极运行），采用一根负极导线，经由大地或海水提供回路，如图 11-1 所示。系统采用负极运行时线路受雷击的概率及电晕引起的无线干扰比以正极运行时小。

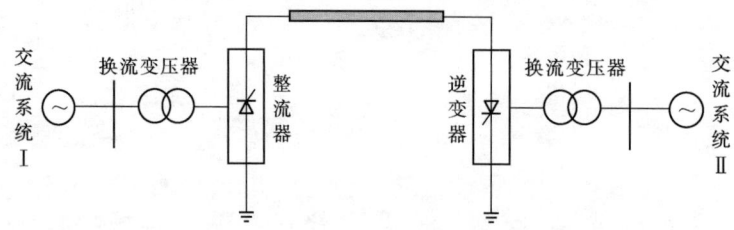

图 11-1　大地（海水）回流式系统示意图

大地（海水）回流式可大量降低输电线路造价，但是对接地极的材料设置方式有较高

11.1 直流输电概述

要求,同时回流会对地下铺设物、通信线路及磁性罗盘等造成影响和危害。目前没有大地回流的实例,海水回流在穿越海峡送电工程中获得应用。

2) 导线回流方式。两端单级系统导线回流式通过一根正极导线提供回路,如图 11-2 所示。这种方式在经济上不是很合理,通常作为直流输电工程的阶段投资和建设,比如作为双极系统建设中的一个阶段运行。

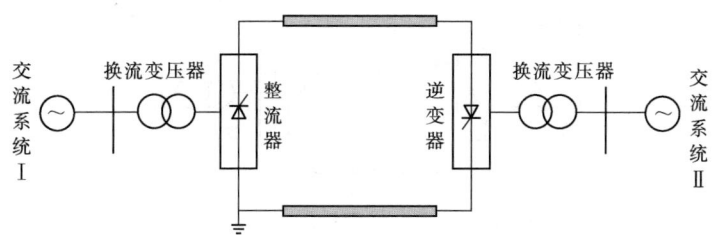

图 11-2 导线回流式系统示意图

(2) 两端双极 HVDC 系统。

1) 中性点两端接地方式。两端双极 HVDC 中性点两端接地系统如图 11-3 所示,这种方式整流和逆变侧中性点均通过接地极接入大地或海水中,类似于两个以大地或海水作为回流的单级方式。在对称运行情况下,两回路电流大小一致,方向相反,实际接地电流很小。当一极出现故障退出运行时,另一极仍能以大地或海水回流输送50%的电力。

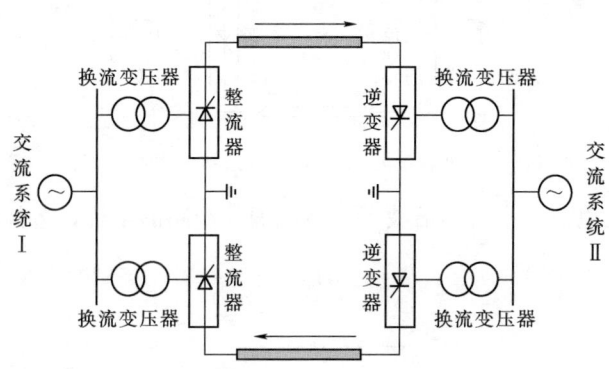

图 11-3 两端双极 HVDC 中性点两端接地系统示意图

2) 中性点单端接地方式。两端双极 HVDC 中性点两端接地系统如图 11-4 所示,两端双极 HVDC 中性点单端接地方式中,整流或逆变侧的某一端中性点接地,避免不平衡造成的接地极电流。但当一极故障退出运行时,整个直流系统必须停运,降低了可靠性及可用率。

3) 中性线接地方式。

两端双极 HVDC 中性线接地系统如图 11-5 所示,这种方式中性点通过中性线相接,同时也接地,当一极故障时,由中性线充当回路。

(3) 背靠背换流站。背靠背换流站接线如图 11-6 所示,它是一种没有直流输电线路的 HVDC 系统,主要用于两个非同步运行的交流电力系统之间的联网或送电,也称非同步联络站。通常整流站和逆变站的设备通常装设在一个站内,也称背靠背换流站。通常直

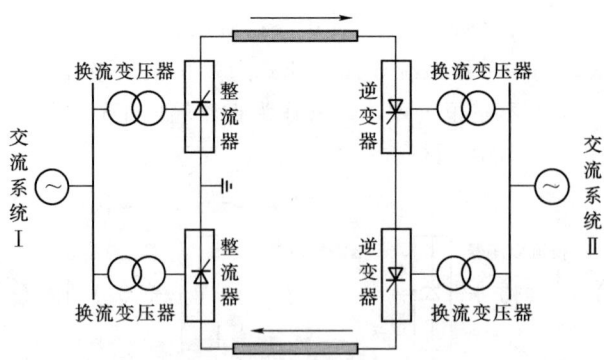

图 11-4 两端双极 HVDC 中性点单端接地系统示意图

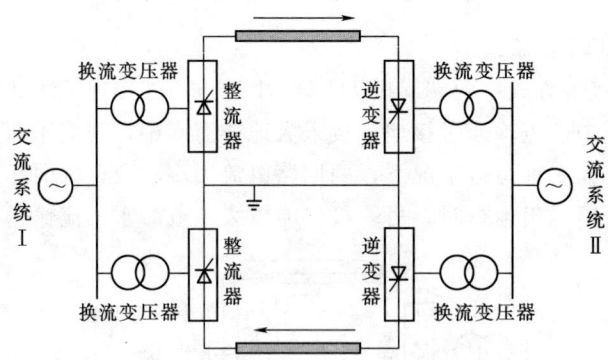

图 11-5 两端双极 HVDC 中性线接地系统示意图

流侧可选择低电压大电流，直流侧谐波不会造成通信线路的干扰，造价也比常规换流站降低约 15%～20%。

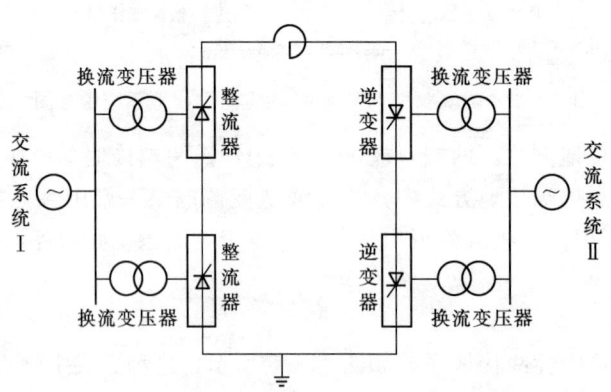

图 11-6 背靠背换流站接线示意图

2. 多端直流输电系统（MTDC）

将直流系统连接到交流电网上的节点多于两个时就构成了多端直流输电系统（MT-

11.1 直流输电概述

DC），MTDC 可分为两种形式：串联和并联。

（1）串联式 MTDC 系统。串联式 MTDC 系统如图 11-7 所示，多个换流器串联于直流网络中，公共（直流）电流流经所有换流器。

（2）并联式 MTDC 系统。并联式 MTDC 系统如图 11-8 所示，多个换流器并联于直流网络中，共有一个相同的直流电压，包含辐射状直流网络型 MTDC 和网状直流网络型 MTDC。

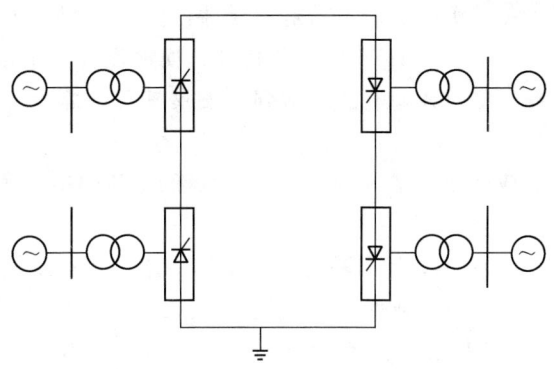

图 11-7 串联式 MTDC 示意图

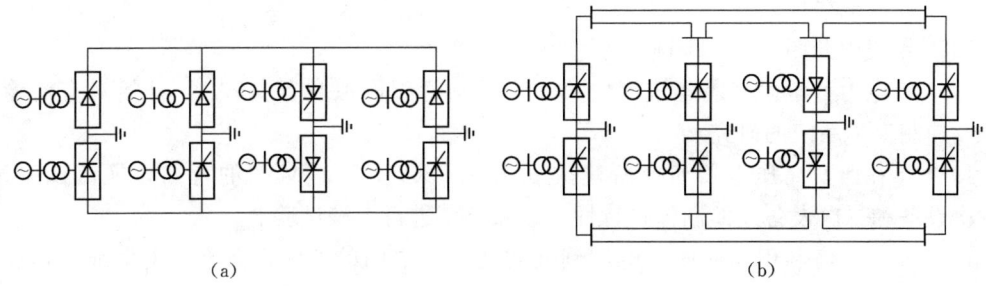

(a)　　　　　　　　　　(b)

图 11-8 并联式 MTDC 系统示意图
(a) 辐射状；(b) 网状

11.1.3 高压直流输电发展

1. 国外直流输电发展概况

直流输电的发展与换流技术的发展（特别是高压大功率换流设备的发展）有密切联系。高压直流输电的发展主要经历了三个发展阶段，即试验性阶段、发展阶段、大力发展阶段。

（1）第一阶段（1954 年前）——试验性阶段。1882 年世界上第一个直流输电工程在德国首次试验成功，标志着 HVDC 从此进入试验性阶段。该工程送端为米期巴赫煤矿，受端为慕尼黑国际展览会，电压 2kV，功率 1.5kW，直流输电线路为 57km 电报线。该工程线路损耗高达 78%。

试验性阶段 HVDC 主要特征：工程运行参数较低，运行方式复杂，可靠性低；换流设备几乎是低参数的汞弧阀；工程发展速度较慢。

（2）第二阶段（1954—1972 年）——稳步发展阶段。1954 年世界上第一个直流输电工程——果特兰岛直流输电工程在瑞典投入商业运行，标志着 HDVC 从此进入稳步发展阶段。该工程送端瑞典大陆，受端果特兰岛，电压 100/150kV，功率 20MW/30MW，利用 96km 海底电缆作为直流输电线路。

处于稳步发展阶段的 HVDC 的主要特征：HVDC 完全进入实用化阶段；用途扩大；换流设备仍是汞弧阀，但参数和质量大大提高；工程投产速度加快，达到 1 个/2 年。

（3）第三阶段（1972 年以来）——大力发展阶段。1972 年，加拿大伊尔河背靠背直流工程首次全部采用晶闸管元件,标志着 HVDC 从此进入大力发展阶段。

该阶段的 HVDC 主要特征:换流设备几乎都采用晶闸管;几乎所有工程都是超高压工程;单回线输电能力增强;发展速度非常快,规模越来越大,工程投产速度平均 2 个/年。

截至 2003 年,世界上已投运的直流输电工程有 76 个,其中晶闸管阀工程 65 个,汞弧阀工程 11 个。

1997 年 3 月,随着世界上第一个采用绝缘栅双极晶体管(IGBT)组成电压源换流器的直流输电工业性实验工程(Hellsjon 工程)在瑞典投入使用,这种被称为轻型直流输电(HVDC Light)工程在小型输电工程中具有较好竞争力。目前,世界上已有 11 个 HVDC Light 工程投入运行,随着 IGBT 等器件容量的提高,这些新型的半导体换流器件将会取代普通晶闸管。

2. 我国直流输电发展

1958 年我国开始研究 HVDC。

1963 年电力科学研究院建成国内第一个晶闸管阀模拟装置(5A),开始对直流输电技术及控制保护系统的研究。

1974 年在西安高压电器研究所建成 8.5kV、200A、1.7MW 的背靠背换流试验站,对一次设备和二次设备及控制保护特性、故障类型进行考核试验。

1977 年在上海利用杨树浦发电厂到九龙变电所之间的 23kV 交流报废电缆,建成了 31kV、150A、4.65MW 的直流输电实验工程,全长 8.6km,对换流站产生的谐波和无线电干扰进行了实测和分析。

以上工作为国内直流输电工程的设计、调试和运行积累了宝贵的经验,进行了充分的技术准备。此后国内主要的 HVDC 工程见表 11 - 1。

表 11 - 1　　　　　　　我国主要直流输电工程一览表

工程名称	投运时间	换流站	技术参数	工程特点
舟山直流输电工程	1987 年 12 月 8 日	宁波大碶镇 舟山群岛鳌头浦	-100kV,50MW, 0.5kA,42km 架空线,12km 海底电缆	我国第一个试点工程;完全由我国自行完成
葛洲坝—南桥直流输电工程	单极投运 1989 年 9 月 双极投运 1990 年 8 月	葛洲坝 南桥	±500kV 1200MW 1.2kA 1045km	我国第一个跨大区、跨系统、超高压、大容量、远距离 HVDC 工程
天生桥—广州直流输电工程	单极投运 2000 年 12 月 双极投运 2001 年 6 月	天生桥马窝换流站 广州北郊换流站	±500kV 1800MW 1.8kA 980km	我国第一个交直流并联工程 世界上第一个远距离架空线路上采用有源滤波器
嵊泗直流输电工程	2002 年	芦潮港换流站 嵊泗换流站	±50kV 60MW 0.6kA 66.2km	我国自行设计和建造的双极海底电缆直流工程

续表

工程名称	投运时间	换流站	技术参数	工程特点
三峡—常州直流输电工程	单极投运2002年12月 双极投运2003年7月	三峡龙泉换流站 江苏常州政平换流站	±500kV 3000MW 3kA 860km	当时世界上容量第二大HVDC工程
三峡—广东直流输电工程	单极投运2004年2月 双极投运2004年6月	三峡荆州换流站 广东惠州换流站	±500kV 3000MW 3kA 976km	
贵州—广东直流输电工程	单极投运2004年5月 双极投运2004年9月	贵州安顺换流站 广东肇庆换流站	±500kV 3000MW 3kA 882km	世界上第一个高海拔换流站 首次采用三调谐滤波器 首次采用带正向保护LTT阀 同规模工程中投资最低（56.3亿）
灵宝背靠背直流工程	2005年6月	西北 河南	120kV 360MW 3kA	我国第一个背靠背HVDC工程
三峡—上海直流输电工程		宜都换流站 华新换流站	±500kV 360MW 3kA 1040km	
贵广二回直流线路	2007年6月	贵州兴仁换流站 广州深圳换流站	±500kV 360MW 3kA 1225km	
云南—广东特高压直流输电示范工程	单极投运2009年 双极投运2010年	云南楚雄州禄丰县 广州增城市	±800kV 5000MW 1438km	
四川—上海特高压直流输电示范工程	2011年	四川复龙换流站 上海奉贤换流站	±800kV 6400MW 2000km	

11.1.4 直流输电的主要适用场合

（1）远距离大容量输电。

（2）不同频率或相同频率不同步运行的交流系统之间联络。

（3）海底电缆送电。

（4）现有交流输电线路的增容改造。

11.2 直流输电工作原理

11.2.1 HVDC系统的组成

直流输电系统主要由换流器（整流器和逆变器）、直流线路、交流侧和直流侧的电力滤波器、无功补偿装置、换流变压器、直流电抗器以及保护、控制装置等构成，如图11-9所示。

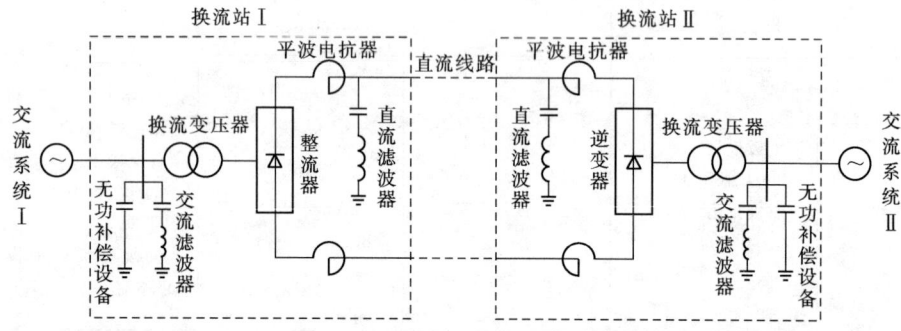

图11-9 HVDC系统组成

两端直流输电系统中，交流电力系统Ⅰ和交流电力系统Ⅱ分别为送端和受端。直流输电系统基本工作原理是交流电力系统Ⅰ的交流功率经换流变压器送到整流器，由整流器把交流功率换成直流功率，然后由直流线路把直流功率输送给逆变站内的逆变器，逆变器将直流功率变换成交流功率，再经换流变压器送入受端的交流电力系统Ⅱ。

1. 换流器

换流器是直流输电系统的核心，它完成交流和直流之间的变换。将交流电转换成直流电的换流器成为整流器；将直流电转换成交流电的换流器成为逆变器。

直流输电所用的换流器通常采用12个（或6个）换流阀组成的12脉动换流器（或6脉动换流器）。早期的直流输电工程曾采用汞弧阀换流，20世纪70年代以后均采用晶闸管换流阀。目前，新型半导体器件绝缘栅双极晶体管（IGBT）得到广泛应用。

2. 换流变压器

换流变压器是向换流器提供适当等级电压的不接地三相电压源设备。它可实现交、直流侧的电压匹配和电隔离，可以限制直流故障电流，削弱交流系统入侵直流系统的过电压，能减少注入交流系统的谐波。

换流变压器阀侧绕组所承受的电压为直流电压叠加交流电压，而且两侧绕组中均有一系列的谐波电流。因此，换流变压器的设计、制造和运行均和普通电力变压器有所不同。

3. 平波电抗器（直流电抗器）与交直流滤波器

平波电抗器与直流滤波器共同承担直流侧滤波的任务，同时它还具有防止线路上的陡波进入换流站，防止直流电流断续，降低逆变器换相失败率等功能。运行时换流器的交流侧和直流侧都会产生谐波，所以在两侧需要装设交流滤波器和直流滤波器。

4. 无功补偿装置

由晶闸管换流阀组成的电网换相换流器，运行中还吸收大量的无功功率。因此，在换流站要利用交流滤波器提供的无功，有时还需要另外装设无功补偿装置。

11.2.2 换流电路的工作原理

目前在各种换流电路中，应用最为广泛的是三相桥式全控换流电路，其原理接线如图 11-10 所示。习惯将其中阴极连接一起的晶闸管称为共阴极组，阳极连接在一起的晶闸管称为共阳极组。同时习惯上希望晶闸管按从 1~6 的顺序导通，为此将晶闸管按图示顺序编号。

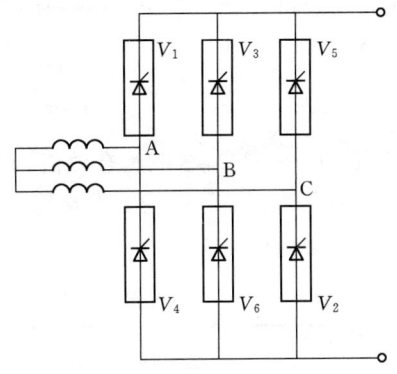

图 11-10 三相桥式换流器原理接线图

根据电力电子技术中关于晶闸管的知识学习可知，桥阀从关断状态转入导通状态必须同时具备两个条件：①阀承受正向电压，即阀的阳极电位高于阴极电位；②控制极得到足够能量的触发脉冲信号。

1. 整流器工作原理

(1) 理想情况下工作原理。所谓理想情况是指不考虑阀导通时的延迟（晶闸管触发角 $\alpha=0°$ 时），也不考虑变压器漏磁通而产生的绕组电抗（即重叠角 $\mu=0°$）。此时对共阴极的三个晶闸管，阳极所接交流电压值最高的一个导通，而对于共阳极的三个晶闸管，则是阴极所接交流电压最低（即负的最多）的一个导通。这样，任何时刻，共阴极和共阳极各有 1 个晶闸管处于导通状态，且施加于负载上的电压为某一线电压。此时电路工作波形如图 11-11 所示。

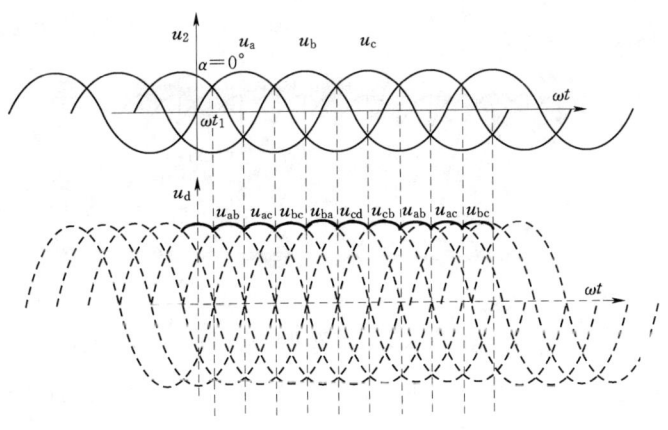

图 11-11 三相桥式整流器电压 $\alpha=0°$，$\mu=0°$ 时波形

$\alpha=0°$ 时，各晶闸管均在自然换相点换相，由于共阴极组处于导通状态的晶闸管对应最大相电压，共阳极组中处于导通状态的晶闸管对应最小相电压，输出整流电压 u_d 为这两个相电压想减，是线电压中最大的一个，故输出整流电压 u_d 为线电压正半周期的包络线。以上分析说明，整流输出电压波形在一个周期内脉动 6 次，且每次波形相同，因此算

平均值时可只对一个脉冲进行计算。整流电压输出的平均值 U_d

$$U_d = U_{d0} = \frac{1}{\frac{\pi}{3}} \int_{\frac{\pi}{3}}^{\frac{2\pi}{3}} \sqrt{2} E \sin\omega t \, d(\omega t) = \frac{3\sqrt{2}}{\pi} E$$

式中　E——交流线电压有效值。

为说明各晶闸管的工作情况，将 1 个周期的波形等分为 6 段，每段 60°，每段导通晶闸管以及输出整流电压情况见表 11-2 所列。

表 11-2　　　　三相桥式全控整流电路电阻负载 $\alpha = 0°$ 时晶闸管工作情况

时段	Ⅰ	Ⅱ	Ⅲ	Ⅳ	Ⅴ	Ⅵ
共阴极组导通的晶闸管	VT_1	VT_1	VT_3	VT_3	VT_5	VT_5
共阳极组导通的晶闸管	VT_6	VT_2	VT_2	VT_4	VT_4	VT_6
整流输出电压 u_d	$u_a - u_b = u_{ab}$	$u_a - u_c = u_{ac}$	$u_b - u_c = u_{bc}$	$u_b - u_a = u_{ba}$	$u_c - u_a = u_{ca}$	$u_c - u_b = u_{cb}$

（2）考虑延迟角情况。从自然换相点到阀的控制极上加以控制脉冲这段时间，用电气角度来表示，称为延迟角，也成为触发角。当触发角 α 改变时，电路的工作情况发生变化，$\alpha = 30°$ 时的波形如图 11-12 所示。从 ωt_1 角开始把一个周期等分为 6 段。与 $\alpha = 0°$ 情况相比，晶闸管起始导通时刻推迟了 30°，组成 u_d 的每段电压因此延迟 30°，u_d 平均值降低。

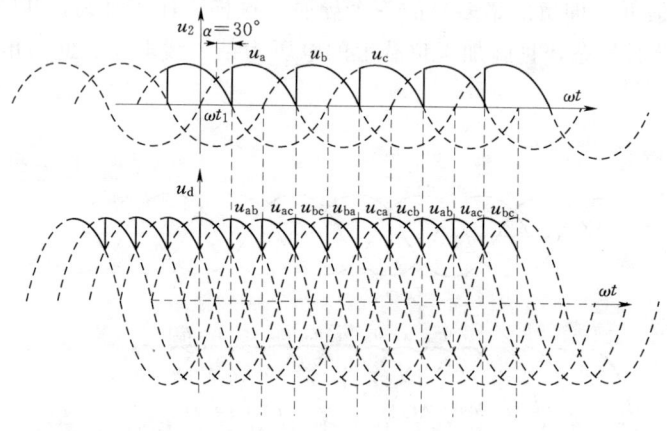

图 11-12　三相桥式全控整流电路 $\alpha = 30°$，$\mu = 0°$ 时波形

同理，求其直流电压平均值，可取一个周期的 1/6 进行积分，直流平均电压：

$$U_d = \frac{1}{\frac{\pi}{3}} \int_{\frac{\pi}{3}+\alpha}^{\frac{2\pi}{3}+\alpha} \sqrt{2} E \sin(\omega t) d(\omega t) = 1.35 E \cos\alpha$$

从上式可以看出，在考虑触发角的情况下，与理想情况相比，直流输出电压改变了一个 $\cos\alpha$，改变 α，可以改变 U_d，从而改变直流输出功率。

（3）考虑延迟角和换相电感情况。三相桥式全控整流电路中当导通的阀从一个换到另一个的过程当中，例如阀 V_1 换相至阀 V_3，由于系统存在着电感，换流变压器也有漏抗，所以回路中的电流不能突变，即阀 V_1 中的电流不会立即降至零，阀 V_3 中的电流也不会立即上升至额定值，而是存在一个 V_1 和 V_3 共同导通的时间。在这段时间内，相当于交流 a、b 两相短路，如图 11-13 所示。

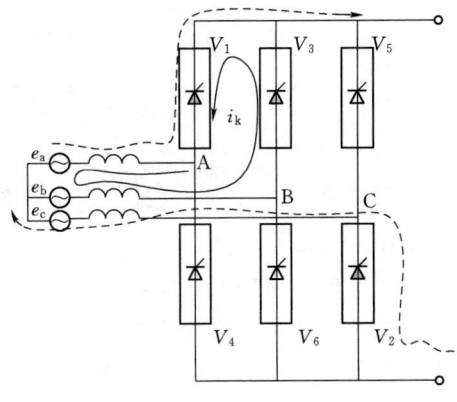

此时换相电压波形如图 11-14 所示：

$$2L_c \frac{di_k}{dt} = \sqrt{2}E\sin(\omega t) \Rightarrow$$

$$i_k = \frac{\sqrt{2}E}{2wL_c}\cos(\omega t) + C$$

图 11-13　$\alpha>0°\mu>0°$ 时的换相电流

因换相开始瞬间电流不突变，故 $wt=\alpha$ 时，$i_k=0$ 代入得 $C=-\frac{\sqrt{2}E}{2wL_c}\cos\alpha$，故

$$i_k = -\frac{\sqrt{2}E}{2wL_c}(\cos\alpha - \cos wt)$$

当 $wt=\alpha+\mu$ 时，$i_k=I_d$，代入 $i_k = -\frac{\sqrt{2}E}{2wL_c}(\cos\alpha - \cos wt)$ 得

$$I_d = -\frac{\sqrt{2}E}{2wL_c}[\cos\alpha - \cos(\alpha+\mu)]$$

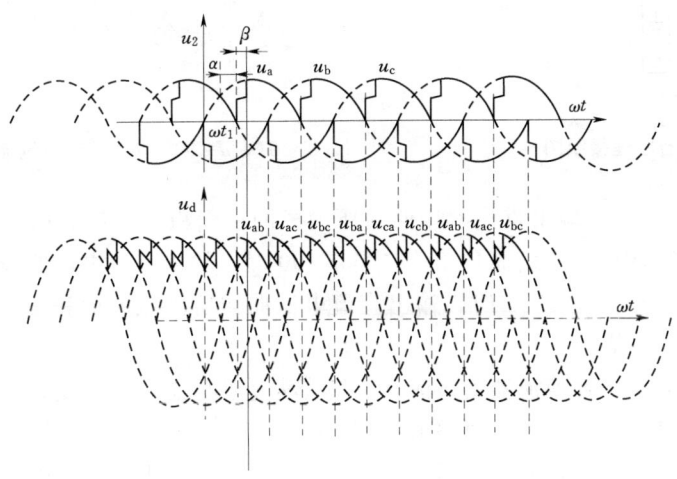

图 11-14　$\alpha>0°\mu>0°$ 时整流器直流电压波形

可求出直流电压平均值 V_d

$$V_d = \frac{1}{\frac{\pi}{3}}(A - \Delta A) = \frac{3\sqrt{2}}{\pi}E\cos\alpha - \Delta V$$

$$\Delta A = \frac{1}{2}\int_{\alpha}^{\alpha+\beta}\sqrt{2}E\sin(wt)\mathrm{d}(wt) = \frac{\sqrt{2}}{2}E[\cos\alpha - \cos(\alpha+\mu)]$$

$$\Delta V = \frac{\Delta A}{\frac{\pi}{3}} = \frac{3\sqrt{2}}{2\pi}E[\cos\alpha - \cos(\alpha+\mu)]$$

有了重叠角之后，直流输出电压降低了 ΔV。

2. 逆变器工作原理

鉴于阀的单向导电特点，不论换流器处于整流还是逆变状态，直流电流方向是不变的。因此，要使整流转换到逆变状态以实现功率流动方向改变，需改变直流电压的极性。逆变器原理接线图如图 11-15 所示。

前面所讨论的整流器工作原理，是在 α 较小的情况下。若 $60°<\alpha<90°$，则换流器直流端电压 u_d 将交替出现正值和负值。如图 11-16 所示。

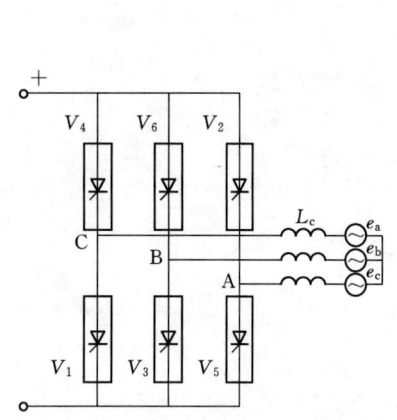

图 11-15　逆变器原理接线图

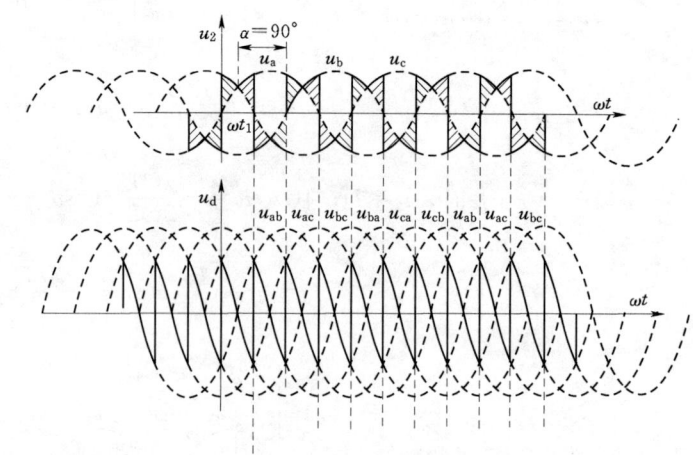

图 11-16　$\alpha=90°$，$\mu=0°$ 时换流器电压波形

当 $60°<\alpha<90°$ 时，输出直流电压曲线所围成的正面积大于负面积；当 $\alpha=90°$ 时，输出直流电压曲线所围成的正负面积相等；当 $\alpha>90°$ 时，输出直流电压曲线所围成的负面积大于正面积；当 $120°<\alpha<180°$ 时，输出直流电压曲线所围成的面积全部是负的；当 $\alpha=180°$ 时，达到负的极值。

从以上分析，为了使换流器由整流状态转变为逆变状态，除改变直流电压极性外，还须加大延迟角，使 $\alpha>90°$。所以对整流范围，$0<\alpha<90°$，对逆变范围 $90<\alpha<180°$。在分析逆变状态时，为了方便，通常以超前角 β 代替延迟角 α，即以 $\alpha=180°-\beta$ 这一关系代入整流状况下的公式中，就可以得到逆变状况时的有关公式。

逆变器工作原理与整流器工作原理有很多相同之处，也有一些不同，主要不同点在于逆变器是利用加在阀上的交流电压处于负半周时使阀导通。逆变器工作规律是电流从高电位阀流进，经低电位阀流出。这种情况之所以成为可能。逆变器的电压波形如图 11-17 所示。

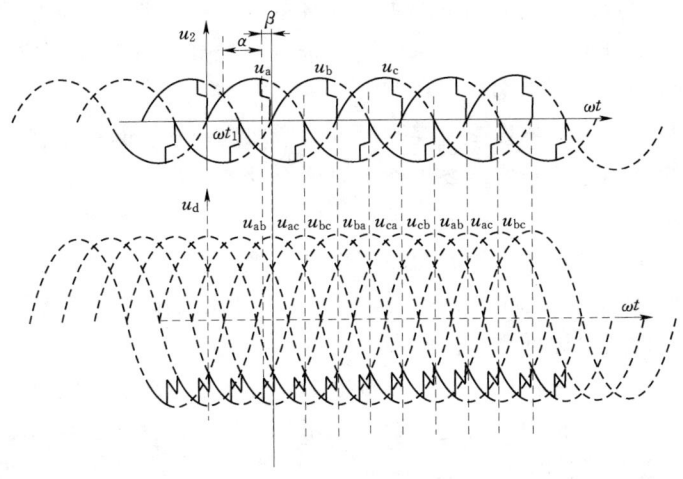

图 11-17 逆变器的电压波形

11.3 直流输电与交流输电之比较

11.3.1 高压直流输电与交流输电比较

1. 技术性比较

(1) 功率传输特性。交流系统为了满足稳定问题，常需采用补偿、调相、提高输电电压等措施，增加很多电气设备，代价昂贵。直流输电没有相位和功角，不存在稳定问题，只要电压降、网损等技术指标符合要求，就可达到传输目的，无需考虑稳定性，此为直流输电的一大优势。

(2) 线路故障时的自防护能力。交流线路单相接地后，其消除过程一般约 0.4~0.8s 加上重合闸时间，约 0.6~1s 恢复。直流线路单极接地，整流、逆变两侧晶闸管阀立即闭锁，电压降为零，迫使直流电流降到零，故障电弧熄灭不存在电流无法过零的困难，直流线路单极故障的恢复时间一般在 0.2~0.35s 内。从自恢复能力看，交流线路单相重合闸需满足单相瞬时稳定才能恢复供电，直流则不存在此限制条件。若线路上的故障在重合（直流为再启动）中重燃，交流线路就三相跳闸。直流线路则可用延长留待去游离时间及降压来进行第 2、第 3 次再启动，给线路消除故障、恢复正常运行创造条件。对于单片绝缘子损坏，交流必然三相切除，直流则可降压运行。

因此，对于占线路 80%~90% 的单相（或单极）瞬时接地而言，直流比交流具有响应快，恢复时间短，不受稳定制约，可多次再启动和降压运行来创造消除故障恢复正常运行条件等多方面优点。

(3) 过负荷能力。交流输电线路就较高的持续运行能力，受发热条件限制的允许最大连续电流比正常输电功率大的多，其最大输送容量往往受稳定极限控制。直流线路也有一定过负荷能力，受制约的往往是换流站。总的来说，就过负荷能力而言，交流有更大的灵活性，直流如果需要更大的过负荷能力，则在设备选择时要预先考虑，此时需要增大投资。

(4) 潮流和功率控制。交流输电取决于网络参数、发电机与负荷的运行方式，值班人员需进行调度，但又难于控制，直流输电则可全自动控制。直流输电控制系统响应快速、调节精准、操作方便、能实现多目标控制。

(5) 短路容量。两个系统以交流互联时，将增加两侧系统的短路容量，有时候会造成部分原有断路器不能满足遮断容量要求而需要更换设备。直流互联时，不论在哪里发生故障，在直流线路上增加的电流都不大，因此不增加交流系统的短路容量。

(6) 电缆。电缆绝缘用于直流的允许工作电压比用于交流时高 2 倍，例如 35kV 的交流电缆容许在 100kV 左右直流电压下工作，所以在直流工作电压与交流工作电压相同的情况下，直流电缆的造价远低于交流电缆。

(7) 输电线路的功率损耗比较。直流输电中，直流输电线路沿线电压分布平稳，没有电容电流，在导线截面积相同、输送有功功率相等条件下，直流线路功率损耗约为交流线路的 2/3，并且不需要并联电抗补偿。

(8) 调度管理。通过直流线路互联的两端交流系统能以各自的频率运行，输电功率也可保持恒定，互相之间的干扰和影响小，运行管理简单方便，对我国当前发展跨大区互联、合同售电、合资办电等形成的联合电力系统尤为适宜。

(9) 线路走廊。按同电压 500kV 考虑，一条 500kV 直流输电线路的走廊约 40m，一条 500kV 交流输电线路的走廊约 50m，但是 1 条同电压的直流线路输送容量约为交流的 2 倍，直流输电的线路走廊其传输效率约为交流线路的 2 倍甚至更多一点。

2. 可靠性比较

整个系统可靠性从强迫停运率和电能不可用率两个方面衡量。

(1) 强迫停运率（表 11-3）。

表 11-3　　　　　　　　　　强　迫　停　运　率

名　称	交　流		直　流	
	单回	双回	单极	双极
线路/(次/百公里/年)	0.299	0.054	0.126	0.055
两端换流站/(次/年)	0.56	0.12	4.8	0.2

(2) 电能不可用率（表 11-4）。

表 11-4　　　　　　　　　　电 能 不 可 用 率

名　称	输电容量损失 50%		输电容量损失 100%	
	交流	直流	交流	直流
线路	0.75	0.07	0.05	0.016
换流站	0.07	0.62	0.007	0.002
总计	0.82	0.69	0.057	0.018

(3) 经济性比较。输送容量确定后，直流换流站的规模随之确定，其投资也固定下来，距离增加只与线路造价有关。对于交流输电方式，输电距离不单影响线路投资，同时也影响变电部分投资。

就变电和线路两部分看,直流输电换流站投资占比重很大,而交流输电的输电线路投资占主要部分;同时直流输电的网损又比交流的小很多。因此,随着输电距离的改变,交、直流两种输电方式的造价和总费用将相应的变化,如图11-18所示。

在某一输电距离下,两者总费用相等,这一距离称为等价距离。这是重要的工程初估数据。超过这一距离采用直流有力;小于这一距离采用交流有利。

当输送功率增大时,直流输电可采取提高电压、加大导线截面的办法,交流输电则往往只好增加回路数。

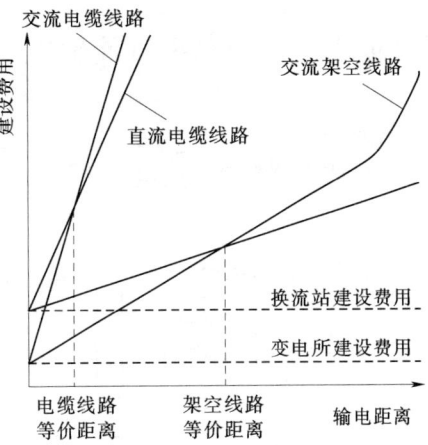

图 11-18 交、直流输电建设费用与输电距离的关系

11.3.2 直流输电工程特点

1. 直流输电优点

(1) 直流输电架空线路只需要正负两级导线、杆塔结构简单、线路造价低、损耗小。

(2) 直流电缆线路输送容量大、造价低、损耗小、不易老化、寿命长,且输送距离不受限制。

(3) 直流输电不存在交流输电的稳定问题,有利于远距离大容量输电。

(4) 采用直流输电可实现电力系统之间的非同步联网。

(5) 直流输电输送的有功功率和换流器消耗的无功功率均可由控制系统进行控制,可利用这种快速可控性来改善交流系统运行性能。

(6) 在直流电作用下,只有电阻起作用,电感和电容均不起作用,直流输电采用大地为回路,直流电流则向电阻率低的大地深层六区,可很好地利用大地这一良导体。

(7) 直流输电可方便地进行分期建设和增容扩建,有利于发挥投资效益。

(8) 直流输电输送的有功及两端换流站消耗的无功均可用手动或自动方式进行快速控制,有利于电网的经济运行和现代化管理。

2. 直流输电缺点

(1) 直流输电换流站比交流变电所的设备多、结构复杂、造价高、损耗大、运行费用高、可靠性也较差。

(2) 换流器对交流侧来说,除了是一个负荷(整流站)或电源(逆变站)以外,它还是一个谐波电流源;对直流侧来说,它还是一个谐波电压源。

(3) 晶闸管换流器在进行换流时需消耗大量的无功功率(约占直流输送功率的40%~60%),每个换流站均需装设武功补偿设备。

(4) 直流输电利用大地(或海水)为回路会带来一些技术问题。

(5) 直流断路器由于没有电流过零点可以利用,灭弧问题难以解决给制造带来困难。

项目实践 认识葛上直流输电工程

任务描述:

(1) 认识葛上直流输电工程(图 11-19)。

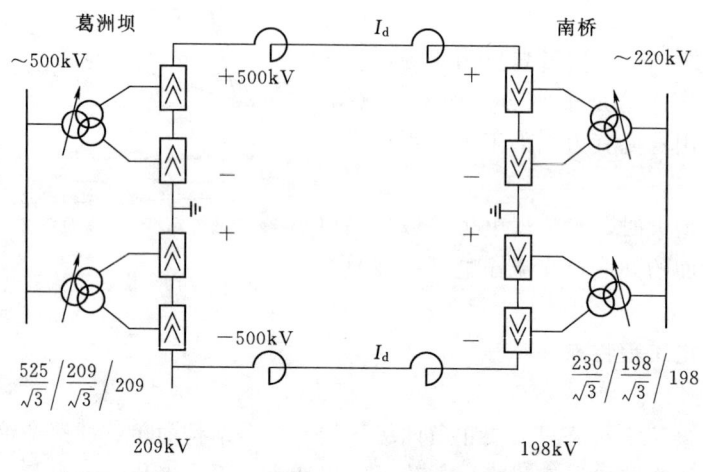

图 11-19 葛洲坝—上海直流输电系统图

(2) 通过葛上直流输电工程理解并掌握直流输电概念。

(3) 根据葛上直流输电工程系统示意图判断该工程构成方式。

(4) 了解直流输电发展阶段及各阶段主要特征、我国主要 HVDC 工程。

课 后 思 考 题

11-1 直流输电是指将发电厂发出的交流电,经_____变换成直流电,继而通过_____输送至受电端,再经_____将直流电变换成交流电供给交流电网的一种输电方式。

11-2 高压直流输电系统依据换流站数目的不同可分为_____和_____。

11-3 两端直流输电系统按照构成方式的不同可分为三种类型:_____、_____、_____。

11-4 两端单级直流输电系统根据回流方式不同又分为_____和_____。

11-5 高压直流输电经历了哪几个阶段?每个阶段的特点是什么?

11-6 简述高压直流输电的适用场合?

11-7 简述背靠背换流方式。

11-8 高压直流输电的优缺点有哪些?

11-9 为什么输送相同功率时,直流输电线路比交流输电线路造价低?

11-10 什么是交直流输电比较的经济等价距离?

11-11 可控硅阀从关断状态转入导通状态必须具备的两个条件是什么?

11-12 简述理想状态下整流器的换相过程?

课后思考题

11-13 在考虑触发延迟角的换相过程中,为什么调整 α 角可以改变直流功率的输出?

11-14 换流站的主要设备有哪些?

11-15 直流电抗器的作用是什么?滤波器的作用是什么?

综 合 练 习 题

综合练习题 1

一、单项选择题

1. 我国电力系统的额定电压等级有（　　）。
   A. 115、220、500(kV)　　　　　B. 110、230、500(kV)
   C. 115、230、525(kV)　　　　　D. 110、220、500(kV)

2. 在标么制中，电压的表达式为（　　）。
   A. $V=1.732 \times Z \times I$　　　　　B. $V=Z \times I$
   C. $V=Z \times I^2$　　　　　D. $V=3 \times Z \times I^2$

3. 中性点不接地系统中发生单相接地时，接地点有电流流过，电流的通路是（　　）。
   A. 变压器、输电线　　　　　B. 发电机
   C. 输电线、中性点　　　　　D. 输电线路和线路对地电容

4. 有备用接线方式有（　　）。
   A. 放射式、环式、链式　　　　　B. 放射式、干线式、链式
   C. 环式、双端电源供电式　　　　　D. B 和 C

5. 派克变换的坐标是（　　）。
   A. 静止坐标系　　　　　B. 旋转坐标系
   C. 平面坐标系　　　　　D. 都不对

6. 有备用电源接线方式的优、缺点是（　　）。
   A. 可靠性高、电压高　　　　　B. 可靠性高，造价低
   C. 可靠性高，造价高　　　　　D. 可靠性低，造价高

7. 衡量电能质量的指标有（　　）。
   A. 电压和功率　　　　　B. 频率和功率
   C. 电流和功率　　　　　D. 电压大小，波形质量，频率

8. 系统备用容量中，哪种可能不需要（　　）。
   A. 负荷备用　　　　　B. 国民经济备用
   C. 事故备用　　　　　D. 检修备用

9. 下列简单故障中，属于对称短路的是（　　）。
   A. 单相短路　　　　　B. 两相短路
   C. 两相短路接地　　　　　D. 三相短路

10. 改变发电机端电压调压，通常采用（　　）。

A. 顺调压　　　　　　　　　　B. 逆调压
C. 常调压　　　　　　　　　　D. 均不对

11. 对称分量法中，a 为运算子，$a+a^2$ 等于（　　）。
A. 0　　　　　　　　　　　　B. 1
C. -1　　　　　　　　　　 D. 2

12. 输电线路的正序阻抗与负序阻抗相比，其值要（　　）。
A. 大　　　　　　　　　　　　B. 小
C. 相等　　　　　　　　　　　D. 都不是

13. $P-\sigma$ 曲线被称为（　　）。
A. 耗量特性曲线　　　　　　　B. 负荷曲线
C. 正弦电压曲线　　　　　　　D. 功角曲线

14. 理想同步发电机，ABC 坐标系磁链方程中互感系数，M_{DQ} 等于（　　）。
A. 0.0　　　　　　　　　　　B. 1.0
C. 0.5　　　　　　　　　　　D. 1.5

15. 顺调压是指（　　）。
A. 高峰负荷时，电压调高，低谷负荷时，电压调低
B. 高峰负荷时，允许电压偏低，低谷负荷时，允许电压偏高
C. 高峰负荷，低谷负荷，电压均调高
D. 高峰负荷，低谷负荷，电压均调低

16. 若变压器绕组接法形式为 Y/△，则在零序等值电路中，变压器的原边相当于（　　）。
A. 断路　　　　　　　　　　　B. 短路
C. 有通路　　　　　　　　　　D. 都不是

17. 系统发生不对称故障后，越靠近短路点，负序电压越（　　）。
A. 高　　　　　　　　　　　　B. 低
C. 不变　　　　　　　　　　　D. 都不对

18. 潮流方程是（　　）。
A. 线性方程组　　　　　　　　B. 微分方程组
C. 线性方程　　　　　　　　　D. 非线性方程组

19. 分析简单电力系统的暂态稳定主要应用（　　）。
A. 等耗量微增率原则　　　　　B. 等面积定则
C. 小干扰法　　　　　　　　　D. 对称分量法

20. 在改善电力系统暂态稳定性的电气制动方法中，制动电阻过小，则被称为（　　）。
A. 过制动　　　　　　　　　　B. 欠制动
C. 饱和　　　　　　　　　　　D. 误操作

二、填空题

21. 潮流计算中的电压相位角的约束条件是由_____决定的。

22. 耗量特性曲线上某点切线的斜率称为_____。

23. 降压变压器将 330kV 和 220kV 电压等级的电网相连，变压器一、二次侧额定电压应为_____。

24. 在简单系统中，应用等面积定则分析系统的暂态稳定性，若加速面积大于最大可能的减速面积，系统将_____暂态稳定性。

25. 我国规定的电力系统额定频率为_____Hz。

26. 三相短路时负序电流等于_____。

27. 发电机定子三相短路，短路电流除有强制分量外还有_____。

28. 发电机暂态电抗 X_d' _____ 于次暂态电抗 X_d''。

29. 频率的一次调整，调节的手段一般是采用发电机组上装设_____。

30. 根据正序等效定则，单相短路的附加阻抗 Z_Δ 为_____。

三、简答题

31. 试写出派克变换矩阵 P 的逆矩阵 P^{-1}。

32. 试写出 A、B 两相短路，故障处序分量边界条件方程。

33. 列出五种提高电力系统暂态稳定性的措施。

34. 中性点经消弧线圈接地系统，有哪几种补偿方式？

四、简单计算题

35. 已知网络的等值电路及元件的标幺值如综合图 1-1 所示，求功角特性。

36. 某电厂有两台机组其耗量特性分别为：
$F_1 = 0.02P_1^2 + 2P_1 + 10 (\text{t/h})$，$20\text{MW} \leqslant P_1 \leqslant 60\text{MW}$
$F_2 = 0.03P_2^2 + 3P_2 + 16 (\text{t/h})$，$20\text{MW} \leqslant P_2 \leqslant 60\text{MW}$
求当负荷分别为 80MW 及 65MW 的功率经济分配。

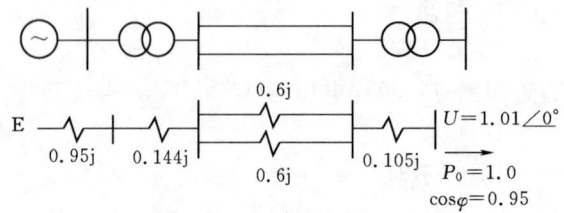

综合图 1-1 网络及其等值图

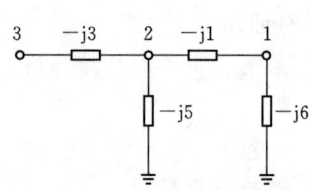

综合图 1-2 题 37 图

37. 综合图 1-2 所示网络中元件均为电纳值，写出该网络的节点导纳矩阵。

38. 求综合图 1-3 所示网络的初步功率分布（已知 $\dot{U}_1 = \dot{U}_1'$），并标出功率分点（若有功、无功分点不同，分别用"▲"和"△"表示之）。

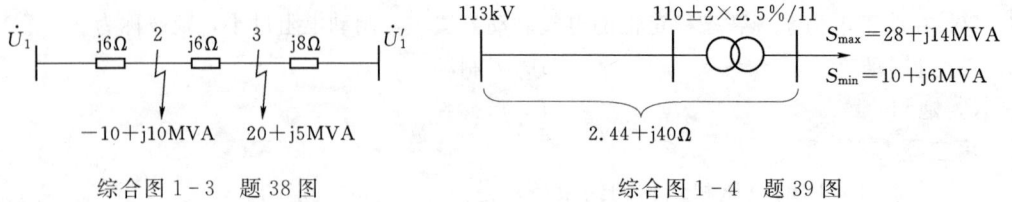

综合图 1-3 题 38 图　　　　　综合图 1-4 题 39 图

五、综合题

39. 简单电力系统如综合图 1-4 所示，保持线路首端电压为 113kV 不变，变压器二次侧电压要求保持常调压 10.5kV，试确定并联电容补偿容量。

40. 如综合图 1-5 所示系统中，k 点发生单相接地短路，求短路点短路电流。其中 x_p 在 $S_B=100\text{MVA}$，$V_B=115\text{kV}$ 下标幺值为 0.1。

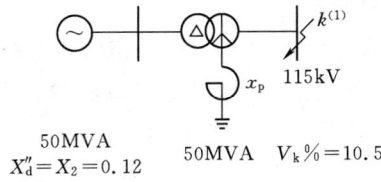

综合图 1-5　题 40 图

综合练习题 2

一、填空题

1. 负荷的静态电压特性是指_____的关系。
2. 潮流计算中，常将节点分类成_____。
3. 电力系统的频率主要和_____有关。
4. 电力系统接线图常采用以下两种图表示：_____。
5. 环网潮流的自然分布是按线段的_____分布的。
6. 采用比例型励磁调节器时，能近似认为 E' 为恒定，则此时发电机电磁功率计算式为_____。
7. 当供电电源内阻抗小于短路回路总阻抗的 10% 时，则电源可作为_____处理。
8. 同步发电机空载电势是由发电机的_____产生的。
9. 电力系统在不稳定情况下，电压、电流、功率和相位角等运行参数随时间不断增大或_____。
10. 同步发电机派克变换是将定子 a，b，c 三相电磁量变换到与转子同步旋转的_____坐标系上。

二、单项选择题

11. 采用分裂导线，与相同截面的普通架空三相输电线相比，可使其线路对地电容（　　）。
 A. 增大　　　　　　　　　　B. 减小
 C. 不变　　　　　　　　　　D. 无法确定

12. 中性点不接地的系统发生单相接地时，接地点三相线电压（　　）。
 A. 增大 $\sqrt{3}$ 倍　　　　　　B. 不再对称
 C. 保持不变　　　　　　　　D. 等于 0

13. 求无功功率分点的目的是（　　）。

A. 找无功最大点 B. 从该节点解开网络
C. 求有功功率分点 D. 求网络环流

14. 变压器的非标准变比是指变压器两侧（　　）。

A. 网络额定电压之比 B. 绕组额定电压之比
C. 实际分接头之比 D. 实际分接头电压之比÷网络额定电压之比

15. 线路末端的电压偏移是指（　　）。

A. 线路始末两端电压相量差 B. 线路始末两端电压数值差
C. 线路末端电压与额定电压之差 D. 线路末端空载时与负载时电压之差

16. n 个节点的电力系统，其节点导纳矩阵为（　　）。

A. $n-1$ 阶 B. n 阶
C. $2(n-1)$ 阶 D. $2n$ 阶

17. 用牛顿—拉夫逊法进行潮流迭代计算，修正方程求解的是（　　）。

A. 线路功率 B. 节点注入功率
C. 节点电压新值 D. 节点电压修正量

18. 系统中无功功率不足，会造成（　　）。

A. 频率上升 B. 频率下降
C. 电压上升 D. 电压下降

19. 无载调压变压器分接头，应按通过变压器的（　　）求取。

A. 平均负荷
B. 最大负荷
C. 最小负荷
D. 最大负荷和最小负荷分别求得的分接头的平均值

20. 短路容量 S_D(MVA) 等于短路电流中（　　）值与短路处工作电压及 $\sqrt{3}$ 三者乘积。

A. 次暂态电流的有效值 B. 次暂态电流振幅
C. 稳态电流的有效值 D. 稳态电流振幅

21. 同步发电机母线三相短路，则其到达稳态时，短路电流大小为（　　）。

A. $E''_{q(0)}/X_d$ B. $E_{q(0)}/X_d$
C. $E''_{q(0)}/X''_d$ D. $E'_{q(0)}/X'_d$

22. 强行励磁作用是（　　）。

A. 提高正常运行时发电机母线电压 B. 提高静态稳定极限
C. 提高暂态稳定性 D. 对提高静态、暂态稳定均有利

23. 二相断线时的复合序网是在断口处（　　）。

A. 三序网串联 B. 三序网并联
C. 正序网负序网并联 D. 正序网与零序网并联

24. 无限大功率电源供电系统发生三相短路，最大电流瞬时电值产生条件之一是某相电压瞬时值为（　　）。

A. 零时 B. 最大值 U_m 时

C. $\frac{\sqrt{2}}{2}U_m$ 时 D. $\frac{1}{\sqrt{3}}U_m$ 时

25. 起始次暂态电流 I'' 是短路电流（　　）。
A. 基频周期分量的初值 B. $t=0$s 时短路电流瞬时值
C. $t=0.01$s 时短路电流 D. $t=0$s 时周期分量与非周期分量之叠加

三、简答题

26. 若三绕组变压器高、中压两侧均装有分接头，写出高、中压侧分接头选择原则。

27. 什么是系统的热备用、冷备用容量？简单说明在发生突然短路时，发电机空载电势 E_q 为什么要突变？

28. 所谓电力系统静态稳定性是指什么？

四、计算题

29. 某简化系统由两台发电机组成，发电机单位调节功率 $K_{G1}=600$MW/Hz，$K_{G2}=700$MW/Hz，系统负荷单位调节功率 $K_L=100$MW/Hz。若负荷增加 20MW，求每台发电机输出功率变化量。

30. 求综合图 2-1 所示网络的有功分点、无功分点。线路单位长度参数 $0.175+j3.6$ (Ω/km)。

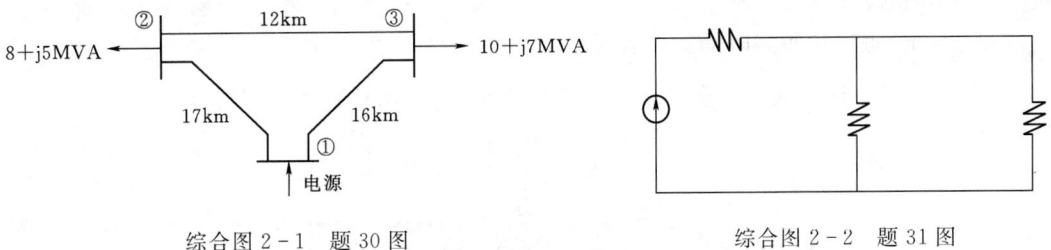

综合图 2-1 题 30 图　　　　　综合图 2-2 题 31 图

31. 综合图 2-2 为某种不对称短路的复合序网。请作如下说明：
（1）这是什么类型短路？
（2）在图中表明元件名称及序电流、序电压方向。

32. 如综合图 2-3 所示，画出系统中当一回线检修断开时，另一回线中点发生接地短路时的正序和零序网。一回线路的正序电抗为 X_L，零序电抗为 X_{L0}。（序网不必化简）

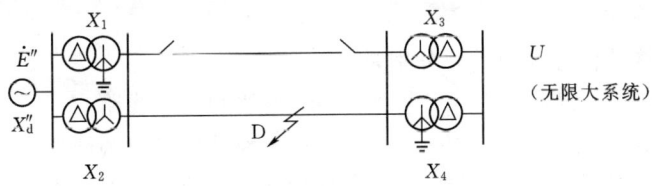

综合图 2-3 题 32 图

五、综合计算题

33. 同步发电机转子运动方程式如下：

$$\frac{d\delta}{dt}=(\omega-1)\omega_0$$

$$\frac{d\omega}{dt} = \frac{1}{T_J}(P_T - P_E)$$

(1) 请填写下表。

(2) 说明 T_J 的物理意义。

	名 称	单 位（有名或标幺值）
δ		
ω		
ω_N		
T_J		
P_T		
P_E		
t		

34. 如综合图 2-4 所示网络，S_1 和 S_2 为等值系统。已知断路器 CB1 的额定开断容量为 $S_{m1} = 1500 \text{MVA}$，断路器 CB2 的额定开断容量为 $S_{m2} = 1000 \text{MVA}$。三绕组变压器额定容量为 60MVA，三侧绕组容量比为 100%/100%/100%。短路电压为 $u_{k1-2}\% = 20$，$u_{k2-3}\% = 8$，$u_{k3-1}\% = 12$

试求：k_3 点三相短路时的短路容量 S_{k3}。

（要求：简化计算取各节点电压 $\dot{U}_i = 1$，取 $S_B = 100 \text{MVA}$，$U_B = U_{AV}$）

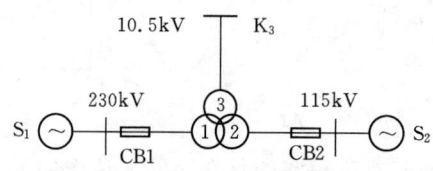

综合图 2-4 题 34 图

综合练习题 3

一、单项选择题

1. 电力线路按结构分为两类，分别是（　　）。
   - A. 避雷线和架空线路
   - B. 地线和架空线路
   - C. 地线和电缆线路
   - D. 架空线路和电缆线路

2. 一般情况，线路的正序电抗 $x_{(1)}$ 与负序电抗 $x_{(2)}$ 的大小关系为（　　）。
   - A. $x_{(1)} > x_{(2)}$
   - B. $x_{(1)} < x_{(2)}$
   - C. $x_{(1)} = x_{(2)}$
   - D. $x_{(1)} \ll x_{(2)}$

3. 中性点经消弧线圈接地的电力系统一般采用的补偿方式是（　　）。
   - A. 过补偿
   - B. 欠补偿
   - C. 全补偿
   - D. 无补偿

4. 输电线路空载运行时，末端电压比首端电压（　　）。
   A. 低　　　　　　　　　　　　B. 高
   C. 相同　　　　　　　　　　　D. 不一定

5. 解潮流方程时，经常采用的方法是（　　）。
   A. 递推法　　　　　　　　　　B. 迭代法
   C. 回归法　　　　　　　　　　D. 替代法

6. 负荷的功率——频率静特性系数可以表示为（　　）。
   A. $K_L = \dfrac{\Delta f}{\Delta P_L}$　　　　　　　　B. $K_L = -\dfrac{\Delta P_L}{\Delta f}$
   C. $K_L = -\dfrac{\Delta f}{\Delta P_L}$　　　　　　　D. $K_L = \dfrac{\Delta P_L}{\Delta f}$

7. 中性点不接地系统，发生单相接地故障，非故障相电压升高为（　　）。
   A. 线电压　　　　　　　　　　B. 相电压
   C. $\sqrt{2}$的相电压　　　　　　　D. $\sqrt{3}$倍的线电压

8. 系统备用容量中，哪种容量可能不需要专门设置（　　）。
   A. 负荷备用　　　　　　　　　B. 事故备用
   C. 检修备用　　　　　　　　　D. 国民经济备用

9. 逆调压是指（　　）。
   A. 高峰负荷时，将中枢点的电压调高；低谷负荷时，将中枢点的电压调低
   B. 高峰负荷时，将中枢点的电压调低；低谷负荷时，将中枢点的电压调高
   C. 高峰负荷，低谷负荷中枢点的电压均低
   D. 高峰负荷，低谷负荷中枢点的电压均高

10. 系统发生两相接地短路故障时，复合序网的连接方式为（　　）。
    A. 正序、负序并联，零序网开路　　B. 正序、负序、零序并联
    C. 正序、零序并联，负序开路　　　D. 零序、负序并联，正序开路

11. 派克变换是一种（　　）。
    A. 回归变换　　　　　　　　　B. 平面变换
    C. 静止变换　　　　　　　　　D. 坐标变换

12. 线电压是相电压的（　　）。
    A. $\dfrac{1}{\sqrt{3}}$倍　　　　　　　　　　B. $\dfrac{1}{3}$倍
    C. $\sqrt{3}$倍　　　　　　　　　　　D. 3倍

13. 已知一节点向负荷供电，无功功率为 Q，视在功率为 S，则功率因数角 φ 为（　　）。
    A. $\arcsin\dfrac{Q}{S}$　　　　　　　　　B. $\arccos\dfrac{Q}{S}$
    C. $\operatorname{arctg}\dfrac{Q}{S}$　　　　　　　　　D. $\operatorname{arcctg}\dfrac{Q}{S}$

14. 元件两端电压的相角差主要决定于电压降落的（　　）。
    A. 立体分量　　　　　　　　　B. 平面分量

C. 纵分量 D. 横分量

15. 系统发生短路故障，当切除故障时对应的实际切除角小于极限切除角时，系统可能是（   ）。
   A. 暂态稳定的 B. 暂态不稳定的
   C. 振荡失去稳定性 D. 非周期失去稳定性

16. 凸极同步发电机 a、b、c 坐标下的磁链方程中，电感系数为常数的有（   ）。
   A. 定子各相绕组自感系数 B. 定子各相绕组互感系数
   C. 转子各绕组互感系数 D. 定子、转子互感系数

17. 一台 Y_N/Y 型接线的变压器，如果在 Y_N 侧发生短路故障，则 Y 侧零序电流大小为（   ）。
   A. 0 B. 0.5
   C. 1.0 D. ∞

18. 电力系统电压的单位常采用（   ）。
   A. W B. kV
   C. A D. Ω

19. 从短路点向系统看进去的正序、负序、零序等值网络为有源网的是（   ）。
   A. 零序 B. 负序
   C. 正序 D. 零序和负序

20. 一台将 220kV 电压降为 35kV 的降压变压器连接两个网络，两侧均与线路相连，这台变压器的额定变比为（   ）。
   A. 220/35 B. 220/38.5
   C. 242/35 D. 242/38.5

二、填空题

21. 电力网是由变压器和_____组成。

22. 电力系统发生两相不对称短路故障，其零序电流的大小为_____。

23. 同步发电机 d、q、0 坐标系下的电压方程中，由于磁链大小变化引起的电势称为_____。

24. 三相架空输电线采用循环换位的目的是_____。

25. 衡量电能的三个指标有电压、波形畸变率和_____。

26. 在简单两端供电网的初步功率分布中，由两个供电点的电压差引起的功率称为_____。

27. 电力系统潮流计算，平衡节点是电压参考点，它的另外一个任务是_____。

28. 凸极发电机机端发生三相短路瞬间，定子电流中将有基频电流、直流电流和_____。

29. 事故备用是为发电设备发生偶然事故，不影响对电力用户的供电而设的，容量大小受多种因素影响，但不能小于系统中_____。

30. 中枢点的调压方式可以分为三类：顺调压、逆调压和_____。

三、简答题

31. 为什么提高线路的额定电压等级可以提高静态稳定性？

32. 电力系统如综合图 3-1 所示，各段的额定电压示于图中，试写出发电机 G，变压器 T_1、T_2、T_3 各侧绕组的额定电压以及各段线路的平均额定电压。

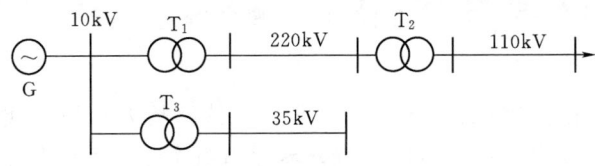

综合图 3-1　题 32 图

33. 试述电力系统暂态稳定性的基本概念。

34. 电力系统如综合图 3-2 所示，试画出在线路 L_1 的中点 f 发生单相短路故障的零序等值电路。

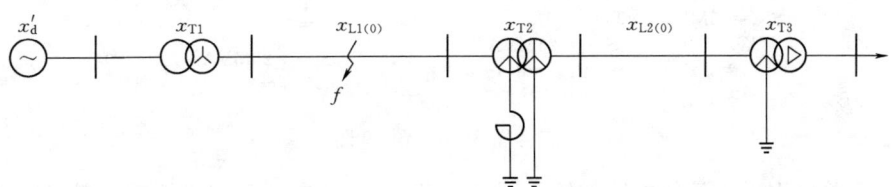

综合图 3-2　题 34 图

四、简单计算题

35. 某降压变电所如综合图 3-3 所示，折算至一次侧的阻抗 $R_T+jX_T=2.44+j40\Omega$，已知在最大负荷和最小负荷时通过变压器等效阻抗首端的功率分别为 $\tilde{S}_{max}=28+j14MVA$，$\tilde{S}_{min}=10+6jMVA$，一次侧实际的电压在最大、最小负荷分别为 $U_{1max}=110kV$ 和 $U_{1min}=113kV$，要求按顺调压二次侧母线的电压变化不超过 $6.0\sim6.6kV$，试选择变压器的分接头。

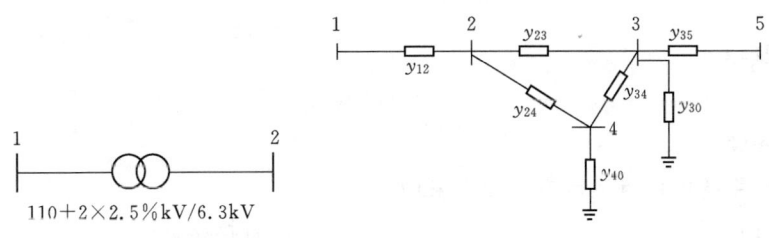

综合图 3-3　题 35 图　　　　综合图 3-4　题 36 图

36. 试求综合图 3-4 所示简单等值网络的节点导纳矩阵（各支路参数均为导纳）

37. 均一两端供电网如综合图 3-5 所示，单位长度线路的电抗为 $0.4\Omega/km$，求初步功率分布，并找出功率分点（有功分点用▼表示，无功分点用▽表示）。

38. 某汽轮发电机组的额定功率 $P_{GN}=150MW$，额定频率 $f_N=50Hz$，调差系数 $\sigma(\%)=5$。求发电机由额定到空载运行，频率变化量以及发电机的单位调节功率。

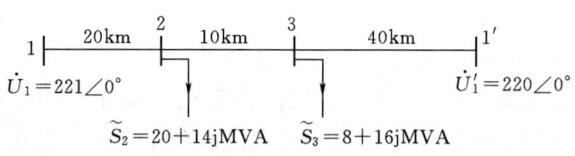

综合图 3-5 题 37 图

五、综合计算题

39. 电力系统各元件参数如综合图 3-6 所示，线路长为 50km，单位长度正序电抗为 $X_{L(1)}=0.4\Omega/km$，正序电抗等于负序电抗，零序电抗为 $X_{L(0)}=3X_{L(1)}$，试计算当线路始端 K 点发生两相短路接地故障，短路点短路电流的有名值。

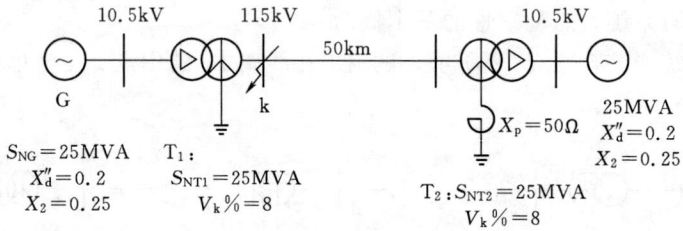

综合图 3-6 题 39 图

40. 简单电力系统等值电路如综合图 3-7 所示（各参数已归算至统一基准值下），在某一回输电线始端 f 点发生三相短路故障，试判断在 60°切除故障，70°重合闸动作成功，系统是否暂态稳定？

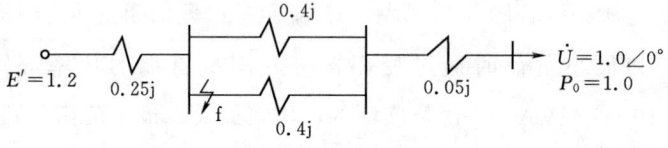

综合图 3-7 题 40 图

综合练习题 4

一、单项选择题

1. 500kV 系统中性点运行方式经常采用（　　）。

  A. 不接地　 B. 直接接地

  C. 经电抗接地　 D. 经电阻接地

2. 电力系统分析中，视在功率的单位常采用（　　）。

  A. MW　 B. Mvar

  C. MVA　 D. var

3. 频率调整可以分为一次、二次和三次调节，其中可以实现无差调节的是（　　）。

  A. 一次　 B. 一、三次均可以

C. 一、二次均可以 D. 二次

4. 同步发电机三种电抗 x_d，x_d'，x_d''，之间的大小关系为（　　）。

A. $x_d > x_d' > x_d''$　　　　B. $x_d < x_d' < x_d''$

C. $x_d' < x_d < x_d''$　　　　D. $x_d'' > x_d > x_d'$

5. 短路冲击电流是指短路电流的（　　）。

A. 有效值　　　　　　　　　B. 平均值

C. 方均根值　　　　　　　　D. 最大可能瞬时值

6. 环形网络中经济功率的分布规律是（　　）。

A. 与支路电阻成反比　　　　B. 与支路电抗成反比

C. 与支路阻抗成反比　　　　D. 与支路导纳成反比

7. 两相短路故障是一种（　　）。

A. 对称故障　　　　　　　　B. 不对称故障

C. 纵向故障　　　　　　　　D. 斜向故障

8. 节点导纳矩阵为方阵，其阶数等于（　　）。

A. 网络中所有节点数　　　　B. 网络中所有节点数加2

C. 网络中所有节点数加1　　D. 网络中除参考节点以外的节点数

9. 阻抗为 R+jX 的线路，流过无功功率时，（　　）。

A. 不会产生无功损耗　　　　B. 不会产生有功损耗

C. 不会产生有功损耗，也不会产生无功损耗　　D. 会产生有功损耗

10. 变压器等值参数 $B_T = \frac{I_0\%}{100} \cdot \frac{S_N}{U_N^2} \times 10^{-3}$ (S) 中的 $I_0\%$ 表示（　　）。

A. 额定电流　　　　　　　　B. 短路电流百分数

C. 空载电流百分数　　　　　D. 正常工作电流

11. 110kV 系统的平均额定电压为（　　）。

A. 113kV　　　　　　　　　B. 115kV

C. 121kV　　　　　　　　　D. 120kV

12. 35kV 配电网串联电容的主要目的是（　　）。

A. 电压调整　　　　　　　　B. 频率调整

C. 提高稳定性　　　　　　　D. 经济调度

13. 同步发电机突然发生三相短路瞬间，定子绕组将有直流电流，计及电阻，此直流分量的衰减时间常数为（　　）。

A. T_d''　　　　　　　　　　B. T_d'

C. T_a　　　　　　　　　　D. T_d''

14. 中枢点调压方式中的逆调压可以在最大负荷时提高中枢点的电压，但一般最高不能超过（　　）。

A. $110\%U_N$　　　　　　　B. $105\%U_N$

C. U_N　　　　　　　　　　D. $95\%U_N$

15. 在电力系统的有名制中，电压、电流、功率的关系表达式为（　　）。

A. $S=\sqrt{3}UI$ B. $S=2UI$
C. $S=UI\cos\varphi$ D. $S=UI\sin\varphi$

16. 当某一系统的正序电抗 $X_{1\Sigma}$ 等于负序电抗 $X_{2\Sigma}$（忽略电阻），则在某一点发生短路故障，故障点的两相短路电流 $I_{f(2)}$ 与三相短路电流 $I_{f(3)}$ 相比，大小为（　　）。

A. $I_{f(2)}=I_{f(3)}$ B. $I_{f(2)}>I_{f(3)}$
C. $I_{f(2)}<I_{f(3)}$ D. $I_{f(2)}=3I_{f(3)}$

17. 在电力系统潮流计算中，平衡节点的待求量是（　　）。

A. P、U B. Q、U
C. U、δ D. P、Q

18. 电力线路中，电纳参数 B 主要反映电流流过线路产生的（　　）。

A. 热效应 B. 电场效应
C. 磁场效应 D. 电晕损耗

19. 双绕组变压器的分接头，装在（　　）。

A. 高压绕组 B. 低压绕组
C. 高压绕组和低压绕组 D. 高压绕组和低压绕组之间

20. 等面积定则中所涉及的加速面积的物理意义是（　　）。

A. 转子动能维持不变的量 B. 转子动能的减少量
C. 转子动能的增加量 D. 定子动能的减少量

二、填空题

21. 有功负荷在运行的火电机组间最优分配的准则是_____。

22. 在三相参数对称的线性电路中，正序、负序、零序对称分量具有_____性。

23. 潮流计算3类节点中，数量最多的是_____。

24. 对于长度在 100～300km 之间的架空线，其等值电路一般可采用 T 形或_____。

25. 中性点经消弧线圈接地的系统，在实践中一般都采用_____补偿。

26. 简单系统静态稳定实用判据为_____。

27. 潮流计算中，电压相位角约束条件是由系统运行的_____决定的。

28. 如果一条支路的导纳为 $10+20j$，则它是_____性的。

29. 某一元件两端电压的相量差称为_____。

30. 利用电气制动可以提高暂态稳定性，但制动电阻的大小和投切时间必须得当，如果制动时间过短，制动作用过小，发电机仍要失步，这种制动为_____。

三、简答题

31. 输电线路和变压器等值电路中导纳支路上的功率损耗有什么不同？

32. 如综合图 4-1 所示，试画出下列网络在线路 L_1 中点 f 发生单相接地短路的零序等值电路。

33. 无限大功率电源的基本含义是什么？

34. 试写出 A、B 两相短路，短路点相量边界条件。

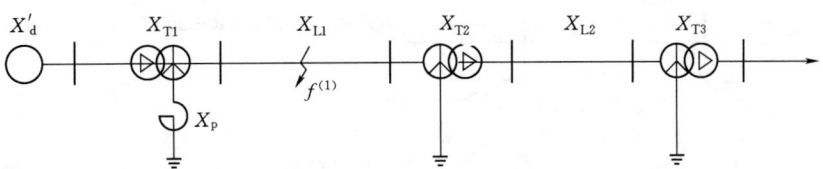

综合图 4-1 题 32 图

四、简单计算题

35. 一简单系统如综合图 4-2 所示,发电机为隐极式无励磁调节器,归算至同一基准值的参数标幺值如下:发电机母线至无限大母线的总电抗为 0.9,发电机同步电抗 $X_d=1.2$,注入无限大系统功率为 $P_0=0.8$,$\cos\varphi_0=0.85$,求静态稳定功率传输极限以及静态稳定储备系数 k_p。

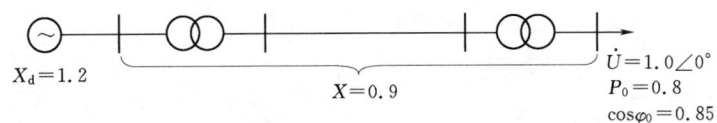

综合图 4-2 题 35 图

36. 如综合图 4-3 所示简单网络等值电路,已知末端电压 $\dot{U}_2$ 和功率 $\tilde{S}_2$,求始端电压 $\dot{U}_1$ 和始端功率 $\tilde{S}_1$。

37. 试求综合图 4-4 所示简单网络的节点导纳矩阵(各支路参数均为导纳)。

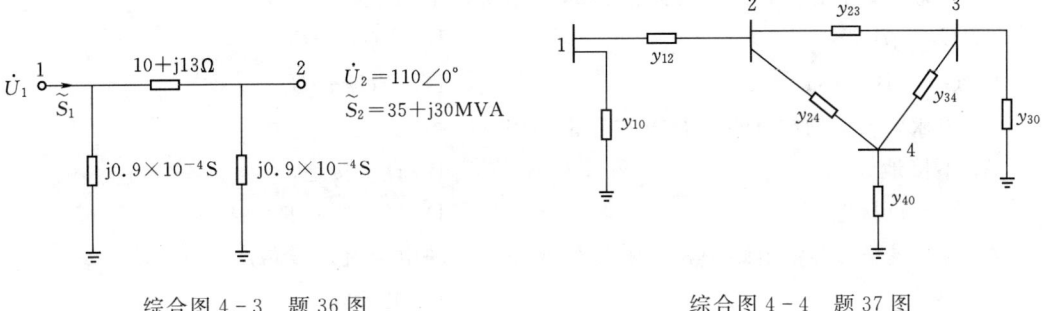

综合图 4-3 题 36 图　　　　　　综合图 4-4 题 37 图

38. 一台无阻尼绕组同步发电机,发电机额定满载运行,$\cos\varphi_N=0.85$,$x_d=1.04$,$x_q=0.69$。试计算空载电势 E_q,并画出相量图(以标幺值表示)。

五、综合计算题

39. 某系统接线如综合图 4-5,变压器变比为 $110(1\pm2\times2.5\%)/6.6\mathrm{kV}$,母线 i 和 j 间的阻抗折算到高压侧的值为 $4+60\mathrm{j}\Omega$,最大负荷和最小负荷时母线 i 的电压分别为 114kV 和 116kV,若在母线 j 处装设可变容量的电容器进行无功补偿,母线 j 要求常调压,保持 6.3kV,试配合变压器分接头的选取确定无功补偿容量。

40. 某系统等值电路如综合图 4-6 所示,归算至同一基准值的元件标幺值参数标于图中,正常运行发电机向无限大系统输送功率 $P_0=1.0$,功角 $\delta=\delta_0$,当一回输电线末端

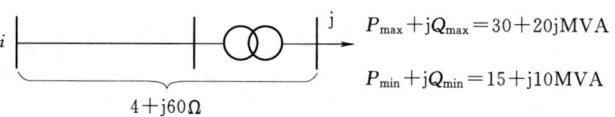

综合图 4-5 题 39 图

K 点发生三相短路后，发电机转子又转过 55°，即转子与无限大系统夹角 $\delta=\delta_0+55°$，此时保护动作切除故障，问系统是否能维持暂态稳定？

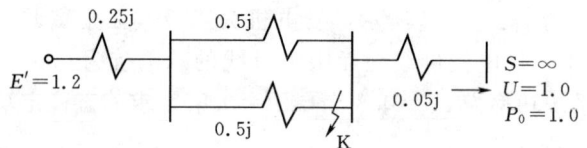

综合图 4-6 题 40 图

综合练习题 5

一、单项选择题

1. 目前，我国电力系统中火电厂主要有两类，即（　　）。
   A. 凝汽式电厂和热电厂　　　　　　B. 地热电厂和热电厂
   C. 水电厂和火电厂　　　　　　　　D. 潮汐电厂和地热电厂

2. 双绕组变压器，将励磁支路前移的 T 形等值电路中，其导纳为（　　）。
   A. G_T+jB_T　　　　　　　　　　B. $-G_T-jB_T$
   C. G_T-jB_T　　　　　　　　　　D. $-G_T+jB_T$

3. 500kV 系统的中性点运行方式经常采用（　　）。
   A. 不接地　　　　　　　　　　　　B. 直接接地
   C. 经电抗接地　　　　　　　　　　D. 经电阻接地

4. 电力线路的等值电路中，电阻参数 R 主要反映电流流过线路产生的（　　）。
   A. 热效应　　　　　　　　　　　　B. 电场效应
   C. 磁场效应　　　　　　　　　　　D. 电晕损耗

5. 中性点经消弧线圈接地的运行方式，在实践中一般采用（　　）。
   A. 欠补偿　　　　　　　　　　　　B. 过补偿
   C. 全补偿　　　　　　　　　　　　D. 恒补偿

6. 系统备用容量中，哪种容量可能不需要专门设置（　　）。
   A. 负荷备用　　　　　　　　　　　B. 事故备用
   C. 检修备用　　　　　　　　　　　D. 国民经济备用

7. 发电机组的单位调节功率表示为（　　）。
   A. $K=\dfrac{\Delta f}{\Delta P}$　　　　　　　　　　B. $K=-\dfrac{\Delta P}{\Delta f}$

C. $K=\dfrac{\Delta P}{\Delta f}$ D. $K=-\dfrac{\Delta f}{\Delta P}$

8. 利用发电机调压（ ）。
   A. 需要附加设备 B. 不需要附加设备
   C. 某些时候需要附加设备 D. 某些时候不需要附加设备

9. 经 Park 变换后的理想同步发电机的电压方程含（ ）。
   A. 电阻上的压降 B. 发电机电势
   C. 变压器电势 D. A、B、C 均有

10. 电力系统中发生概率最多的短路故障是（ ）。
    A. 三相短路 B. 两相短路
    C. 两相短路接地 D. 单相短路接地

11. 根据对称分量法，a、b、c 三相的零序分量相位关系是（ ）。
    A. a 相超前 b 相 B. b 相超前 a 相
    C. c 相超前 b 相 D. 相位相同

12. 在发电机稳态运行状态中，机械功率 P_T 与电磁功率 P_E 相比（ ）。
    A. $P_T > P_E$ B. $P_T < P_E$
    C. $P_T = P_E$ D. $P_T \gg P_E$

13. 中性点直接接地系统中，发生单相接地故障时，零序回路中不包含（ ）。
    A. 零序电流 B. 零序电压
    C. 零序阻抗 D. 电源电势

14. 作为判据 $\dfrac{dP_E}{d\delta}>0$ 主要应用于分析简单系统的（ ）。
    A. 暂态稳定 B. 故障计算
    C. 静态稳定 D. 调压计算

15. 变压器中性点经小电阻接地的主要目的是（ ）。
    A. 调整电压 B. 调整频率
    C. 调控潮流 D. 电气制动

16. 无限大功率电源供电的三相对称系统，发生三相短路，a、b、c 三相短路电流非周期分量起始值（ ）。
    A. $i_{ap0}=i_{bp0}=i_{cp0}$ B. $i_{ap0}\neq i_{bp0}\neq i_{cp0}$
    C. $i_{ap0}=i_{bp0}\neq i_{cp0}$ D. $i_{ap0}\neq i_{bp0}=i_{cp0}$

17. 理想同步发电机，d 轴电抗的大小顺序为（ ）。
    A. $x_d > x_d' > x_d''$ B. $x_d' > x_d'' > x_d$
    C. $x_d' > x_d > x_d''$ D. $x_d'' > x_d' > x_d$

18. 下面简单故障中属于对称短路的是（ ）。
    A. 单相短路 B. 两相短路
    C. 三相短路 D. 两相短路接地

19. 三绕组变压器的分接头只装在（ ）。

A. 高压绕组 B. 高压绕组和低压绕组
C. 高压绕组和中压绕组 D. 中压绕组和低压绕组

20. 中性点接地系统中发生不对称短路后，越靠近短路点，零序电压变化趋势为（　）。
    A. 越高 B. 越低
    C. 不变 D. 无法判断

二、填空题

21. 潮流计算中，电压约束条件 $U_{imin} \leqslant U_i \leqslant U_{imax}$ 是为了保证_____。
22. 三相架空输电线导线间采用循环换位的目的是_____。
23. 中枢点的调压方式可以分为三类：顺调压、逆调压和_____。
24. 简单电力系统发生三相短路故障，其零序电流的大小为_____。
25. 潮流计算中，PV 节点待求的物理量是该节点的无功功率 Q 和_____。
26. 电力系统电压中枢点是指_____。
27. 若简单系统的功率极限的标幺值为 1.5；目前输送的功率的标幺值为 1.0，此时的静态稳定储备系数为_____。
28. 衡量电能质量的三个指标有电压大小、频率和_____。
29. 降压变压器将 330kV 和 220kV 电压等级的线路相连，其一、二次侧绕组额定电压应为_____。
30. 将变电所母线上所连线路对地电纳中无功功率的一半也并入等值负荷中，则称之为_____。

三、简答题

31. 利用计算机进行潮流计算时，各类节点所占的数量如何？
32. 简要说明常见的电力系统的调压措施。
33. 试绘制出发电机 q（交）轴次暂态电抗 x_q'' 的等值电路。
34. 在采用电气制动提高系统暂态稳定性时，需合理选择制动电阻大小和投切时间，为什么？

四、计算题

35. 求综合图 5-1 所示网络等值电路及参数，并写出其导纳阵。
36. 计算综合图 5-2 所示简单环网的初步功率分布，并找出无功功率分点。

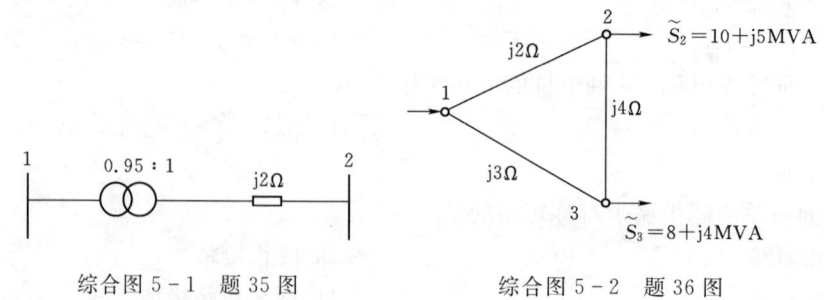

综合图 5-1 题 35 图　　　综合图 5-2 题 36 图

37. 当系统 A 独立运行时，负荷增加 60MW，频率下降 0.1Hz；当系统 B 独立运行时，负荷增加 90MW，频率下降 0.12Hz。两系统联合运行时频率为 50Hz，联络线上的功率 $P_{AB}=40$MW，此时，若将联络线断开，求 A、B 两系统的频率各为多少？

38. 某火电厂有两台机组容量均为 50MW，最小技术出力均为 12MW，耗量特性分别为 $F_1=0.01P_1^2+1.2P_1+10$(t/h)；$F_2=0.02P_2^2+P_2+12$(t/h)，求负荷分别为 15MW 和 80MW 时，如何运行最经济？

五、综合计算题

39. 综合图 5-3 所示网络中，线路 L 长为 100km，正序电抗 $x_1=0.4\Omega$/km，零序电抗 $x_0=3x_1$；发电机 G_1、G_2 相同，$S_N=15$MVA，$x_d''=0.125$，正序电抗等于负序电抗；变压器 T_1、T_2、T_3 相同，$S_N=15$MVA，$U_K\%=10$。

(1) 计算当 K 点发生两相短路接地时，短路点的短路电流。

(2) 求 T_2 中性点电压。

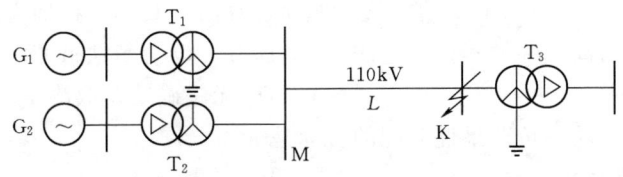

综合图 5-3 题 39 图

40. 某系统等值电路如综合图 5-4 所示，归算至同一基准值的元件标幺值参数标于图中，正常运行时发电机向无限大系统输送功率 $P_0=1.0$，功角 $\delta=\delta_0$，当 K 点三相短路后，发电机转子又转过 55°，即转子与无限大系统夹角 $\delta=\delta_0+55°$，此时保护动作切除故障，问系统是否能维持暂态稳定？

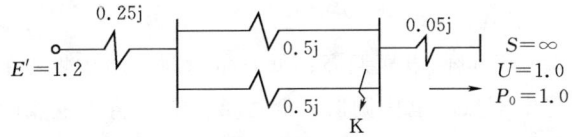

综合图 5-4 题 40 图

综合练习题 6

一、单项选择题

1. 电力系统分析中，有功功率的单位常用（　　）。
   A. var　　　　　　　　　　　　B. MVA
   C. MW　　　　　　　　　　　　D. Mvar

2. 中性点不接地系统发生单相接地故障，中性点对地电位升高为（　　）。
   A. 相电压　　　　　　　　　　　B. 线电压
   C. $\sqrt{2}$ 倍的相电压　　　　　　　D. $\sqrt{2}$ 倍的线电压

3. 电力系统的主要组成部分是（　　）。

A. 发电机、变压器、线路及用电设备　　B. 输电和配电设备
C. 锅炉、汽机、发电机　　D. 输电设备和用户

4. 三绕组变压器的分接头，一般装在（　　）。
A. 高压和低压绕组　　B. 高压和中压绕组
C. 中压和低压绕组　　D. 三个绕组都装

5. 三相架空输电线路导线间换位的目的是（　　）。
A. 使三相导线张力相同　　B. 使换位杆塔受力均匀
C. 使三相导线长度相等　　D. 减少三相参数的不平衡

6. 节点导纳矩阵为方阵，其阶数等于（　　）。
A. 网络中所有节点数　　B. 网络中除参考节点以外的节点数
C. 网络中所有节点数加 1　　D. 网络中所有节点数加 2

7. P-Q 分解法和牛顿—拉夫逊法进行潮流计算时，其计算精度是（　　）。
A. P-Q 分解法高于牛顿—拉夫逊法　　B. P-Q 分解法低于牛顿—拉夫逊法
C. 两种方法一样　　D. 无法确定，取决于网络结构

8. 电力系统有功功率负荷最优分配的目标是（　　）。
A. 电压损耗最小　　B. 有功功率损耗最小
C. 无功功率损耗最小　　D. 单位时间内消耗的一次能源最小

9. 发电机的单位调节功率可以表示为（　　）。
A. $K_G = \dfrac{\Delta P_G}{\Delta f}$　　B. $K_G = -\dfrac{\Delta f}{\Delta P_G}$
C. $K_G = -\dfrac{\Delta P_G}{\Delta f}$　　D. $K_G = -\dfrac{\Delta f}{\Delta P_G}$

10. 逆调压是指（　　）。
A. 高峰负荷时，将中枢点的电压调高；低谷负荷时，将中枢点的电压调低
B. 高峰负荷时，将中枢点的电压调低；低谷负荷时，将中枢点的电压调高
C. 高峰负荷，低谷负荷时中枢点的电压均调低
D. 高峰负荷，低谷负荷是中枢点的电压均调高

11. 出现概率最多的短路故障形式是（　　）。
A. 三相短路　　B. 两相短路
C. 两相短路接地　　D. 单相短路接地

12. 无限大功率电源在外部有扰动时，仍能保持（　　）。
A. 有功功率不变　　B. 无功功率不变
C. 电压不变　　D. 视在功率不变

13. 一般情况下，变压器的负序电抗 $X_{T(2)}$ 与正序电抗 $X_{T(1)}$ 的大小关系为（　　）。
A. $X_{T(1)} = X_{T(2)}$　　B. $X_{T(1)} > X_{T(2)}$
C. $X_{T(1)} < X_{T(2)}$　　D. $X_{T(1)} \gg X_{T(2)}$

14. 中性点直接接地系统发生短路后，短路电流中没有零序分量的不对称故障形式是（　　）。

A. 单相短路 B. 两相短路
C. 两相接地短路 D. 三相短路

15. 对称分量法适用于的系统是（   ）。
A. 非线性系统 B. 线性系统
C. 非刚性系统 D. 刚性系统

16. 小干扰法适用于简单电力系统的（   ）。
A. 潮流分析 B. 暂态稳定分析
C. 大扰动分析 D. 静态稳定分析

17. 若作用于发电机转子的机械功率大于电磁功率，发电机转子转速将（   ）。
A. 增加 B. 减小
C. 不变 D. 先减小后增加

18. 发电机出口发生三相短路时，发电机的输出功率为（   ）。
A. 额定功率 B. 功率极限
C. 0 D. 额定功率的 75%

19. 500kV 高压输电网串联电容的主要目的是（   ）。
A. 经济调度 B. 电压调整
C. 频率调整 D. 提高稳定性

20. 利用等面积定则分析简单系统的暂态稳定性，当最大可能的减速面积小于加速面积，则系统的暂态稳定性将（   ）。
A. 失去 B. 保持
C. 为临界稳定 D. 至少能运行 30min 后失去稳定

二、填空题

21. 电力系统的中性点是指星形接线变压器或_____的中性点。
22. 110kV 电力网的平均额定电压为_____。
23. 环网潮流的自然分布是按各支路的_____来分布的。
24. 潮流计算的目的是求_____。
25. 潮流计算中的电压相位角的约束条件是为了保证系统的_____而要求的。
26. 为考虑随国民经济发展的负荷超计划增长而设置一定的备用容量，称为_____。
27. 发电机的同步电抗 X_d _____于暂态电抗 x_d'。
28. 单相接地短路时，故障端口的复合序网为三个序网_____联。
29. $P-\delta$ 曲线称为_____曲线。
30. 变压器中性点经小电阻接地就是接地故障时的_____。

三、简答题

31. 试写出 AB 两相短路序分量边界条件。
32. 电力系统中性点运行方式有哪些？
33. 隐极式发电机的运行极限受哪些条件的约束？
34. 为什么快速切除故障对提高系统暂态稳定性具有决定性作用？

四、计算题

35. 已知某均一两端供电网如综合图 6-1 所示，单位长度电抗为 $jX_1=j0.4\Omega$，单位长度电阻忽略不计。求功率分点。

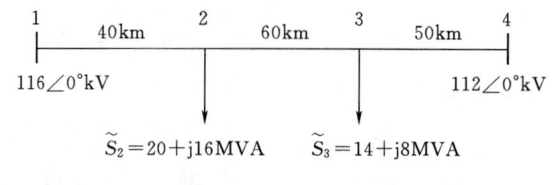

综合图 6-1 题 35 图

36. 写出综合图 6-2 所示网络的导纳阵（各元件参数为导纳）。

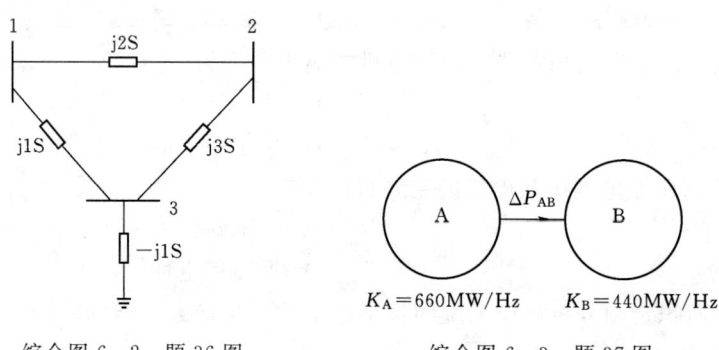

综合图 6-2 题 36 图　　　　综合图 6-3 题 37 图

37. 综合图 6-3 所示 A、B 两个互联系统均参加一次调频，当 A 系统负荷减少 100MW，发电机二次调频减发 30MW，B 系统负荷增加 80MW 时，求 ΔP_{AB} 及 Δf 值。

38. 简单系统的等值电路和归算至统一基准值下的参数如综合图 6-4 所示，求静态稳定储备系数 K_P。

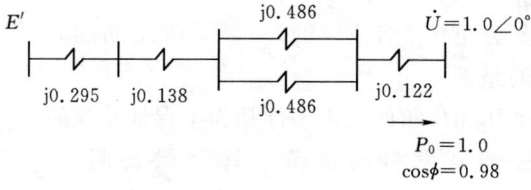

综合图 6-4 题 38 图

五、综合计算题

39. 如综合图 6-5 所示，某降压变电所由长 70km 的双回电力线路供电，每回线单位长度的阻抗 $r+jx=0.263+j0.423\Omega/km$；变电所有两台同型号的变压器并联运行，每台变压器参数为 $S_N=31.5MVA$，$U_N=110(1\pm2\times2.5\%)kV/11kV$，$U_K\%=10.5$。最大负荷、最小负荷时，变电所二次侧折算到一次侧的电压分别为 100.5kV、112.0kV，变电所二次侧母线的允许电压偏移在最大、最小负荷时为额定电压的 2.5%～7.5%。试根据调压要求确定最小补偿电容容量。

40. 如综合图 6-6 所示系统中 K 点发生单相接地短路。求短路点故障相短路电流有

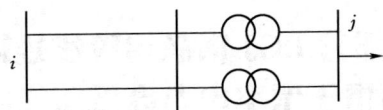

综合图 6-5 题 39 图

名值，其中 X_P 在 $S_B=100\text{MVA}$、$U_B=115\text{kV}$ 下标幺值为 0.1。

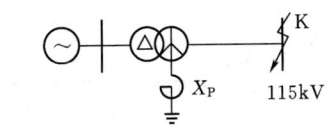

$S_{NG}=50\text{MVA}$ $S_{NT}=50\text{MVA}$
$x_d''=x_2=0.12$ $U_{K\%}=10.5$

综合图 6-6 题 40 图

附录1 部分LGJ钢芯铝绞线规格型号表
（适用于架空电力高低压线路）

标称截面 铝/钢/mm²	外径/mm	重量/(kg/km)	标称截面 铝/钢/mm²	外径/mm	重量/(kg/km)
LGJ-10/2	4.5	42.9	LGJ-95/55	16	707.7
LGJ-16/3	5.55	65.2	LGJ-120/7	14.5	379
LGJ-25/4	6.96	102.6	LGJ-120/20	15.07	466.8
LGJ-35/6	8.16	141	LGJ-120/25	15.74	526.6
LGJ-50/8	9.6	195.1	LGJ-120/70	18	895.6
LGJ-50/30	11.6	372	LGJJ-150/8	16	461.4
LGJ-70/10	11.4	275.2	LGJ-150/20	16.67	549.4
LGJ-70/40	13.6	511.3	LGJ-150/25	17.1	601
LGJ-95/15	13.61	380.8	LGJ-150/35	17.5	676.2
LGJ-95/20	13.87	408.9	LGJ-185/10	18	584
LGJ-185/25	18.9	706.1	LGJ-400/50	27.63	1500
LGJ-185/30	18.88	732.6	LGJ-400/65	28	1600
LGJ-185/45	19.6	848.2	LGJ-400/95	29.14	1860
LGJ-210/10	19	650.7	LGJ-500/35	30	1642
LGJ-210/25	19.98	789.1	LGJ-500/45	30	1688
LGJ-210/35	20.38	853.9	LGJ-500/65	30.96	1897
LGJ-210/50	20.86	960.8	LGJ-630/45	33.6	2060
LGJ-240/30	21.6	922.2	LGJ-630/55	34.34	2209
LGJ-240/40	21.66	964.3	LGJ-630/80	34.82	2388
LGJ-240/55	22.40	1108	LGJ-800/55	38.40	2690
LGJ-300/15	23.01	939.8	LGJ-800/70	38.58	2791
LGJ-300/20	23.43	1002	LGJ-800/100	38.98	2991
LGJ-300/25	23.76	1058	LGJJ-120	15.5	530
LGJ-300/40	23.94	1133	LGJJ-150	17.5	678
LGJ-300/50	24.26	1210	LGJJ-185	19.6	850
LGJ-300/70	25.2	1402	LGJJ-240	22.4	1111
LGJ-400/20	26.91	1286	LGJQ-150	16	559
LGJ-400/25	26.64	1295	LGJQ-185	18.4	687
LGJ-400/35	26.82	1349	LGJQ-240	21.6	937

附录 2　裸铜、铝及钢芯铝绞线的允许载流量
(环境温度+25℃，最高容许温度+70℃)

铜绞线（TJ型）			铝绞线（LJ型）			钢芯铝绞线（LGJ型）	
导线截面 /mm²	载流量/A		导线截面 /mm²	载流量/A		导线截面 /mm²	屋外载流量/A
	屋内	屋外		屋内	屋外		
4	50	25	10	75	55	35	170
6	70	35	16	105	80	50	220
10	95	60	25	135	110	70	275
16	130	100	35	170	135	95	335
25	180	140	50	215	170	120	380
35	220	175	70	265	215	150	445
50	270	220	95	325	260	185	515
70	340	280	120	375	310	240	610
95	415	340	150	440	370	300	700
120	485	405	185	500	425	400	800
150	570	480	240	610	—	LGJQ-300	690
185	645	550	300	680	—	LGJQ-400	825
240	770	650	400	830	—	LGJQ-500	945
300	890	—	500	980	—	LGJQ-600	1050
400	1085	—	625	1140	—	LGJJ-300	705
						LGJJ-400	850

附录 3 架空线路每公里电阻、电抗值 ($S_j=100\text{MVA}$)

导线型号	6kV			10kV				35kV				110kV			
	x/Ω	x^*	r^*	x/Ω	x^*	r/Ω	r^*	x/Ω	x^*	r/Ω	r^*	x/Ω	x^*	r/Ω	r^*
LJ-16	0.404	1.028	4.938	0.404	0.367	1.96	1.778								
LJ-25	0.390	0.983	3.200	0.390	0.354	1.27	1.152								
LGJ, LJ-35	0.380	0.957	2.293	0.380	0.345	0.91	0.825								
LGJ, LJ-50	0.368	0.181	1.587	0.368	0.334	0.63	0.571	0.424	0.0310	0.91	0.0665	0.442	0.00334	0.63	0.00476
LGJ, LJ-70	0.358	0.174	1.134	0.358	0.325	0.45	0.408	0.412	0.0301	0.63	0.0460	0.432	0.00327	0.45	0.00340
LGJ, LJ-95	0.342	0.174	0.831	0.342	0.310	0.33	0.299	0.402	0.0294	0.45	0.0329	0.416	0.00315	0.33	0.00250
LGJ, LJ-120	0.335	0.166	0.680	0.335	0.304	0.27	0.245	0.386	0.0282	0.33	0.0241	0.409	0.00309	0.27	0.00204
LGJ-150								0.379	0.0277	0.27	0.0197	0.403	0.00305	0.21	0.00159
LGJ-185								0.373	0.0272	0.21	0.0153	0.395	0.00299	0.17	0.00129
LGJ-240								0.365	0.0267	0.17	0.0124	0.388	0.00293	0.13	0.00100
LGJQ-300								0.358	0.0262	0.13	0.0096	0.382	0.00289	0.11	0.00081
LGJQ-400												0.373	0.00282	0.08	0.00061

导线型号	220kV				330kV				500kV			
	x/Ω	x^*	r/Ω	r^*	x/Ω	x^*	r/Ω	r^*	x/Ω	x^*	r/Ω	r^*
LGJ-185	0.440	0.000832	0.170	0.000321	0.315	0.000595	0.085	0.000161				
LGJ-240	0.342	0.000832	0.132	0.000250	0.310	0.000586	0.066	0.000125				
LGJQ-300	0.427	0.000832	0.107	0.000202	0.308	0.000582	0.054	0.000102				
LGJQ-400	0.417	0.000832	0.080	0.000151	0.303	0.000573	0.040	0.000076	0.302	0.000270	0.054	0.000045
LGJQ-500	0.411	0.000832	0.065	0.000123	0.300	0.000567	0.033	0.000061	0.299	0.000266	0.040	0.000034
LGJQ-600	0.405	0.000832	0.055	0.000104	0.297	0.000561	0.028	0.000052	0.297	0.000263	0.033	0.000027
LGJQ-700	0.398	0.000832	0.044	0.000083	0.294	0.000556	0.022	0.000042	0.295	0.000260	0.028	0.000023
									0.292	0.000258	0.022	0.000018

1. 摘自《电力工程电气设计手册 电气一次部分》第一册 P189。
2. 电压 (kV)/线间距 (m): 6/1.25; 10/1.25; 35/2.5; 110/4.0; 220/6.5; 330/8.0; 500/11.0。

附录4 汽轮发电机运算曲线

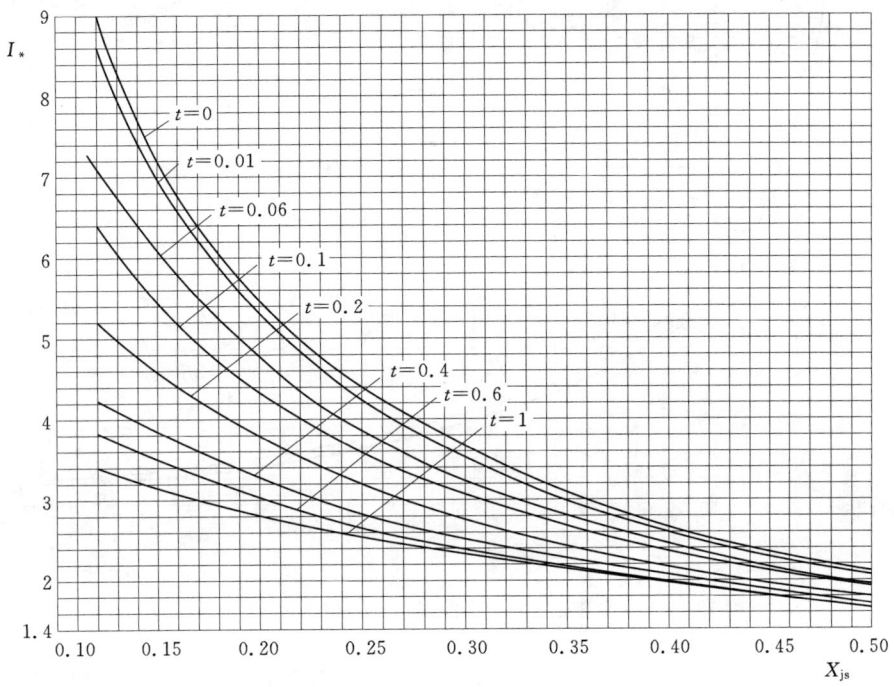

附图 4-1 汽轮发电机运算曲线（一）（$X_{js}=0.12\sim0.50$）

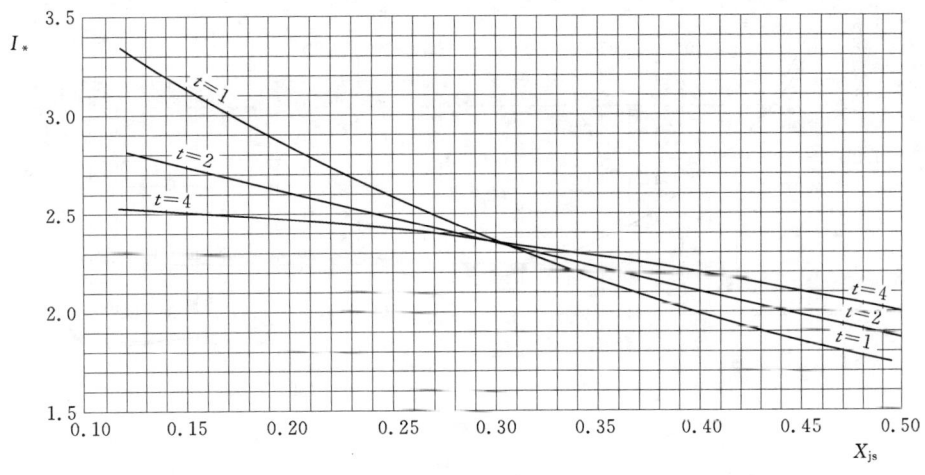

附图 4-2 汽轮发电机运算曲线（二）（$X_{js}=0.12\sim0.50$）

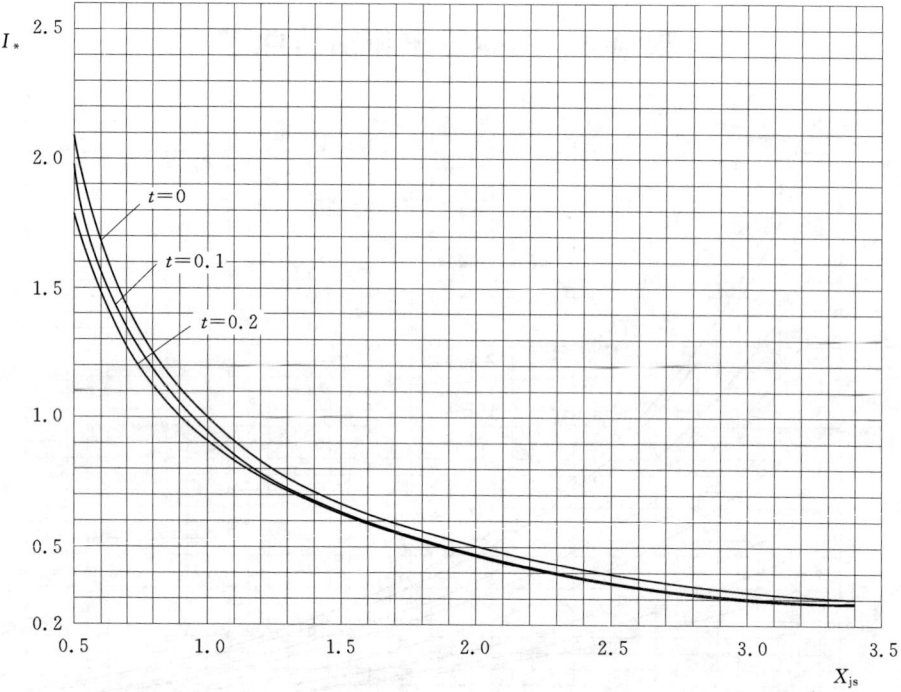

附图 4-3 汽轮发电机运算曲线（三）（$X_{js}=0.50\sim3.45$）

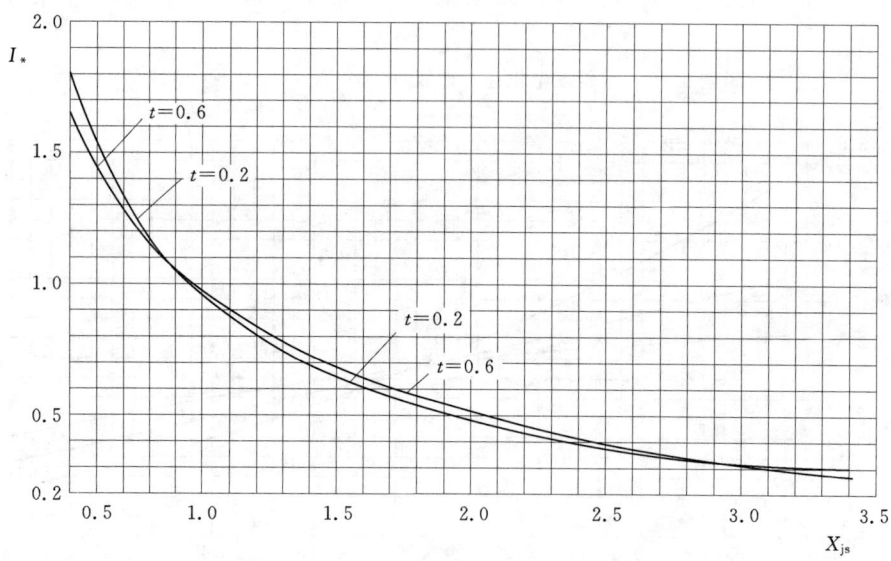

附图 4-4 汽轮发电机运算曲线（四）（$X_{js}=0.50\sim3.45$）

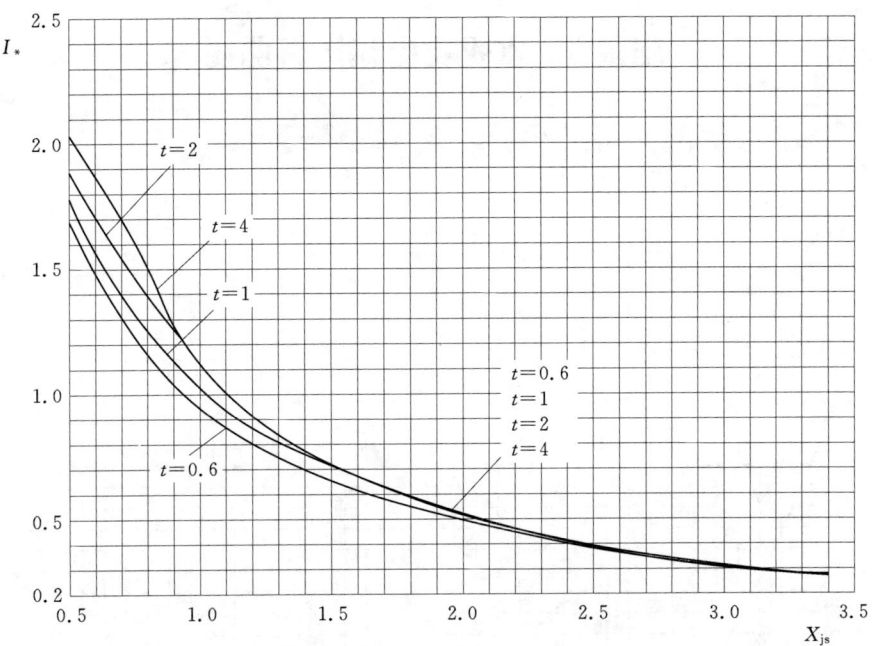

附图 4-5 汽轮发电机运算曲线（五）($X_{js}=0.50\sim3.45$)

附录5 水轮发电机运算曲线

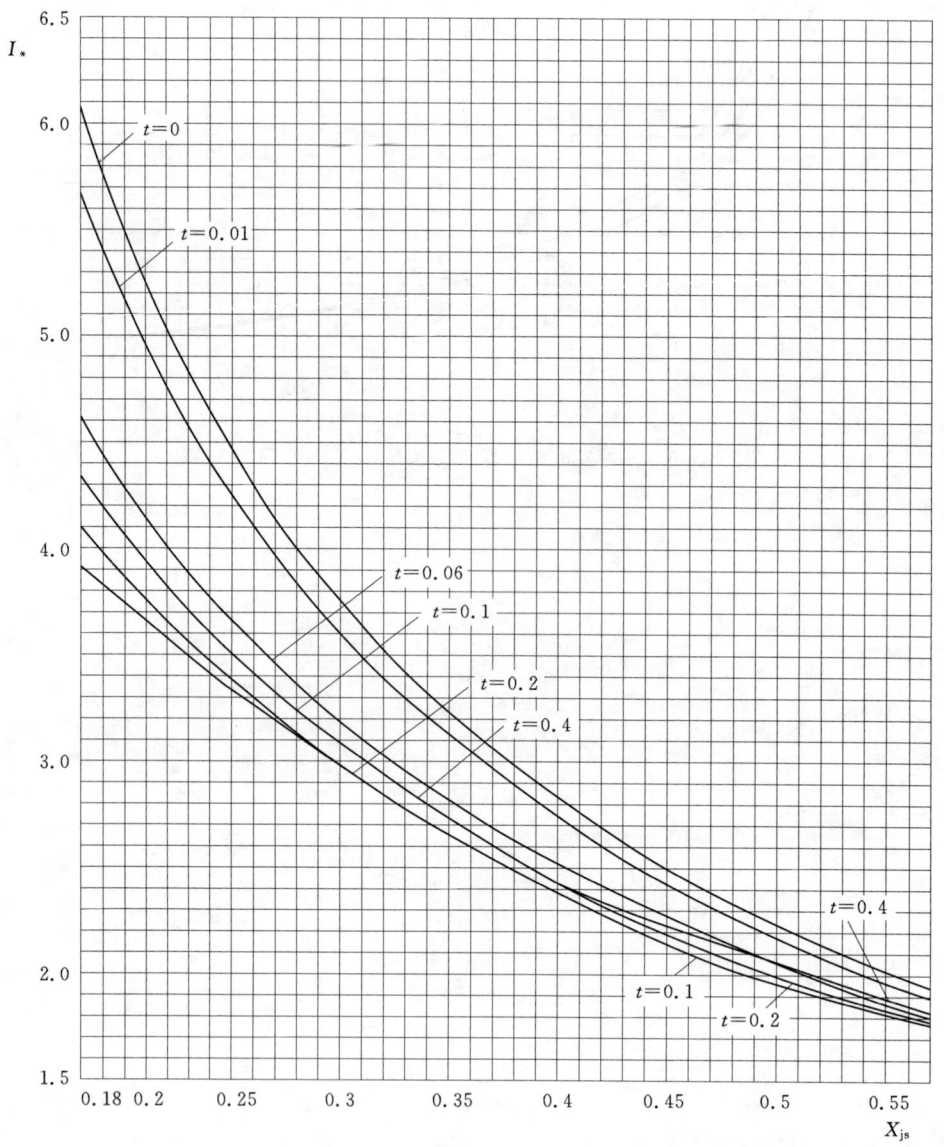

附图5-1 水轮发电机运算曲线（一）（$X_{js}=0.18\sim0.56$）

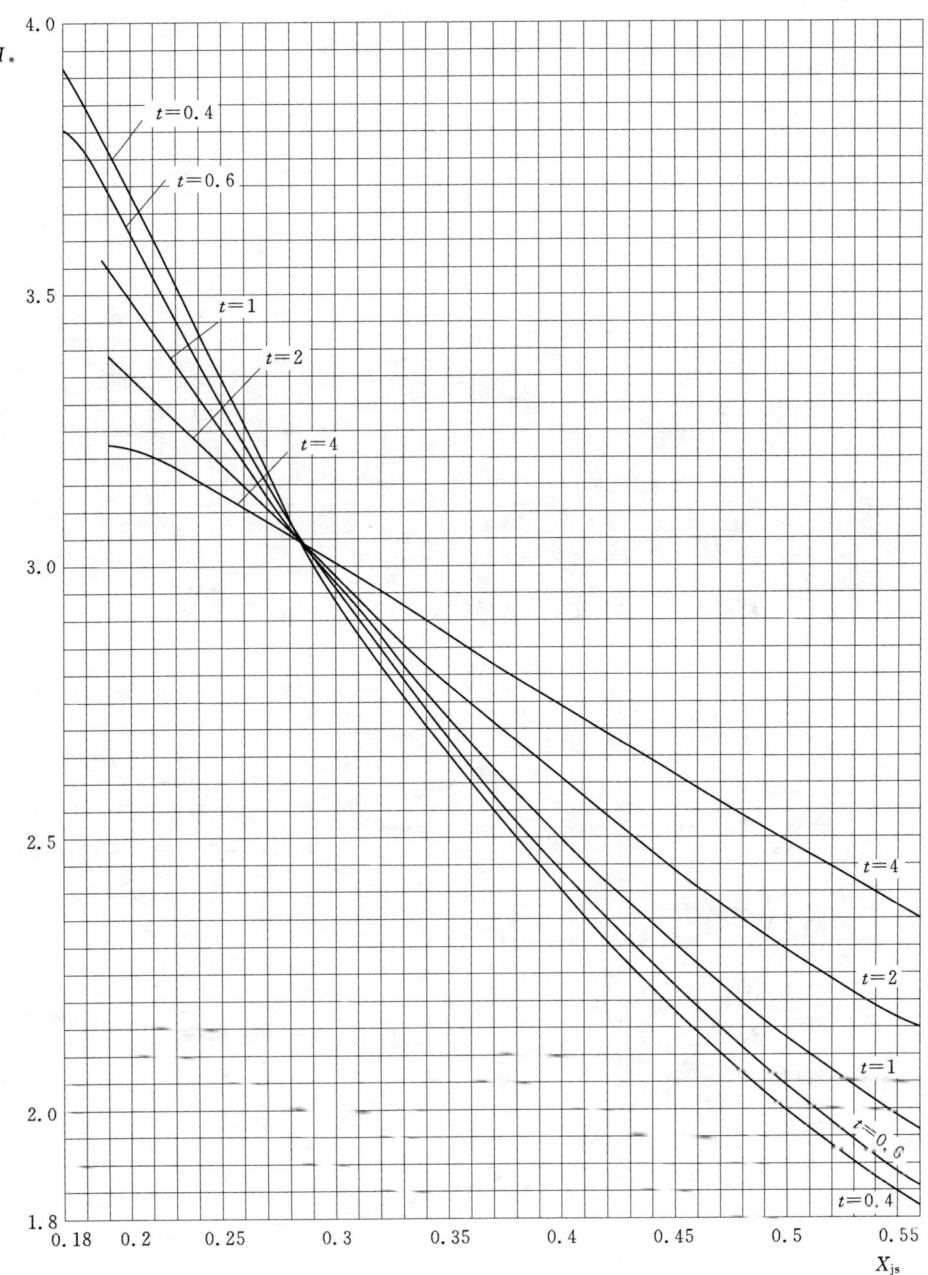

附图 5-2 水轮发电机运算曲线（二）（$X_{js}=0.18 \sim 0.56$）

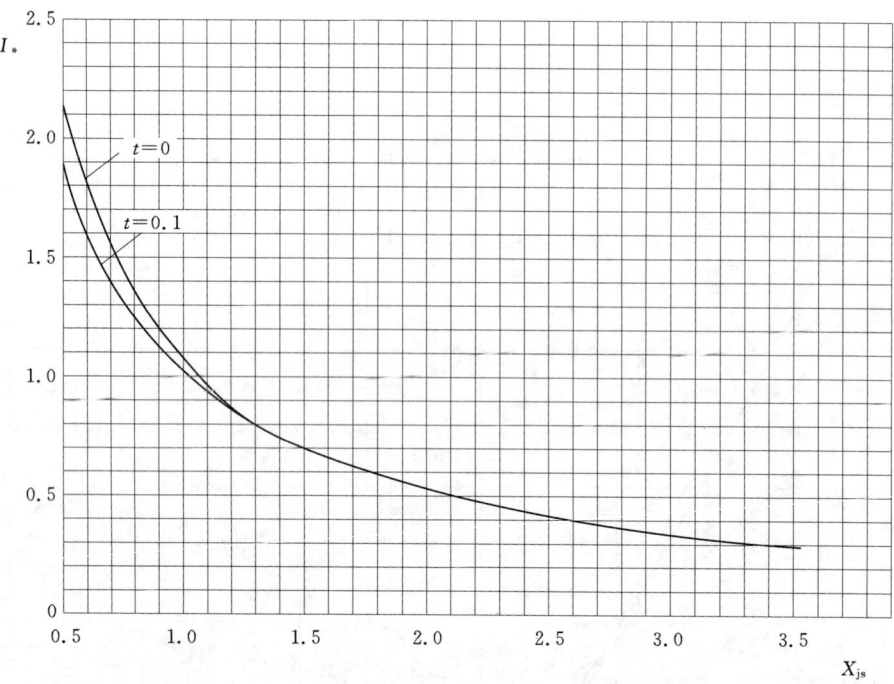

附图 5-3 水轮发电机运算曲线（三）（$X_{js}=0.18\sim0.56$）

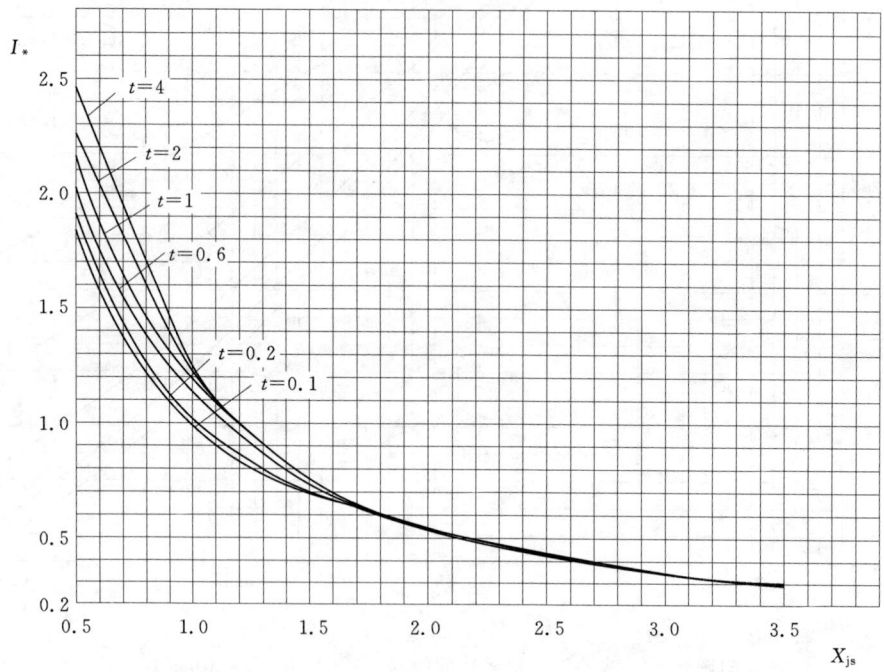

附图 5-4 水轮发电机运算曲线（四）（$X_{js}=0.18\sim0.56$）

参 考 文 献

[1] 黄静．电力系统［M］．北京：中国电力出版社，2006．
[2] 房俊龙，等．电力系统分析［M］．北京：中国水利水电出版社，2007．
[3] 李梅兰．电力系统分析［M］．北京：中国电力出版社，2006．
[4] 杜文学．电力系统［M］．北京：中国电力出版社，2007
[5] 胡国荣．输电线路基础［M］．北京：中国电力出版社，2006．
[6] 刘增良．输配电线路设计［M］．北京：中国水利水电出版社，2007．
[7] 尹克宁．电力工程［M］．北京：中国电力出版社，2005．
[8] 华智明，张瑞林．电力系统［M］．重庆：重庆大学出版社，2002．
[9] 温步瀛．电力工程基础［M］．北京：中国电力出版社，2006．
[10] 王新学．电力网及电力系统［M］．北京：中国电力出版社，2007．
[11] 王以礼．电力网［M］．北京：水利电力出版社，1986．
[12] 韩祯祥．电力系统分析［M］．杭州：浙江大学出版社，1993．
[13] 于永源．电力系统分析［M］．北京：中国电力出版社，1996．
[14] 李霜．电力系统［M］．重庆：重庆大学出版社，2006．
[15] 国家电网公司农电工作部．农村电网规划［M］．北京：中国电力出版社，2006．
[16] 何仰赞，温增银，汪馥瑛，等．电力系统分析（上、下册）［M］．武汉：华中理工大学出版社，1996．
[17] 方富淇，关瑞彬，齐家寿．电力系统分析［M］．北京：水利电力出版社，1990．
[18] 陈珩．电力系统分析［M］．北京：水利电力出版社，1985．
[19] 王新学．电力网及电力系统［M］．北京：水利电力出版社，1992．
[20] 于永源，杨绮雯．电力系统分析［M］．北京：中国电力出版社，2004．
[21] 何仰赞，温增银．电力系统分析［M］．武汉：华中科技大学出版社，2002．
[22] 黄静．电力系统［M］．北京：中国电力出版社，2001．
[23] 陈珩．电力系统稳态分析［M］．北京：中国电力出版社，1984．
[24] 陈永亭，孙宏斌，等．电力系统实验指导书［Z］．清华大学电机系，2006．
[25] 李树鸿．电力系统综合实验［M］．北京：水利电力出版社．1988．
[26] 杨德先，陆继明．电力系统综合实验原理与指导［M］．机械工业出版社，2004．
[27] 孙宏斌，陈永亭．电力系统动模数字主站系统技术手册［Z］．清华大学电机系，2003．
[28] 韦钢．电力系统分析基础［M］．北京：中国电力出版社，2006．
[29] 杜文学．电力系统［M］．北京：中国电力出版社，2007．
[30] 王宝华．电力系统故障分析［M］．北京：高等教育出版社，2006．
[31] 王显平．电力系统故障分析［M］．北京：中国电力出版社，2010．
[32] 罗云霞．电力系统基础［M］．郑州：黄河水利出版社，2009．